Don de Mr Henri Grillice.

# LA FAVCONNERIE DE FRANCOIS DE SAINCTE AVLAIRE SIEVR DE LA RENODIE EN PERIGORT,

Gentil-homme Lymosin.

## DIVISEE EN HVICT PARTIES.

### AVEC VN BREF DISCOVRS SVR
la loüange de la Chasse & Exhortation aux Chasseurs.

## DEDIEE A MONSEIGNEVR DE LVYNES.

## A PARIS,

Chez ROBERT FOÜET, ruë S. Iaques au Temps & à l'Occasion, deuant les Mathurins.

## M. DC XIX.

### AVEC PRIVILEGE DV ROY.

# A
# TRES-HAVLT
## ET TRES-PVISSANT
### SEIGNEVR, MESSIRE CHARLES

d'Albert Seigneur de Luynes, Conseiller du Roy
en ses Conseils d'Estat & Priué, Capitaine de
cent hommes d'armes de ses ordonnances, grand
Fauconnier de France, premier Gentil-homme
de la Chambre & de ses ordinaires, Gouuerneur,
& Lieutenant general en l'Isle de France, &c.

ONSEIGNEVR,

Ceux qui par leurs veilles, & par leurs
trauaux ordindires ont aquis la cognoissance de quelque art, sont bien aisés, d'en
laisser quelque monument à la posterité, afin que leur
vie ne passe point sous silence, de mesme que les bru-
tes de qui l'on ne fait point de memoire. C'est pourquoy
m'estant exercé durant le cours de plusieurs & longues
années au traictement des oiseaux propres au desduit de

ã ij

# EPISTRE.

la Fauconnerie, i'en ay tracé quelques preceptes non
moins vtiles pour ceux qui ont quelque inclination à la
pratique de ce noble & loüable exercice, que necessaires
pour ceux mesmes qui en font tous les iours l'experience.
Or estant donques prest de les donner au public, & sçachant qu'au siecle où nous sommes les plus parfaits ou-
urages ont besoing de la protection de quelque grandeur
eminente, sur qui l'enuie, & l'ignorance n'osent point de-
cocher leurs traicts enuenimez, i'ay pris la hardiesse
(MONSEIGNEVR) de ietter les yeux sur vous, & de vous
supplier que sous la tutelle de vostre grandeur ils puissent
voir la lumiere du iour, & paroistre aux yeux de l'vni-
uers. Outre la particuliere inclination que i'ay à vous
seruir, & à rechercher les occasions de vous tesmoigner
ma deuotion, Ie ne puis (MONSEIGNEVR) iustement ad-
dresser cest œuure qu'à vous, qui (sans parler des autres
qualitez supremes que vos merites incomparables vous
ont aquises) estes le grand Fauconnier de France, & par
mesme moyen le Maistre de tous ceux qui se meslent de
la Fauconnerie: si bien que comme les ruisseaux & les
fleuues rendent à la Mer ce que d'elle ils ont emprunté,
ainsi sommes-nous obligez de vous offrir, ce que nous
confessons librement deuoir en cest art passer sous vostre
correction. En fin, (MONSEIGNEVR) cest ouurage escrit à
la main ayant eu l'honneur d'auoir autrefois esté leu,
voire approuué, & corrigé de vostre grandeur, ie ne doute point qu'il ne treuue maintenant vn fauorable ac-
cueil, & ne soit esclairé des yeux de ce Soleil, de qui la
France reçoit maintenant la plus grande lumiere.

*Honneur à la verité si grand, qu'il n'en sçauroit desirer dauantage, ny moy esperer plus de faueur en ma vieillesse, que d'auoir peu tesmoigner à vostre grandeur par quelque deuoir, & recognoissance, que ie suis,*

MONSEIGNEVR,

Vostre tres-humble, & tres-
obeïssant seruiteur

F. DE SAINCTE AVLAIRE.

# AVX LECTEVRS.

YANT dés mes ieunes ans aprins l'homme n'estre nay seulement pour soy, ains la patrie, les parens & amis s'attribuer & auoir chacun part & droict à sa naissance, ie me laisse emporter à telle opinion, voire formee en croyance, que cet excellent dire portoit auec soy quelque fort notable sens. De faict, qu'il representoit que nul ne doit en sa vocation tát trauailler & s'adonner à son profit & vtilité particuliere, qu'aucunes, voire ses plus notables & remarquables actions ne soient conuerties en partie au bien & profit de son prochain, tel qu'est le public. Pour l'vtilité duquel, à l'imitation de maints grands personnages, chacun est obligé de postposer le sien propre. Ceste sentence donc par moy apprinse (ores que d'vn Payen) m'a semblé à la verité tant religieuse & chrestienne, qu'en son vray sens, l'exprés & second Commandement de Dieu d'aimer son prochain comme soy-mesme est representé. Auquel directement nous cótreuiendrions si nos vocations, & estudes estoient tellement appliquees pour nous-mesmes que (despoüillez de charité tant recommandee) nos prochains ou nepueux, apres nous n'en preualussent de quelque chose, & ne fussent iouïssans de ce commun deuoir, auquel dés le berseau, mais que dis-ie berseau, dés l'ouuerture de la matrice & premiere entree en cet air, nous leur sommes obligez. Le grand Inspirateur aussi n'infuse les loüables capacitez au cerueau d'aucuns pour les rendre infructueuses, & ne seruir qu'au plaisir & profit de ceux ausquels il luy a pleu en dispenser les graces, il les en a fauorisez au contraire, pour en estre dispensateurs vers les ignorans, pour estre rendus semblables aux corps des arbres desquels sortent plusieurs branches & beaux rameaux. Ces considerations (MESSIEVRS) que dis-ie considerations, raisons trespoignantes & hors de refutation ont tellement vaincu mon inclination, ( du tout resoluë à ne mettre aucune œuure venant par la grace de Dieu de moy en lumiere, ) que ie me iugerois desnaturé & repugnant à la loy tant diuine qu'humaine, si ( à defaut de mieux) ayant quelque petit eschantillon d'experience en l'art de Fauconnerie, ie ne despartois de ce peu que le ciel m'en a eslargy, à ceux lesquels en sont ignorans & y peuuent auoir de l'inclination. L'œuure n'est moindre d'vne petite charité, selon la petitesse du charitable, qu'vne grande, selon les dons & influences departies au plus riche & expert. Cupidité de loüange ne me pousse à ce petit œuure, aussi n'en pourrois-ie aquerir apres les doctes escrits de nos Maistres en cest Art excellents, ausquels ie cede & rends tout hóneur. Moins aussi de lucre, n'en desirant que la bien-vueillance des Lecteurs, & le renom de n'auoir manqué à ce commun & naturel deuoir. Bien que l'œuure de soy ne merite guere par son secours : neantmoins en la prattique de ses Rudiments, i'espere que l'Apprentif se rendra plus capable pour l'intelligence de ce que nosdits Maistres nous en ont laissé. La briefueté desquels rend en quelque façon leur doctrine & prattique en cest Art plus obscures qu'il n'est requis pour l'ignorant. Mon desplaisir est, que ce Traicté ne soit autant digne que son suiet le merite, ne le croyant de si peu qu'il ne doiue estre mis & tenu parmy les plus admirables. L'excellence duquel remettát à la sui-

te de noſdits Rudiments, ie prie les Lecteurs d'auoir ces
petits principes de Fauconnerie (deſtinez ſeulement pour
les ignorans,) autant agreables, & les deſireux d'apprendre, les receuoir & embraſſer auec telle debonnaireté que
ma bonne volonté enuers eux m'a pouſſé à les mettre en
lumiere. Non pour les auoir iugez dignes d'eſtre exempts
de la cenſure des experts. C'eſt d'eux que ie requiers ſeulement (& non des Apprentifs,) que iettans les yeux ſur
ceſt Opuſcule, ils ayent en memoire qu'il n'eſt rien d'humain, conduit au periode de perfection, voire ne ſoit ſuiet à quelque cenſure. Et qu'ainſi qu'à cauſe des appetits
non ſemblables, vn cuiſinier ne peut appreſter tous ſes
mets au gouſt d'vn chacun, eſt-il auſſi malaiſé de rendre
vn œuure bien veu de tous. I'adiure auſſi les Lecteurs a-
bordans ces Rudiments, que s'ils y rencontrent quelque
choſe qui ne ſoit de leur gouſt de ne les baffoüer d'abord,
ains facent comme il ſe prattique en l'achapt des merce-
ries, le fonds de la boite deſquelles on veut voir auparauant de les mettre à prix. Que dés le commencement auſſi
iuſques à la fin mes Rudiments ſoient examinez, les Lecteurs pour ſi degouſtez qu'ils ſoient rencontreront qui
contentera leurs eſprits, iugeans leurs cenſures & meſpris
ne deuoir preceder la prattique de noſtre methode. Par
lequel on remuera toutes mes pierres; & (ſi ie ne me de-
çois,) elles ſeront toutes miſes en œuure. Pour fin, Meſ-
ſieurs, i'adapteray en ce lieu le quatrain du Poëte de nos
Poëtes François.

> Vn lit ce Liure pour apprendre,
> L'autre le lit comme enuieux,
> Il eſt aiſé de le reprendre,
> Mais malaiſé de faire mieux.

# DES ARGVMENTS

## DES HVICT PARTIES

### DE LA FAVCONNERIE.

### Argument de la premiere Partie.

POur sommaire intelligence de ce qui est compris & traicté en ceste premiere Partie, l'Apprentif sera aduerty qu'il s'y traicte principalement de trois choses. En la premiere, il est enseigné que c'est que Fauconnerie, & en combien de parties les presents Rudiments sont diuisez. En la seconde l'Autheur monstre quel il veut que soit celuy, auquel il veut apprendre ses Rudiments, pour estre & se rendre capable de la cognoissance & intelligence des escrits des Maistres en l'art de Fauconnerie, & les pouuoir facilement prattiquer. Et en la troisiesme il parle de toutes sortes d'Oiseaux de proye plus propres & conuenables pour la prattique de cest art, & comme quoy ils sont diuisez. Il declare leurs noms, proprietez, differences, tant en pennaches que grandeur de corsage : donne à cognoistre les masles d'auec les femelles, à quelle sorte de proye ou gibier, selon la proprieté, inclination, & naturel, chacune espece d'Oiseau doit estre mise & iettee, & la temperature & naturel desdits Oiseaux, notamment de ceux de leurre. Et les marques & indices bonnes ou mauuaises qui se recognoissent aux Oiseaux pour en faire choix & eslection, ou au contraire.

pag. I

é

## Argument de la seconde Partie.

Ceste seconde Partie contient le temps, auquel tous Oiseaux de proye font leurs aires, ponnent, couuent, & espeliſſent leurs œufs. Quel traictemēt il leur faut bailler, & cõme quoy il faut gouuerner tous les Oiseaux niais, tant deſcendus de l'aire, que lors qu'ils ſont grands & bien alongez. Cõme quoy auſſi il faut gouuerner les branchers, & paſſagers, enſemble la methode de les ſiller & garnir de leurs garnitures. Il y eſt mõſtré auſſi le moyen pour deſgluer l'Oiseau de paſſage pris au glu, & quelles doiuent eſtre les perches & blots, ſur leſquels il faut poſer les Oiseaux & en quel aſpect, & ſur quelle main il eſt plus ſeant de porter les Oiseaux. Et comme quoy il les faut poiurer pour les garantir des poux.      pag. 39

## Argument de la troiſieſme Partie.

En ceſte troiſieſme Partie eſt traicté de tout ce qu'il faut faire à vn Oiseau de proye dés lors que l'Apprentif l'aura mis ſur le poing pour le rendre preſt & en eſtat d'eſtre porté au deduit de la volerie. Par ainſi il s'y void comment il le faut gouuerner ayant eſté poiuré, comment il le faut purger, à quoy il ſert tremper le paſt de l'Oiseau, comment on doit recognoiſtre ſi l'Oiseau digere & paſſe bien ſon paſt, comme quoy il le faut faire baigner ordinairement & luy bailler à curer. Il y eſt deduit le moyen de paiſtre l'Oiseau ſur le leurre, & de le leurrer pour l'aſſeurer & affaiter, faire tirer l'Oiseau, & les proprietez du tiroir. Ce qu'on doit prattiquer pour faire prendre branche aux Oiseaux, les faire ſouſtenir ſur aiſles, de l'eſſor des Oiseaux: comme auſſi leur faire ſuiure le deduit de la volerie, & les rendre compagnons & non pillars, auec la methode de prattiquer toutes ces choſes, & les raiſons du tout. Partie de ces Rudiments grandement neceſſaire à noſtre Apprentif. Et ſans l'eſtude & prattique de laquelle il ne mettra iamais bien en eſtat des Oiseaux pour en receuoir du plaiſir.      pag. 68

## Argument de la quatriesme Partie.

Ceste quatriesme Partie traicte à quelle sorte de gibier & proye vne chacune espece d'Oiseaux, desquels on a parlé, mesmes de leurre doit estre mise & iettee. Et la forme & façon qu'il faut obseruer en chacune desdites voleries, soit pour les champs, riuiere, Milan, Heron, Pie, Corneille, Aloüette, & Lieure. Sans l'effect & execution de laquelle quatriesme Partie, toute la peine que l'Apprentif auroit employee à dresser des Oiseaux seroit vaine & inutile.      pag. 110

## Argument de la cinquiesme Partie.

Ce qui se traicte en ceste cinquiesme Partie de nos Rudiments regarde seulement la seconde espece des Oiseaux de proye, contenuë & comprise sous les especes de l'Autour, son Tiercelet, & de l'Esperuier auec son Mouchet. Il se traicte donc en ceste Partie de la nature desdits Oiseaux, de leur traictement, comme quoy il les faut dresser, affaiter, purger, mettre en estat, faire volur leur gibier, soient niais, branchers, ou de passage ; de la difference de ceux-cy à ceux de leurre, tant en naturel que volerie & de cinq vices, ausquels tels oiseaux de poing sont communement subiects : finalement il s'y traicte de l'esquipage requis à chacune sorte de volerie.      pag. 141

## Argument de la sixiesme Partie.

La cognoissance & sçauoir de ceste sixiesme Partie des presens Rudiments, n'est moins vtile & necessaire à nostre Apprentif que les precedantes. Dautant que par icelle il luy est enseigné combien de temps tout Oiseau peut voler en l'annee, le temps qu'il doit demeurer en repos pour le faire muer, & en quel estat il doit estre mis en ferme. Comme quoy semblablement & en quels lieux on a accoustumé de le faire muer : le traictement qu'il luy faut

faire & bailler en la muë, & le moyen qu'il faut obseruer pour tirer à propos l'oiseau de la ferme & en quelle saison. Contient aussi
les moyens & preceptes à obseruer pour maintenir tous Oiseaux
de proye en santé & bon estat : quelles viandes sont propres pour
les nourrir, tant legeres, ou laxatiues qu'autres, & celles lesquelles il faut fuir & n'en paistre les Oiseaux. Il y est deduit finalement des signes & indices, tant de la santé que mauuais estat &
indisposition des Oiseaux, sans la cognoissance desquelles choses il
seroit malaisé que nostre Apprentif peust bien à propos gouuerner vn Oiseau ou Oiseaux.                              pag. 174

## Argument de la septiesme Partie.

Encore que l'edification ne sera pas petite pour l'Apprentif,
s'il fait bien son profit de ce qui luy a esté cy-deuant enseigné,
mais elle sera bien plus loüable & profitable, si elle est fortifiee de
l'intelligence & prattique du contenu en ceste septiesme Partie
des presens Rudiments. En laquelle il se parle des maladies & accidens, ausquels les Oiseaux de proye sont subiets; de la cause aussi
d'iceux, & des remedes que l'art permet y rapporter. Sans l'experience & sçauoir desquels ou autres qu'il pourra tirer de nos
Maistres, l'Apprentif se trouueroit en grand peine ne sçachant par
quel moyen secourir ses Oiseaux au moindre accident de mal qui
leur pourroit suruenir, & seroit contraint aller mandier les remedes desquels il peut estre instruit par la prattique du contenu
en ceste Partie, & la methode desquels y est renduë assez intelligible & facile à prattiquer. En ceste Partie aussi est enseignée la
methode de faire les pillules douces & autres, comme aussi la pillule appellee le lardon, & comme quoy il en faut vser.   pag. 206

## Argument de la huictiesme Partie.

L'Autheur recognoissant que tout ce qui a esté deduit en ces
presens Rudiments, tant pour la garniture, traictement en ma-

ladie des Oiseaux ou autres accidens & occurrences qui peuuent
suruenir & sont necessaires en la Fauconnerie, ne se peut prattiquer sans que l'Apprentif soit pourueu des choses qui y sont le
plus necessaires. C'est pourquoy en ceste huictiesme & derniere
Partie de ses Rudiments, il a voulu aduertir l'Apprentif de n'e-
stre despourueu de tout ce qu'il a iugé y estre expedient & vtile.
Il s'y parle donc de quelle quantité de garnitures d'Oiseau l'Apprentif doit estre tousiours pourueu; & quels medicaments, tant
en drogues, pillules, onguents, poudres, qu'eaux, & huiles, il doit
aussi auoir deuers soy. Il demõstre quels vaisseaux l'Apprentif doit
auoir pour s'en seruir aux occasions. Comme aussi de quels outils &
ferremens son estuy doit estre garny. Qu'est ce qu'il faut que l'Apprentif porte tousiours auec soy allant ordinairement au deduit de
la volerie. Et pour fin, dequoy il doit estre pourueu faisant long
voyage auec ses Oiseaux pour ne se trouuer surpris ny en peine
d'aller aux emprunts & secours d'autruy, selon les accidens qui
pourront suruenir à ses Oiseaux.                          pag. 374

# A MONSIEVR DE LA RENODIE
## sur son Liure de la Fauconnerie.

Dmirable pouuoir de l'humaine excellence,
Qui peut tout, qui fait tout, qui met tout sous
   ses loix,
Les animaux priueZ & les feres des bois,
Aduoüants sa grandeur font ioug à sa puißance.

La terre sans ceßer luy rend obeïßance,
La mer qni le souftient s'honore de son pois,
De l'air seul les oiseaux semblent eftre les Rois,
Et l'vn & l'autre exempt de cefte preminence.

Mais en ceft art diuin ton liure nous fait voir
Qu'és campagnes de l'air s'eftend noftre pouuoir,
Et sur les escadrons de ces troupes isneles.

Car sçauoir commander à ces libres oise au,
D'arrefter, de guinder, de caler leurs cerseaux,
C'eft regner dedans l'air et y voler sans aisles.

Par son tref-humble nepueu
& seruiteur

A. DE SAINCTE AVLAIRE.

Tout ainſi qu'vne mer en ſes flôcs conceuant
Par nuptial amour vn tendrelet enfant,
Le porte certains mois, & au temps de naiſ-
   ſance
Quittant ce gros fardeau le met en euidence,
L'álaiƈte iour & nuiƈt, & d'vn ſoin maternel,
L'orne de ce qu'il faut pour le rendre tout tel
Que l'on peut requerir en l'humaine nature,
Pour le voir du parfaiƈt la naïfue figure.
Ainſi de ce labeur ayant dans mon cerueau
Conceu d'vn fort long temps le modelle ſi beau,
Et l'ayant entaſſé par diuerſes années,
Qu'à traiƈter les Oiſeaux i'auois du tout données,
Ie dis lors ; qu'il falloit que ce deſſein conceu
Fuſt des yeux d'vn chacun clairement apperceu,
Qu'auant temps ce n'eſtoit enfanter ce modelle
Pour lequel ne voulus pour matrone fidelle
Que ma plume, qui ſçait exprimer gentiment
Ce que propoſe en ſoy mon foible entendement.
Ce n'eſt vne Pallas de la ceruelle ſainƈte
Née de Iupiter : mon ame n'eſt attainte
De myſteres ſi hauts, ores que pres des Cieux
S'exerce de mon fils le deduit precieux.
Ce fils que i'ay conceu n'eſt qu'vn petit volume,
Qu'en maints iours & maints nuiƈts deſſus ma dure
   enclume

I'ay forgé, i'ay poly & d'vn burin fidel
Ie l'ay ainſi graué pour le rendre immortel.
Mon fils ne me deçoy, ne fais pas que ma peine
Reſte enuers nos nepueux pour inutile & vaine,
Ains me feras reuiure & reuoir tout nouueau,
Bien qu'en cendre ie ſois deſſous vn noir tombeau.

# PREMIERE PARTIE
## DE LA
# FAVCONERIE.

### ARGVMENT.

Pour sommaire intelligence de ce qui est comprins & traicté en ceste premiere Partie, l'aprentif sera aduerty qu'il s'y traicte principalement de trois choses. En la premiere il est enseigné que c'est que Fauconerie, & en combien de parties les presents Rudiments sont diuisez. En la seconde l'Autheur monstre quel il veut que soit celuy auquel il veut apprendre ses Rudiments pour estre & se rendre capable de la cognoissance & intelligence des escris des Maistres en l'Art de Fauconerie, & les pouuoir facilement pratiquer. En la troisiesme il parle de toutes sortes d'Oiseaux de proye plus propres & conuenables pour la pratique de cest Art, & comme quoy ils sont diuisez. Il declare leurs noms, proprietez & differéces tant en pennaches que grandeur de corsage. Donne à cognoistre les masles d'auec les femelles. A quelle sorte de proye ou gibier selon la proprieté, inclination, & naturel, chacune espece d'Oiseau doit estre mise & iectee, & la temperature & naturel desdits Oiseaux, notamment de ceux de leurre.

A

*Qu'est-ce que Fauconerie, & en combien de parties les
presents Rudiments sont diuisez.*

## CHAPITRE PREMIER.

PVISQV'EN ces Rudiments ie ne me
propose parler qu'à celuy qui n'a cognois-
sance aucune de la Fauconerie (que nous
entendons soubs le nom d'aprentif) &
lequel poussé de quelque instinct naturel
s'y exerceroit volontiers si par quelque familiere methode il y estoit appellé & instruict : Ie me delibere aussi
moyennant la gracede Dieu, de luy donner à entendre
dés le commencement iusques à la fin, tout ce qui peut
(selon mon opinion) seruir pour apprendre & pratiquer
la Fauconerie. Ce qu'il ne pourroit comprendre que malaisement sans sçauoir que c'est que Fauconerie, & la definitió d'icelle. C'est à dire, quelles sont les nature, qualité, proprieté, effects, circóstances & dependances d'icelle.
Et afin de rédre tout traicté plus intelligible, c'est par la
definition du suiect qu'il est tres à propos de cómancer.

Donc pour la deuë explication & intelligence du nostre, nous dirons la Fauconerie n'estre autre chose sinon
vn art ou science par laquelle on sçait cognoistre, garnir,
poiurer, traicter, affaicter, leurrer, reclamer, mettre en
bon & deu estat, dresser & ietter à toutes sortes de voleries tous Oiseaux de proye, tant de leurre que de poing
selon leur inclinatió naturelle, les preseruer en tant qu'il
est possible, de maladies & accidents, & iceux suruenus,
les guerir: quoy que soit, y appliquer à téps & à propos
les remedes de l'art. Voila les principales circonstances &
fonctions de la Fauconerie, & le principal sujet, voire

rout ce que nous auons à diſcourir & traicter en tous nos
Rudiments, & leſquels nous auons voulu diuiſer en huit
Parties. La moindre deſquelles defaillant, l'art de Fauconerie ne ſe trouueroit moins imparfaict qu'vne maiſon,
le toict, muraille ou fondement y defaillans. Ces huict
Parties donc pour la perfection de nos Rudiments, voire
meſmes de la Fauconerie ſont tellement par certaine liaiſon non ſeulement vtiles, mais auſſi neceſſaires, que par
le manque de la moindre, il s'y trouuera de la defectuo-
ſité & imperfection, & auons penſé eſtre bon & à propos de diuiſer ainſi noſtre Oeuure : dautant que chacune
deſdites Parties traicte de certaine particuliere circon-
ſtance de la Fauconerie. Et par telle methode chacune
choſe ſera plus facile à trouuer à noſtre aprentif, ſoit en
liſant les Argumens de chacune Partie, ou par la table de
tout l'Oeuure.

---

*Quel doit eſtre l'Aprentif pour eſtre mis à la Fauconerie.*

## CHAPITRE II.

QVI veut conduire quelque deſſein à perfection, il
le faut compoſer de parties les plus ſaines qu'il ſe
peut; de crainte que par la corruption de l'vne, le principal ne fuſt gaſté & reduit en confuſion. Or ſi toutes les
parties d'vn tout doiuent eſtre ſaines, celle qui ſert de
chef ou fondement doit eſtre, ſans comparaiſon, plus
exempte de corruptió. Deſirant donc de parfaire nos Rudiméts, qui eſt vn tout, & que nous voulós par iceux faire
vn aprétif Fauconier, voyós quel il le nous faut; de crainte que ſi cet aprentif, eſtant le fondement de noſtre deſſein, eſtoit mauuais, gaſté & corrompu, tout ce que nous
pourrions baſtir ſur luy, pour luy & auec luy, ne ſe trou-

uaſt auſſi gaſté & corrompu. Ie veux donc dire quel il
faut que noſtre aprentif ſoit,duquel ie me veux ſeruir en
mon deſſein. Il ſera en premier lieu d’eſtoc & race de gés
de bien : Car volontiers le fils eſt imitateur des mœurs,
ſoient bonnes ou vicieuſes,du pere. La Fauconerie auſſi
eſt ennemie du vice &amatrice de la vertu.Tenant en cela
l’ancien adage ou prouerbe( qu’vn bon Fauconier n’eſt
volontiers mal conditionné ny meſchãt)pour verita-
ble. La raiſon (à mon iugement ) en ſera prinſe de ce,que
le grand ſoin & peine que le bon Fauconier prend au
gouuernement de ſes Oiſeaux, deſtourne & empeſche
les allechemens & penſemés vicieux,eſtant le ſeul & vray
moyen de les faire eſuanoüir que fuir l’oiſiueté(ennemie
de noſtre Fauconerie )laquelle requiert vne aſſiduité de
trauail.Ioinct que le plaiſir à voir bien voler les Oiſeaux
eſt tel, & le Fauconier en raporte tel contétement en ſoy,
que toute autrevolupté eſt de peu,au prix de telle recreation. Nul ne peut auſſi exercer biéà propos aucune honneſte & loüable vocation quand il obeït au vice. Lequel
(meſme la luxure)aſſoupit les ſens,enerue & diminuë les
forces du corps grandemét neceſſaires en l’exercice de noſtre Fauconerie. Et qui plus eſt,levice faict offencer Dieu,
& rend odieux àvn chacun celuy qui en eſt taché,& finalement le conduit à dánation. Il faut que noſtre aprentif
ſoit aymát& craignantDieu de tout ſon cœur,pouuoir &
entendement,que ſur ſonNom,aide& aſſiſtance,il fonde
toutes ſes actiós.Que par ſa crainte ſeule il deteſte & ab-
horre le vice de bouche,& de fait, & non cóme pluſieurs,
leſquels n’é ſont deſtournez que par la crainte du ſuppli-
ce.Que iuremét ne blaſpheme ne ſorte deſa bouche: ains
ſoit diſcret,& ſes propos honneſtes & reſpectueux. Qu’il
fuye l’iurongnerie & gourmádiſe: leſquels outre ce qu’ils

oſtent & offuſquent l'entédement, & font oublier la raiſon à ceux qui s'y abandonnent, ils prouoquent à toute
autre ſorte & eſpece de mal & de vice. Par ainſi ie deſire
qu'il ſoit ſobre & abſtinent. Qu'en ſon port, geſtes, paroles & actions, il ſoit doux, honneſte, & courtois à chacun. Qu'il ſoit d'vn viſage doux & gracieux, dautant que
outre qu'il eſt ainſi bien-ſeant à tous, l'Oiſeau de proye
craignant naturellement la veuë & face de l'homme, la
craindroit dauantage, ſi noſtre aprentif l'auoit hideuſe
& farouche. Ie deſire qu'il ſoit ſain de ſon corps: car eſtát
valetudinaire, il ne pourroit ſupporter la peine, ny auoir
le ſoin aſſidu au traictement des Oiſeaux qu'il eſt requis.
L'aage de dixhuit ans à noſtre aprentif eſt bien à propos
pour qu'il commence à eſtre le pillier de noſtre œuure &
noſtre eſcholier. En ceſt aage, il peut auoir le bras aſſez
fort pour porter aſſeuremét le plus grand Oiſeau de ceux
que nous pratiquons en noſtre Fauconerie. Lors auſſi
le iugement requis en ceſt art peut commencer à ſe loger
dans le cerueau de noſtre aprentif. Ie voudrois fort qu'il
euſt eſtudié & euſt cognoiſſance des lettres ; la doctrine
eſtant vn grand ornement à toute perſonne, & rend d'autant plus l'homme habille & capable à toute loüable vocation. A defaut de telle capacité il eſt requis du moins
qu'il ſçache bien eſcrire, & lire, tant pour le commun vſage & neceſſité de ſes affaires particulieres, & œcono-
miques, que pour s'exercer & eſtudier parmy les liures
de ceux qui ont traicté ceſte meſme matiere de Fauconerie, & mettre quelquefois par eſcrit l'eſtat & maladie des
Oiſeaux, pour en prendre aduis des experts, & máder aux
Apotiquaires d'ennoyer en quantité & qualité les drogues vtiles & neceſſaires à noſtre aprentif, tant pour la
conſeruation de la ſanté des Oiſeaux, que pour les ſe-

A iij

courir selon les occurrences & maladies. La disposition
& agilité du corps est fort requise à nostre aprentif, &
est fort à propos qu'il coure & saute bien, dautant que
le deduit de la chasse ne se peut tousiours faire à cheual:
ains souuent faut faire cest exercice à pied. Et ores que ce
soit à cheual, on peut aborder rochers, lieux maresca-
geux, haliers, & autres inaccessibles pour cheuaux, en sorte qu'il les faut quitter & mettre pied à terre pour suiure
les Oiseaux & les secourir hastiuement & en diligence. Il
est aussi fort requis qu'il soit d'vne forte & robuste nature, non delicat ny suiect à ses heures ou apetits, pour
mieux endurer les veilles des nuits qui sont requises & la
peine quelque-fois bien grande en temps de pluye, froid
& fascheux qu'il faut prendre, à quoy la delicatesse n'est
nullement propre ny conuenable. La veué & oüye fort
claire sont requis à nostre aprentif, pour voir & recognoistre en haut & de bien loin ses Oiseaux, & entendre
aussi le son des sonnettes. Il faut qu'il ait la voix haute,
claire, forte & esclatante, tant pour se faire bien entendre de loin à ses Oiseaux, que pour pouuoir supporter
les cris ordinaires & necessaires au deduit de la volerie, à
quoy vn pulmonique n'est nullemét bon. Ie ne veux qu'il
s'habille bigarrément, dautant qu'apres la voix, l'Oiseau
recognoist son maistre à l'habit. D'où c'est que s'il chan-
geoit souuent de vestemens, & fussent de diuerses couleurs & bigarrez, les Oiseaux seroient pour le mescog-
noistre & plus difficilement se voudroiét laisser reprendre à luy. La patience ( outre qu'elle se rend en fin mai-
stresse de toutes choses ) luy est fort requise, & ne soit
d'humeur fantasque, terrible, & impatiente pour les raisons que ie diray à la suite de ces Rudiments. Il sera tousiours deliberé, de ioyeuse humeur: non paresseux, aimát

naturellement le deduit de la chaſſe : Car ie ne conſeille
point à perſóne d'appeller aucun à ceſt exercice, lequel
n'y aura de l'inſtinct naturel par lequel il ſoitveu aimer de
nature les Oiſeaux & la chaſſe. Tel y profitera plus en vn
an qu'vn autre lequel y ſera mis comme contraint & for-
cé, en dix. Voila donc quel aprentif ie veux, de quelle humeur & nature, pour luy faire apprendre & pratiquer ce
qui eſt de nos Rudiments, & le rendre en fin bon Fauconier.

<hr>

*Quelles eſpeces d'Oiſeaux de proye ſont propres à noſtre*
*Fauconerie, en combien elles ſont diuiſees, &*
*comment elles ſe nomment en general*
*& en particulier.*

## CHAPITRE III.

PVIS-QVE l'Oiſeau eſt neceſſaire à l'aprentif & non
moins pour l'aprentiſſage & pratique de nos Rudiments que les outils & ferremens, pour apprédre les arts
mechaniques, l'Oiſeau eſtant l'inſtrument, par, & ſur lequel l'aprentif & nouueau Fauconier acquiert la cognoiſſance de la Fauconerie, il eſt requis qu'il ſçache cóment ſe
nóment en general tous les Oiſeaux qui nous y ſont neceſſaires. Ie dis dóc qu'ils ſe nómét tous, oiſeaux de proye.
C'eſt à dire, de leur naturel propres & aptes d'aſſaillir, prédre & ſe paiſtre ſur Gruë, Hairon, Canart, Milan, Perdrix,
Faiſant, Corneille, Pie, Caille, Aloüete, Merle, Corlis, Lieure & autres eſpeces de gibier. Nous les diuiſons en deux
ſortes : aucuns ſont appellez Oiſeaux de leurre, & autres
Oiſeaux de poing. Nous diſons de leurre Faucons, Gerfaux, Sacres, Laſniers, Baſtars de Sacres, Baſtars de Fau-

con, Taguarros & Esmerillons. Aucuns y veulent adiou-
ster l'Aigle & l'Hobereau, mais pour le peu d'vtilité que
raportent leurs deduits, ie suis d'aduis de n'en amplifier
mes Rudiments: ains d'en laisser la pratique aux plus curieux. Et pour ceux de poing, nous les nommerons, Autours & Esperuiers, tous (neantmoins) tant de leurre que
de poing Oiseaux de proye. Nous traicterons premierement de ceux de leurre; & encore qu'en ceste premiere
Partie nous toucherons quelque chose desdits Oiseaux
de poing, noûs en ferons neantmoins apres vn Traicté
à part.

---

Pourquoy aucuns Oiseaux de proye sont nommez<br>de leurre, & autres, de poing.

C H A P I T R E   I I I I.

CE seroit peu d'auoir dit que tous les Oiseaux propres à la Fauconerie sont appellez Oiseaux de
proye, & qu'ils sont neantmoins distinguez en Oiseaux
de leurre & de poing, si nous ne rendiós quelque raison
de ceste distinction & diuision. Ce que trouuant à propos
en ce lieu, nous disons l'Oiseau de leurre estre ainsi nommé, dautant que tous les Oiseaux que i'ay compris soubs
ceste qualité, sont Oiseaux legers aymans naturellement
aller au loin soustenus sur aisle & monter aux nuës, si
bien que pour les reprendre & faire reuenir à soy, il est
besoin qu'ils soient dressez au leurre ( duquel ie parleray
en son lieu & rang ) & lequel les Oiseaux estans sur aisle,
puissent mieux voir & recognoistre, y adioustant la voix.
L'Autour & l'Esperuier sont aussi nommez Oiseaux de
poing, dautant que pour attaquer le gibier à quoy ils
sont

font dreſſez, & les y iecter, ils ſont volontiers portez &
laſchez de deſſus le poing. Auec ce n'eſtás Oiſeaux legers,
n'allans au loing, & ne ſouſtenans aux nuës comme les
precedents : ains ſe tenans volontiers perchez ſur arbres,
il ſuffit qu'ils ſoient reclamez pour reuenir & ſe iecter ſur
le poing ; ores qu'ils ſe pourroient dreſſer au leurre qui
voudroit.

---

*Des Oiſeaux de leurre, & premierement du Faucon,*
*& de ſes eſpeces.*

## CHAPITRE V.

RESTANT donc reſolu que tout Oiſeau propre à
la Faucónerie eſt nommé Oiſeau de proye, & encore
qu'on les diuiſe en Oiſeaux de leurre & de poing, & que
ñous auós nommé par leurs noms particuliers tous ceux
qui nous ſemblent propres, & pour l'vn & pour l'autre, il
eſt raiſon que nous traictions chacun d'iceux à part & ſe-
parement. Et dautant que le Faucon eſt iugé par tous
bons Fauconniers le plus noble & apte entre ceux de
leurre pour donner du plaiſir à toute ſorte de vollerie,
nous le mettrons auſſi au premier rang & parlerons de
luy & de ſes ſpeces en particulier, Telles que ſont le Faucon pelerin, le Faucon gentil ou ſor, & Faucon niays,
tous neantmoins Faucons. Et ne faut trouuer eſtrange ſi
en la Fauconnerie l'on en faict plus d'eſtat que des autres
eſpeces, ny que celles-cy ſen ſcandaliſent, dautant qu'il a
vn honneur, & aduantage qu'ils ne peuuent auoir : Car
ſi nous voulós croire à Ouide en ſon vnzieſme liure, chapitre huictieſme des Metamorphoſes, il y eſt porté que
Dedalion, qui fut iadis vn fort vaillant homme, grand

Prince, grand Capitaine & frere du Roy Ceyx en la Tra-
chine apres la conqueſte de pluſieurs pays & grands faits
d'armes, du deplaiſir qu'il receut de la perte de ſa fille
Chioné miſe à mort par la Deeſſe Diane, d'vn coup de
dard, ſe precipitant du mont de Parnaſſe dans la mer, le
Dieu Apollon en ayant pitié le tranſmua en Faucon. Et
n'eſt à douter, ſi ceſte fictió eſt en quelque choſe à croire,
que les braues Faucons deſquels nous allons parler ne
ſoient venus de luy.

*Du Faucon Pelerin.*

## CHAPITRE VI.

LE Faucon Pelerin eſt dit tel, dautant que c'eſt vn Oiſeau duquel on ne trouua iamais l'aire. Moins a-on
peu ſçauoir en quel pays & region il baſtit, faict ſon nid,
& habite, & qu'il n'eſt pris par l'Oiſeleur, que venant
d'vn pays lointain, & faiſant comme vn pelerinage d'vne
nation en autre, il s'en prend aucunefois (mais rarement)
ſur les maſts & hunes des Nauires voguans en pleine
mer. Ce qui arriue lors que tels Oiſeaux venans de quelque nation fort lointaine trauerſans la mer par la longueur du vol qu'ils auront fait, & tourmentez bien ſouuét des véts qui les empeſchét de ne ſe pouuoir plus ſouſtenir ſur aiſle, par telle laſſitude ſont tellemét hors d'haleine & foibles, qu'aucuns ſont contraints de ſe poſer
ſur le maſt de quelque Nauire qu'ils auront par hazard
rencontré, voire ſe laiſſer prendre ſans oſer ſe remettre
plus à la mercy des vents & ſur aiſle. Tels Oiſeaux, quand
ils ſont prins, ſoit en mer ou en terre, ſont volontiers maigres & ont beſoin d'vn bon gouuernement, à cauſe du

trauail qu'ils prennét à venir de ſi loin. Ores que ſur terre ils ſe puiſſent paiſtre de tous bons paſts, comme eſtans Oiſeaux vaillans, legers, & courageux, voire plus qu'aucuns des autres Faucons. Entre tous les Oiſeaux de proye ſeruans à la Faućonerie, il obſerue en grandeur de corſage la mediocrité. Car le Gerfaut & Sacre ſont beaucoup plus gráds, le Laſnier, Taquarot & Emerillon plus petits. Tels Oiſeaux ont leur pennache par le deſſus ( c'eſt à dire les couuertures ) noires, vn peu neantmoins bordées de rouſſeur. Leurs longues pennes ſont bié longues & bien nourries, ſans qu'aucune faim, trauerſe ou faute naturelle les gaſte aucunement, tant les pere & mere les nourriſſent à propos dedans l'aire & de bons paſts: ils les ont neantmoins chargees de craſſe à cauſe de l'air marin. Ils ont le bec fort gros & court, bien crochu & fort noir, la teſte plus entremeſlee de rouſſeur qu'aucun des autres Faucons; la main grande & ſeiche & de couleur (auec le tour du bec & des yeux) de iaune doré. Ils ont le dumet des cuiſſes par le dedans tout blanc ſans aucune marque ny mail-heure: faict ſon eſmont comme vn Laſnier ſous ſoy, ores que tous autres Faucons eſmentiſſent vn peu plus loin & en arriere, ainſi que font les Oiſeaux de poing, nó du tout tant. Tels Oiſeaux ſe tiennent ſur la perche plus ioyeux & ſerrez en leur plumage, c'eſt à dire s'ils ſont bié en corps & pleins: finalement ils ont le regard plus fier que les autres comme plus courageux. Et dautant que ce ſont Oiſeaux rares & non ſi communs que les autres, ne s'en voit-il auſſi gueres qu'és Fauconneries des Roys & Princes curieux de toutes raretez. Tels Oiſeaux ont beſoin d'vne main experte & patiente, & d'vn bon traictement.

B ij

*Du Faucon for, autrement dit gentil.*

## CHAPITRE VII.

LE Faucon for ou gentil eſt celuy que le commun appelle de paſſage. Il eſt prins par ceux leſquels tendent aux Oiſeaux depuis le mois d'Aouſt iuſques en Ianuier ou Feurier. Tel Oiſeau fait ſon aire en pluſieurs & diuers pays, ſçauoir és montagnes d'Eſpagne, pays de la Calabre, Poüille & Sicile, és montagnes de Sauoye, Suiſſe & d'Allemagne, contrees à nous aſſez circonuoiſines & cognuës. Vne grande partie de tels Oiſeaux ſont prins dans les pays meſmes où ils ont eſté nez, ou és enuirons, & ce lors que n'ayás peu eſtre prins en l'aire, ils partét des rochers & montagnes où ils ont eſté nourris & vont pour giboyer & ſe paiſtre és plaines & campagnes circonuoiſines. Autres ſont prins plus loin des lieux de leur naiſſance, ayás eſchappé les ruſes qu'on leur dreſſe là és enuirons pour les prendre. Ils ſont appellez ſors, ſelon mõ iugement, comme qui voudroit dire ſortans ou s'eſſorans du pays & lieu d'où ils ſont nez. Ce mot auſſi de ſor ſe peut expliquer, comme qui diroit neuf, à raiſon du pennache: lequel outre ce qu'il eſt plus beau en ſon ſorage qu'autrement, n'en a-il auſſi eu d'autre que celuy-là. En ſorte que quand nous parlons des Oiſeaux de proye ſors, c'eſt lors qu'ils ſont en leurs premieres annees & premier pennache. Car ſ'ils ont plus d'vn an, ils ont mué de pennache & ſont appellez haguars, ou muès. Ce Faucõ ſor, gentil, ou de paſſage eſt dit gentil, comme eſtant à la verité plus propre & apte à dõner du plaiſir qu'aucun autre, eſt de meilleure nature & plus aiſé à affairer: voire plus aiſé

à dresser à toute sorte de volerie qu'aucun autre. Il est en
quelque chose tant soit peu plus grand de corsage que le
pelerin, ores qu'ils se rapportent fort en grandeur. Il a la
teste noire, ronde, assez petite, venant neantmoins en a-
pointât vers le bec. Aucuns l'ont pourtât fort emerillon-
nee, c'est à dire fort bigarrée en couleur. Il a au dessous des
yeux vne marque noire lui couurât presque toute la face.
Il a le tour du bec, des yeux, mains, & iâbes iaunes, la main
grande, seche, le bec & serres de couleur noire. Aucuns
ont les pennes de deuant (proprement dites parements)
fort rousses, les autres fort blondes, & aucuns fort brunes, & tous ont le dessus vn peu brun entremeslé de rousseur. Le Faucon pelerin & gentil sont de mesme nature,
estans tous deux delicats. Mais le sor ou gentil est plus
propre pour le plaisir que l'autre. Il demande vn traictement soigneux & delicat.

---

*Du Faucon niays.*

## CHAPITRE VII.

LE Faucon niays est celuy lequel se prend en l'aire,
estant encore, ou en partie couuet de son duuet, &
lequel est nourry en chambre ou à l'air iusques à entiere
perfection de ses pennes. Il se rend à la verité meilleur, &
son pennache plus fortifié, estant nourry à l'air que renfermé. Le Faucon niays venu en sa perfection, tant en
grandeur de corsage que de pennes, ressemble au gentil ou sor, non toutesfois si vaillant pour n'auoir prins sa
nourriture & accroissement seló son naturel. Il ne differe
en pennache au gentil, sinon pour ne l'auoir si fort &
bien nourry, quelque soin que l'aprentif puisse auoir de

sa nourriture, ne la luy baillant telle ne si à propos & selon
son naturel que les pere & mere. C'est pourquoy il en demeure plus foible & moins courageux. Il est dit aussi
niays, tant pour estre prins au nid ou aire, que pour ne
sçauoir rien que ce qu'on luy apprend, & n'a aucune cognoissance de vif ou proye, que celle à laquelle le Fauconnier le pousse à charne : & luy faict cognoistre. En sorte
que si tel Oiseau se venoit à perdre auparauant auoir esté
dressé & appris, il seroit pour mourir de faim aux cháps,
pour n'auoir adresse ny courage d'attaquer ou prendre
quelque proye pour se paistre que des Sauterelles, & tels
autres animaux. Ce niays est fascheux, aspre, aigre sur le
poing, criard, & peu souuent se veut-il percher en arbre,
que nous disons prendre branche ; incommodité non
petite. Si bien qu'au choix du Sor ou niays, le premier est
de beaucoup plus desirable & à choisir. Cestuy-cy se
rend toutesfois en fin bon & sage s'il est bien mené &
poussé à propos, mesmes apres la muë. Il n'a volontiers
le tour du bec, iambes & mains si hautes en couleur que le
Sor : ains les a plus pasles.

---



## CHAPITRE IX.

LE Gerfaut est l'Oiseau de proye le plus grád qui puisse seruir à nostre Faucónerie. Il ressemble à l'Aigle, &
mesmes aucuns l'ont tenu pour en estre vne espece. Aucuns sont de couleur tanee ou fumee ressemblás du pennache au Sacre ; autres sont tellement blóds qu'ils semblét
estre presque blács, mesmement les pareméts. Le Gerfaut
a le bec vn peu plus lóg à la façon de l'Autour que le Fau-

con. Il a ainſi que les autres Oiſeaux de proye, le bec &
ſerres noires, le tour du bec, iambes & mains de couleur
d'vn bleu paſle, il eſt aſſez haut enjambé, non toutesfois
à l'eſgal de l'Autour, & a la main & iambes fort groſſes:
auſſi eſt-il fort ſujeɛt au podagre, cloux, & enfleures des
pieds eſquels ſont ſujets les Oiſeaux de proye. Cet Oiſeau
eſt le plus fier & deſpiteux qui ſoit en toute la Faucónerie,
comme plein auſſi d'vne grande cholere & courage. En
ſorte que pour l'affaiter & dreſſer, il a beſoin d'vne main
experte & patiente: car s'il eſt rudoyé il ſe perdra pluſtoſt
de deſpit, que de flechir & ſe laiſſer vaincre & dominer.
Si au contraire il eſt traiɛté doucement & auec temps, il
ſe rend aiſé & plus que tout autre, apte à toute ſorte de
volerie, ſoit haute ou pour les champs. Il en eſt porté de
niays & de paſſage, les derniers toutesfois plus excellents.
Et nous ſont portez ordinairement du coſté des Alemagnes d'vne contree appellee Nouergue, qui eſt le long de
la mer Oceane Germanique. Autres ſont portez d'vne
Region qui eſt en la petite Aſie ou Aſie mineur nommee
le Pont, en laquelle eſt vne ville nommee Crenam, & par
le moyen d'aucuns habitans d'icelle nous les recouurons,
& ſont portez par deçà, & de tels Gerfauts faut-il faire
choix pour auoir prins leur naiſſance & accroiſſement du
coſté de l'Orient, qui leur cauſe quelque courage plus
grand que ne peut permettre le froid Septentrional, ſous
laquelle Region ſont nourris & eſleuez ceux qui ſont
portez des Alemagnes. Le Gerfaut ſur tous Oiſeaux de
proye eſt fort difficile au chaperon, & les faut rendre
bons chaperonniers auec temps & patience.

## *Du Sacre.*

## CHAPITRE X.

AV rang des Oiseaux pelerins quand nous mettrons le Sacre, il ne sera que bié à propos. Car non plus que du Faucon pelerin, aucun ne sçait son aire, ny de quel pays il vient : ains est prins au passage venant d'vne Region en autre. D'où sensuit que tant ceux-là, que ceux-cy, font leurs aires en Regions non encore descouuertes. Le Sacre obserue en grandeur, la mediocrité entre le Gerfaut & le Faucon. Le Gerfaut estant beaucoup plus grand & le Faucon plus petit. Il a le tour du bec, iambes, & main de semblable couleur que le Gerfaut : il a la iambe grosse, ronde, & la main, eu esgard au corsage, courte & grosse, d'où aussi est-il fort suject aux maladies, és iambes & mains, esquelles sont sujects les Oiseaux de proye. En son sorage il est de couleur fumee ou tanee, il a la teste fort plate : voire plus que nul des autres Oiseaux de proye, & a ses pennes mesmes de la queuë fort longues. Les mailhes de deuant (autrement parements) fort grandes, noirastres & entremeslees de quelque rousseur : il en est de fort bruns. Le Sacre a les yeux plus enfoncez dans la teste qu'aucun autre Oiseau de proye. C'est vn Oiseau plein de courage, hardy, & propre à toute sorte de volerie, soit pour Milan, Heron, Gruë, Canart, Corneille, ou pour les champs : il est d'assez bon affaire, estant Oiseau doux, & traictable, se rendant (deslors qu'il est bien dressé & affaité) voire autant qu'aucun autre Oiseau, suject aux volontez de son maistre.

Du bastard

## Du baſtard du Sacre.

### Chapitre XI.

ENcore que nature ait ſemblé obliger tous animaux de ne s'accoupler pour la generation & conſeruation de leurs eſpeces que chacun auec ſon pareil & de ſemblable eſpece, l'ayant auſſi chacune pourueuë de maſle & de femelle, & ſoit monſtrueux de voir vn Taureau ſaillir vn Iument, vn Cheual vne Vache, & ainſi des autres. Non moins auſſi parmy les Oiſeaux quand on verroit le Corbeau s'accoupler auec la Colombe, le Pigeó auec la Corneille, & ainſi des autres, pour engendrer & multiplier leurs races & eſpeces, on diroit auec verité que ce ſeroit contre nature. L'euenement & naiſſance toutefois de pluſieurs animaux & Oiſeaux diſſemblables ſoit en grandeur ou difformité de corps, couleur, poil, plumage ſouuent en membres & differente proportion contraires ou diſſemblables à la forme & qualité que nature a ordonné en chacun d'iceux nous demonſtre qu'il y peut auoir, voire qu'il y a du meſlange en la generation de diuerſes eſpeces, aucuns ne ſe contentans, ny obeiſſans aux loix de la premiere nature. Ce que (outre ce qui ſe peut voir parmy maints animaux) nous apprenons facilement parmy les Oiſeaux propres à noſtre Fauconnerie, dautant qu'il nous aborde des Oiſeaux leſquels nous ne pouuons iuger ne dire, Faucons, Gerfaux, Sacres, Laſniers, & ainſi des autres, pour ne retenir ny repreſenter, ſoit en grandeur, corſage, ny couleur, l'eſtre de ceux-là: ains participent, ores du corſage de l'vn, ores de la couleur, & ores de la grandeur des pennes d'vn autre, tellement que telle

bigarrerie a fait entrer en coniecture nos maistres que
diuers Oiseaux & de diuerses especes s'accouploient pour
la generation. Et selon la plus claire cognoissance qu'ils
en ont peu auoir, & moy apres eux, qu'il n'en y a que de
deux sortes. La premiere (de laquelle nous traitons) appellee bastard de Sacre, qui se fait quand vn Sacret (masle
du Sacre) s'accouple & s'apparie auec vn Lasnier, duquel
accouplement sont engendrez des Oiseaux, lesquels en
forme & grandeur de corsage retirent au Lasnier & les
pennes au Sacre, ce que naturellement ne peut arriuer en
l'ordre & espece seule des Lasniers sans vn meslage & ac-
couplemét de diuers Oiseaux. On demádera pourquoy
il ne se nomme aussi tost bastard de Lasnier que de Sacre.
C'est qu'en toutes especes, le bastard retient le nom du
masle qui l'a engédré, cóme le plus excellent ainsi qu'est
le Sacre & Sacret par dessus le Lasnier bastard : aussi est-il
dit comme engendré par adultere & non selon l'ordre &
obseruation de nature, c'est à dire non venu d'vne seule
& vraye espece d'Oiseau. Ce bastard donc retirera aux
deux, sçauoir du corsage au Lasnier, & des pennes au Sacre. Ce bastard dis-ie, est vn Oiseau fantasque, fascheux,
& s'en rencontre peu desquels on puisse tirer grand plaisir. Car on diroit ( & à mon iugement la verité est telle)
que le meslage de la nature de diuerses especes rend quelque plus grande bigearrerie en tels Oiseaux qu'és autres.
On voit aussi en toutes autres especes que les animaux
non engendrez seló le vray ordre de nature, sont volontiers fastanques. Le Mulet engendré de l'Asne & du Iument le nous certifie. Et si au discours des Bestes & Oiseaux, il estoit loisible d'y entremesler l'humain, il se trouuera par commune & fort frequente obseruation, que
ceux engendrez illegitimement, ont ie ne sçay quoy de

pire ( si nourriture ne surpasse nature) que les legitimes.
Il ne faut donc point trouuer estrange si parmy les Oiseaux procreez de diuerses especes, voire comme illegiti-
mes cela mesme se pratique. On fera donc iugement dudit bastard quand on le verra ainsi differend & bigarré
tant en pennes que corsage. Ses mains, iambes, & tour de
bec, sont de couleur d'vn bleu pasle, les serres & le bec
noir, & les yeux fort enfoncez dans la teste ainsi que i'ay
dit du Sacre, ou fort aprochant.

### Du bastard de Faucon.

## CHAPITRE XII.

TOVT ainsi que le Sacret & le Lasnier se meslent
quelquefois & s'amourachent pour engendrer des
bastards, le Tiercelet de Faucõ auec le Lasnier, ou le Lasneret auec le Faucon n'en font moins. En sorte qu'ils
viennent à s'amouracher & faire leur aire ensemble, c'est
à dire le Faucon d'vn costé, & le Lasnier de l'autre, auec
leurs masles de diuerse espece. Quelque-fois aussi ceste
coopulation se faict pour vne fois seulemét, d'où il s'engendre vn œuf En sorte qu'en tout l'aire ne se trouuera
qu'vn bastard. Or ces Oiseaux, ou Oiseaux engendrez du
Tiercelet de Faucon, auec le Lasnier, ou du Lasneret auec
le Faucon sont de mauuais iuger, nommer & recognoistre: Car il retire d'vne chose à l'vn & d'vne chose à l'autre. Cest Oiseau n'est moins fantasque & fascheux que
le bastard du Sacre, & difficilement en peut-on longuement retirer du plaisir. Il a la teste aprochante au Faucon,
& ses pennes bigarrees, ressemblans en vn endroit à l'vn
& en autre endroit à l'autre. Il a le tour du bec, iabes, &
mains assez hautes en couleur. De tels Oiseaux se ren-

contre-il rarement. Rarement aussi, & par faute d'autres
s'en faut-il seruir. Il s'en rencontre de niays & de passagers, ceux-cy neantmoins meilleurs.

---

*Du Lasnier niays.*

## CHAPITRE XIII.

TOVT ainsi que nous auons dit au precedent hui-
&ctiesme Chapitre, qu'il y a des Faucons niays, c'est à
dire prins en l'aire, l'experience nous faict voir qu'il en
est de mesmes des Lasniers. Le Lasnier donc niays est celuy lequel est prins encore petit dans l'aire & est nourry
en chambre, renfermé, ou au bois selon la commodité du
Fauconnier, iusques à l'entiere perfection & accroissement de ses pennes, & ne sçait rien que ce que son maistre
luy appréd. Tous Lasniers soient sors ou niays, sont enuiron de mesme grandeur de corsage que le Faucon, vn peu
pourtant moindre. C'est pourquoy nous auons dit le
Faucon tenir la mediocrité en grandeur parmy tous les
Oiseaux de proye, mesmemét de leurre. Ce Lasnier niays
est fort different de pennache au Faucon : Car le Lasnier
a son pennache plus blód & laue, & ne l'a si roux & brun
que le Faucon mesmes par le deuant, & sont ses mailhes
plus grádes, bordees & entournees de quelque rousseur
non si viue que celles du Faucon. Le Lasnier a la teste demy plate, & le Faucon l'a ronde. Celuy-là a la teste bigearre ainsi que le Milan, & le Faucon l'a noire, fors que
le pelerin. Le Lasnier niays a le tour du bec, iambes, &
mains de couleur d'vn bleu passe comme le Sacre, le bec,
& serres noires. Il a le dessus des aisles, tant manteaux,
conuertures, que de la queuë entremeslé & bordé de
quelque rousseur, & marqué de petites marques rousses,

ſ'entens en ſon ſorage, au lieu que le Faucon eſt volótiers
noir par deſſus. Le Laſnier porte ſes aiſles toutes cou-
chees & abbatuës le long de la queuë, & le Faucon les
croiſe les vnes ſur les autres. Le Laſnier niays eſt criard,
facheux, aſpre à ſe paiſtre ſur le poing Mal-aiſement non
plus que le Faucó niays veut-il prédre branche, meſmes
ceux qui ont eſté nourris en chábre réfermez, & leur faut
apprendre tout ce qu'on veut qu'ils faſſent. Aucuns toutesfois s'y addonnent mieux & ne ſont pas criards. Cela
procede pour auoir eſté prins vn peu plus gráds en l'aire,
à cauſe dequoy ils ſont plus pleins de courage; & de tels
niays faut-il faire election.

---

*Du Laſnier ſor, ou autrement de paſſage.*

## CHAPITRE XIIII.

ENCORE que ſa couleur, grandeur, & marques des
pennes des Laſniers, ſors ou de paſſage, ſoient ſemblables à celles des Laſniers niays, le ſor neantmoins les
a plus belles, fortes, & viues en couleur que celles des Laſniers niays, comme mieux nourries ſelon le naturel de
l'Oiſeau. Et y a ceſte difference entr'eux, que le vray Laſnier de paſſage n'a point ſes pénes de deſſus bordees d'aucune bordure ny rouſſeur comme le niays. Ores qu'ils ne
reſtent d'auoir quelque mailhes & petites tachas par le
deſſus, qu'on appelle aiglures communes auec les niays;
les vns plus, autres moins, & d'autres point du tout: eſtans
ceux-cy nommez Oiſeaux d'vne piece, comme eſtans
de meſme couleur depuis la teſte iuſques au bout de la
queuë, & de tels Oiſeaux ſe faiɔ̌t bon ſeruir. Ce Laſnier
ſor, ou de paſſage eſt prins comme & en la meſme façon

que le Faucon gentil és enuirós des pays où il est nay, &
lors que s'esgarant des montagnes, il se iecte dans les
plaines voisines pour prendre quelque proye, & se paistre. Le Lasnier, tant niays que sor, faict volontiers son
aire dans vn rocher és pays de Suisse: Sçauoir, Poüille, Calabre, & Sicile. Ce sor a le tour du bec, iambes, & mains,
plus hautes en couleur, & iaunastres que le niays, pour a-
uoir esté mieux nourry.

*Du Taguarot.*

## CHAPITRE XV.

LORS que nous auons parlé de tous les Oiseaux de
leurre propres à la Fauconnerie, nous auons nommé
le Taguarot, lequel aucuns de nos maistres ont voulu tenir pour vne espece de Faucon. Ie croy neantmoins qu'il
faict son espece à part, oresqu'en quelque chose, mesme
de la teste, il retire au Faucon. Cest Oiseau peut estre mis
au rang des Oiseaux pelerins, estant Oiseau prins seulement au passage, sans qu'on sçache où il faict son aire: ne
s'en voit il aussi de niays. Il est Oiseau rare & non moins
que le Faucon Pelerin, & ne s'en rencontre si communement, ny en telle quantité que des autres. Il est Oiseau
hardy, & propre à toute sorte de volerie. En grandeur de
corsage il est moindre que le Lasnier, & est fort brun, tant
ses parements que couuertures. Ce brun neantmoins par
le deuát entremeslé & bordé de quelque rousseur, le brun
toutesfois surpassant de beaucoup le roux. Il est de son
pennache beaucoup plus racoursi, mesmes de la queuë
que les autres. Il a le tour du bec, iambes, & mains fort
iaunes, les serres & bec noirs. C'est vn Oiseau fort deli-

cat, & a befoin d'vn bon & doux traictement, & non
moins que le Faucon pelerin. Aucuns le nomment Tar-
tarot, comme croyans qu'il vient du pays de Tartarie;
chofe à mon iugement à tous Fauconniers de par deçà
incogneuë.

---

*De l'Emerillon.*

## CHAPITRE XVI.

POVR fin des Oifeaux de leurre, nous parlerons de
l'Emerillon, qui eft vne efpece d'Oifeau pelerin, dautant qu'il n'eft prins qu'au paffage, & ne fçait-on où il
faict fon aire non plus que les precedents, mais il en eft
en plus grande quantité. Qui nous donne quelque iugement qu'il n'habite fort loing de nos côtrees. C'eft l'Oifeau le plus petit de tous, n'eftant guere plus gros que le
poing : il a la tefte fort bigearre en couleur, comme auffi
tout le deffus, à la façon du Lafnier. Il a les mains, iambes,
tour du bec, & des yeux fort iaunes, le bec & ferres noirs.
C'eft vn petit Oifeau fort courageux, le plus leger & vifte
de tous les Oifeaux de proye. Il n'eft toutesfois propre à
caufe de fa foibleffe, que pour les cháps, Merle, Aloüete,
& autres tels petits Oifeaux de peu de deffence, il eft Oifeau fort delicat, & faut en auoir grand foin.

---

*Des Oifeaux de poing, & premierement de l'Autour.*

## CHAPITRE XVII.

AV troifiefme Chapitre de cefte premiere Partie de
nos Rudiments, nous auons dit l'Autour & l'Efper-

uier tenir & estre la seconde espece des Oiseaux de proye lesquels nous auons nommez Oiseaux de poing. Nous auons aussi au Chapitre quatriesme rendu la raison pou-laquelle ils se nommoient Oiseaux de poing, ce qui sufr fira pour ce regard. Il faut maintenant donner à cognoi-stre à nostre apprentif quel est cest Autour. C'est donc vn Oiseau de proye grand, voire plus qu'aucun des autres, desquels nous auons parlé, excepté le Gerfaut: il est Oi-seau long de son corsage, les pennes de la queuë fort lon-gues, celles des aisles, mesmes les principales & maistres-ses plus racourcies qu'aucun des autres Oiseaux de proye; neluy outrepassans pas au dessous des mâteaux plus de trois ou quatre trauers de doigt; au lieu que tous ceux desquels nous auons parlé, leur tombent jusques au bas de la queuë. Il est en son sorage fort blôd, auec quelques mailhes par le deuant longues & noirastres, & aucunes faictes en forme de cœur. Il a la teste & le bec lôg; le bec, langue & serres noirs, plus que nul autre Oiseau de proye, haut enjambé, & ayant la main & serres grandes & for-tes, de couleur auec le tour des yeux & du bec iaunes s'il est bien nourry. Il fait son aire sur les arbres, d'où c'est que mieux qu'aucun des autres, il prend naturellement bran-che: il nous est porté niays, branchier & de passage, & fait son aire és montagnes de Soix, Espagne (& de ceux-là se fait bon seruir) Suisse, Sauoye, Forests des Ardenes & pays d'Allemagne. Nostre Frâce en a aucuns d'aires, mais pour telle rareté, il ne luy en faut attribuer aucune pro-prieté. L'Autour est propre pour voler, attaquer & pren-dre la Perdrix & le Phaisant, estât trop pesant, & n'ayant assez de corps pour estre mis & iecté à plus haute vo-lerie.

De l'Esperuier.

*De l'Esperuier.*

## CHAPITRE XVIII.

SI ce n'estoit pour n'obmettre rien de la cognoissance que doit auoir nostre aprentif de tous les Oiseaux
propres à la Fauconnerie, ie ne m'amuserois à parler de
l'Esperuier, lequel nous auons mis au rang des Oiseaux
de poing, estant cest Oisillon tant commun & recogneu
d'vn chacun, qu'il n'est guere touffe de bois en ce Royau-
me qu'il ne s'y en rencofitre vne aire. Pour ne manquer
dóc, ie dis l'Esperuier estre vne espece d'Oiseau de proye,
estant le plus petit de tous ceux qu'auons dit seruir à la
Faucónerie, excepté l'Emerillon. A cause aussi de sa petitesse, & foiblesse n'est-il propre qu'aux Perdriaux, Caille,
Merle, Iay, & autres petits Oiseaux de peu de deffence
& volees, chacun gardant sa proportion, il ressemble du
bec, yeux, mains, iábes & serres, à l'Autour & haut en iábes. Il n'est si blond que l'Autour, il en est pourtant aucuns fort roux par le deuant. Il a communement l'esto-
mac blanc esmaillé de marques noires, faictes la plus part
en cœurs, le dessus noir ou gris fort obscur, esquelles y a
certaines mailles & plumes blancheastres: sur les reins il a
les principales pennes de l'aisle racourcies, comme l'autour, & celles de la queuë fort longues, trauersees de barres ou marques noires. C'est vn Oiseau fort aisé à affaiter
& dresser, & n'en y a aucun si facile & moins fascheux. Il
est pourtant fort delicat, & ne peut guere long temps
supporter vn rude & mauuais traictement, moins la rigueur d'vn aspre hyuer, sinon auec grand soin.

D

*Que de toute espece d'Oiseau de proye il y a masle & femelle,*
*de leurs noms & difference.*

## CHAPITRE XIX.

AINSI qu'à tous autres animaux, Dieu a donné à tous
Oiseaux de proye le masle & femelle, pour engendrer & conseruer leur espece. Mais c'est au contraire de
presque tous les autres animaux, voire Oiseaux, lesquels
prennent en chacune espece la nomination du masle. En
la Fauconnerie au contraire chacune espece prend le nom
de la femelle: car le Faucon, Gerfault, Sacre, Lasnier, & autres qu'auons nommez sont femelles, & mises au premier
rang comme meilleures, plus fortes & hardies. A quoy se
rapporte l'adage commun de l'homme inferieur, soit en
corps ou esprit à sa femme: car on dit qu'il ressemble à
l'Esperuier: lequel vaut plus que son masle, comprenant
sous le nom de l'Esperuier toute autre espece d'Oiseau de
proye. Chose contraire à tous autres animaux, le masle
desquels est tousiours plus grand, fort & courageux que
la femelle. Et puis que tous les Oiseaux desquels nous a-
uons parlé sont femelles, & qu'ils ont chacun leur masle,
il faut que nostre apprentif en sçache les noms & differences, afin que quand il abordera quantité d'Oiseaux,
soient de leurre ou de poing, il puisse recognoistre
les masles de chacune espece d'auec leurs femelles.
Le Faucon donc a pour son masle le Tiercelet de Faucon, le Gerfaut son Tiercelet, le Sacre son Sacret, le Lasnier son Lasneret, le Taguarot son Tiercelet, l'Esmerillon a aussi le masle de son espece auquel on n'a attribué
de nom pour le peu de difference qu'il y a entre le masle

& femelle de ceſte eſpece; ſi en eſt-il de plus petits les vns
que les autres, que ie tiens pour les maſles. Et au regard
des Oiſeaux de poing, l'Autour a ſon Tiercelet, & l'Eſperuier ſon Mouſchet. Pour la difference du maſle & femelle cy deſſus nommez, voire de tout autre Oiſeau de
proye, elle ſe prend & recognoiſt à la grandeur du corſage, tous les maſles eſtans beaucoup plus petits que les femelles, ſe raportent neantmoins, & reſſemblent en pennes, marques, couleur, bec, iambes, & mains, ſans y auoir
autre difference que de la grandeur & proportion. C'eſt
pourquoy les maſles ne peuuent eſtre ſi vaillans ny faiſans tels efforts que leurs femelles, eſtans moindres en
force & corſage, ores qu'ils ayent meſme & ſemblable
courage : Ce qui demonſtre que nature a voulu obſeruer
en tels Oiſeaux d'autre particulier & ſecret reglement &
ordre qu'és autres, leſquels nous voyons domeſtique-
ment ainſi que d'Indes, poules, oyes, canes, colombes, &
autres : le maſle deſquels, voire des autres champeſtres
eſt touſiours plus grand & ſuperieur que les femelles,
comme auſſi plus fort & vigoureux.

---

*De la difference des Oiſeaux de leurre, & comment l'Apprentif*
*pourra diſcerner & recognoiſtre chacune*
*eſpece d'auec l'autre.*

## CHAPITRE XX.

ENCORE que ce que nous auons dit ſoit ſuffiſant
pour recognoiſtre la difference de chacune eſpece
d'Oiſeau de proye, ſi m'a-il ſemblé profitable pour l'Apprentif, de raſſembler & faire comme vn recueil en ce lieu
des plus remarquables differences qui ſe puiſſent iuger &

recognoiſtre entre tous les Oiſeaux de proye, pour les diſcerner les vns d'auec les autres, afin qu'ayás pris pluſieurſ & diuers Oiſeaux par les moyens qui ſe pratiquent pour ceſt effet, ou rencontrans pluſieurs cagees de diuers Oiſeaux, ainſi qu'ils nous ſont portez par les eſtrangers, il les puiſſe bien recognoiſtre & diſcerner, voire les nommer promptement ſelon leurs qualitez. Ce qu'il pourra faire, conſiderant ce qui s'enſuit. Le Gerfaut en premier lieu eſt le plus grand de tous les Oiſeaux de proye deſquels nous nous ſeruons, approchant à la grandeur d'vne petite oye. Il eſt le plus laué & blancheaſtre par le deuant, ayant neantmoins les pennes de deſſus comme tannees, & approchátes de la couleur de celles du Sacre. Bien eſt-il remarquable que ſelon la grandeur de l'Oiſeau, il n'a les maiſtreſſes pennes de l'aiſle tant alongees que les autres Oiſeaux de leurre, car il eſt en quelque choſe plus racourcy, il eſt fier au regard, & les yeux gros & bien hors de la teſte, c'eſt à dire non enfoncez. Le Sacre differe dudit Gerfaut, en ce qu'il eſt moindre en grandeur de corſage, neantmoins grand Oiſeau. Ses pennes ſont plus lógues, voire plus que de nul autre Oiſeau de proye, & ſont comme tannees auec quelques grandes mailles noiraſtres par le deuant, & a les yeux fort enfoncez dans la teſte. Voila les principales differences d'entre le Gerfaut & le Sacre. Car au regard des mains, ſerres, & bec, ils les ont de ſemblable couleur, chacun gardant ſa proportion. Le Faucon ſoit pelerin, gétil ou niays, differe des ſuſdits, pour eſtre encore moindre en corſage. Il eſt roux par le deuant, ayant des mailles noires parmy ceſte rouſſeur, aucunes en forme de petits cœurs : il a la teſte & le reſte du corps par le deſſus plus noir que nul autre. Il a vne marque noire aux deux coſtez de la face, ſous les yeux, non có-

muns aux autres Oiſeaux de pr oye quoy que ſoit ſi grande. Il a la teſte plus ronde, le tour du bec, iambes, &
mains, plus hautes en couleur que les autres, meſmes le
pelerin, & gétil. Le Faucó doit croiſer fort ſes aiſles, & les
autres non, quoy que ſoit, nó tant: Le Laſnier eſt diſſem-
blable à tous les autres. Car ores qu'il ſoit de la grandeur
en corſage ou enuiron du Faucó, il a ſon pennache plus
bigearre, aucuns Laſniers eſtans fort blonds par le deuát
auec quelques petites mailles noires : autres ſont fort
bruns & tous ayans le deſſus plus entremeſlé & bigarré,
de rouſſeurs, & aiglures, qu'aucun des autres : il a auſſi la
teſte approchante de celle du Milan, & l'a plus plate &
non tant ronde que le Faucon. Le Laſnier s'il n'eſt de
paſſage a le tour du bec, iambes, & mains, de couleur d'vn
bleu paſle. Le baſtard du Sacre differe à tous ceux-là,
eſtant en quelque choſe plus grand que le Laſnier, & a la
teſte qui luy retire & tout ſon pennache veut retirer ores
à celuy du Laſnier & ores au Sacre, mais beaucoup plus
à celuy du Sacre. Il a les mains & tour du bec de couleur
bleuë, & les yeux ainſi que le Sacre enfoncez dans la teſte.
Le baſtard de Faucon a la teſte faicte ainſi que le Faucon,
& le ſurplus retire au Laſnier, excepté qu'il a le tour du
bec, iambes & mains, plus hautes en couleur, tirás ſur le
iaune. Le Taguarot ſera moindre en corſage que les precedens, eſtát fort brun par le deuant, entremeſlé toutesfois d'vne rouſſeur fort viue & comme flamme de feu, il a
la teſte preſque ſemblable au Faucon, & le tour du bec,
mains, & iambes, hautes en couleur, & tirant ſur le iaune d'oré. Il ne differe pas fort au Faucon ſinon en grandeur, n'eſtant grand que comme vn Tiercelet de Faucon
ou enuiron, au regard de l'Eſmerillon: ſa petiteſſe le fera
touſiours recognoiſtre parmy les autres, ioinct que pour

son pennache il veut retirer au Faucon, excepté le deſſus
qui eſt vn peu plus griſatre. L'apprentif me queſtionnera
comment parmy tous ſes Oiſeaux , il recognoiſtra les
maſles de chacune eſpece d'auec les femelles? encore que
ie le penſe auoir aſſez ſatisfaict au precedent dixneufieſme Chapitre, neantmoins pour le contenter ie rediray
encore en ce lieu que le maſle de chacune eſpece deſdits
Oiſeaux, & deſquels nous faiſons mention , ſont aiſez &
faciles à recognoiſtre d'auec leurs femelles, eſtans beaucoup plus petits , ayants pourtant ſemblables pennes &
marques, n'y ayant difference qu'en la grandeur. En ſorte
que quand l'Apprétif vera vn Gerfaut & vn autre Oiſeau,
d'vn tiers ou plus moindre que luy, ſemblable neantmoins à luy, tant en pennes, marques, couleurs, mains,
& iambes , il pourra lors facilement iuger que c'eſt le
Tiercelet de Gerfaut, maſle du Gerfaut. Et ainſi pourra-il
recognoiſtre le maſle de tous les autres entrant en ſemblable conſideration , & les nommera de leurs noms
ainſi que nous luy auons enſeigné audict dixneufieſme
Chapitre, ſi bié que l'Apprentif ſe rencontrant enlieu où
il y aura quantité d'Oiſeaux differés & de diuerſes eſpeces,
ayant promptement en memoire ce que ie viens de dire,
il iugera & diſcernera facilement chacune eſpece d'Oiſeau tant maſles que femelles. A quoy pourtant ie diray
que pluſieurs ayans longuement prattiqué les Oiſeaux, ſe
trouuent fort empeſchez.

*De la difference des Oiseaux sors d'auec les muez.*

## CHAPITRE XXI.

DAVTANT qu'il est naturel à tous Oiseaux indif-feremment,& par consequent aux Oiseaux de proye de muer tous les ans de pennes, tant grandes que peti-tes, & y en reuenir de nouuelles au lieu des premieres, il est aussi requis à l'Apprentif de sçauoir recognoistre quels sont les sors & quels les muez. Car ceux qui portent de diuers païs lesdicts Oiseaux en portent souuent des muez, proprement nommez haguards, desquels ne se faict bon seruir, mesmes s'ils sont haguards de plusieurs muës, estans Oiseaux fantasques, aimans le change, & s'ils sont fort vieux s'amusent à escharboter & aller à la charongne. L'Oiseau mué donc ou haguard se recognoistra d'auec le sor, en ce que les pennes muees ne ressemblent aucune-ment les sores, car les sores sont plus brunes ou tannees, & les muees reuiennent blanches & grises, le gris tirant sur le brun, & ainsi chacune espece d'Oiseau se bigearre en cou-leur en muant & changeant de pennes. En sorte que plus vn Oiseau aura mué souuent, plus blancheastre il de-uiendra, & par consequent les marques grises, ou brunes qu'il auoit en ses pennes & paremens deuiendront par suite d'annees plus petites. La principale cognoissance donc des Oiseaux muez d'auec les sors despend & consiste en ce, que ceux-cy sont blonds, roux, ou bruns, & ceux-là blancs & gris, ou blancs & bruns.

*De la nature des Oiseaux de proye, notamment de leurre.*

## CHAPITRE XXIII.

IL ne faut douter que toutes choses indifferemment ne soient composees des quatre elemés. Sçauoir, du chaut, du froid, du sec, & humide. Nous n'entrerons point en curiosité ny recherche, comment ceste composition tant diuerse faict vne si belle harmonie és corps. Nous nous contenterons de dire que Dieu a estably cest ordre, & l'a ainsi ordonné, & laissans la curiosité à nos Philosophes, nous nous tiendrons en nos bornes, & nous contenterons de rechercher & recognoistre la naturelle humeur de nos Oiseaux de proye, afin qu'il soit plus aisé à nostre Aprentif de les traicter; soit en leurs pasts, ou les secourir en leurs maladies & accidents. Nostre Aprentif sera donc auerty qu'auec tous les autres corps, les Oiseaux de proye participent & sont composez de ces quatre humeurs elementaires, & que selon l'aspect, climat ou region, où ils sont nez & ont pris leur accroissement & nourriture, ils se ressentent de la mesme temperie ou intemperature de leur climat, & ne faut douter que ceux qui sont portez des pays Orientaux ou du Midi, participent plus du feu; d'où s'ensuit qu'ils sont plus sanguins, & par consequent remplis d'humeur bilieuse & colerique: au contraire ceux qui sont portez des pays Septentrionaux & aquatiques, l'humide & froid veulent dominer en eux. Aussi à la verité ne sont-ils de si mauuais affaire que les autres, ils ne sót aussi tant vaillans ny hardis, en sorte que nostre Aprentif sera asseuré que si les Oiseaux sont portez d'vn climat chaud, qu'ils seront sanguins, choleres, bilieux, fiers, des-

piteux,

piteux, & fafcheux à faire & dreffer qu'ils feront neantmoins vaillans, & hardis, fi d'vn climat froid ou aquatique qu'ils participeront à telle humeur, & feront flegmatics, pefans, & non fi courageux. Il fe peut toutesfois
coniecturer & recognoiftre par la coction que font tous
Oifeaux de proye de groffes gorges de chair cruë par le
courage qu'ils ont d'ataquer & prendre les plus grands
& forts Oifeaux, comme auffi par le defpit, cholere &
fierté defquels (les vns toutesfois plus, les autres moins)
ils font tous pourueuz, qu'il faut par neceffité qu'en tous
Oifeaux de proye, la chaleur domine plus ou moins felon le climat d'où ils font venus. Car encore qu'il femble, & que nous ayons n'agueres dict, que les Oifeaux
venans du cofté Septentrional & aquatique, foient plus
flegmatiques que les Orientaux, ou Meridionaux, il ne
s'enfuit pourtant fi eftroitement que la chaleur naturelle
ne domine en eux, mais à la verité non tant ne vertueufe-
ment qu'és autres. Le Faucon & Gerfaut participét plus
de l'element du feu que les autres, auffi font-ils plus vaillans & hardis. Et au Lafnier & Sacre, l'humeur humide
femble dominer, d'où font-ils auffi flegmatics. Or à
toute cefte intemperie d'humeurs l'Apprétif y pouruoira
pour les corriger ainfi qu'il luy eft cy apres enfeigné.

---

*Quel choix on doit faire des Oifeaux de leurre, quelles marques,*
*indices, & fignes font les meilleurs, pour iuger*
*ceux qui doiuent eftre plus excellens*
*que les autres.*

## CHAPITRE XXIII.

NATVRE par l'experience nous apprend que tous
animaux portent auec eux certaines marques & in-

dices de leur bonté ou peu de valeur. Nous experimen-
tons le semblable és Oiseaux nommez de proye, esquels
on recognoist certaines choses pour vrays arguments, &
indices de leur bonté à l'aduenir, & au contraire d'autres,
du peu qu'on en doit esperer & faire estat. Passans par
dessus celles des bestes, nous nous arresterons sur le fil de
nostre traicté, & dirons que nostre Apprentif doit premierement remarquer en l'Oiseau ou Oiseau qu'il voudra auoir, eslire & choisir pour mieux esperer qu'ils seront
Oiseaux courageux, bons & de bon affaire, les marques
& indices qui s'ensuiuent, & qui seront à obseruer en
toutes sortes d'Oiseaux de proye indifferemment, comme communes & generales à tous, mesmement de leurre.
En premier lieu, pour la bonté à esperer és Oiseaux, les
pays & contrees où ils sont nays, & d'où ils sont portez
sont fort considerables. Car (ainsi que nous auons dit au
precedent Chapitre) ceux qui viennent du costé de l'O-
rient ou Midy, sont plus à choisir, comme estans courageux & hardis : Pour raison que le Soleil qui est dominât
sur telles contrees leur donne quelque viuacité & courage plus grand qu'à ceux qui viennent ou sont portez du
climat Septentrional, ou Occidental. D'autant que le mesme Soleil n'exerçant sur ces contrees si bien sa vertu, fait
que les Oiseaux en demeurent plus pesans, tardifs, &
moins courageux. Aussi experimentons-nous clairement,
que les Oiseaux qui nous sont portez de la Poüille, Calabre, & Sicile, pays selon nostre aspect Orientaux, ou des
montagnes d'Espagne, contree meridionale, sont meilleurs & plus exquis que ceux qui sont portez des Allema-
gnes, partie Septentrionale ; ores que ceux-cy ne laissent
d'estre beaux & grands Oiseaux, mais moins pleins de
courage. En sorte que ce sera pour precepte premier, que

noſtre Apprétif ſera choix beaucoup pluſtoſt de ceux-là,
à faute deſquels il ſe ſeruira de ceux-cy. En chacune eſpece
d'Oiſeaux de proye les plus gráds ne ſont les plus deſira-
bles, ne à choiſir, cóme auſſi les plus petits. Les premiers,
pour leur grandeur & peſanteur ne peuuent fournir à ce
qui eſt requis pour donner du plaiſir. Ceux-cy pour leur
petiteſſe & foibleſſe ne peuuent mettre à effect ce à quoy
leur courage les porteroit bien. A ceſte occaſion (ainſi
qu'en toutes autres choſes) la mediocrité en chacune eſpece deſdits Oiſeaux eſt fort loüable & à choiſir. Il ne
faut donc faire choix & election des plus grands Oiſeaux,
ny auſſi des plus petits, en chacune eſpece, ains de ceux
leſquels tiennent la mediocrité : Car ils ſe trouuent beaucoup plus propres, & aptes à donner du plaiſir. Ceſte
proportion ſe doit donc (en tant que l'on peut) garder és
Oiſeaux de proye tant maſles que femelles, deſquels il
y en a de beaucoup plus grands les vns que les autres en
vne chacune eſpece ; ainſi que par exemple, s'il ſe rencontre trois Gerfaux deſquels l'vn ſera fort grand, l'autre moyen, & le tiers plus petit, il ſera bon de prendre
& choiſir le moyen, & conſequemment en faire le ſemblable de toutes les autres eſpeces d'Oiſeaux. Il faut auſſi au
choix deſdis Oiſeaux, regarder s'ils ſont bien entiers, c'eſt
à dire que leurs pennes ſoient bien nourries, non rompuës, fauſſees, ne albreuees, & qu'il n'y ait point aucune
trauerſe de faim enduree lors qu'ils eſtoient petits. Qu'elles ſoient en leur nombre entier, qui ſont de ſix maiſtreſſes pennes en chacune aiſle, & douze en la queuë. Que
l'Oiſeau ſoit par le deuant & aux grandes mailles qui ſont
ſous les aiſles pluſtoſt roux & de feu, c'eſt à dire de couleur ardente auec de grandes mailles noires & bien for-
mees & nourries, que paſle & laué. Que l'aiſleron ſoit

fort releué vers la teſte, & non bas, couuert & renfermé
des plumes qui ſont entre le col & l'aiſleron. Qu'il ait la
main grande, ſeche: c'eſt à dire non groſſe, & pleine d'humeurs, ne charnuë, & ſoit pluſtoſt haute en couleur que
paſle. Qu'il ayt les ſerres grandes, bien noires & pointuës,
le bec court & gros comme celuy d'vn Perroquet, & la
langue plus noire que blanche. Son eſtomac ſera large à
pleine main ſelon la proportion de l'Oiſeau, & aura l'autre cuiſſe ſi largequ'on y puiſſe paſſer la paume de la main
entre deux. Que le brayer luy tombe bien bas le long de
la queuë, & ſoit bien garny de petites mailles ou marques
noiraſtres, ou rouſſes. Que l'Oiſeau ne ſoit point criard
ainſi que ſont volontiers les niays. Qu'il ſoit bien nourry,
ayant la chair de la poictrine autant auancee que l'os d'i-
celle. C'eſt ſigne d'vn Oiſeau leger & fort, lors que ſon
debattement regarde pluſtoſt en haut que ſous le poing
ou perche. Vn autre bon ſigne & marque eſt à obſeruer
quand vn Oiſeau eſt bien carré, c'eſt à dire large d'eſpau-
les & reins, & qu'il n'a point les pennes, meſmement de la
queuë trop longues, ains eſt veu en eſtre en quelque
choſe racourcy: finalement faut auoir eſgard au poids,
& peſanteur de l'Oiſeau. Dautant qu'eſtant peſant ſur le
poing ſelon ſa grandeur & eſpece, ſignifie que l'Oiſeau
ſera fort & leger. Peut-on prendre auſſi indice de la bonté & force de l'Oiſeau, lors qu'il a les eſcailles de deſſus les
doigts & iambes fort rudes. Les Oiſeaux qui ſont d'vne
couleur depuis la teſte iuſques au bout de la queuë par
le deſſus ſans eſtre bigarrez d'aucunes marques ne aiglures (que nous auons dict eſtre nommez Oiſeaux d'vne
piece) ſont fort à deſirer, & à choiſir, pour eſtre Oiſeaux
faciles & de bonne nature. Les Oiſeaux auſſi qui ſont
fort couuerts d'aiglures par le deſſus, en ſorte qu'ils en

femblent roux, ayans les autres bons indices fus defignez
ne font à mefprifer ainfi que plufieurs font, car ores qu'au
commencemét ils foient plus difficiles & fantafques que
les precedens, ils fe rendent en fin ( eftans conduis &
dreffez auec patience,) plus vaillans & plaifans que les
autres. Si toutes ces chofes font bien recognuës & remar-
quees à vn Oifeau de quelque efpece qu'il puiffe eftre, ce
fera par le defaut , ignorançe, ou negligence de noftre
Apprentif, s'il ne fe rend exquis. Comme auffi tout le
contraire des fignes fufdits fe rencontrans en vn Oifeau
ne peuuent eftre que mauuais & finiftres augures de fa
bonté. Si toutesfois noftre Apprentif n'en trouue d'autres, il s'en faut feruir, & faire en forte que l'induftrie, peine & curiofité qu'il prendra à dreffer tel Oifeau mal marqué, repare & fuplee aux defaux de nature, & le rendre
plus exquis & meilleur que nature ne luy en a voulu
donner les marques & indices. Voila donc tous les meilleurs & plus finiftres fignes que l'art de la Fauconnerie
nous permet de recognoiftre aux Oifeaux de proye pour
preiuger leur valeur ou le contraire.

---

*Comment le Faucon & Lafnier fors ou de paffage, fe peuuent
recognoiftre d'auec les niays.*

## CHAPITRE XXIIII.

LEs Oifeliers qui portent en nos contrees és mois de
Iuin & de Iuillet, les Faucons, Lafniers, & autres Oifeaux niays, n'en ayans peu vendre aucuns ny s'en deffaire, font contraints de les remporter en leur pays, & les
gardent iufques és mois de Nouembre, Decembre, &
Ianuier, qu'ils reuiennent auec les fors, ou autrement de

paſſage; parmy leſquels ils r'apportent de rechef ces niays qui leur eſtoient reſtez & bien ſouuent les vendent pour paſſagers. A quoy il n'eſt impertinent qu'vn Apprentif fuſt trompé (puis que pluſieurs vieux Fauconniers s'y eſcartent ſouuent) s'il n'en eſtoit aduerty, & qu'on ne luy euſt monſtré & dit comme quoy il faut diſcerner les vns d'auec les autres, & ce qu'il y a de difference entr'eux. Ie luy dis donc que telle diſſemblance ſe peut en premier lieu recognoiſtre par comparaiſon du pennache : Car l'Oiſeau de paſſage a ſes pennes mieux nourries, plus fortes & aiguës, & plus friſees par le dedans des longues & maiſtreſſes pennes de l'aiſle que le niays, lequel a ſon pennache mal nourry & albreué. Le paſſager ſe tiendra ſur la perche plus ioint & ſerré dans ſes pennes, & le niays plus heriſſé. Le tour du bec, iambes, & mains de celuy-là ſerót plus hautes en couleur, & celles de ceſtui-cy plus paſles. Les mailles qui ſeront au deuant & ſous les aiſles du paſſager, ſeront plus grandes, mieux nourries, bordees & entremeſlees de quelque rouſſeur plus viue que du niays. Si l'on deſcouure ou deſchapperóne le niays, il ſe debattra & fera plus le ſauuage & haguard que le ſor, lequel ſemble demeurer plus ferme ſur le poing ; non que cela luy procede d'aſſeurance : ains pluſtoſt d'eſtonnement. L'Oiſeau de paſſage quoy que ſoit, n'agueres prins , ſera plus haut en corps & mieux nourry que le niays, cõme ſe reſſentant encore des bons paſts qu'il prenoit eſtant en liberté & ſe nourriſſant à ſon plaiſir. Le niays (meſmement le Laſnier) a toutes ſes pennes de deſſus, tát grandes que petites bordees de quelque rouſſeur paſle, & le paſſager n'en y a aucune. Voila donc les principales differences que noſtre Apprentif obſeruera, pour recognoiſtre & diſcerner les Oiſeaux de paſſage d'auec les niays.

# SECONDE PARTIE
## DE LA
# FAVCONNERIE.
### *ARGVMENT.*

*Ceste seconde Partie contient le temps auquel tous Oiseaux de proye font leurs aires, ponnent, couuent, & espelissent leurs œufs; quel traictement il faut bailler, & comme quoy il faut gouuerner & traicter, tant les Oiseaux niays, descendus de l'aire, que lors qu'ils sont grands & bien allongez, comme quoy aussi il faut gouuerner les branchiers & passagers. Ensemble la methode de les sillier, garnir de leurs garnitures. Il y est monstré aussi le moyen pour desgluer l'Oiseau de passage prins au glu, & quelles doiuent estre les perches & blocts sur lesquels il faut poser les Oiseaux, en quel aspect, & sur quelle main il est plus seant de porter les Oiseaux.*

---

*En quel temps & saison les Oiseaux de proye font leurs aires,*
*ponnent, couuent, & espelissent leurs œufs, & par*
*mesme moyen en quel temps il faut prendre*
*les Oiseaux niays.*

### CHAPITRE PREMIER.

NOvs auons en la premiere Partie de nos Rudiments, selon nostre opinion suffisamment monstré quel

nous deſirons eſtre noſtre Apprentif en la Fauconnerie:
nous luy auós auſſi dóné à cognoiſtre que c'eſtoit de l'art
de Fauconnerie, par ſa definitió, ſes parties, proprietez &
circonſtances, nous ne luy auons moins donné à cognoiſtre quels ſont les Oiſeaux de proye propres, & deſquels
on ſe ſert communement au deduit de la volerie, comme
quoy ils ſont diuiſez, leurs noms, natures, qualitez, proprietez, differences, & toutes autres choſes que nous
auons iugé eſtre conuenables, pour luy faire facilement
diſcerner & recognoiſtre tous Oiſeaux de proye, les vns
d'auec les autres ſelon leur eſpece. Ie m'eſtois en ceſte ſeconde Partie, propoſé de monſtrer & enſeigner à noſtre
Apprentif les moyens & façons de bien à propos móter,
querir & deſcendre les Oiſeaux niays, ſoit de l'arbre ou
du rocher, & de prédre les autres branchiers au paſſage,
& du tout en faire vne Partie de ces Rudiments. Mais la
trop grande prolixité de diſcours requiſe au traicté de
tels ſubiects, ioinct qu'il ſemble que ce ſoit comme vn
art ſeparé de noſtre Fauconnerie, y en ayant pluſieurs,
leſquels en font leur vocation expreſſe & leur gaigne-
pain, & que noſtre Apprentif auec quelque temps qu'il
pourra pratiquer auec ceux qui en ont l'experience, en
apprédra plus en huict iours, que par tous les diſcours &
demonſtrations que nous luy en pourrions faire par eſcrit, toutes ces raiſons diſ-ie, & deſirans vſer de briefueté,
me font paſſer par deſſus tout ce que i'en auois eſcrit. En
ſorte qu'ores qu'il eſt tres-ſeant à tout bon Fauconnier de
ſçauoir & meſmes pratiquer les moyens de prendre leſdits Oiſeaux de proye pour s'en ſeruir & n'auoir peine de
les acheter, ie me tiendray en mes bornes, & commence-
ray ceſte ſeconde Partie en inſtruiſant noſtre Apprentif,
du temps auquel les Oiſeaux de proye font leurs aires,

ponnent,

ponnent, couuent, & espelissent leurs œufs : affin qu'il
soit aduerty du temps auquel il pourra recouurer les Oiseaux niays. Qu'il soit donc aduerty qu'ainsi qu'en toutes autres choses voire insensibles, Dieu Createur du tout
a donné la vertu à la saison printaniere, d'exciter ce qui est
en estre à quelque gaillardise, nouuelleté , voire desir &
affection de prouigner , croistre, & multiplier, pour la
conseruation chacune chose de son espece ; les prez, les
bois, bref toute la terre commence tellement en ce téps
doucereux à faire luire tous ses fructueux tresors poussez
d'vne loy & ordre de nature (admirable certes & incom-
prehensible l'ordonnáce diuine) que chaque chose commence à porter en soy ce qui est de necessaire pour sa conseruation és annees auenir ,chacune en son espece. Et
comme les animaux sont en ceste saison plus touchez de
desir qu'en toutes autres ; non moins és Oiseaux de
quelque espece que ce soit s'obserue cela mesme. Car
deslors que le Printemps commence à boutonner, tous
tant petits que grands Oiseaux sont poussez d'vn desir
de s'accoupler, bastir, pondre des œufs, & les couuer pour
la conseruation chacun de son espece, & obseruans ceste
mesme regle les Oiseaux de proye, ils sont meuz de ce
mesme desir. C'est donc en Mars ( commencement du
Printemps) que les Oiseaux de proye font leurs aires selon le climat auquel ils habitent plus chaud, ou froid, &
par ainsi font-ils leurs aires plustost ou plus tard: Ils ponnent donc & font leurs œufs en nombre, au plus de cinq
en bas: En Mars couuent: En Auril par trois sepmaines
à vn mois, & espelissent au commancement du mois de
May, ou enuiron. Pour bien donc à propos prendre &
monter, querir és rochers & arbres les Oiseaux niays, le
meilleur & plus conuenable est enuiron le quinziesme

F

dudict moys de May , les Oiseaux ayans du moins trois
trauers doigts de lógueur en la queuë:Car de les prendre
pluftoft ils font trop foibles. Bien eft vray que l'obferua-
tion & pratique nous apprend que les Oiseaux qu'auons
cy deuant nommez de leurre , s'auancent vn peu plus à
s'accoupler & faire leurs aires que les Oiseaux de po ing,
comme eftans à mon iugement plus plains de chaleur.
C'eft toufiours neantmoins enuiron ladite faifon.

---

*De la nourriture & gouuernement des Oifeaux niays, apres*
*qu'ils font defcendus de l'aire, foit du rocher ou arbre.*

## CHAPITRE II.

POVR commencement de ce Chapitre ie baille aduis
à noftre Apprentif, voire à tout Fauconnier s'il en a
la commodité, de monter luy-mefmes, querir & defcendre les Oiseaux niays du nid ou aire, dautant (ce que i'ay
cogneu par experiéce) que ceux du pays où font leurs aires les Oiseaux, font fi peruers, que prenans les petits du
nid, ils les preffent entre les mains , afin que dans peu de
iours ou certain temps apres ils meurent, afin d'auoir plus
de preffe à la vente des branchiers ou paffagers. Ie donne
de rechef aduis qu'on ne permette feulement que telles
gens les paiffent & leur donnent à manger ; dautant que
pour la mefme raifon que deffus ils leur donnent de fi
mauuaife viande , & infecte, ou leur font prendre de
l'efponge en telle forte, qu'ils ne peuuent gueres viure
apres ; & cela fe pratique lors que nos Fauconniers font
curieux en temps opportun d'aller eux mefmes querir &
chercher les Oiseaux niays ; Car ceux qui les nous portent ne pratiquent pas ces mefchancetez, dautant que ne

pouuans vendre si tost qu'ils voudroient leurs Oiseaux,
ils leur mourroient entre mains, qui ne seroit leur profit.
Mais le meilleur sera pour nostre Apprentif, & tout autre curieux d'aller ainsi querir des Oiseaux niays, de ne
les laisser toucher ne nourrir à ceux qui les vendent, &
ausquels les aires appartiennent, ains les monter, querir,
& soy-mesmes les paistre & nourrir, à faute duquel aduis
plusieurs de nos Fauconniers n'en reuiennent chargez
que de mains & vols d'Oiseaux. Ces Oiseaux donc ainsi
niays & prins en l'aire se nourrissent & conseruent en
deux sortes, selon la commodité qu'aura nostre Apprentif. La premiere sera, lors qu'il n'aura commodité de
quelque touffe de grands arbres, il mettra lesdits petits
Oiseaux dans vne chambre, en vn angle ou coing de laquelle il dressera vne fueillee de branchage, & fera contre terre vn lit, ou couche d'hiebles & autres fueillages le
tout assez espoix, surquoy il posera ses Oiseaux & les gardera ainsi iusques à ce qu'ils commenceront à voleter par
la chambre. Autour de laquelle lors sera fort bó de plan-
ter de bout, de grands rameaux d'arbres seuremét posez
ensemble, de grádes perches qui trauersent ladite chambre, afin que les Oiseaux commençans à voleter s'apprennent d'eux mesmes à se percher & prendre branche,
qui leur profitera beaucoup, mesmes és Oiseaux de leurre comme se verra cy apres; Quand l'Apprentif verra les
Oiseaux bien voler par la chambre & se bien percher, &
iugera leurs pennes estre bien à bout & n'estre plus en
sang, il les conuient prendre doucement, les couurir d'vn
chaperon ou coiffe, & les garnir de gets, longes, & son-
netes, & les poser & attacher sur des perches ou barres
bien seures en les bien nourrissant, afin de leur laisser bié
fortifier les pennes. En prenant soigneusement garde

qu'ils ne se debattent ou demeurent pendus sous la perche, chose en plusieurs façons grandement nuisible aux
Oiseaux, ainsi qu'à la suite de ces Rudiments sera enseigné. L'autre & meilleur moyen pour garder les petits
Oiseaux niays prins dans l'aire sera ; Sçauoir quand nostre Apprentif aura la commodité de quelque bois pres
de la maison, il sera bon au milieu d'iceluy faire comme
vn petit cabinet ou logette dás l'vn des arbres le plus có-
mode en rameaux, auec les mesmes branches dudit arbre,
ou y en rapportant d'autres. Il faut que ceste fueillee ou
logette soit ouuerte vers le Soleil leuant, & fermee du costé du vent de pluye, de crainte que quelque grosse pluye
ne gastast les Oiseaux encore petits, delaquelle s'ils estoiét
en l'aire les pere & mere les preserueroient sous leurs ail-
les. Le fonds de ceste fueillee ou cabinet sera faict & garny d'hiebles, & autre fueillage bien espoix, pour soustenir seurement les Oiseaux, ioint que l'hieble a grande vertu contre les gouttages & autres douleurs qui tombent
sur les iambes des Oiseaux, & lesquels hiebles sera bon
de rafraischir à mesure qu'ils se secheront. Dressee donc
que soit ainsi dás ledit arbre ladite logette, il y faut poser
& loger les Oiseaux, & y seront tenus iusques à ce qu'ils
se tiendront sur pied, & d'eux-mesmes commenceront à
se poser & tenir sur les bráches plus proches & voisines; &
de ladite fueillee, sera bon lors leur mettre de petites sonnettes aux iambes, afin qu'à mesure qu'ils se feront
grands & forts, volans ou parmy le mesme arbre ou autres prochains on les puisse entendre. Quant à leurs pasts
& nourriture, il conuient nourrir tant ceux qu'on esleue
en chambre renfermez, qu'au bois, de bonnes viandes &
gorges chaudes trois fois le iour. Les viandes propres
& meilleures pour leur nourriture, sont petits Oiseaux,

poulets, pigeonneaux, rats, mouton, cœur de mouton chault, pourueu que le mouton soit sain de longue main & ne sente le belier, le tout bien net, esmondé de toute graisse & ordure. Comme ils auront presque prins leur accroissement, & que leurs pennes seront quasi à bout sera bon de les paistre souuent de chair d'oison, estant fort propre pour fortifier & embellir le pennache: & se faut soigneusement garder de ne leur laisser endurer aucune trop grande faim, car leurs principales pennes en seroient marquees par trauers, en danger de s'y rompre aux premiers efforts. Ne faut aussi douter qu'autant de fois qu'ils endureront vne grande faim, estans ainsi petits qu'il n'y ait autant de fautes & marques en leurs susdites pennes, & ce au mesme endroit qu'elles deuoient lors de ladite faim, prendre nourriture & accroissement, qui reuient à vn grand dommage aux Oiseaux. Pour la façon & methode de les paistre, il ne faut douter que pour si petits que les Oiseaux soient ils ne fassent quelque difficulté de se paistre pour vn iour ou enuiron. Pour les y conuier il faut hacher bien menu sur vne tablette de bois bien nette, le past, & leur en presenter chacune fois vn peu au bout d'vne petite fourchette, & leur approcher les morceaux pres du bec: lors ayans vn peu enduré la faim voyans la chair pres d'eux, ils se paistront sans difficulté ne crainte aucune dans deux ou trois iours. Voire se rendront-ils si priuez & acharnez au son du traquet, c'est à dire quand ils entendront hacher leur past sur la tablette ou trenchoir, que ( ores qu'ils fussent escartez par le bois) ils viendront aussi tost au mesme lieu qu'on aura accoustumé de les paistre, qui doit estre tousiours au fueillage ou cabinet qu'on leur auoit dressé. Ceste dernière façon de tenir & esleuer les Oiseaux niays quels qu'ils puis-

ſent eſtre , eſt beaucoup meilleure que la precedente. Et
ne ſe rendent en ceſte ſorte les Oiſeaux gueres moindres
que s'ils eſtoient nourris & eſleuez en l'aire par les peres
& meres , pourueu auſſi qu'ils ſoient nourris bien à propos & curieuſement . Il ne ſera point auſſi mal faict, ains
fort bon & vtile, de leur laiſſer quand on les paiſtra ſur le
ſoir quelque peu de plume parmy leur paſt, afin que le
lendemain matin ils la rendent & curent, ſe deſchargeans
par ce moyen de pluſieurs humeurs, & ſe rendent en meilleur appetit. C'eſt auſſi vne choſe naturelle à tous Oiſeaux
de proye ( comme nous dirons plus amplement, où nous
parlerons de donner cure,) de prendre plume , bourre ,
petits oſſets , & autres choſes pour curer. Ceſte façon
dóc de nourriture ſe continuera iuſques à ce qu'on puiſſe iuger toutes les pennes , meſmement les principales
& maiſtreſſes eſtre bien à bout, alongees & ſeches dans
leurs tuyaux, ils ſeront (comme nous auons cy-deuant
dict) lors prins & garnis. Mais ſi noſtre Apprentif n'auoit
de coiffe ou chaperon pour les coiffer ou couurir, conuiendra pour quelques iours en attendant qu'il en ayt
recouuert, ſiller leſdits Oiſeaux, ainſi qu'il luy ſera cy-
apres enſeigné , & lors poſez ſur perches, ou barres , ou
les tenir ſur le poing. Pendant qu'on nourrira ainſi les
Oiſeaux aux champs ne ſe faut esbahir ſi on les voit ſouuent monter aux nuës, faire pointes, deſcentes, & eſqui-
pees en l'air , voire attaquer ſouuent quelque proye, à
quoy ſe prend ſingulier plaiſir, car ils ne faudront de s'en
reuenir au meſme lieu de leur nourriture : ſinon que par
hazard ils euſſent pris quelque proye. A quoy conuiédra
que l'Apprentif ſoit ſoigneux, pour tout auſſi toſt les reprendre & retirer, ſans plus les laiſſer aller qu'ils ne ſoient
bien dreſſez. Car augmentans tous les iours en courage,

& recognoiſſans le vif, ils ſe rendroient fiers & ne voudroient plus reuenir au traguet. Depuis que les petits
Oiſeaux niays commencent à mettre hors leurs longues
pennes, tant de la queuë, qu'aiſles, iuſques à leur entier
accroiſſement & perfection, il y faut du moins de cinq à
ſix ſepmaines, pourueu qu'ils ſoient bien nourris. Voila
donc pour la nourriture & garde deſdits Oiſeaux niays
ce qu'il nous a ſemblé bon de dire à noſtre Apprentif.

---

*Qu'eſt-ce qu'il faut faire à tout Oiſeau de proye, ſoit niays,*
*nourry comme a eſté dict, en chambre ou au bois, ou*
*prins brancher, ou au paſſage.*

## CHAPITRE III.

APRES que nous auons enſeigné à noſtre Apprentif
la methode de bié nourrir & gouuerner les Oiſeaux
niays, prins petits en l'aire iuſques à leur entier accroiſſement, ſuit à parler des Oiſeaux branchers : c'eſt à dire
qui ſont prins lors qu'eſtans ſortis de l'aire vn peu grands
ils commencent à voler de rocher en rocher, ou d'arbre
en arbre, & ſont prins par les Oiſeliers & tendeurs aux
Oiſeaux de proye, par les meſmes moyens & ruſes qu'ils
attrapent & prennent ceux de paſſage au filet ou glu. Le
traictement auſſi en eſt preſque ſemblable, excepté que
l'Oiſeau brancher a beſoin d'eſtre tenu pour quelques
iours ſur vne perche, ſillé ou chapperonné, de peur qu'il
ne ſe debatte, & tourmente pour luy acheuer de fortifier
& alonger ſes pennes, ſi elles eſtoient encore en ſang &
non à bout, apres auoir garny les iambes des garnitures à ce propres, & le paiſſant & nourriſſant de bons paſts,
tout couuert, ou ſillé iuſques à entiere perfection de ſes

pennes. Autres mettent l'Oiſeau brancher auſſi toſt
qu'il eſt prins dans vne chambre fort obſcure ſans le ſiller ny couurir, n'y laiſſans de clairté que ce qui luy peut
ſuffire pour ſe voir paiſtre, luy portans ſon paſt haché
ſur vn tranchoir ou tablette, & le laiſſent ainſi paiſtre à
ſon aiſe, appetit & fantaiſie, choſe que ie n'approuue pas,
dautant que l'Oiſeau eſtant fier & ſauuage, pour peu de
clarté qu'il voye ſe debat, tourmente & ſe iette contre
les murailles ou plancher de la maiſon, en telle ſorte que
bien ſouuent il ſe rópt maintes plumes encores en ſang,
malaiſees à guerir ou du tout incurables. En ſorte que ie
conſeille noſtre Apprentif de tenir l'Oiſeau brancher
touſiours couuert ou ſillé, afin qu'il neſe debatte ou tourmente, ſi faire ſe peut, du tout point, pourueu qu'il ſe
vueille paiſtre tout couuert ou ſillé, ce qu'il fera luy preſentant le paſt couppé à morceaux au bec, & pour le có-
mancemét luy en mettre quelques morceaux dás le bec,
il ne faut lors douter qu'en ayant gouſté peu à peu, il ne
prenne ce qu'on luy preſentera au bec auec le ſentiment
qu'il aura de la viande. Et dautant que cóme nous auons
dit en ce meſme Chapitre, n'eſtoit les iours & temps qu'il
faut employer pour laiſſer acheuer de mettre à bout les
pennes du brancher, le traictement du paſſager eſt tout
ſemblable. C'eſt pourquoy ie ne feray point de Chapitre
ne diſcours particulier pour le paſſager: Ains à preſent
tout ce qui par nous ſera cy apres dit, ſe doit pratiquer
tant aux Oiſeaux niays, retirez du bois, bien alongez ou
nourris & eſleuez en chambre, que branchers, & paſſagers. Et pour ce que tous leſdits Oiſeaux ont beſoin en
ceſt eſtat d'eſtre chapperonnez ou ſillez, nous traiterons
ſubſequemment, cóme quoy il faut que noſtre Apprentif ſille à propos les Oiſeaux.

Comme

## Comme quoy il faut filler les Oifeaux.

# CHAPITRE IIII.

IE ne confeille pas à noftre Apprentif, s'il a commodité
de coiffes ou chapperons pour coiffer ou couurir fes
Oifeaux de les filler, pour le hazard & dáger qu'il y pourroit auoir par faute d'y proceder adextrement, de leur
creuer ou gafter les yeux. Il eft neantmoins tellement neceffaire de boucher la veuë à tous Oifeaux à caufe du tor-
ment continuel qu'ils fe donneroient, ayans la veuë libre, que par la manque de coiffes, ou chapperons il eft de
neceffité les filler. Et pour luy faire entendre que c'eft,
filler les Oifeaux, c'eft leur coudre les paupieres des yeux
l'vne auec l'autre afin qu'ils n'y voyent aucunement, &
faut ainfi tenir les Oifeaux iufques à ce qu'on ait recouuert des chapperons ou coiffes. Pour filler donc l'Oifeau,
conuient auoir vne efguille commune affez fubtile, dans
le trou de laquelle faut paffer du fil de foye retors: l'oifeau
lors prins, abbatu & tenu feurement par quelqu'vn, noftre Apprentif luy pourra adextrement auec la pointe
de l'efguille prendre & percer par le dedans, c'eft à dire,
du cofté de l'œil, le deffus de la paupiere droictemét par le
milieu, & fera paffer ledit fil de foye iufques au milieu. Puis
defenfilant ladite efguille la renfilera par l'autre bout
dudit fil qui tombe par le dedans de l'œil, & reprenant
tout de mefmes par le dedans, & du cofté dudit œil la
paupiere de deffous, la percer en dehors auffi par le milieu, & defenfilant lors du tout l'aiguille, il affemblera par
le moyen dudit fil de foye les deux paupieres, & y faifant vn nœud en lacet en forte que l'Oifeau n'y voye

G

rien, & que facilement il le puisse desnoüer quand bon
luy semblera. Cela mesmes pratiquera-il à l'autre œil, &
par ce moyen empeschera que la volonté de se debatre
& tourmenter ne prendra tant à l'Oiseau, & se tiendra
plus en repos qu'il n'eust faict. Et conuiendra ainsi tenir
les Oiseaux iusques à ce qu'on aura recouuert, ou fait des
coiffes ou chapperons. Ce qu'estant, faudra doucement
desnoüer le susdit nœud & tirer le fil de soye, & lors se seruir desdits chapperons ou coiffes, mais auparauant entre-
prendre de siller lesdits Oiseaux, ou les couurir de leurs
chapperós ou coiffes, ny mesmes leur faire aucun traictement, ie conseille nostre Apprentif de leur coupper &
pinceter les serres, & la pointe du bec, auec pincettes à
ce propres, tant pour empescher qu'ils ne fassent du mal
auec lesdites serres, qu'aussi ceste gráde superfluité & longueur de bec empesche les Oiseaux de se paistre bien à
propos. Qu'auparauant donc toutes choses, les Oiseaux
soient pincetez, non toutesfois si auant que l'Apprentif touchast au vif, & en fist sortir le sang : car cela leur seroit fascheux, mesmes au bec, ne se pouuants de quelques
iours si à propos paistre à cause du sentiment qu'ils auroient du mal qu'on leur auroit faict.

---

*Comme quoy il faut desgluer l'Oiseau de proye prins au glu.*

## CHAPITRE V.

DAVTANT que pour prendre les Oiseaux branchers
ou passagers on vse de plusieurs ruses, moyens & inuentions, entre autres on les prend auec du glu, lequel gaste & infecte fort les pennes de l'Oiseau, il conuient le desgluer tout aussi tost que l'Oiseau aura esté prins, pincété

du bec & des ongles, & couuert de chapperon ou coiffe,
ou sillé (ainsi que nous auons dit) comme s'ensuit. Il faut
en premier lieu regarder l'endroit, ou endroits ausquels
ledit glu s'est prins esdites pennes, & s'il y est espoix faut
emporter ceste espoisseur auec la pointe d'vn couteau, ou
autre ferrement, & auoir dans vn pot ou escuelle de l'eau
tellement chaude qu'on y puisse tenir la main & tremper
lesdites pennes ainsi gastees dans ladite eau, & les froter
auec les doigts pour en emporter tout ce qu'on pourra
dudit glu. Ce faict, faut auoir du tuile pilé subtilement, &
en froter fort auec les doigts les lieux gastez dudit glu. Ce
qu'ainsi faict, faut auoir l'aixiue de sarment & de bois de
noyer, de laquelle tant chaut qu'on le pourra endurer &
qu'elle ne plume l'Oiseau, faut encore froter & bien lauer
lesdites pennes, tellement & iusques à ce qu'il n'y reste ny
paroisse plus dudit glu; autrement seroit à recommencer.
L'Oiseau, ou Oiseaux (cela bien pratiqué) seront mis au
deuant du feu ou au Soleil sur le poing, ou sur quelque
perche pour les faire secher. Si on recognoist que pour la
premiere fois l'Oiseau ne soit bien desglué, il sera bon de
pratiquer le lendemain, ou deux iours apres cela mesmes.

---

*Comme quoy l'Oiseau ayant esté desglué, ou qu'il n'en ait*
*point eu de besoin ayant esté prins & garny*
*il doit estre gouuerné.*

## CHAPITRE VI.

TOVT Oiseau de proye prins, sillé, ou chapperonné,
garny de ses garnitures, & si besoin est (comme nous
auons dit) desglué, sera pour quelques iours mis & posé
sur vne perche dans la maison, & au lieu ou chambre d'i-

celle où l'on faict le plus de bruit, afin que d'abord & de
bonne heure il commance à oüir & entendre ce qu'il doit
accouftumer: Sçauoir, le bruit, les propos, cris d'enfans,
aboy de chiés, & tels autres. L'Oifeau fera lors tant efton-
né qu'il demeurera fur ladite perche (mefmes n'y voyant
rien) fans fe debatre ny tourmenter aucunement quoy
que foit fort peu. Il faudra neantmoins auoir foin, s'il fe
venoit à debatre qu'il ne demeure pendu fous la perche
ne fe pouuant releuer, ce que mal-aifement tout Oifeau
faict, eftant couuert du chaperon. Quant à la nourriture,
noftre Apprentif fera aduerty qu'il y a tel Oifeau fi fier,
farouche, malitieux, & plein de tel defpit pour fe voir
prins & attaché, qu'il demeurera quelque-fois trois iours
fans fe vouloir paiftre. Et pour l'en conuier, il faut auoir
chair de geline, mouton, bœuf, ou autre bonne couppe à
petits morceaux plus longs que gros, & les luy prefenter
au bec tout couuert. Encore qu'au commancement il defdaigne de la prendre, à mefure que l'appetit luy viendra, il
fe paiftra & prédra tout couuert la viande qu'on luy prefentera. Et le faut paiftre vne ou deux fois le iour felon la
volonté & appetit qu'il aura, ou qu'il aura paffé fa premiere gorge. Lors auffi qu'il entrera en appetit & volonté de
fe paiftre il ne luy faut donner de groffes gorgees & fon
faoul, ains luy donner feulement la groffeur d'vn petit
œuf de poule, & encore vn peu moins chacune fois. I'ay
traicté fi difficile Oifeau (mefmes de paffage) qu'il ne fe
vouloit aucunement paiftre au commancement que fur
du vif, fans vouloir prendre aucune autre viande. A tels
Oifeaux il fe faut bien comporter & n'attendre pas que la
faim les preffe & domine: ains conuient les porter en lieu
où il y a peu de clarté, & lors les defcouurir de leur coiffe
ou chapperon, & leur monftrer & prefenter fur le poin g

ou autrement vn pigeonneau, poulet ou autre Oiſeau vif,
& leur en laiſſer faire à leur plaiſir iuſques à moyéne gorge. Car i'en ay veu, pour auoir par leur malice & opi-
niaſtreté (& peu d'auiſement ſouuent du Fauconnier) enduré tellement la faim, que voulans apres ſe paiſtre, les inteſtins s'eſtoient tellement, par faute d'aliment, retirez
& eſtrecis, que n'ayans plus force de digerer ce qu'ils prenoient, & la faim luy faiſoit prendre, ils en venoient à
mourir. Parquoy que pour ce regard noſtre Apprentif
ſoit bien ſage, preuoyant & aduiſé: & pendant ce temps,
qu'il ſoit ſoigneux de recognoiſtre ſi ſon Oiſeau, ou Oiſeaux ont des poux.

---

*Des poux leſquels ſe trouuent és Oiſeaux de proye*
*& en ſont infectez.*

## CHAPITRE VII.

PVis qu'à la fin du precedent Chapitre i'ay parlé de
certains poux deſquels les Oiſeaux de proye ſont volontiers infectez: Il eſt raiſon que i'en traicte & face entendre à noſtre Apprentif que c'eſt que de ces poux, & le
preiudice lequel reuient de n'en guerir & deliurer les
Oiſeaux. Ie dis donc que tous Oiſeaux de proye indifferemment, les vns neantmoins plus que les autres, ſont
tellement infectez d'vne vermine de poux, que s'ils n'en
ſont ſecourus, il eſt mal-aiſé voire impoſſible d'en pouuoir tirer aucun plaiſir quoy que ſoit fort peu. Dautant
que ces poux les importunent tellement & de telle ſorte,
qu'au lieu (quelques bié dreſſez qu'ils ſoient) de s'adonner & faire ce qu'ils doiuent, ils ſ'amuſent pluſtoſt à ſe
gratter & chercher auec le bec leſdits poux, & bien ſou-

uent ils s'arrachent & rompent les pennes auec le bec.
Si bien que qui voudra de tels Oiseaux ainsi infectez
tirer du plaisir, il faut promptement les deliurer de ceste
vermine & infection. Les poux des Oiseaux ne sont semblables à ceux des hommes, ils ne sont si gros & sont tan-
nez, ores qu'estans petits ils sont tous blancs. Au surplus
c'est vn mal contagieux, dautât qu'vn Oiseau ainsi infecté
& posé aupres d'autres qui en soient exépts & gueris, il les
infectera tous s'ils demeurent gueres ensemble, & pres
les vns des autres: qui les rend (pour bons qu'ils soient)
paresseux & desbauchez. Tels poux se prennent és Oiseaux les vns des autres, sçauoir les petits des pere & mere,
& ceux-cy des leurs ou autres Oiseaux, desquels ils se paissent qui en peuuent estre gastez & infectez. Bien souuent
aussi apres que nostre Apprentif en aura netoyé & deliuré son Oiseau, il en deuiendra encore infecté: cela procede
pour auoir esté l'Oiseau remis sur le gand, sur lequel il
estoit porté auparauant & lors qu'il auoit lesdits poux, ou
possible remis sur la mesme perche, sans auoir esté bien
lauee & netoyee pour en chasser ceste vermine. De laquelle encore que nostre Fauconnier recognoisse son Oiseau infecté par le gratemét ordinaire qu'il fera des mains
à la teste, & espluchement du bec, par toutes ses pennes; s'il veut entrer en curiosité de les voir, qu'il pose son
Oiseau en lieu où la chaleur du Soleil domine bien, il verra peu apres les poux sortir sur les plumes trouuans ceste
chaleur agreable.

*Du bain propre contre les poux des Oiseaux, & comment il
les faut baigner, poiurer & gouuerner contre ceste
infection.*

## CHAPITRE VIII.

POvr guerir & deliurer tous Oiseaux de proye de la
vermine des poux, il faut choisir vn beau iour & chaud,
sans rien donner à paistre à l'Oiseau de toute ceste matinee, & enuiron les dix heures du matin, il faut faire ce
qui s'ensuit. Nostre Apprentif prendra fueilles de Laurier,
Romarin, Marjoleine, Aspic, Basilic, & Sauge menuë
de chacun deux bonnes poignees sans le marc, qu'il faut
oster. Il coupera ou rompra bien menu le tout ensemble;
puis aura vn bassin d'airain bien net, tenant deux bonnes
seilles ou enuiron: il emplira ledit bassin moitié vin & autant d'eau, dans quoy il fera cuire lesdites herbes iusques
à parfaite coction. Il leuera lors ledict bassin de dessus le
feu, & laissera refroidir le boüillon qu'il y puisse tenir les
mains, auec lesquelles ou dans vn linge bien blanc & net,
il espreindra tant qu'il pourra lesdites herbes, pour en faire sortir tout le ius & substance, & le fera tomber dans le
bain, n'y laissant rien que le marc bien espraint desdites
herbes. Ce faict faut auoir deux onces de poiure bien subtilement puluerisé & passé au tamis de soye, lequel poiure il mettra dans ledict bain. Et pour ce que pour raison
de la coction desdites herbes, ledit bain se pourroit estre
fort diminué, il conuient remplir le vaisseau ou bassin de
claire laixiue de sarmét passée en linge fin. Ledit bassin ainsi réply sera remis sur le feu pour boüillir encore vn quart

d'heure ou enuiron. Sera lors leué du feu & si refroidy qu'il y puisse tenir la main, & le passera auec vn linge blanc ledit bain, & versé dans vn autre vaisseau bien net : affin qu'aucun marc desdites herbes ny ordure n'y demeure, ains soit bien clair & net. Ce bain ainsi accommodé & refroidy (comme dict est) que facilement l'Apprentif y tienne la main, c'est à dire (qu'il soit vn peu plus que tiede, mais non gueres, car le trop chaud gasteroit l'Oiseau ; si trop froid il n'auroit assez de vertu) il fera lors par quelque autre prendre & abbattre dextrement l'Oiseau à trauers auec les deux mains sans le par trop presser, car il le pourroit estouffer entre les mains, ou du moins luy faire grand mal. Pour bien donc baigner l'Oiseau il conuient estre trois, (sçauoir) celuy qui le tiendra à trauers, vn autre qui tienne d'vne main les iambes & teste, & l'Apprentif qui le baignera. L'Oiseau ainsi prins & abbatu il le faut (hormis la teste) tout plonger dans le bain, luy esplucher toutes ses plumes, tant grandes que petites par tout son corps en moüillant fort le duuet, qui ressemble du coton, qui est sous le plumage le long de la chair, qui est le lieu où les poux se cachent, & ne faut laisser endroit sur luy qui ne soit bien cherché & laué. L'Apprentif lors luy lauera le col & la teste doucement, estant l'endroit où les Oiseaux sont autant infectez de ceste vermine. Ayant ainsi bien baigné l'Oiseau, il le faut doucement remettre sur la perche en luy aidant à se soustenir, (car il pourroit estre estonné du tourment qu'il pourroit auoir receu,) il faut qu'il soit posé au Soleil & en lieu où le vent ne donne point (d'autant que la fraischeur du vent le pourroit morfondre apres vn si grand eschauffement) ou à faute du Soleil, soit mis deuant vn bon feu faict de brasier seulement, & ce sur vne petite perche basse, ou autrement du mieux que nostre

ſtre Apprentif pourra. Quand l'Oiſeau ſera vn peu ſec il
faut qu'il ſoit de rechef prins & abbatu, & que l'Aprentif ayant encore du poiure bien ſubtilement puluerié &
paſſé (comme dict eſt.) en tamis de ſoye, luy ietee ſudit
poiure par tout entre les plumes, meſmes ſur le col & teſte. C'eſt ce que nous appellons proprement poiurer &
qui profite grandement contre leſdits poux, leſquels
ayans deſia gouſté de l'aigreur & amertume dudit bain,
rencontrans encore la force & ſenteur dudit poiure, le
laiſſent choir les vns morts & eſtouffez, & autres n'ayans
plus de force : à quoy il faut eſtre ſoigneux, & les faire
tomber auec vn plumaſſeau. L'Oiſeau donc ainſi ſaupou-
dré de poiure ſera remis ſur la perche, touſiours au feu
ou au Soleil, iuſques à ce qu'il ſoit entierement bien ſec &
qu'il n'ayt rien de moüillé ſur luy. Puis qu'il ſoit leué du
Soleil ou feu & remis ſur ſa premiere perche, bié nette & lauee dudit bain, pour en oſter toute la vermine qui y pourroit eſtre, laquelle ſe remettroit en l'Oiſeau, & ſera l'Oiſeau ce iour là repeu de bon paſt, vne fois ſeulement moyenne gorge. Dans peu de iours noſtre Apprentif recognoiſtra l'effect & operation de ce bain & poiurement,
trouuant ſon Oiſeau plus gaillard. Ce bain & façon de
poiurement, eſt bon & propre à tout Oiſeau de proye,
& apres auoir pratiqué pluſieurs receptes contre ceſte vermine, meſmes ordonnees par nos maiſtres, i'ay eſté
contraint d'auoir recours à celle là. L'heure de baigner &
poiurer ainſi l'Oiſeau, ſera entre dix ou vnze heures du matin, & il ſera ſec enuiron les deux heures apres midy, le
Soleil eſtant en telles heures en ſa force, & plus à propos
pour le bien ſecher: & enuiron les trois heures le conuiendra paiſtre. L'Apprentif mettra au ſoir la perche de l'Oiſeau pres du feu, de crainte qu'apres vne ſi grande cha-

H

leur endurée la fraischeur de la nuict ne le morfondist &
ne luy engendrast quelque mal aux reins, ou defluxion du
cerueau, car il restera pres de vingt quatre heures esmeu
du tourment qu'il aura receu : qu'il soit donc soigneusement traicté & conserué. Les Oiseaux bien souuent apres
auoir esté deliurez & nettoyez de ceste vermine, la reprennent souuent, pour ce que bien souuent on ne nettoye &
laue pas bien la perche & le gand, sur lequel on les remet, ou que par peu de preuoyance on les pose où les poules d'Inde, pigeons, & autres Oiseaux domestiques, ont
accoustumé se percher, lesquels en sont communement
infectez, ou qu'ils sont posez aupres d'autres Oiseaux, lesquels en sont infectez, dequoy nostre Fauconnier aura
tout soin : car ce seroit autrement trauailler & tourmenter
son Oiseau en vain. Car il ne faut douter que poiurer &
baigner ainsi vn Oiseau, ne luy donne bien du tourment,
& a besoin pour quelques iours d'vn grand soin & bon
traictement. Le lendemain si l'Oiseau auoit esté sillé, il sera dessillé en denoüant subtilement le fil de soye qui luy
tenoit les paupieres iointes l'vne à l'autre, & tirant ledit
fil à ce qu'il sorte aussi fort doucement desdites paupieres,
en sorte qu'il n'y demeure rien, & la veuë reste libre à l'Oiseau. Mais aussi tost pour esuiter vn grand tourment &
debattement à l'Oiseau, il conuient le coiffer d'vn chapperon qui ne luy soit trop petit & vaut mieux qu'il soit
vn peu grand, & l'Oiseau y ait la teste à son aise que s'il
estoit trop estroit. Car luy estant trop petit, cela le rendroit fascheux au chapperon, & luy pourroit toucher aux
yeux; ce qui luy porteroit vn grand preiudice. Que nostre
Apprentif donc ait soin d'auoir des chapperons selon les
Oiseaux qu'il aura.

*Sur quelle main & en quelle façon il faut tenir & porter bien
à propos l'Oiseau.*

## CHAPITRE IX.

POVR la pratique de tout ce que nous auons enseigné à noſtre Apprentif, iuſques à preſent il n'a point eſté fort neceſſaire de tenir l'Oiseau ſur le poing ou ſur la main ( ce qui ſe dict indifferemment. ) Maintenant l'Oiſeau eſtant bien poiuré, garny de ſonnettes, gets, & longes, le tout ſelon la grandeur & proportion de l'Oiſeau, il faut que l'Apprentif commence à le tenir ſur le poing pour le commencer à dreſſer & affaiter. Mais celuy qui n'y en mit iamais, doutera & ne ſçaura pas ſur quelle main il le doit tenir & porter. Il ſera donc aduerty que la main gauche eſt plus conuenable pour porter & tenir l'Oiſeau que la droite. Non pour eſtre plus ſeure, forte & habile, ains pour n'eſtre ſi vtile au ſeruice de tout le corps, & ſoit preſque en nos actions ordinaires inutile, eſtant indifferent qu'elle ſoit empeſchee ou non. D'où c'eſt que l'Apprentif tenant ou portant l'Oiſeau ſur le poing gauche, il ſera plus prompt & habile à ce qui ſe preſentera à luy, pour ſe ſeruir en ſa perſonne ou faire quelques autres actions, que s'il auoit la droite empeſchee, laquelle eſt beaucoup plus habile à toutes choſes que l'autre. Portant auſſi l'Oiſeau ſur celle-cy, il luy reſte celle-là libre, par laquelle il peut ſeurement tenir la bride de ſon cheual, remuer mieux à propos vne baguette, ou ſe deffédre de l'eſpee ſi beſoin eſt : Et outre la commodité que l'Apprentif rapportera ayant ſa main droite libre, il en a la grace & geſtes meilleurs, plus decents & agreables. C'eſt donc par reigle infaillible qu’il faut tenir & porter l’Oiseau sur la main gauche, sauf empeschement. Or pour sçauoir la forme & façon qu’il le faut porter, l’Apprentif sera aduerty qu’il faut tenir le bras gauche plié à demy, ayant le coude presque ioignant le costé mais non du tout, ayant le reste du bras ainsi plié de la mesme hauteur que le coude, & faudra qu’il tienne le bras & main plus en dehors & esloigné de luy que pres, affin que l’Oiseau ne touche aucunement à son corps, & soit plus au large & à son aise. Et au regard de la main il la faut tenir ferme, exceptez le pousse & premier doigt, lesquels il faut tenir de leur long estendus l’vn contre l’autre, & de mesme hauteur que la main & bras, & les faut ainsi tenir allongez pour que l’Oiseau ayt plus d’espace à se tenir & ranger sur le poing. Conuient aussi bien seurement & ferme tenir le bras & main, affin que l’Oiseau y prenne son repos & seiour plus asseuré; ce qu’il ne pourroit, ains se rendroit impatient, s’il ne se sentoit ferme & asseuré sur la main sur laquelle il seroit porté, & que le bras fust mouuant & peu asseuré. Quand l’Apprentif mettra l’Oiseau sur la main, il fera passer les longes & gets entre le pousse, & premier doigt, ne laissant de liberté de gets au dessus de ladite main au plus de deux ou trois trauers doigts, & de tout le surplus desdits gets & longes, en contournant d’vne partie aux deux derniers doigts, il laissera pendre le reste au dessous du poing. Et faut ainsi tenir lesdits gets & longes: afin que si l’Oiseau venoit à se debattre & tourmenter, il le puisse plus facilement retenir & arrester. Lors qu’il prendra enuie à l’Oiseau de se debattre & tourmenter, il faut allonger tout le bras, le tenant tousiours neantmoins ferme, affin que l’Oiseau se puisse mieux remettre dessus, ce qu’il ne pourroit si le bras luy obeïssoit &

eſtoit laſche & inconſtant. Auſſi allonger ainſi le bras empeſche que l'Oiſeau ſe debattant ne ſe donne & frappe
des aiſles contre celuy qui le tient, ce qui luy pourroit ſouuent faire rompre ou fauſſer quelque penne qui eſt vn
grand preiudice à l'Oiſeau. Pluſieurs s'accommodent d'en
porter deux à la fois, ſçauoir l'vn ſur la main, & l'autre
ſur le bras, tout d'vn meſme coſté. Cela ſe peut és Oiſeaux
bien aſſeurez ſur le poing & aiſez au chapperon, à quoy
il ſera requis que noſtre nouueau Fauconnier s'addonne,
comme ſouuent fort neceſſaire; non eſtant Apprentif, car
il s'y trouuera empeſché, mais eſtant aſſeuré à porter Oiſeau & encore Oiſeaux aſſeurez.

---

*Du Gand neceſſaire pour porter l'Oiſeau.*

## CHAPITRE X.

OR puis que noſtre Apprentif eſt aduerty qu'il faut
tenir & porter l'Oiſeau ſur la main gauche, qu'il
ſçache ſemblablement qu'il luy faut en ceſte main vn bon
gand double, le meilleur eſtant de peau de chien ou de
cerf, & tel autre qu'il pourra recouurer. Car s'il portoit
l'Oiſeau ſur la main nuë, ou n'ayant qu'vn foible gand
l'Oiſeau luy pourroit endommager & bleſſer la main,
tant des ſerres que du bec ; y ayant des Oiſeaux leſquels
au commencement qu'on les met ſur la main ſont tellement fiers & malicieux, qu'ils mordent & prennent auec
le bec ſi fort & ſouuent, que ſans la force & bonté du gand
on ne les pourroit endurer. Le gand auſſi ſert que la main
ne ſe contamine du ſang, graiſſe, & autre immondicité
du paſt qu'on donne à l'Oiſeau. Lequel ſemblablement
trouuant plus de prinſe & tenuë ſur le gand que ſur la

main nuë se tient aussi plus ferme & asseuré. Car sur la
main seule & nuë, il pourroit glisser & n'y seroit asseuré.

---

*Comment l'Apprentif doit paistre l'Oiseau sur le poing.*

## CHAPITRE XI.

MAINTENANT que l'Apprentif est aduerty comment
il faut tenir l'Oiseau sur le poing, & pour se preualoir contre ses bec & serres, il luy conuient auoir vn
bon gand. qu'il sçache d'abondant qu'il faut paistre l'Oiseau, c'est à dire donner à manger sur le poing, dautant
qu'il n'est point impertinent que iusques icy l'Oiseau ait
esté peu sur la perche. Or la forme qu'il obseruera sera
telle, que lors qu'il verra l'Oiseau auoir bien passé & induit son past precedét, il le posera doucemét sur sa perche
ou bloc où il l'attachera. Cela faict & tenant tousiours
l'Oiseau couuert, il ira apprester, lauer, ou autremét esmó-
der la viande, de laquelle il le voudra paistre, & ainsi bien
esmondee & preparee, il reprendra le gand & remettra
aussi l'Oiseau sur lé poing, & mettra le past dans la mesme main gauche. Et laquelle viande il tiendra bien ferme auec les trois doigts, lesquels doiuent demeurer tous-
jours pliez & serrez. Lors descouurant & ostant le chapperon à l'Oiseau en y accommodant la voix, il luy mon-
strera la viande auec la main droicte, & le lairra paistre
tout à son aise, luy laissant prendre son past à petites bechees & non gloutonnement. Et quand il en aura assez
prins, gardant le reste s'il y en a, pour le past aduenir,
l'Oiseau sera couuert de son chapperon & tenu doucemét.
ment. Car s'il se tourmentoit bien tost apres qu'il auroit

esté repeu cela luy empescheroit la digestion, voire le pro-
uoqueroit à vomir & rendre son past, qui seroit pour luy
porter dommage.

---

*Quelles doiuent estre les perches ou blocs des Oiseaux de proye,*
*en quels lieux & endroits elles doiuent estre posees,*
*dans la maison ou au dehors.*

## CHAPITRE XII.

ENCORE que ce soit le deuoir de l'Apprentif d'auoir
tousiours son Oiseau sur le poing, comme chose bien
necessaire pour l'affaiter, il ne se peut toutesfois que par
interualles au long du iour autres occupations & affaires
suruenants, mesmes pour prendre le repas & repos, il ne
soit contraint se descharger de son Oiseau, & l'attacher
sur quelque perche. Il est donc à propos que nous parliós
& luy donniós à entendre quelles doiuét estre lesdites per
ches & en quels lieux & endroits elles doiuent estre posees,
soit au dedans ou au dehors de la maison. Qu'il soit donc
aduerty que toutes perches sont bonnes de toute sorte de
bois, meilleures & de plus d'efficace (selon nos Maistres)
de Laurier, mesmes contre le podagre qui vient és mains
des Oiseaux. Pour faire donc la perche ordinaire de l'Oiseau dans la maison, il est besoin d'auoir deux bois plan-
tez & bien attachez par vn bout seurement dans la muraille, & à chacun des autres deux extremitez, conuient y
auoir vne mortaise carree. Et faut que les deux bois plan-
tez dans ladite muraille, soient esloignez l'vn de l'autre,
(sçauoir,) si c'est pour l'Oiseau seul de six pieds, & à l'es-
quippolant, selon la quantité des Oiseaux qu'on voudra

poſer deſſus. La barre ou perche laquelle trauerſera depuis vne mortaiſe en l'autre , ſoit de Laurier ou autre
bois, aura les deux extremitez faictes auſſi en quarré pour
la faire tenir & entrer dans les ſuſdites mortaiſes , ſans
mouuoir, ny pouuoir aller d'vne part ny d'autre, moins
tourner au dedans deſdites mortaiſes. Ceſte barre donc
ou perche trauerſiere ſera de la groſſeur de la iambe d'vn
homme ou enuiron, faicte en rond, & ſera miſe & poſee
au dedans la maiſon où l'on frequente le plus, & qu'il s'y
faict plus de bruict , pouruev que ce ne ſoit lieu aquatique, fumeux , & ſuiect à la pouſſiere & immondicité de
la maiſon, ains faut que le lieu ſoit pluſtoſt ſec & participant de la chaleur que froideur. Il ſera bon d'auoir dans
la maiſon vne perche faicte ſur piliers bien forts & bien
fermes, affin qu'elle en ſoit plus ſeure, dautant qu'il faut
ſouuent ſelon l'occaſion remuer l'Oiſeau, ſoit pour l'aprocher du feu quand il eſt moüillé, ou quand il faict vn rigoureux froid. Au regard du dehors de la maiſon, il faut
que l'Apprentif ſoit curieux de dreſſer pluſieurs perches
ſemblables à la premiere , leſquelles ſoient expoſees à la
veuë & rayons du Soleil, (ſçauoir) vne ou deux qui ſoiét
ſur l'aſpect de l'Orient, vne autre vers le Midy, vne autre
regardant ſur le Soleil couchant, & l'autre vers le Septen-
trion. En ſorte qu'à toutes heures & moments, & à toutes
diſpoſitions & changement du temps l'Apprentif puiſſe mettre quand bon luy ſemblera ſon Oiſeau à l'air, &
par telle varieté & quantité de perches, il le pourra touſ-
jours preſeruer de la furie & impetuoſité du vent, le poſant ſur la perche qui ſera au couuert du vent qui aura
cours : Eſtant tres-certain que le vent eſt pour ce regard
fort contraire à l'Oiſeau, le prouoquant à ſe tourmenter
& debattre. Il faut que leſdites perches ainſi fichees dans

la

la muraille foient tellement efloignees d'icelle, que l'Oifeau voletant des aifles, ou autrement fe debattant,ne
puiffe du bout des pennes ny du corps, atteindre ladite muraille: car cela luy romproit fon vol & le pourroit gafter, & feront lefdites perches pofees au deffus terre du moins fix pieds, & tout autrement que l'Apprentif
y puiffe bienratteindre pour y pofer & prendre fon Oifeau doucement , & notamment faut que l'Apprentif
foit preuoyant de ne pofer lefdites perches au dehors
tellement fous le toit ou couuerture de la maifon, qu'aucune tuille , ardoife,ou autre chofe tombant du haut d'i-
celle,peuft ateindre ou gafter l'Oifeau. Et vaudroit mieux
pofer & dreffer vn peu plus loin fur piliers lefdites per-
ches.Que l'Apprentif donc foit bié preuoyát & curieux de
bien dreffer lefdites perches, pour donner du plaifir à
fon Oifeau, ou Oifeaux fi plufieurs il en a. Il luy fera auffi
à noter qu'és fufdites perches il eft requis voire neceffaire,
qu'il y ait de la toile, cuir fin, ou autre drap, qui enuelop-
pe la barre trauerfiere,& notamment les lieux & endroits
aufquels on veut pofer les Oifeaux,& ce accommodé auec
bourre,laine,ou autre chofe douce & molle par le deffous
defdits cuir , toile, ou drap, affin que l'Oifeau y foit plus
mollement , mefmes au retour du deduit de la volerie.
Car l'Oifeau ayant choqué & battu par grands efforts
fa proye, la dureté de la perche luy pourroit fouler & offencer le deffous des pieds, & eft bon qu'il rencontre fur
fa perche quelque chofe de doux & mol pour s'appuyer,
fans fe faire mal ny offencer. Ie l'admonefte auffi que lefdites perches foient garnies au deffous , & tout du long
defdites perches de toile, ou caneuas, affin que l'Oifeau
ou Oifeaux venants à fe debattre ne faffent le tour de la
perche penfans fe releuer, & demeurent bien fouuent en

I

ceste peine suspendus, faisans de grands efforts fort dangereux : au contraire rencontrans ceste toile pendante ils
s'en releuent mieux & plus promptement. Conuient
aussi à l'Apprentif regarder & estre soigneux, que le lieu
& endroit où il posera lesdites perches, soit bien net &
esmondé de toutes ordures, ronces & autres empesche-
mens nuisibles, & que nul ombrage n'y empesche la lueur
du Soleil. Plusieurs Fauconniers ont opinion que leurs Oiseaux, notáment de leurre, prennent plus de plaisir d'estre
les matins mis au Soleil, ou autrement à l'air sur vn bloc à
terre que sur la perche, ainsi que nous traicterons en son
rág. Seulement diray-ie en ce lieu & apprendray à nostre
Apprétif quel doit estre le bloc de l'Oiseau, & en quel lieu
il doit estre mis & posé, & en quel aspect. Ce bloc ou blocs
soient de pierre ou de bois, doiuent estre longs de deux
pieds, & autant de hauteur. Il doit estre assez gros &
faict par le haut où il faut asseoir l'Oiseau, en rond, affin
que l'Oiseau y soit plus à son aise. Par le milieu dudit bloc,
& à quatre doigts d'en haut il sera percé, en sorte que la
longe de l'Oiseau y puisse passer pour l'attacher. Il faut
poser ledit bloc au milieu de quelque allee de iardin bien
spacieuse, à ce que l'Oiseau ne puisse des aisles en se debattant atteindre ne toucher aux bords, ou autres her-
bages du iardin. Si nostre Apprentif n'a commodité de
iardin, qu'il prepare quelque autre lieu, l'esmonde bien de
toutes espines, ronces, branches, voire qu'il racle tellement l'herbe affin que le lieu soit bien net & esmondé, &
est requis que ce lieu soit renfermé & clos, affin que nul
chien, pourceau ny autre beste y puisse entrer. Soit donc
dans le iardin, ou autre lieu à la commodité de nostre
Apprentif, il faut poser lesdits blocs, si plusieurs y en a, dás
terre enuiron vn pied, bien chaussez, à ce qu'ils soient bien

feurs & ne mouuent aucunement, & en faut pofer felon
la quantité des Oifeaux qu'il aura, fçauoir tous d'vn rang
& à vne grande braſſée loin l'vn de l'autre, à ce que les
Oifeaux ne puiſſent fe toucher aucunement des aiſles ny
autrement. Lefdits blocs eſtans ainſi par ordre poſez &
fortans de terre vn pied ou enuiron, auront l'afpect &
feront tournez vers le Soleil leuant; la veuë & fentiment
duquel agree grandement à l'Oifeau, & luy profite de
beaucoup, & fera fur chacun d'iceux poſé vn Oiſeau ſi
à propos qu'il ne puiſſe aller ioindre les autres. Les perches donc & blocs des Oifeaux doiuent eſtre preueuz &
preparez par l'Apprentif auparauant qu'il entreprenne le
traictement d'iceux.

I iij.

# TROISIESME PARTIE
## DE LA
# FAVCONNERIE.
### ARGVMENT.

*En ceste troisiesme Partie est traicté de ce qu'il faut faire à vn Oiseau de proye, dés lors que l'Apprentif l'aura mis sur le poing pour le redre prest & en estat d'estre porté au deduit de la volerie. Par ainsi il s'y void comment il le faut gouuerner ayant esté poi-uré; comment il le faut purger, à quoy sert tremper le past de l'Oiseau, comment on doit recognoistre si l'Oiseau digere & passe bien son past: côme il le faut faire baigner ordinairement, & luy bail-ler à curer. Il y est deduict le moyen de paistre l'Oiseau sur le leurre, & de le leurrer pour l'asseurer & affaiter, faire tirer l'Oi-seau & les propritez du tiroir. Ce qu'on doit pratiquer pour fai-re prendre branche aux Oiseaux, les faire soustenir sur aisle, de l'essort des Oiseaux: comme aussi leur faire suiure le deduict de la volerie, & les rendre compagnons & non pillards; auec la methode de pratiquer toutes ces choses, & les raisons du tout. Partie de ces Rudiments grandement necessaire à nostre Apprentif. Et sans l'estude & pratique de laquelle il ne mettra iamais bien en estat des Oiseaux pour en receuoir du plaisir.*

*Comme quoy il faut gouuerner & traicter l'Oiseau ayant esté baigné & poiuré, & pour le rendre bon chapperonnier, c'est à dire facile à receuoir le chapperon.*

## CHAPITRE I.

POVR que nostre Apprentif sçache comment il faut gouuerner & traicter l'Oiseau, apres qu'il aura esté baigné & poiuré, ie luy dis que par l'espace de trois iours consecutifs, apres ledit bain il le doit paistre & nourrir deux fois le iour de bonnes gorgees chaudes, afin de le remettre & resioüir de la lassitude & deplaisir qu'il aura receu au bain. Et faudra pendant les trois iours desquels ie parle, lors que l'Apprentif voudra paistre l'Oiseau commencer à le descouurir, luy faisant plustost prendre tout couuert vne bechee ou deux de son past, & lors luy monstrant la viande le tenir descouuert iusques à ce qu'il sera presque peu, & en mesmequ'il pensera continuer à se paistre, qu'il luy remette doucement le chapperon, afin que tout couuert il acheue de prendre ce qui restoit dans la main. L'Oiseau pour le commencement prend auec plus de patience ainsi le chapperon, à cause que s'amusant à son past, il ne se prend garde du chapperon qu'il ne soit coiffé, pourueu que l'Apprentif s'y comporte dextrement. Le troisiesme iour, que l'Oiseau ainsi vn peu accoustumé au chapperon, l'Apprentif aye tousiours auec soy quelque morceau de viande, ou quelque tiroir gras, ainsi que le tendon d'vne cuisse de geline, queuë de mouton, ou autre chose à quoy l'Oiseau pourra prendre

gouſt, plaiſir, & appetit lors le portant, ſans (comme dit
eſt) legitime empeſchemét touſiours ſur le poing, il le faut
doucemét couurir & deſcouurir ſouuét, luy monſtrát chacune fois ce tiroir, ou autre bechee, affin qu'il s'y amuſe. Et
par ce moyen il ſe rendra peu à peu bon chapperonnier,
c'eſt à dire facile à ſe laiſſer mettre le chapperon, & commencera à recognoiſtre ſon Maiſtre, meſmement ſi l'Apprentif en le deſcouurant & oſtant le chapperon, y accó-
mode la voix & parle à luy ſelon l'art. Car c'eſt vne des
principales choſes que deura auoir ſoin noſtre Apprentif
de ſe faire recognoiſtre à ſon Oiſeau, tant par la voix
qu'autrement. Pendant auſſi ces trois iours, deſquels nous
auons parlé, il conuient que noſtre Apprentif mette ſouuent ſon Oiſeau au Soleil, ſoit qu'il le tienne ſur le poing
ou ſur la perche, afin que s'il eſtoit reſté quelque choſe du
bain precedent qui ne fuſt bien ſec, ou qu'il euſt quelques
plumes mal arrangees & mal diſpoſees, ſe ſentant à l'air ou
Soleil, l'Oiſeau les arrange auec le bec & ſe ſeche tout à
ſon aiſe. Ce que l'Oiſeau fera beaucoup mieux à l'air ou
au Soleil, que dans la maiſon.

---

*Comment les ſuſdits trois iours paſſez, il faut traicter l'Oiſeau,*
*& comme quoy il le faut purger.*

## CHAPITRE II.

CE n'eſt pas tout que d'auoir vn Oiſeau ſur le poing
& de le bien nourrir. Car il luy faut donner quelque
commencement d'Apprentiſſage de ce qu'on veut qu'il
faſſe pour donner du plaiſir, à quoy l'Oiſeau ne ſe conuertiroit ny addonneroit que fort mal gré, ſi noſtre Ap-

prentif ne le corrigeoit des grosses humeurs, desquelles
il est salé au dedans du corps, qui le rendent fier, farouche,
fantasque, voire sans appetit. Pour le corriger donc & deliurer de ceste humeur crasse & mauuaise, & le preparer à
quelque chose de mieux, il le faut purger par trois matins
consecutifs auec pillules douces ; de la methode de faire
lesquelles, ensemble du regime qu'il faut faire obseruer
à l'Oiseau lors de la prinse desdites pillules est parlé amplement au quarantiesme Chapitre de la septiesme Partie de
ces Rudiments. Vray est que si on recognoist l'Oiseau trop
remply d'humeurs, qu'il soit fort farouche & terrible, ou
qu'il eust quelque commencement de rhume, (ce que nostre Apprentif pourra recognoistre par les moyens & indices qui luy seront ouuerts, lors que nous parlerons en
ladite septiesme Partie de ces Rudiments, de ceste maladie
& des remedes propres & conuenables,) que nostre Apprentif baille au troisiesme matin au lieu desdites pillules
douces, de celles qui sont composees d'Aloës, Aguaric,
Rheubarbe, & Sené, auec la mesme methode & regime
qu'il sera dict au Chapitre quarante & vniesme de ladicte
septiesme Partie, là où pour lesdites purgations, ie r'enuoye nostre Apprentif. L'Oiseau lors pour tel chastiment
en sera plus aise & facile à dresser & affaiter, & commencera d'entrer en appetit, si mesmes nostre Apprentif commence à luy tremper son past en eau.

---

*A quoy sert tremper le past ou viande de l'Oiseau en eau.*

## CHAPITRE III.

PVis qu'à la fin du precedent Chapitre i'ay parlé de
tremper en eau le past de l'Oiseau, l'Apprentif pour-

ra estre en doute à quoy cela sert & profite. Car l'Oiseau
de son naturel ne la veut pas, n'ayant coustume aux cháps
de se paistre que sur past vif , non moüillé ny arrosé
d'eau , mais tout tel qu'il est en la proye qu'il aura prinse.
Nostre Apprentif mesmes iugera que pour le commencement l'Oiseau ne la trouuera bonne ny de son goust,
ains fera difficulté de s'en paistre. Il m'a semblé auant passer sur autre sujet, le rendre content & satisfaict en cela. Ie
luy dis donc que quand on veut dresser vn Oiseau & le
rendre propre à donner du plaisir , il faut le forcer en son
naturel afin de le vaincre & gaigner. Car si on tenoit tousiours l'Oiseau gras & plein, le paissant continuellement à
son plaisir, & de gorgees chaudes, il demeureroit en sa
fierté & ne voudroit rien faire que selon son naturel &
fantaisie. Or n'y ayant chose qui refrene & abbatte tant la
fierté, despit , & malice de l'Oiseau que l'eau , laquelle
estant froide de soy, corrige mesmes apres la purgation le
sang chaut & humeur bilieuse, de laquelle il est composé:
il est fort bon de luy tremper son past, mesmes en eau froide, l'Oiseau estant fort orgueilleux & fier, plus ou moins,
selon la temperature du climat d'où il est venu. De douter de ceste grande chaleur qui est en l'Oiseau naturellement, elle se cognoistra par la prompte digestion qu'il
faict des viandes cruës desquelles il se paist. L'eau en
outre est laxatiue & passant legerement auec le past par
l'estomach de l'Oiseau luy tient le boyau net & ouuert, &
faict que l'Oiseau ne reçoit vn si grand aliment & nourriture, en sorte que peu à peu elle faict amaigrir ( ce qu'en
Fauconnerie nous appellons essimer. ) Dauantage si
apres la purgation il reste quelque humeur crasse encore
dans le corps de l'Oiseau l'eau aidera à le dissoudre , & en
fait à la fin descharger l'Oiseau. Voila donc les proprietez
plus

plus singulieres & recognuës pour le lauement du past de l'Oiseau. Ie donne donc icy en precepte à nostre Apprentif, que le meilleur traictement (pour maintenir l'Oiseau en santé) est de luy tremper bien sa viande, sçauoir en temps chaut en eau fraische, car en tel temps l'Oiseau est plus chaut & sanguin, & en temps froid en eau tiede; estant tout certain que le temperament de l'Oiseau, ainsi que tous corps, est reglé selon la disposition & temperature de la saison. Il ne faut toutesfois tellement lauer & espraindre le past de l'Oiseau en l'eau, que la meilleure & maieure part de la substāce d'iceluy y demeure: car la mediocrité y doit estre obseruee aussi bien qu'en toute autre chose. Ie dis aussi que le past ainsi bien laué & trempé, par raison doit auparauant le donner à l'Oiseau, estre essuié legerement auec vn linge blanc & net, & non l'espraindre par trop comme plusieurs font. Car l'eau ayant emporté partie de la substance de la viāde, le linge en emporteroit encore autant ou plus, en sorte qu'il n'y resteroit qu'vne forme de viande sans goust ny substāce ressemblant à vne esponge esprainte. Si nostre Apprentif traicte vn Oiseau fort fier & gras, il n'est point impertinent de luy bailler son past bien trempé & laué en eau froide ( comme i'ay dict, ) deux ou trois heures, & encore le bailler à l'Oiseau tout tel qu'il sortira de l'eau sans l'essuier. L'Oiseau estant facile & de bon affaire, il faut laisser tremper moins ledict past & l'essuier vn peu, affin qu'il prenne plus de nourriture & ne s'amaigrisse trop à coup, ne prenant pas tant d'eau, comme n'ayant besoin d'estre tant corrigé. Et pour ce que (comme i'ay dict, ) presques tous Oiseaux sont difficiles à se paistre au commencement de chair lauee, il ne la faut tremper si fort tout à coup, ains peu à peu affin que l'Oiseau s'y accommode ; comme il fera à mesure que

K

l'appetit luy augmentera. I'ay traicté Oiseau si difficile
qu'il eu t pluftoft demeuré trois iours fans rien prendre
que fe paiftre de chair lauee. Si tel Oifeau tombe és mains
de noftre Apprentif qu'il ne s'en eftonne, car il fe paiftra
à mefure que l'appetit luy augmentera, lequel s'eft commencé à ouurir dés lors qu'il aura efté purgé , & prendra
l'Oiseau plus aifement fon paft s'il eft au commencement
trempé en eau tiede & vn peu effuiee.

---

*Comme quoy apres que l'Oifeau a efté purgé , il le faut traiéter,*
*& comment il conuient recognoiftre fi l'Oifeau paffe*
*& induit bien fon paft.*

## CHAPITRE IV.

POVR donner le contentement à noftre Apprentif
de fçauoir à quelle vtilité reuient de tremper le paft
de l'Oifeau en eau, & la methode qu'il y faut obferuer, ie
me fuis vn peu efgaré du fil de mon traicté, mais i'y reuiens, & dis que l'Oifeau eftant purgé (felon la methode
que i'ay baillée à noftreApprentif au Chapitre fecond de
cefte troifiefme Partie de nos Rudiments,) il eft difpofé
pour receuoir correction, voire d'apprendre la leçon que
l'apprentif luy voudra bailler, & pour ceft effect conuient
l'eflimer, c'eft à dire amaigrir, & luy ofter ou diminuer
partie de ceft embonpoint & graiffe, qu'il peut par vn
long temps & bon traictement auoir aquife. Car fi noftre
Apprentif tenoit toufiours fon Oifeau plein & gras, il re-
fteroit toufiours en fa fierté premiere, fans vouloir rien
comprendre de ce que l'Apprentif luy voudroit enfei-
gner & faire recognoiftre. C'eft tout à propos auffi qu'vn
Poëte Latin dict que le ventre, c'eft à dire la faim ou appe-

tit ouure l'esprit & baille des inuentions aux plus stupides
pour gagner leur vie & se nourrir. Semblablement l'Oiseau perdant de son embonpoint, & quelque appetit extraordinaire par le regime de son viure luy suruenant, il
employe ce qu'il peut auoir d'esprit à faire & apprendre ce
que l'Apprentif voudra. Pour paruenir donc à cela il faut
considerer de quel past on doit nourrir l'Oiseau. Les gorges chaudes & autres viandes non trempees en eau ne
sont propres, car elles luy conserueroient tousiours sa
graisse & fierté. Ains nostre Apprentif vsera de chairs laxatiues & de legere digestion pour quelques iours, & encore moyenne ou petite gorge, pouletes, mesmement les
cuisses & chair de veau trempez en eau froide en temps
chaut, & en temps froid en eau tiede, sont fort propres à
cest effect. Car elles passent legerement dans l'estomach
de l'Oiseau & n'en reçoit guere de nourriture, si bien que
telles viandes sont plustost veuës aiguiser l'appetit que
beaucoup substanter l'Oiseau. Nostre Apprentif donnera
aussi regime au viure de son Oiseau, ne le paissant que
deux fois le iour, sçauoir à sept heures du matin & à deux
heures apres le midy. Et luy faut tant qu'on le dressera,
ainsi compasser les heures de son past à cause de la digestion, laquelle se fera aisement de sept en sept heures. Au
surplus il ne faut iamais paistre l'Oiseau qu'il n'ait bien induit & passé sa gorge, (c'est à dire) qu'il n'ait bien entierement digeré le precedent past qu'on luy aura donné. N'y
ayant chose plus dangereuse à l'Oiseau que luy donner
past sur past & mesmement de viandes differentes. Car le
naturel de chacun Oiseau est d'estre repeu chacune fois
d'vne seule viande, & luy en donnant de deux lesquelles
paraduenture seront de differente humeur & qualité, son
estomach ne pouuant supporter, moins digerer vne telle

varieté seroit pour en moins valoir, voire faire mourir l'Oiseau. Mais l'Apprentif cognoistra la digestion en luy trouuant le iabot vuide, qui est le lieu ( comme font les poulets, pigeons, & quelques autres Oiseaux, ) auquel il amasse en se paissant, la viande qu'il deuore. Puis il tastera auec la pointe du doigt la mulette, qui signifie autant que le gezier, qui est au bas de l'estomach, lequel si l'Apprentif trouue dur, gros, & enflé, ( encore qu'il n'y ait plus rien au iabot ) cela denote la digestion n'estre encore bien faicte. Car l'Oiseau ayant amassé son past au iabot il le faict peu à deu descendre dans ladite mulette ou gezier, là où la viande se cuit & digere. Par ainsi la trouuât auec le doigt encore pleine l'Apprentif iugera qu'elle est empeschee, & que toute la coction n'est pas faicte, & par ainsi qu'il se faut garder de paistre encore l'Oiseau qu'elle ne soit bien vuide. Il se cognoistra encore à l'esmond de l'Oiseau, dautant que s'il esmutit en quantité, sera signe asseuré qu'il y a encore de la matiere, & que toute la digestion n'est faicte, & par ainsi qu'il n'est besoin de paistre si tost l'Oiseau. S'il ne faict au contraire que petits esmonds, l'Apprentif iugera la digestion faicte, & estre téps & à propos de paistre l'Oiseau. Ioint à tout cela que l'Oiseau ayant encore son estomach empesché du precedent past, n'aura si bonne enuie de se paistre & ne sera en si bó appetit. Aucuns paissent trois fois le iour leur Oiseau: ie ne suis de leur opinion, ores qu'ils egalassent en trois pasts ce qu'on luy pourroit donner en deux. Car outre que la subiectió en est trop grande, ie trouue que cela le rend trop gaillard & le conserue en sa fierté. Et en outre il ne peut faire si bonne & si prompte digestion dans le susdit temps de quatorze heures de trois gorgees, que de deux moyennes & bien compassees à leurs heures. Ayant

donc baillé icy le regime comme quoy & de quelles viandes l'Apprentif doit nourrir & traicter l'Oiseau, ie reuiens
à ma suitte, & dis que le lendemain que l'Oiseau aura esté
purgé (comme i'ay dit au Chapitre second de ceste troisiesme Partie de nos Rudiments,) il faut que nostre Apprentif luy presente à se baigner.

*Du bain ordinaire & commun de l'Oiseau ; comment il le luy*
*faut presenter, & de quelle vtilité il est.*

## CHAPITRE V.

QVE nostre Apprentif soit aduerty que tout Oiseau
de proye soit de leurre ou de poing, aime naturellement l'eau, soit pour se baigner ou boire. Nature pour
rafraischir quelque eschauffement de foix, qui cause vne
alteration aux Oiseaux les conuie à boire ou se baigner,
ou à cause des poux ou autre ordure qu'ils ressentent en
eux. L'enuie de se baigner les prend volontiers à tous
changemens de temps, soit de pluye, en beau temps, ou
au contraire, & mesmement lors que le vent de hautain
tire, & en cela les ay-ie souuent trouuez vrais augures du
changement du temps prochain, & faut croire que ce
bain est fort propre & naturel à tout Oiseau & luy profite
beaucoup. Or ce bain duquel ie parle n'est pas semblable
à celuy que i'ay cy-deuant composé au huictiesme Chapitre de la seconde Partie de nos Rudiments contre les
poux. Car celuy duquel nous parlons à present n'est arti-
ficiel, ains tout pur, d'vne eau claire & naturelle telle qu'elle
peut couler le long d'vn beau & clair ruisseau, ou dans
vn amas d'eau où elle soit bien claire & nette sans autre

artifice. La profondeur de l’eau où il faut que l’Oiseau se baigne sera de demy pied de profondeur ou enuiron. Si l’Oiseau est bien au iour de son baing, il se veautrera & se coüera dans l’eau comme s’il se vouloit plonger dedans, & faut qu’il se baigne pour son plaisir, car le vouloir forcer & contraindre seroit en vain, & aime mieux se baigner en eau dormante qu’en celle qui court. Pour faire agreer & recognoistre le bain à l’Oiseau, lequel ne s’est iamais baigné ainsi que le niays, il le faut poser tout couuert du chapperon sur vn blot d’vn pied de hauteur ou enuiron assez pres de l’eau, en laquelle l’Apprentif le voudra faire baigner, & l’attacher audit blot, en telle sorte qu’il puisse aller à l’eau quand bon luy semblera, mais autrement, seurement il conuient auoir attaché à la cornette du chapperon vne longue fisselle, laquelle l’Apprentif tenant auec la main par l’autre bout il se retirera vn peu loing, & auec vne petite verge faire voleter de l’eau sur luy, comme qui le voudroit arroser. Cela faict il faut par le moyen de ladite fisselle tirer le chapperon & laisser l’Oiseau descouuert vne espace de temps pour luy laisser recognoistre l’eau. S’il n’en tient conte il faut auec ladite gaule recommencer à frapper doucement sur l’eau & l’arroser. Lors ores qu’il ne se soit iamais baigné, il se iectera à l’eau, se veautrera & plongera dedans, & ne l’en faudra retirer tant qu’il y prendra plaisir: car de luy mesmes il en sortira quand il sera assez baigné. Que nostre Apprentif preuoye bien que l’eau dans laquelle il fera baigner son Oiseau ne soit infectée de quelque puanteur, charogne, crapaux, & autres bestes venimeuses, dautant que l’eau ainsi infectee pourroit porter du dommage à l’Oiseau, mesmes s’il en beuuoit. Ains faut que l’eau soit bié claire, nette, au dessous de quelque belle fontaine, le ruisseau de laquelle pas-

se au trauers du lieu où l'on voudra faire baigner l'Oiseau
Pour oster tout soupçon de l'eau il conuient espuiser toute la vieille, & laisser remplir le lieu d'eau fraische & claire. Ne faut aussi baigner l'Oiseau en eau , en laquelle les
pigeons, oyes, canes, & autres Oiseaux se baignent, dautant qu'ils sont communement infectez de la vermine des
poux: lesquels l'Oiseau pourroit prendre facilement. Ne le
faut aussi souuent faire baigner, cela le rendroit trop gaillard & fier, pource qu'il reçoit tant de volupté en se bai-
gnant qu'il en oublie à demy son deuoir. I'ay souuent experimenté en maints bons Oiseaux , que les portant le
iour qu'ils s'estoient baignez, aux champs , ie n'en pouuois tirer aucun plaisir. Au contraire le lendemain ou vn
iour apres, voler beaucoup plus plaisamment.  Il suffit
quand l'Oiseau se baigne de dix en dix, ou douze en douze iours ou enuiron. Car luy accoustumant le bain plus
souuent la subiectió en est trop gráde, pour ce qu'il le luy
faut continuer, & cela destourneroit plusieurs iours propres au deduict de la volerie. Aucuns font difficulté de fai
re baigner l'Oiseau en la maniere que i'ay dicte, & le font
baigner en chambre dans vn vaisseau faict expres. Quelques raisons ( disent-ils) les mouuent à cela. La premiere,
que l'Oiseau qui n'a coustume de se baigner dehors, &
à l'air , ne laisse pas sa volerie pour s'aller baigner à son
plaisir , ainsi qu'aucuns font. Et pour l'autre; qu'ils sont
asseurez que l'eau dans laquelle leur Oiseau se baignera
est nette, & non infectee de quelque puanteur ou vermine. Contre la premiere ie dis que l'Oiseau lequel cognoist
bien l'eau dans vne chambre, la cognoistra bien aux
champs, & celuy qui prend bien le bain en lieu fraiz, (ainsi qu'est volontiers le dedans des maisons) le prendra bien
dehors au Soleil en temps chaloureux , si la fantaisie de

se baigner luy prend. Outre cela nature qui le prouoque
& incite à recognoiftre ce qui luy eft naturel & neceffaire le ftimulera & conuiera d'aller au bain fi c'eft le iour de
fon bain. I'ay voulu par curiofité ofter toute cognoiffance d'eau pour fe baigner à plufieurs Oifeaux , les ayant
prins petits dedans les aires, & les ayant gardez quatre ou
cinq mois , qu'ils ne s'eftoient iamais baignez , voire
eftoient veuz haïr l'eau & en auoir peur : nature en fin les
incitoit au bain. Car à iours inopinez eftant au deduict
mes Oifeaux s'alloient ietter naturellement à l'eau pour
fe baigner , de forte que ie trouue qu'il eft bien mal aifé
de forcer nature. Ie conclus & tire de là que l'Oifeau lequel a eu cognoiffance de l'eau, & s'eft baigné en chambre la recognoiftra mieux, & aura plus de defir de fe baigner aux champs que celuy ou ceux lefquels ne fe baignerent iamais, & font en fin contrains d'obeïr en cela à nature. Bié aduoüeray-ie que l'Oifeau lequel s'eft baigné au
iourd'huy en chambre, ne lairra pas demain le deduict de
la volerie pour s'aller ietter à l'eau aux champs. Par ainfi
i'appelle cefte façon de faire ainfi baigner l'Oifeau en
chambre, pluftoft curiofité vaine qu'vtile ny neceffaire.
I'ay pratiqué ( n'ayant peu faire baigner mon Oifeau le
iour de fon bain, fuft à caufe du mauuais temps ou autre
empefchement, ) apres luy auoir au foir donné cure de
l'arrofer d'eau & de vin meflez enfemble, & le mettre
toute la nuict fur vne perche pres du feu pour le faire fecher, ie m'en fuis fouuent bien trouué : mais en fin il n'eft
rien meilleur que lors que l'Oifeau prend bien fon bain
felon fon naturel, comme nous auons dict. Contre l'autre raifon qui meut aucuns de faire baigner leur Oifeau
en chambre, pour la crainte qu'ils ont d'vne eau infectee,
le moyen que i'ay cy-deffus dict d'efpuifer la vieille eau,

&

& en laisser venir de fraifche, est suffisant pour oster
ceste difficulté. Ioint à tout cela que l'Oifeau prend plus
de plaifir de fe baigner à l'air, ayant le Soleil aux reins
qu'autrement, & luy est plus naturel. Ayant donc parlé
du bain & comme quoy il faut que l'Oifeau le prenne
pour le mieux, il conuient auffi fçauoir à quoy il profite,
& mefmement comme nous auons dict, apres qu'il a
esté purgé & poiuré. En premier lieu s'il luy reste du poiure parmy fes pennes, ou qu'elles ne foient bien rengees
en leur ordre le bain les laue & nettoye, & apres auec le
bec il les accommode en leur deu estre. En outre à caufe
de la purgation il peut(chofe qui fe pratique & recognoist
parmy les hommes qui prennent medecine, ) estre alteré, voire tellement que fi fur le foir ou apres l'operation
des pillules, l'eau ne luy estoit prefentee à fon plaifir, il
feroit pour en moins valoir. Ie donne par aduis à nostre
Apprentif de ne faire baigner fon Oifeau qu'il n'ait bien
paffé & enduit fa gorge. Car ores que l'eau profite quelquefois (comme il fera cy-apres dict) à la digeftion de
l'Oifeau, i'en ay veu neantmoins qui rendoient leur paft
à force d'auoir beu, mefmement s'ils tenoient gros
leurdit paft. Le meilleur donc fera de ne prefenter le bain
que toute la digeftion ne foit faite. Et encore que i'aye
dict qu'il est naturel à tout Oifeau de proye de fe baigner,
la verité est que i'en ay eu mefmement de paffage, lefquels
ne fe baignerent iamais entre mes mains, ores que ie les
aye gardez deux ou trois muës, & que fouuent ie leur
aye prefenté le bain. I'impute toutesfois cela à la diuerfité
de la nature d'aucuns Oifeaux, laquelle est entre eux
quelquefois autant bigearre ou differente que parmy autres animaux, lefquels ne fuiuent pas tout l'ordre du naturel commun. Ioint qu'il ne faut pas douter que l'Oifeau

L

auquel noſtre Apprentif baillera ſon paſt fort trempé
d'eau, & continuera à le traicter, ainſi ne ſera ſi volontaire & prompt au bain qu'vn autre. Car l'eau qu'il prend
en ſon paſt luy corrige vne grande partie de ceſte chaleur
interne qui le prouoque au deſir du bain. Ayant donc ainſi faict baigner l'Oiſeau, ſoit au dehors ( comme i'ay dict )
ou au dedans de la maiſon, à la volonté & fantaiſie de
l'Apprentif, il ſera mis ſur vne perche ou bloc au Soleil,
ou deuant le feu pour le faire ſecher. L'Oiſeau eſtant demy ſec eſpluchera auec le bec toutes ſes pennes tant grandes que petites, & les mettra en leur ordre & rang. L'heure du bain ſera entre dix & vnze heures auant midy, &
lors qu'il ſera bien ſec, qui pourra eſtre enuiron les deux
heures apres midy pluſtoſt ou tard, ſelon la chaleur du
Soleil, il ſera repeu d'vne moyenne gorge non froide. Ie
dis icy à noſtre Apprentif qu'il ne faut iamais paiſtre ſon
Oiſeau tant qu'il eſt moüillé, ſoit du bain ou de la pluye,
eſtant aux champs, en ayant veu mourir meſmes eſtans
repeuz de paſt froid.

*Pour donner cure à l'Oiſeau de proye.*

## CHAPITRE VI.

LE ſoir duquel on aura preſenté le bain à l'Oiſeau ſoit
qu'il ſe ſoit baigné ou non, il faut commencer à luy
donner cure & non ſelon mon aduis pluſtoſt ( ſçauoir, )
enuiron l'heure de ſept à huict heures du ſoir, ou autrement quand il aura bien paſſé & induict ſon paſt. Et pour
faire ſçauoir à noſtre Apprentif que c'eſt que de ceſte cure,
l'occaſion & vtilité d'icelle : Ie dis en premier lieu que

bailler à curer à l'Oiſeau n'eſt autre choſe que luy donner
du coton, chanure, ou plume, qui ne ſe pouuans conuer
tir en nourriture ny digerer, s'arreſtent dans la mulette,
& eſtans de ſoy ſecs humectent & attirent l'humeur viſ-
queuſe & ſuperfluë, qu'ils rencontrent depuis le goſier
iuſques dans ladite mulette par où ils paſſent, & quand
l'Oiſeau a gardé ceſt amas de cotó, chanure, ou plume, enuiron ſept ou huict heures, il le rend par le bec & ſe netoye
& deſcharge tant deſdites humeurs qu'aucunes ordures
ou ſuperfluitez, ſi aucunes en auoit priſes en ſe paiſſant.
Curer eſt naturel & propre à tous Oiſeaux de proye, n'e-
ſtant vne façon nouuelle ny artificieuſe, que nous leur
ordonnons & baillons. Car l'on a appris desOiſeaux meſmes que cela leur eſtoit naturel & propre, pour auoir trouué ſous les arbres ou rochers, eſquels ils ſe perchent & lo-
gent la nuict, voire meſmes dans les aires, les cures des petits, ſoit de plume, bourre, ou petits oſſets, ſelon le gibier
duquel ils ont eſté repeuz le ſoir ou tout le iour auparaua-
uant. La cure eſt tellement neceſſaire pour la ſanté de
l'Oiſeau de proye, que ſans ſon ſecours il ne ſe pourroit
iamais deſcharger des ſuſdites humeurs & ordures, moins
ſe maintenir en eſtat & ſanté. L'experience nous a faict
voir que l'Oiſeau eſt beaucoup plus gaillard apres auoir
rendu ſa cure qu'auparauant. Et ne faut point qu'on entre en doute que l'Oiſeau eſtant en liberté ne prenne naturellement & librement cure de la plume, ou bourre du
gibier duquel il ſe paiſt, ce que s'amaſſant & coagulant
enſemble dans la mulette à la fin de la coction du paſt,
comme choſe indigeſte, il le rend & s'en trouue beaucoup
deſchargé & plus gaillard, voire en eſtat & deu appetit
pour retourner à la volerie. En quelle ſi própte volonté il
n'entreroit s'il n'auoit rien prins ny auſſi rien rendu ou

iecté pour defcharger fon eftomach. Et faut croire que qui ne donnera cure à l'Oifeau fouuét voire tous les foirs, il fe feroit vn tel amas de mauuaifes humeurs dans fon corps, que cela luy porteroit vn grand dommage, & ne pourroit eftre plaifant. Seroit-il au moins impoffible de le rendre en bon eftat pour en receuoir du plaifir au deduict de la volerie. A l'imitation donc de l'Oifeau mefmes noftre Apprentif baillera cure tous les foirs à celuy qu'il voudra dreffer. La cure ordinaire fera faicte de chanure bien leffiuee & blanche, ou de coton. Le meilleur toutesfois eft de chanure, pource qu'elle a plus de force d'emporter auec foy la groffe & viqueufe humeur qui eft en l'Oifeau. Et le iour du deduict de la volerie luy fera baillé vn gros amas de la petite plume du gibier qu'il aura prins incontinent que l'Oifeau fera peu. Or cefte cure commune qui fe doit bailler tous les foirs à l'Oifeau, fe fera donc de chanure, ou coton coupé menu, ou autrement, à la volonté & fantaifie de l'Apprentif, & fera enueloppee & faicte en cefte forme, fçauoir groffe par le milieu, & venant

vn peu en apointant mitez. Elle ne fera ny molle. Car la dureté humecte fi bien & re quoy elle eft deftine paffe fi aifement,

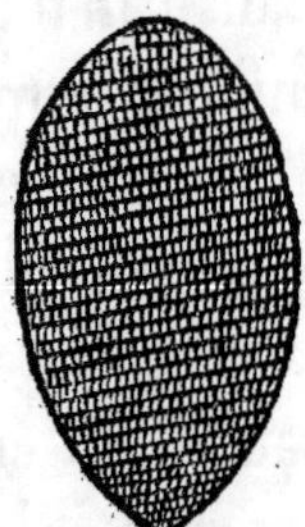

par les deux extremitez trop dure ny trop empefche qu'elle ne çoiue l'humeur, à nee, & la trop molle & eft plus malaifee

à curer à l'Oifeau. La longueur de la cure fera de deux petits trauers de doigt, & la groffeur fera felon la proportion & grandeur de l'Oifeau, & qu'il la puiffe aifement engloutir ou aualler. De la faire trop groffe, bien fouuent il ne la pourroit rendre, ou qu'auec grands efforts & peine, dautant qu'elle s'enfle vn peu dans le corps

par l’humidité qu’elle reçoit & attire. La faire auſſi petite
elle ne profite de beaucoup, à cauſe que ne rempliſſant pas
bié le boyau par où elle paſſe, elle n’y peut faire aſſez d’at-
tractió. Par ainſi en cela auſſi bien qu’en toute autre choſe
mediocrité eſt à obſeruer, & ſeló le corſage de l’Oiſeau faire la cure plus groſſe ou moindre. Ie conſeille d’en bailler
pluſtoſt deux moyennes qu’vne groſſe; ie le pratique ainſi, m’en trouuant treſ-bien. La cure faicte, ou deux (comme i’ay dict, ) à la volonté de l’Apprentif, faut prendre
l’Oiſeau ſur le poing, & auoir vn tiroir comme l’aiſleron
d’vne poule, l’aiſle d’vne perdrix ou autres ſemblables, ſur-
quoy il fera tirer & acharner l’Oiſeau, & quand il le verra
tirer de bon appetit luy faut preſenter la cure. I’ay veu des
Oiſeaux leſquels dés la premiere fois la prenoient fort facilement : i’en ay traicté au contraire de fort difficiles à la
prendre. Et à ceux-cy leur faut auec les doigts mettre
dextrement la cure dans le bec & la leur pouſſer pour le
commencement dans le goſier tant bas que l’on pourra,
affin qu’il l’aualle & mette bas. Ou ſi par ce moyé on ne la
luy peut faire prendre il la faut couurir d’vn petit morceau
de chair lauce, ou autre, & lors auec l’aide qu’on luy fera
il la prendra, auallera & mettra bas. Que l’Apprentif ſe
prenne bien garde que ladite cure n’ait aucun filet, lequel ne ſoit bien enueloppé, car s’il en demeuroit quelqu’vn dans le goſier de l’Oiſeau trainant apres ladite cure,
l’empeſchement que cela luy feroit le pourroit contraindre de la rendre promptement & ſans aucun effect. Il ne
faut onques donner cure à l’Oiſeau qu’il n’aye bien paſſé
& induit ſa gorge, pource que la peſanteur de la cure ou
cures pourroit nuire à la digeſtion, & touchant ou ioignant à la chair qu’auroit prins l’Oiſeau, elle attireroit &
s’abbreuueroit pluſtoſt de la ſubſtance de la chair ou paſt,

L iij

auquel elle toucheroit, que de l'humeur contre laquelle
elle est baillee, & par ainsi raporteroit double incommodité. Sçauoir que l'Oiseau ne receuroit l'entiere nourriture de son past, & la cure ne feroit rien de ce, à quoy elle
est dediee. L'Apprentif continuëra à donner cure à son
Oiseau tant qu'il le dressera, ou qu'il volera pour le tenir
en bon estat, la discontinuation de cinq ou six iours luy
fera bien trouuer du changement en l'estat de son Oiseau.
Or i'aduertis nostre nouueau Fauconnier qu'il y a des
Oiseaux, lesquels sont fort malaisez à rendre leurs cures,
aucuns les gardent deux, voire trois iours, mesme lors
qu'on leur commence à donner cure sans auoir esté bien
purgez. Dautant que lors l'Oiseau estant remply de colles & grosses humeurs, que la cure n'ayant assez de vertu
pour attirer ces humeurs auec elle, elle s'en trouue tellement liee & empeschee qu'elle ne peut remonter par où
elle est venuë, quelque effort que l'Oiseau puisse faire.
D'autres pour n'auoir encore gousté ny experimenté l'v-
tilité de la cure se rendent plus tardifs & paresseux à curer.
En sorte qu'il faut que nostre Apprentif soit soigneux de
bien regarder le matin sous sa perche pour la trouuer, &
ne paistre l'Oiseau qu'il n'aye curé : car cela luy feroit vn
grand mal. Premierement empescheroit la digestion, secondement la cure trop supportee se pourroit conuertir
en putrefaction, qui seroit pour faire mourir l'Oiseau. Ie
parleray cy-apres des moyens de faire rendre la cure ou
cures à l'Oiseau s'il les supportoit trop. Communement
il ne la doit garder que neuf ou dix heures. I'ay veu plusieurs traictans de longue main Oiseaux, lesquels de crainte de perdre temps donnent cure à l'Oiseau dés le iour
qu'ils l'ont mis sur le poing, & trouuent mauuais de ce
que ie fais attendre du moins huict iours. Ma raison est

que la cure ne peut de rien seruir à l'Oiseau qu'il n'ait esté
purgé Dauantage, qu'estant deliuré des sales humeurs
par la purgation, il en rend ses cures plus facilement : que
l'Apprentif donc purge bien ( comme i'ay dict) l'Oiseau
auant que de luy donner cure pour preuenir les maux &
accidents, lesquels peuuent arriuer par trop grande precipitation & hastiueté, & lors l'Oiseau se trouuera mieux &
plus facilement curant, & sa cure ou cures plus belles &
nettes. Plusieurs donnent cure à leurs Oiseaux, trempent
& baignent vn peu la cure premierement que de la faire
prendre à l'Oiseau dans de l'eau, pensans que l'Oiseau
l'aualle & engloutit plus doucement, ne la trouuant si
rude au gosier comme si elle estoit seche, mais aussi n'est
elle de telle vertu & de tel effect. Car estant moüillee elle
n'est plus capable de dessecher & attirer l'humeur & crassitude qui est en l'Oiseau, à quoy elle est destinee. Parquoy
ie conseille à nostre nouueau Fauconnier & Apprentif de
bailler à son Oiseau plustost la cure seche que moüillee.
Et luy donne en precepte de ne donner iamais à curer à
l'Oiseau sans luy auoir premierement presenté à boire de
l'eau bien nette & claire, ou bien attendre apres qu'il aura prins la cure ou cures.

*De paistre l'Oiseau sur le leurre.*

## CHAPITRE VII.

AYANT iusques là conduit l'Oiseau, & voyant qu'il
a bien curé, continuant le regime de viure que i'ay
baillé, comme aussi à curer, tous les soirs l'Apprentif commencera à luy faire cognoistre le leurre. Il aura donc ( s'il

est possible) vn leurre neuf , aux pendans & courroyes
duquel il attachera des aisles de perdrix, beccasse, oiseau
de riuiere, où tel autre qu'il luy plaira , & ayant attaché
la chair sur ledit leurre il criëra & appellera l'Oiseau en
luy monstrant la chair qui sera sur ledit leurre. Si l'Oiseau
ne s'y iette de sa volonté, il le faut prendre doucement &
le poser dessus, & le laisser paistre à son aise. Car continuant ceste façon quelques iours ; plus il ira en auant plus
il entrera en appetit. Qui sera cause que voyant apres le
leurre, sur lequel il a esté repeu, ensemble la viande de laquelle on le voudra paistre il se iettera librement dessus.
Mais il ne le faut appeller sur ledit leurre qu'il n'y ait de
la viäde pour l'abbécher, c'est à dire pour luy laisser prédre
quelque béchëe, car vne tromperie luy osteroit le courage de venir vne autre fois. Cinq ou six iours ainsi passez,
on pourra commencer à le leurrer dehors auec la filiere
bonne & forte, (que nous appellons en Fauconnerie Tiés-
le bien,) & peu à peu l'Oiseau viendra au leurre d'aussi
loin qu'il le verra. Mais ne se faut hazarder de le faire venir sur sa foy, c'est à dire sans filiere & sans la tenir par vn
bout, que l'Apprentif ne soit bien asseuré que l'Oiseau
recognoist bien le leurre, & qu'il est en bon estat & deu
appetit, autrement il seroit en danger d'emporter les sonnettes. Pour la façõ duquel leurre ie cõseille plustost à nostre Apprentif de courir aux marchás pour l'acheter, que
d'employer le temps à le faire, n'estant neantmoins que
fort bon & vtile de le sçauoir faire à cause de la necessité.
Pour la science à faire lequel il la faut tirer de la deffai-
cte ou rupture de quelqu'vn vieux. Par où l'on verra toutes les façons & matieres dequoy il est faict & composé,
ce qui (pour la difficulté) m'empeschera d'en alonger mon
discours, ores que i'en aye faict plusieurs : mais la descri-
ption

ption de la forme & façon de faire, seroit plus difficile
que de le faire.

---

*Pour asseurer ou affaiter l'Oiseau de proye.*

## CHAPITRE VIII.

PENDANT qu'on dresse & accoustume ainsi l'Oiseau
au leurre, ores qu'il le recognoisse & que l'appetit le
contraigne de se ietter dessus pour y trouuer à se paistre,
ne se faut pourtant fier ny croire qu'il soit prest à mettre
sur sa foy. Car il faut plustost faire iugement s'il est bien
asseuré, c'est à dire s'il a encore peur des hommes, chiens,
cheuaux, ou autre bruit, estant ce à quoy il faut soigneusement vacquer. Asseurer donc vn Oiseau, n'est autre chose que de le bien affaiter, c'est à dire le rendre priué, fami-
lier & non craintif des hommes, cheuaux, chiens, ou autres choses & animaux qu'il pourroit voir & rencontrer, & mesmes qu'il n'ait peur quand on s'approche de
luy. Il est beaucoup plus aisé par la purgation & regime
de viure, de rendre próptement en estat l'Oiseau pour voler ( i'entens pour l'appetit ) que de le rendre asseuré. A
vn Oiseau non bien asseuré, le danger est qu'ores qu'il reuienne bien au leurre, qu'il ait volé & prins sa proye, il
s'é fuira & emportera ou quittera sadite proye plustost que
reuenir entre les mains de l'homme, haïssant naturellement sa veuë & aimant la liberté. Pour y remedier faut le
bien affaiter auant que l'exposer à ce hazard. Ce qui se
fera facilement, si pendant les iours qui sont ja coulez que
nostre Apprentif commence à dresser son Oiseau, s'il le
tient & porte presque ordinairement sur le poing, s'il le

M

deſcouure ſouuent, s'il le manie doucement auec la main
droiᶜte par le deuant tout du long de ſon eſtomach, comme auſſi par le derriere iuſques au bas de la queuë, s'il ſe
faiᶜt recognoiſtre à luy à la voix, ne luy eſtant aucunement rude ny farouche, ains doux & patient contre ſa fierté & colere. Car la patience domine touſiours la malice,
& celle-là eſt autant requiſe en ceſt art qu'en tout autre.
L'Oiſeau eſt de ſoy ſauuage, haguard, colere, malicieux,
fantaſque, & terrible: il a beſoin auſſi pour eſtre vaincu,
dominé, & rendu plaiſant d'vn homme doux, patient, &
temperé. Et pendant la folie & fierté de l'Oiſeau, s'il eſtoit
traiᶜté d'vne main rude, & humeur fantaſque, il creueroit
& mourroit pluſtoſt que d'eſtre dominé par violence. Que
noſtre Apprentif donc ſoit patient pour eſtre facilement
maiſtre de l'Oiſeau & le bien aſſeurer. Le veiller auſſi y
eſt treſ-bon, ce qui ſe fera pour quelques ſoirs à la châdelle
ou autre clarté, & le garder de dormir quelques nuiᶜts,
iuſques à ce qu'il ſoit aſſeuré, le tenant touſiours ſur le
poing. S'il ſe debat & tourmente luy faut doucement remettre le chapperon pour vn peu, puis encore par interua-
les le deſcouurir, ayāt ſouuent vn tiroir à la main pour l'a-
muſer en criāt & parlant à luy, affin qu'il recognoiſſe touſ-
jours mieux la voix de ſon maiſtre. Par ceſte façon on en
rapportera tout à coup deux oꞓ trois vtilitez. On rendra
en premier lieu l'Oiſeau bon chapperonnier le couurant
& deſcouurant ainſi ſouuent & doucement, il recognoiſtra ſon maiſtre à la veuë & à la voix, & à meſure ſe rendra bien aſſeuré. Veillant ainſi par cinq ou ſix nuiᶜts l'Oiſeau, ſi l'Apprentif s'ennuye & que le ſommeil le preſſe,
il faut mettre l'Oiſeau ſur la perche, luy paſſant la teſte au
milieu d'vne fueille de papier ou parchemin qui luy tom-
bera ſur les aiſles, & luy couurira tout le deuant, & lors

luy faut mettre vne chandelle deuant luy , laquelle face
bonne clarté. Il ne la faut toutesfois pas tant approcher,
que s'il se debattoit, il y peust attaindre des aisles ou du
corps. Ce papier ou parchemin le garderont de dormir,
& n'y a chose qui réde plus asseuré vn Oiseau. I'entens qu'il
le faut veiller iusques à ce qu'il sera bien asseuré ou affaité,
car ayant aquis ceste asseurance tant requise en l'Oiseau,
il n'y faut plus telle subiection. Pendant qu'onveille ainsi
l'Oiseau il sera bon d'auoir tousiours autour de soy des
chiens propres à la volerie, à laquelle on le voudra dresser, car s'il les accoustume la nuict, il y sera plus asseuré le
iour. Veillant ainsi quelques fois des Oiseaux, ie suis souuent ( comme non fort grand Philosophe,) entré en que-
stion à par moy comme quoy par le veiller , les Oiseaux
se rendoient sages & les hommes fols. I'ay principalemét
( sans entrer plus auant en raisons Philosophiques , desquelles aussi suis-ie du tout ignorant, ) imputé cela à
deux choses. La premiere, que la sagesse que nous apprenons aux Oiseaux leur est vraye folie, perdans leur sagesse naturelle par le changement & adresse que nous leur
baillons. I'ay imputé l'autre à la fragilité de la memoire de
l'Oiseau, lequel oublie en vne heure de repos , ce qu'on
luy a appris presque en huict iours La pratique m'a faict
entrer en ceste raison. Car me faschant ( comme paresseux ) d'auoir veillé vn Oiseau quelques soirs, lequel n'e-
stoit encore bien asseuré, l'ayant laissé dormir toute vne
nuict à son aise sans clarté deuant luy, il me fut le lendemain matin presque aussi farouche & sauuage que s'il ne
m'auoit iamais veu. Ie conclus par là que le dormir luy
causoit vn oubly, & le veiller la memoire de la derniere
chose qu'il auoit veuë, qui estoit moy. Car les autres matins precedens, ny depuis que ie continuay de le veiller &

garder de dormir, il ne me mefcognut plus. Que le Fauconnier porte toufiours l'Oifeau pour le mieux affeurer,
parmy le peuple, cheuaux, chiens, & où il fe faict du bruit.
Car de telles chofes font toufiours fuiuies les chaffes, mefmes des Roys, Princes, & grands Seigneurs. A quoy fi
l'Oifeau n'auoit efté accouftumé de longue main, au lieu
de fondre fur la proye ou reuenir à noftre Apprentif, voyant vne grande fuitte de gens & cheuaux, il s'en fuiroit &
ne fe voudroit laiffer reprendre. Qu'il foit donc foigneux
fur tout de bien affeurer l'Oifeau, & ne le faire voler autrement, bien qu'il foit en deü appetit.

*De faire tirer l'Oifeau.*

## C H A P I T R E  I X.

EN traictant & gouuernant l'Oifeau en la maniere fufdite, voire pour toufiours, il luy faut donner vne reigle infallible de tirer tous les matins & tous les foirs. Si
l'Apprentif me demande que c'eft de faire tirer vn Oifeau,
ie dis que c'eft le faire trauailler fur vn tiroir, duquel il
penfe prendre fa nourriture, & n'en prenant aucunement
par le trauail qu'il fe donne il fe met en appetit. Il y a deux
fortes de tiroir, l'vn gras, comme la queuë d'vn mouton,
d'vn veau, nerf, ou autre tendon, parmy lequel l'Oifeau
trouuât quelque peu de gouft tire penfant fe paiftre. L'autre eft maigre & fec, côme font tous tiroirs de plume, ainfi
qu'aifles de perdrix, poullaille, & autre femblables, fur lefquels l'Oifeau s'efforçant de plumer, il penfe trouuer dequoy fe paiftre fous la plume. Le gras eft meilleur le iour
de la volerie, l'Oifeau y prend auffi plus de plaifir. Les vti-

lirez du tiroir en premier lieu font, que l'Oiſeau s'exerce,
& le plaiſir qu'il prend à tirer le rend plus gay, gaillard &
eſueillé. Car communement l'Oiſeau eſt de ſoy volótiers
au matin morne, heriſſé, & triſte, mais ayant faict exercice ſur le tiroir il ſera ioinct, gay, & ſera en bon apetit. S'il a
quelque commencement de rheume & quelque humidi-
té ſuperfluë en la teſte, en tirant il ſe deſcharge d'vne partie par les narilles, ſi meſmement on le faict tirer ayant la
teſte tournee vers le Soleil leuant, il eſternuëra & iettera
par les narilles de l'eau, laquelle ſi elle fuſt demeuree dans
la teſte ſe fuſt conuertie en gros flegme fort malaiſé à guerir. Si l'Oiſeau a quelque douleur ou goutage aux reins,
la force qu'il met à tirer faict diſſiper, euacuer, voire eſuanoüir ceſt humeur en ſorte qu'il en eſt grandement ſou-
lagé. Le tirer auſſi ſert grandement à la digeſtion, de façon
que s'il reſte quelque choſe d'indigeſtió du paſt du ſoir dás
l'eſtomach de l'Oiſeau, il le digerera en tirant, & eſmutira.
Si bien qu'il n'y a partie en l'Oiſeau qui ne ſe reſſente
du plaiſir & vtilité du tiroir, & tiens le tiroir pour vne dés
principales choſes qui maintient autant l'Oiſeau gay & en
ſanté. L'heure du tirer de l'Oiſeau ſera le matin enuiron
Soleil leuant, ou demie heure apres qu'il aura rendu ſa cure, & ſur le ſoir lors qu'on la luy voudra bailler & faire prédre. Aucuns traictás Oiſeaux ne les font iamais tirer: choſe
que ie repute (ils m'excuſeront) pluſtoſt à pareſſe qu'à vne
vraye prattique de Fauconnerie. Ie ne trouue pas que le tirer ſoit propre à tous Oiſeaux, meſmes eſquels la negligence a laiſſé enraciner au cerueau de l'Oiſeau vn rheume, lequel faute d'eſtre ſecouru eſt conuerty en flegme.
Dautant qu'vne des raiſons pour leſquelles on faict tirer
l'Oiſeau eſt pour le deſcharger du rheume par les narilles,
lequel n'en pouuant ſortir à cauſe qu'il eſt gros & eſpoix,

M iij

& le conduit des narilles petit, estant esmeu par la force
du tiroir trauaille dautant plus fort l'Oiseau & luy donne
plus grande peine & douleur En outre le tirer faict baisser
la teste à l'Oiseau, qui est cause que le rheume y accourt
plus fort, comme à la partie affectee. Les Oiseaux donc
affligez de ce gros rheume n'ont aucunement besoin du
tiroir; ains leur couper plustost leur past à petits morceaux
que de leur donner aucune peine à tirer, & les secourir
des remedes à ce propres qui seront cy-apres baillez.

---

*Pour preuenir que l'Oiseau par le regime susdit ne s'amaigrisse*
*trop, & le maintenir en bon & deu estat.*

## CHAPITRE X.

I'AY cy-deuant dict, mesmes au Chapitre troisiesme de
ceste troisiesme Partie de nos Rudiments, que pour oster
la fierté & malice de l'Oiseau, pour luy mieux faire cognoistre ce qu'on veut qu'il face, bref pour le rendre plus
subiect à l'homme, il conuient l'essimer, c'est à dire amaigrir. Et pour ce aussi ay-ie dict qu'il le falloit paistre de
chairs legeres, laxatiues & fort trempees en eau, & encore
moyennes gorges, de crainte que par telle seuerité & restriction de vie & nourriture l'Oiseau s'amaigrist par trop,
voire (sans y penser ny preuoir,) tombast en vne maladie
nómee par nos maistres, Mal-subtil (incogneu à plusieurs
traictans Oiseaux,) ou que pour estre deuenu trop bas &
maigre, il n'eust le courage ou force de voler: la mediocrité est à obseruer. Et pour ce, faut faire iugement lors
que l'Oiseau sera en deu appetit, n'estant pas bon de le
mettre en faim. Car la faim tient l'vne des extremitez, &

eſtre trop plein & gras tient & occupe l'autre, & l'appetit la mediocrité. L'appetit luy donne la volonté & le
rend en eſtat d'attaquer & prendre la proye, la faim luy en
oſte la force, & le trop d'embonpoint la volonté, & le
rend ſubiect à ſa fantaiſie. Noſtre Apprentif donc pourra
iuger ſi ſon Oiſeau eſt en bon eſtat en luy maniant vn peu
la poictrine, & recognoiſſant qu'elle s'eſt vn peu amaigrie
& non pas trop, & quand il le verra ſe paiſtre ardamment
& ſe iecter d'vn bon courage ſur le leurre, il le faut lors
tenir en ceſt eſtat, & le nourrir en ſorte qu'il ne s'amaigriſſe
dauantage, ny auſſi qu'il reuienne en ſa premiere fierté.
Or ſi inconſiderément, ou que la fierté de l'Oiſeau ait contraint l'Apprentif de l'amaigrir par trop pour le vaincre &
rendre ſubiect à luy, il ſera tref-bon, & ie conſeille de le remettre en corps, non tellement, que (comme i'ay dict,) il
retombaſt en ſa premiere malice, mais en luy donnant
quelque gorge chaude, entre autre ſur le leurre, & ne luy
tremper ſon paſt du tout tant en eau les autres : c'eſt à
dire qu'il luy en faut bailler vne gorge chaude entre deux
autres, & par ainſi peu à peu il le faut remettre iuſques à
ce qu'il ſera en deu eſtat. De ce remede on rapportera double vtilité : La premiere, que l'Oiſeau ſe remettra bien à
propos & non trop à coup : L'autre, qu'il viendra de meilleur courage au leurre, y trouuant par fois de meilleur &
plus ſauoureux paſt que de couſtume.

---

*Pour apprendre à l'Oiſeau à ſouſtenir ſur aiſle.*

## CHAPITRE XI.

PVIS que nous auons rendu iuſques icy l'Oiſeau en bó
eſtat, il eſt queſtion maintenant de luy apprendre

quelque leçon, par laquelle il commence à donner du plaisir à son maistre. Et pour ce qu'il y a plusieurs sortes de voleries, lesquelles requierent que les Oiseaux soustiennent bien sur aisle & soient legiers, & que tous ne s'y veulent pas addonner, ains les y faut presque forcer, il faudra pour y dresser celuy que nostre Apprentif voudra rendre tel, aller en quelque beau lieu ou plaine entournee de quelques arbres, sur chacun desquels il fera monter quelqu'vn auec arquebuse ou pistolet chargez seulement de poudre: il en fera aussi escarter d'autres parmy la plaine d'vne part & d'autre. Au milieu de tous lors il laschera l'Oiseau & puis le leurrera, lequel venant à luy il cachera le leurre sous le manteau, ou autrement comme il pourra. Si l'appetit contraint l'Oiseau se poser à terre pres de luy, il le faut faire chasser auec le chappeau ou manteau par quelque autre. Car il faut que nostre Apprentif soit aduerty de ne faire iamais desplaisir à son Oiseau de peur qu'il ne le craigne, voire haïsse pour quelque deplaisir receu. S'il se va poser plus loing, qu'vn de ceux qui sót espars par la plaine en fasse de mesmes. S'il va pour brancher, celuy qui sera sur l'arbre le voyant venir luy tirera vne arquebusade pour luy faire peur, ou autrement le chasse comme il pourra. S'il va vers vn autre qu'il en face de mesmes: durant tout cela le Fauconnier ne sera paresseux de crier & appeller tousiours l'Oiseau, en luy monstrant quelque fois, mais bien peu, de leurre. L'Oiseau qui se verra chassé de toutes parts, sera contraint de voler en haut, & soustenir sur aisle attendant que son maistre luy remonstre le leurre pour le paistre. Quand pour la premiere fois il aura vn peu soustenu en haut & pris du plaisir en l'air, il luy faut remontrer le leurre, l'appeller & le paistre, affin de luy donner courage d'en faire autant vne autre fois.

Continuant

Continuant ceste façon quelques iours & soirs & matins,
quád on le voudra paistre on verra de plus en plus qu'aussi
tost qu'il sera lasché du poing, il montera aux nuës, & par
les belles descentes qu'il fera, & pointes pour remonter,
il donnera mille plaisirs, & par mesme moyen on le rendra
propre à toute volerie. Il est plusieurs Oiseaux, lesquels
sans ceste peine estans legers de leur naturel s'y addonnent
d'eux mesmes, ausquels dés lors que l'Apprentif recognoistra ceste belle humeur, il leur faut laisser prendre plaisir
en l'air, affin qu'auec leur naturel ils s'accoustument mieux
de soustenir; les tenants tousiours neantmoins subiects &
aduertis par le leurre. I'entens que ceste leçon soit baillee
aux Oiseaux, desquels nostre Apprentif sera asseuré qu'ils
reuiennent bien sur leur foy, sont bien leurrez & asseurez,
ce seroit proprement mettre la charruë deuant les bœufs,
& par telle hastiueté se mettre en danger de perdre ses Oiseaux.

---

*De L'essor de l'Oiseau tant de poing que de leurre.*

## CHAPITRE XII.

D'AVTANT qu'il y a quelque semblance ou correspondance entre le soustenir sur aisle, & l'essor de
l'Oiseau ; tous deux se faisant en l'air par sa legereté: I'ay
pensé ne pouuoir mieux à propos en aucun autre lieu,
ny Partie de nos Rudiments qu'en ce lieu, faire suiure le
vice & imperfection qui accompagnent souuent plusieurs
Oiseaux, tant de leurre que de poing, qui est de se ietter à
l'essor. Mais tout ainsi que toutes bonnes choses tiennent
le milieu, aussi faut-il croire que soustenir bien à propos
sur aisle, estant vne des marques de la sagesse de l'Oiseau,

est posé entre deux extremitez. L'vne estant la trop grande faute de corps de l'Oiseau, qui empesche qu'il ne donne souuent aucun plaisir , ne pouuant par sa pesanteur
ny bien soustenir sur aisle, moins attaindre la proye à laquelle il est ietté. Et l'autre consiste en l'essor de l'Oiseau,
qui faict que par trop grande gaillardise, il monte si haut
vers le ciel qu'il perd memoire & volonté de reuenir à son
maistre. Puis donc que nous auons parlé du moyen de faire tenir bien à propos sur aisle l'Oiseau, nous traicterons
de ce vice, affin que nostre Apprentif se prenne garde qu'au
lieu de faire soustenir son Oiseau , il ne se iette audit essor. Ie dis donc qu'à mon iugement chacun sera auec moy
d'accord que le propre de tout Oiseau de proye est d'e-
stre leger, sçauoir en son vol monter legerement à mont,
soit pour aller attaquer & poursuiure sa proye , ou pour
soustenir plaisamment sur la meute des chiens, affin qu'e-
stant de belle hauteur il puisse faire de belles & plaisantes
descentes suiuies de legeres pointes. Ceste proprieté neátmoins estant plus propre & peculiere aux vns qu'aux autres, selon l'humeur & qualité desquels ils sont composés,
les rend aussi & leurs deduits beaucoup plus agreables,
& en ceste belle façó & legereté consiste vne des plus loüables actions & facultez de l'Oiseau. Estant tout certain
qu'vn Oiseau tardif & pesant, ne donne iamais tant de
plaisirs & recreations , que celuy lequel tient bien long
téps, & à propos sans s'esgarer ny escarter çà ny là sur aisle;
n'outrepassant point , c'est à dire ne montant qu'entre
deux airs : quoy que soit, non plus haut que la veuë peut
penetrer. Mais plusieurs Oiseaux tant de leurre que de
poing, bien souuent se iectent à l'essor, c'est à dire montent si haut dans les nuës qu'on les perd de veuë, & empor-
tez du plaisir de quelque doux vent , s'esgarent au grand

deplaiſir du nouueau Fauconnier fondent & ſe vont rendre ſi loin qu'ils n'en entédent plus de nouuelles. Ceux de
leurre ſont plus ſubiects à ce deffaut & imperfection que
ceux de poing, auſſi ſont ils Oiſeaux plus legers & montent plus haut, & par conſequent vont faire leur deſcente plus loin que ceux-là leſquels ne fondent, & ſe laiſſent
volontiers aller ſur les plus prochaines colines, à demy
ou vne lieuë au plus loin de l'endroit où ils ont prins leur
eſſor, & ſont par ce moyen plus aiſez à retrouuer. Ceſte
faſcheuſe humeur prend volontiers à tous Oiſeaux en
temps d'eſté & d'automne. Cela procede de ce que l'Oiſeau meſmement de leurre, (ainſi que nous auons dict au
vingt-deuxieſme Chapitre de la premiere Partie de ces Rudiments,) eſtant compoſé de l'element du feu plus que de
nul autre, & ayant plus de domination ſur luy eſt auſſi plus
ſanguin, & par conſequent remply de plus de chaleur. Laquelle eſtant trauaillee voire augmentee par la chaleur de
la ſaiſon, laquelle il reſſent par la reuerberation des rai-
ons du Soleil, qui eſt plus grande & violente pres de la terre, & vn peu au deſſus, que beaucoup plus haut, l'Oiſeau
eſt quelquefois contraint quitter ceſte ardeur, & monter
chercher la fraiſcheur ou air temperé qui eſt plus haut &
eſloigné de la terre, là où la reuerberation ne penetre pas.
En ſorte que plus l'Oiſeau monte, plus de fraſcheur il trouue, en y prenant tel plaiſir, voire volupté, que bien ſouuent
il ne ſe reſſouuient plus du deduict de la chaſſe, moins de
ſon maiſtre, ains ſe laiſſe emporter au gré de l'air. L'intemperature & mauuais eſtat de l'Oiſeau en ſont cauſe, le
nouueau Fauconnier tenant l'Oiſeau trop gaillard, & ne
corrigeant pas aſſez ce ſang boüillant, & ceſte grande
chaleur par le lauement de ſon paſt en eau froide, meſmes
en telles ſaiſons chaloureuſes. Aucuns Fauconniers auſſi

se promettent tellement de la sageſſe de leurs Oiſeaux,
qu'il leur ſemble qu'encore qu'ils ſoient bien haut dans
les nuës à perte de veuë, voire qu'ils ayent demeuré
long temps ſans les voir, qu'au premier branle du leurre
ils doiuent reuenir, mais ſouuent ils ſont bien trompez.

D'où le meilleur eſt, lors que les Oiſeaux ont tenu ſur
aiſle quelque eſpace de temps, & qu'on ne rencontre du
gibier pour les obliger de deſcendre, eſtans meſmement
de telle hauteur, en quoy conſiſte la perfection de ce plaiſir, de les r'appeller au leurre, & leur y faire plaiſir en leur
y donnant quelques béchees, & cela ſoit dict au regard
des Oiſeaux de leurre. Car ceux de poing dés lors qu'ils
prennent l'eſſor fort rarement veulent-ils deſcendre que
ceſte humeur ne leur ait paſſé, & conuient ſeulement faire bon guet à leur deſcente, car à grande peine montent
ils plus haut que la veuë du Fauconnier ne peut penetrer.
Tant aux vns qu'aux autres le baigner aux iours accouſtu-
mez, ou ſelon la diſpoſition du temps, ( ainſi que nous
auons enſeigné au Chapitre cinquieſme de ceſte troiſieſme Partie de nos Rudiments, ) & le lauement du paſt en
eau froide oſtent le vouloir de ſe ietter à l'eſſor, & monter trop haut chercher la fraiſcheur, de laquelle ils auront
ioüy par le benefice des remedes ſuſdits. Pour euiter auſſi
ceſt inconuenient, noſtre Apprentif ne tiendra extraordinairement, ains par raiſon ſes Oiſeaux, ſoit en les faiſant
iardiner ou autrement, à l'ardeur du Soleil. Car ayant receu trop de chaleur, s'ils ſont lors portez à la volerie difficilement ſe tiendront-ils d'aller chercher la fraiſcheur,
que nature & la ſommité meſmes des arbres leur apprennent eſtre en l'air, & par meſme moyen s'efforcer & eſgarer. Ains ſoit aduiſé noſtre Apprentif, meſmes en temps
d'eſté & chaloureux, apres auoir tenu quelque eſpace de

temps fur la matinee fes Oifeaux au Soleil, de les retirer à l'ombre, & mefmes en telles faifons en lieu frais. Voila felon mon iugement, les plus vrais & fouuerains preferuatifs contre ceft accident.

---

*Pour faire prendre branche à l'Oifeau.*

## CHAPITRE XIII.

BIEN que ce foit le naturel de tout Oifeau de proye de prendre branche, c'eft à dire fe percher en arbre:il y en a neantmoins (mefmemét les niais,) lefquels ne fe veulent aucunement pofer fur arbre ,ains à terre, ou fur quelque pierre ou rocher , (ce que nous appellons en Fauconnerie Prendre la mote) au milieu des champs:ce qui eft fort fafcheux. Car l'Oifeau repartant de terre n'a telle force & viteffe, ques'il decochoit de deffus l'arbre ou fouftenoit fur aifle. A tels Oifeaux cela procede de niaiferie & grande fotife,iufques à ne fçauoir recognoiftre ce à quoy nature les rend propres. Ceux donc lefquels ont des Oifeaux de cefte humeur, & voudront leur faire prendre branche , il conuient faire pour les y accouftumer ce qui s'enfuit. Quand l'Apprentif voudra leurrer & paiftre tel Oifeau, il faut qu'il le monte appeller, leurrer, & paiftre fouuent fur diuers arbres, ores fur l'vn & tantoft fur l'autre, & en diuers lieux. Tel plaifir receu en arbre dónera courage à l'Oifeau de s'y ietter de luy mefmes, penfant toufiours y trouuer à fe paiftre. L'Apprentif en outre luy ayant les foirs donné cure le portera percher dans quelque arbre , & le laiffer toute la nuict iufques au lendemain, & ne faut eftre endormy au matin, car l'Oifeau fe pourroit remuer & ef

N iij

garrer. Mais il faut pratiquer ce remede és nuicts non tem-
pestueuses, ny qu'il face vent, ains serenes & douces.
Car le deplaisir que l'Oiseau prendroit en l'arbre estant
tourmenté d'vn orage ou autre iniure du temps, luy pourroit encore plus fort faire haïr à se percher en arbre. Telles choses souuent continuees feront que l'Oiseau aimera
la branche & la prendra bien. Le portant ainsi percher la
nuict en arbre, (comme i'ay dict,) il le faut poser au plus
haut de l'arbre que l'on pourra. Car cela l'accoustumera
de prendre la branche la plus haute ; ce qu'en Fauconnerie nous appellons prendre le bouton d'iceluy, qui est la
plus haute sommité de l'arbre & aussi le meilleur. Ie n'en
ay point pratiqué d'autres, m'estant tres-bien trouué de
ce que dessus.

---

*Pour faire suiure l'Oiseau au deduict de la chasse.*

## C H A P I T R E  XIV.

IL est plusieurs contrees ausquelles pour prendre plaisir
à la volerie, mesmement pour les champs, il est fort requis que l'Oiseau suiue bien, ou quelquesfois auance le
deduict de la chasse, (ce qu'en Fauconnerie s'appelle char-
rier l'Oiseau ou Oiseaux.) Pour ce qu'estans lesdites contrees couuertes de bois, & bossuës de montagnes & rochers, il seroit malaisé, voire presque impossible à l'Apprentif de montrer du poing en hors, & lascher bien à
propos l'Oiseau à la proye. En sorte qu'il est fort expedient
que l'Oiseau suiue bien la meute des chiens, & ce faisant
qu'il prenne son aduantage sur les plus hauts arbres ou rochers. Car prenant ainsi son auantage il voit plus facile-

ment leuer le gibier que la meute des chiens pouſſera. Son
vol en eſt plus beau, plus viſte & plaiſant, ſoit pour monter querir en haut ſa proye, ſoit pour la ſuiure à tire d'aiſle,
ou pour la choquer à la ſource, bref par ceſt auantage il en
prend beaucoup mieux ſa proye. Ioint à cela que ceſte façon de ſuiure ou charier eſt tellement neceſſaire & profitable pour la perfection de l'Oiſeau & accompliſſement du
plaiſir qu'on en eſpere, que malaiſement peut-on eſgarer
ou perdre l'Oiſeau qui ſuit bien la chaſſe. Ores qu'il ſe iette quelquefois à l'eſſor, ou qu'vn vent impetueux le de-
bauche, ſi reuiendra-il (s'il eſt bien dreſſé & en eſtat) ſur
ſa volerie. Au contraire s'il n'a point couſtume de ſuiure la
chaſſe, il demeurera au meſme lieu où le vent & ſa fantaiſie l'auront pouſſé, attendant que quelqu'vn aille à luy
pour le reprendre. Pluſieurs ne ſe ſoucient d'apprendre
ceſte façon à leurs Oiſeaux, ſe contentans en quelque lieu
que ce ſoit, qu'ils volent bien du poing: ce qu'on appelle en
Fauconnerie voler à le toiſe: Mais d'aſſeurance le vol n'en
eſt ſi beau, ny l'Oiſeau n'en ſauue ſi bien ſon gibier. Auſſi
l'accouſtumant de ſuiure on ne luy continuë que ſon naturel. Car tout Oiſeau de proye, ſur tous celuy de paſſage,
aime à ſuiure la chaſſe. I'ay veu des Faucons aux champs
eſtans en leur liberté ſuiure de loin, & quelquefois d'aſſez
pres la meute de mes chiens plus de deux heures pour prédre & emporter vne perdrix. L'Obereau eſcumera & ſuiura
tout vn iour la chaſſe pour prendre vn perdriau, caille,
ou aloüette, l'Eſmerillon en ſa ſaiſó n'en fait moins: il faut
donc iuger que l'Oiſeau y a de l'inclination, & auec ce qui
luy eſt appris, il ſe rend fort plaiſant. Pour aider par art à
ceſt inſigne naturel, il faut y trauailler pendant qu'on
dreſſe l'Oiſeau plus ſoigneuſement encore enuers les Oiſeaux niays, car volontiers ne font-ils que ce qui leur eſt

appris, & à quoy ils font pouſſez. Pour apprendre donc
l'Oiſeau ſoit niais ou de paſſage à bien ſuiure, quand on
fera iugement que l'Oiſeau recognoiſtra bien à la voix ſon
maiſtre : c'eſt à dire qu'au ſeul cry de l'Apprentiſ ſans s'aider du leurre l'Oiſeau le va trouuer, & reuient bien, qu'il
vient bien ſur le leurre, & qu'il prend bien branche,
on le portera leurrer en lieu couuert de bois, meſmes de haute fuſtaye. En tel lieu apres auoir laſché
& mis ſur aiſle l'Oiſeau, & luy ayant pris branche au
plus prochain arbre ou autre à ſa fantaiſie, l'Apprentif
s'eſloignera en appellant & leurrant l'Oiſeau, & luy venant vers l'Apprentif, il faut qu'il ſe cache derriere quelque arbre ou autre lieu ( s'il eſt poſſible,) que l'Oiſeau ne
le puiſſe voir, iuſques à ce qu'ayant là és enuirons repris
branche, le Fauconnier s'en ira encore plus loin enuiron
de cent ou deux cents pas, & de là leurrera l'Oiſeau, lequel
venant à luy il luy fera plaiſir ſur le leurre & le paiſtra.
Continuant ceſte façon tous les iours deux fois aux heures de ſon paſt, & le faiſant de plus en plus & touſiours
plus loin ſuiure, & encore plus par la voix que par le leurre,
il ſuiura par tout noſtre Apprentif, & aura plus peur &
crainte de le perdre de veuë, & eſcarter le deduict, que
l'Apprentif n'aura peur de l'eſgarer. Pour faciliter encore
mieux l'Oiſeau à ſuiure le deduict de la chaſſe, il ſera bon
quand on le dreſſera comme ie viens de dire, auoir touſ-
jours autour de ſoy des chiens couplez ou non, affin que
l'Oiſeau les recognoiſſe & accouſtume. Que l'Apprentif
donc ſoit fort ſoigneux de dreſſer ainſi ſon Oiſeau, comme choſe fort vtile, & laquelle le ſoulagera fort aux
champs,

*Pour faire deux Oiseaux de proye compagnons, qu'ils s'aiment & vueillent voler ensemble, du plaisir & vtilité qui en prouient.*

## CHAPITRE XV.

SI la volerie d'vn Oiseau seul est plaisante, que doit estre celle de deux, trois ou quatre s'accordans & volans bié ensemble ? Elle est certes beaucoup plus admirable & a-greable, voire est-elle necessaire mesmes és hautes vole-ries, esquelles soit pour le milan, heron, ou canart, il faut souuent trois ou quatre Oiseaux, comme nous dirons plus à plein cy-apres. Tous Oiseaux toutesfois ne se veulent pas addóner à voler en compagnie d'autres Oiseaux, mes-mement les niais, lesquels sont volótiers aspres & pillards, si cóme forcez & accoustumez de bonne heure ils n'y sont dressez. Ceux aussi soient de passage ou niais, lesquels on a gardé, faict voler & muer quelques annees seuls sont difficiles à faire aimer les autres, & sont volótiers fascheux & pillards parmy les autres, mesmes au deduict. Le passa-ger y est plus propre, pour ce qu'il en voit d'autres aux champs, & bien souuent chassent, prennent proye, voire se paissent ensemble. Les moyés pour faciliter que les Oi-seaux s'aiment & vueillent voler ensemble seront, Que deslors qu'ils auront esté prins par le Fauconnier, nourris niais ou achetez sur les cages, en porter tousiours deux ensemble sur la main & bras l'vn pres de l'autre. Il en faut ores descouurir l'vn & ores l'autre, affin qu'ils se voyent & recognoissent. Mais il ne les faut descouurir tous deux à la fois, qu'ils ne soient bien asseurez l'vn auec l'autre. Car s'ils se venoient à debatre tous deux au coup, vn Apprentif se trouueroit en peine de les remettre sur

le bras, & tel debattement les pourroit faire haïr l'vn
l'autre. Il les mettra tousiours aussi sur la perche, ou sur
les blots pres l'vn de l'autre, sans toutesfois qu'ils se puissent toucher du bec, serres, ny mesmes se debattans frapper des aisles. Qu'il leur donne à paistre ensemble , qu'il
les veille & leurre ensemble, qu'on n'en descouure iamais
l'vn qu'il ne voye l'autre: Bref que tout le plaisir qu'on fera à l'vn soit fait à tous deux , & l'vn pres de l'autre. Ce
sont les principaux moyens pour rendre les Oiseaux compagnons: par la continuation dequoy s'ils ne s'accoustument il n'y a point d'esperance de les faire aimer , ny en
tirer du plaisir ensemble. La longue pratique aussi de tels
moyens les rend souuent de tel amour l'vn enuers l'autre,
que quelque vent ou orage qu'il face, ils ne se lairront iamais : bien que les Oiseaux niais ainsi dressez semblent
s'aimer, si faut-il vne grande diligence & soin au nouueau Fauconnier lors qu'ils voleront leur proye, Car d'ardeur qu'ils ont à lier & retenir leur prise , ils se lient eux
mesmes; de façon que i'en ay veu se gaster, voire se couper la gorge l'vn l'autre, pensans neantmoins tenir leur
proye. Ie donneray icy en passant vn moyen pour preuenir en quelque chose ce malheur, lequel sera quand on
leurrera les Oiseaux pour les accoustumer ensemble, de
ne les paistre pas sur mesme leurre, ains en auoir deux: sur
chacun desquels on en paistra l'vn assez pres de l'autre.
Comme aussi lors qu'on les paistra sur le poing, de ne les
paistre tous deux sur vn bras, ains en faire paistre à quelque autre, l'vn pres & vis à vis de l'autre. Telle longue ac-
coustumance fera que l'vn ayant prins la proye, l'autre
ne se iettera si promptement dessus attendant d'estre peu
aupres de son compagnon, que l'Apprentif ce pendant
face diligence de s'aprocher pour leur faire faire le deuoir

& paiſtre bien à propos. Les Oiſeaux paſſagers ne ſont volontiers ſuiects à ceſt inconuenient, pource qu'ils ne ſont
pas ſi aſpres ſur leur proye ou curee. Il faut ſçauoir que
quand deux Oiſeaux s'aigriſſent l'vn contre l'autre mal-
aiſément les peut-on faire aimer. Si apres auoir pratiqué
tout ce que deſſus, deux Oiſeaux ne ſe veulent aimer &
accorder pour voler enſemble, n'en faut eſperer du plaiſir pour ceſte annee : Ains les faut faire muer enſemble,
(comme nous enſeignerons au Chapitre de faire muer
Oiſeaux,) affin que par le long temps qu'ils ſe verront enſemble & ſe paiſtront pres l'vn de l'autre dans la ferme,
ils s'accouſtument & aiment, & encore les faudra-il dreſſer enſemble. Que le nouueau Fauconnier ne face voler
l'Oiſeau mué au haguard auec le niais ou ſor : car naturellement l'Oiſeau mué haït la penne ſore, & ne la veut endurer que fort rarement ; ains fera voler les ſors enſemble & les muez : de meſmes, aux Oiſeaux qu'on veut faire
voler de compagnie, il leur faut fort pinceter les ſerres.
Dautant que quelque ſageſſe qu'on leur ait apprinſe, il
eſt bien malaiſé qu'ils ne ſe lient quelquefois, & ſeroit
pour ſe gaſter s'ils auoient les ſerres pointuës. S'il auient
que leurrant les Oiſeaux ou autrement l'vn laiſſe ſon cópagnon & s'en aille d'vn autre coſté, il ne ſe faut amuſer
à le ſuiure ; ains laiſſant ſouſtenir l'autre au tour de ſoy,
crier & appeller touſiours en monſtrant le leurre. Celuy
qui ſe ſera eſloigné voyant que ſon compagnon
ne le ſuit pas, ains eſt au tour de l'Apprentif eſcu-
mant & battant le leurre, ne faudra venir retouuer ſon
compagnon pour eſtre repeu auec luy, ce qu'il faudra lors
faire ſur chacun ſon leurre, (comme i'ay deſia dict.) Car
qui en reprendroit l'vn pour ſuiure l'autre, lequel ne verroit plus ſon compagnon, il ſeroit pour s'en aller encore

plus loin Comme aussi quand on les portera au deduict
de la chasse, affin qu'ils s'accoustument mieux à suiure
tous deux vne mesme proye & n'attaquer pas chacun la
sienne, (chose fort incommode,) il faut estre soigneux de
les lascher tellement à propospour le cómencement, qu'il
n'y ait qu'vn gibier, Ainsi ayans esté repeus souuent oure-
ceu du plaisir sur leur prise cómune, ils s'accoustumeront
à charger tous deux ensemble vne mesme proye & non
chacun la leur. S'il aduient que chacun poursuiue la
sienne, l'vn d'vn costé l'autre de l'autre, faut suiure
le meilleur & plus asseuré, en criant & appellant tous-
jours l'autre. Lequel n'ayant prins sa proye ne faudra
trouuant adiré son compagnon & oyant la voix de l'Apprentif de venir à la curee de son compagnon, auec lequel
on luy fera plaisir. S'il a iecté sa proye au pied & qu'il l'aye
prinse, la luy ostant rudement, & sans luy en faire aucun
plaisir, il le faut soudain porter aupres de l'autre & luy
faire part du plaisir : car par le deplaisir qu'il aura receu
d'vn costé, & le plaisir qu'il receura de l'autre, luy fera recognoistre sa faute, & s'en corrigera. L'vtilité de faire voler Oiseaux en compagnie est, que le vol en est plus plaisant, les Oiseaux en prennent mieux la proye, de poltrons ils se font bons & vaillans à l'enuy l'vn de l'autre, &
ne sont si perdables Car bien que l'vn aye enuie d'emporter la sonnette, bié qu'il fende l'air pour s'en aller, il reuié-
dra chercher son compagnon. Ie dis donc que le gentil-
homme ayant deux Oiseaux volans ensemble, sages &
bons compagnons, reçoit double plaisir & profit, & s'il
ne luy faut guere plus d'esquipage de chasse que pour vn
seul. Les Oiseaux de poing ne sont propres à cela : car de
leur naturel ils sont pillards & n'aiment vn compagnon.

*Pour repurger l'Oiseau auparauant le faire voler, si l'on cognoist qu'il en aye besoin.*

## CHAPITRE XVI.

ORES qu'on aye pratiqué tout ce que i'ay dit pour rendre l'Oiseau en estat, si en y-a il de si durs & fiers, qu'il conuient auant les exposer plus auant à la volerie de le repurger. Et se pourra cognoistre si celuy que nostre Apprentif dresse en a besoin, si on luy voit encore de la fierté grande, si estant en l'arbre il faict difficulté de reuenir, si quelquefois il a volonté de fuir, & s'il ne se iecte pas ferme sur le leurre. L'Apprentif iugera lors qu'il est encore trop gras, ou qu'il n'est pas bien net dans le corps, & que les colés & mauuaises humeurs qu'il a dedans, luy font receuoir ce deplaisir. Auec tel iugement donc on le purgera de rechef par deux matins consecutifs auec pillules douces, ( desquelles i'ay parlé au cinquiesme Chapitre de ceste troisiesme Partie de nos Rudiments, ) faites seulement de lard, moëlle de beuf, sucre, & safran, & luy fera-on tenir & obseruer le mesme regime, enseigné au Chapitre 40. de nos remedes, tant en son past qu'autrement. Et au troisiesme matin le conuient purger auec la pillule apppellee le lardon, pour la composition de laquelle de sa vertu comme quoy & en quelle quantité il en faut faire prendre à l'Oiseau, & du traictement qu'il luy faut bailler le iour de ladite prise, ie r'enuoye nostre Apprentif au 42. Chapitre de nosdits remedes. Et lors l'Oiseau ainsi repurgé auec la continuation du lauement de son past pourra estre bien en estat d'estre ietté à la volerie.

# QVATRIESME PARTIE
## DE LA
# FAVCONNERIE.

## *ARGVMENT.*

*Ceste quatriesme Partie traicte à quelle sorte de gibier & proye vne chacune espece d'Oiseaux, desquels on a parlé, mesmes de leurre doit estre mise & iettee. Et la forme & façon qu'il faut obseruer en chacune desdites voleries, soit pour les champs, Riuiere, Milan, Heron, Pie, Corneille, Alöuette, & Lieure, sans l'effect & execution de laquelle quatriesme Partie, toute la peine que l'Apprentif auroit employee à dresser des Oiseaux seroit vaine & inutile.*

---

*Quelle volerie & sorte de gibier est propre à tout Oiseau de proye.*

### CHAPITRE PREMIER.

IVSQVE sicy nous n'auons enseigné que tout ce qui sert pour rendre l'Oiseau en estat de voler, estre ietté au gibier, & en retirer du plaisir: car iusques icy il ne peut auoir donné que grande peine. Et pour bien pratiquer tout ce que i'ay

cy-deuant enseigné, il faut du moins vn mois, qui sont
les trente cures necessaires à l'Oiseau mesmement de leurre, pour le rendre en deu estat de voler. Auec tout cela nostre nouueau Fauconnier pourra ignorer à quelle sorte
de gibier chacune espece d'Oiseau de proye est propre. Il
faut donc croire que chacune espece est plus propre &
aime naturellement plus attaquer vn gibier qu'autre. Cela procede du cœur, courage, & force que chacun Oiseau
se ressent naturellement auoir en soy. N'estant vray-sem-
blable ( comme nous auons cy-deuant dict, ) que les
moindres & plus petits puissent fournir à si grands &
violans efforts que les grands. Sçache donc nostre Apprentif, que le Faucon soit gentil, niais ou pelerin, est plus
apte pour le vol du Heron, Gruë, Canart, & tout Oiseau
de riuiere, tant à cause de son courage que bonne aisle,
que ne peut estre le Lasnier lequel est son inferieur en tout
cela. Le Gerfaut & Sacre auec leurs masles ou bastards,
sont naturellement ennemis du milan, à cause dequoy
ils sont plus volontiers mis à ceste volerie. Tous lesquels
neantmoins se peuuent mettre pour les champs, mais c'est
leur faire tort & deroger à la grandeur de leur force &
courage. Le Lasnier, Lasneret, bastard de Faucon, & tiercelet de Faucon, sont propres & les faut dresser pour les
champs, sçauoir pour la Perdrix, Faisant & Courlis. On
peut dresser le Faucon ou Lasnier pour le Lieure, comme
aussi le tiercelet de Faucon pour Pie: aucuns dressent aussi
le Faucon ou Lasnier pour la Corneille. Le droict vol de
l'Esmerillon est pour l'Aloüete, cóme estant le plus petit
de tous. Souuent neantmoins il est mis pour les champs,
mais à cause de sa foiblesse il ne dure guere.

*Pour faire voler au Faucon l'Oiseau de riuiere, autrement dit canard.*

## CHAPITRE II.

IL faut pour la premiere reigle du vol pour riuiere, que les Faucons ou autres Oiseaux qu'on y voudra mettre soient legers, ayent bon corps & soustiennent bien sur aisle. Si les Faucons sont niais, il faut estre soigneux qu'estans bien dressez (comme nous auons dict,) de chercher quelques petits marais, laudes, ou autres lieux, où les canards ont coustume d'esclore & nourrir leurs petits. Et auec tout soin en trouuer de ieunes enuiron le mois d'Aoust, lors que les canetons, autrement appellez hallebrans commencent à voleter, & faire en sorte que l'Oiseau qu'on y voudra mettre en tuë vn, affin de luy en faire plaisir & le paistre. Ores que dés la premiere fois il n'assaille pas le hallebran, ne faut laisser de le porter souuent au deduict. Car l'Oiseau, mesmes le Faucon, estant de soy genereux & hardy, ne faudra en fin de l'attaquer, & en ayant receu quelquefois du plaisir le continuant & acharnant souuent auec ses canetons, il se rendra bons & bien volans les grãds en hiuer. Si l'Oiseau est de passage il ne faut point entrer en ceste curiosité, car deslors qu'il sera bien dressé on n'a que peine de luy monstrer le gibier qu'on veut qu'il attaque, & du premier duquel il receura plaisir, il s'en ressouuiendra & s'adonnera à ceste volerie. Or la façon de ceste volerie sera qu'il faut premierement vn païs descouuert, & s'il se peut plein & vny le long de quelque ruisseau bien aisé à gayer. Au deffaut de

de tel lieu faut choifir vn païs de landes defcouuertes , &
d'où la veuë fe puiffe eftendre bien loing. Car les lieux
montueux & couuerts de bois, ne font aucunement propres à cefte volerie, moins parmy les eftangs. Grand nombre auffi d'Oifeaux de riuiere n'eft bon pour ce deduict.
Car la grande quantiré rendroit la volerie confufe. Le
meilleur eft és lieux où il n'y ait que quelques Canards ef-
cartez. Secondement faut exactement regarder de quel
cofté vient le vent, affin que le Canard recogneu , le Fauconnier gaigne le deffus du vent & iette ainfi fon Oifeau
ou Oifeaux à mont. Lefquels quand on verra affez haut
& en bel aduantage, en criant & appellant l'Oifeau comme fi on le vouloit leurrer, on pouffera aual le vent &
non contre le Canard , affin qu'il ne vienne par refte à
l'Oifeau , qui luy feroit vn grand defaduantage. Lequel
ayant ainfi le deffus, pouffé du vent & de fa viteffe fondra
deffus comme vne balle de canon. Au lieu que fi on luy
pouffoit le gibier par tefte ou contre vent, il ne feroit de
fi belles defcentes, & ne pointeroit fi aifement pour regai-
gner le haut, comme il eft requis en cefte volerie. Il faut
qu'elle foit fuiuie de bons Piqueurs , car il fe trouuera
quelquefois tel Canard , lequel ayant l'aifle au vent fera
pour emmener à trois ou quatre lieuës de là vn Faucon
courageux. Il y conuient auffi des leuriers ou barbets
pour faire releuer le Canard , lequel ayát efté vne fois choqué du Faucon, & le voyant encore fur aifle n'ofant repartir fe cache & va au plonge. Les leuriers dreffez à l'eau
font beaucoup meilleurs, tant pour ce qu'ils font plus
hardis & courageux, qu'auffi il eft peu d'Oifeaux, lefquels
n'ayent peur des barbets. L'Oifeau donc ayant donné du
plaifir à fon maiftre il luy en faut bailler , le laiffant plumer à fon aife fon gibier , & l'en paiftre. Tel vol eft fort.

P

plaisant & agreable, & pour l'embellir il y faut mettre deux ou trois Faucons ensemble, pourueu qu'ils se vueillent compatir & voler de compagnie.

*Du vol pour le Milan, le premier de tous les vols.*

## CHAPITRE III.

NOvs auons dict au premier Chapitre de ceste quatriesme Partie de nos Rudiments, que le Gerfaut & le Sacre haïssent naturellement le Milan : c'est pourquoy ils sont plus aspres à ceste volerie que tous autres, laquelle aussi proprement n'appartient qu'aux Princes, & grands Seigneurs; tant pour ce qu'elle est d'vn grand plaisir, qu'aussi elle est de peu ou point du tout de profit. Ioint qu'il s'y gaste plusieurs Oiseaux:or il faut sçauoir de quels Milans nous entendons parler,& lequel est le plus propre à ce deduict. Il y en a de trois sortes : le premier est la Causarde , Oiseau fort brun & racourcy de ses pennaches,lequel n'est propre à autre volerie pour n'estre leger , car soudain qu'il est ioint d'vn Oiseau il se iette contre terre à la renuerse les mains en haut, lesquelles luy seruent de deffences : le second est le Milan noir,vn peu plus grand & allongé que le precedent,lequel est fort leger & mal aisé à prendre pour auoir de merueilleuses deffaites, & pour estre de fort longue haleine,lequel pour ce suiect contraint bien souuent les Oiseaux de le quitter pour en auoir faute. Il se sert des mesmes armes que le precedent. Car il pique merueilleusemét les Oiseaux,lors qu'il est mené en bas. L'on ne laisse d'en prendre , pourueu que les Oiseaux soient excellents.Le troisiesme est celuy que l'on appelle Milan Royal, lequel est grand,blond, & leger,&

eſt ainſi nommé pour donner du plaiſir aux Roys & aux
Princes, auſquels ſeuls appartient le plaiſir de ceſte volerie. Il eſt plus leger que les ſus mentionnez, mais il ne ſe
demeſle pas ſi facilement que le noir , & neantmoins ſi
les Oiſeaux ne ſont fort rudes il ſe perd dans les nuës touſ-
jours combatant. Ce Milan eſt de ſoy poltron & n'attaque aucune proye pour ſe paiſtre, ains ſe côtente de chercher ſa vie ſur des charongnes, & ſe trouuent bien peu
d'autres Oiſeaux qui ne le battent. Et dautant qu'il ne ſe
trouue à tous propos, faut que les Fauconniers ſoient aduertis des iours qu'il faudra voler, à celle fin de faire quelque carnage, ſoit d'vn chien , ou de quelque autre beſte
morte, qu'il faut eſcorcher & la trainer en quelque belle
plaine, & s'il y a vn Milan à quatre lieuës à la ronde il ne
faudra de ſe venir ietter deſſus: Il y a vn autre moyen de le
faire deſcendre, c'eſt de porter vn Duc, lequel il faut ietter
ſoudain que l'on verra le Milan, lequel ne faudra de venir
au bas pour le battre, & au meſme temps les Fauconniers
ne faudront de prendre le deſſous du vent, & lors qu'il ſera de moyenne hauteur ne faudront de l'attaquer, iettant
les Oiſeaux l'vn apres l'autre , de crainte qu'ils ne ſe prin-
ſent l'vn l'autre au partir du poing, premier que d'eſtre
recognus. La volerie ſe faict de deux Gerfaux & vn Tiercelet, leſquels apres pluſieurs belles deſcentes & reſources,
vous les voyez tomber des nuës iuſques en terre tous liez
enſemble comme vn peloton: c'eſt là où il faut vſer de diligence pour ſecourir les Oiſeaux , car eſtans tous en furie ils ſe prennent fort ſouuent l'vn l'autre ſans ſçauoir ce
qu'ils font, de crainte auſſi que le Milan ne bleſſe les Oiſeaux auec les ſerres & auec le bec, ayant leſdites ſerres
fort dangereuſes à cauſe des ordures dans leſquelles ils
les mettent, ſe paiſſans de charongne & beſtes veneneu-

P ij

ses : de façon qu'estant abbatu il luy faut promptement
rompre les iambes & le bec, si ce n'est que l'on vueille sau-
uer le Milan en vie pour dresser d'autres Oiseaux: il faut
promptement ouurir vne poulle par quartiers , & passer
des membres de ladite poulle sous les aisles du Milan, à
celle fin que l'Oiseau pense que ce soit du Milan mesme
dequoy il se paist, & faut les paistre ensemble sur le Milan , affin qu'ils se cognoissent mieux, & ne les laisser gueres plumer, de crainte qu'ils ne s'echauffent trop, & qu'ils
ne deuiennent pillards.

*Vol pour le Heron, lequel est le second.*

## Chapitre IIII.

LEs Roys, Princes , & grands Seigneurs, font dresser
des Oiseaux pour voler & prendre le Heron : la volerie est presque aussi agreable que celle du Milan & n'est
pas de moindre despence, tant pour le grand equipage
qu'il faut, que pour la quantité d'Oiseaux. Pour prendre
le Heron & en auoir du plaisir, il conuient ce deduict estre
accomply d'vn Gerfaut & d'vn Tiercelet: & pour rendre
la volerie plus belle & agreable il se faut seruir d'vn Sacre
que l'on appelle Hausse-pied , lequel l'on iette seul aussi
tost que le Heron est party, & aussi tost que le Sacre l'a
ioint, il luy donne deux ou trois venuës qui contraignent
le Heron de se desmesler & d'aller à la montee : il faut
qu'en ce temps là les Piqueurs qui portent les Oiseaux
sus mentionnez soient reculez au dessous du vent, affin de
l'attaquer lors qu'il sera de belle hauteur, lesquels ne faudront de l'aller querir quelque hauteur que soit le Heron, & soudain qu'ils auront gagné le dessus ne faudront

à le raualler à force de coups & le tueront en l'air, s'il n'y a
quelques marais au deſſous dans lequel il ſe puiſſe rendre,
& pour ce ſubiect il faut auoir des leuriers dreſſez à cela,
leſquels le font repartir, & ordinairement le prennent
lors qu'il eſt hors d'haleine : tels leuriers ſeruent encores
lors que les Oiſeaux ont lié & porté à bas le Heron, de le
prédre entre leurs mains, & le tuent, qui empeſche qu'il ne
bleſſe les Oiſeaux. Il ne faut eſtre pareſſeux à piquer à la
curee, de crainte que les Oiſeaux ne ſe meſprennent l'vn
l'autre : ie parle lors que les Oiſeaux ſont fort bien dreſſez, car pour les dreſſer il faut auoir vn Heron en vie, auquel il faut mettre vn morceau de chair que l'on appelle
vne barde ſur les reins, & l'attacher au milieu de deux fi-
celles, & qu'il tienne ſi fort que l'Oiſeau ne le puiſſe deffaire, & apres que l'Oiſeau ſera bien leurté hors de fillere, &
qu'il aura tué vne poulle, il luy faut monſtrer le Heron
auec la barde, lequel ne faudra de ſe ietter deſſus y voyant
de la chair : il luy faut continuer de le luy monſtrer peu à
peu iuſques à ce qu'il le prenne en l'air, & lors qu'il le
prendra bien hardiment, il luy faut oſter la barde, & s'il
le prend deux ou trois fois ſans barde, il ne faut craindre
de le porter aux champs auec vn cópagnon, leſquels ſont
Gerfaut & Tiercelet, & faut chercher vn Heron dans
quelque belle mare & ſe mettre ſous le vent, & ſoudain
qu'il ſera party, ſans luy donner autre aduantage faut ietter les Oiſeaux à ſa queuë leſquels ne faudront de le prendre, & lors leur en faut faire bonne chere & continuer
deux ou trois fois la ſepmaine, & ne faudront de ſe rendre
capables de l'aller querir d'vne belle hauteur comme i'ay
dict cy-deſſus. L'on peut faire vn vol de deux Sacres &
d'vn Gerfaut, mais la plus ſeure & la plus belle c'eſt celle
que ie vous ay recité.

P iij

*Du vol pour la Grue.*

## CHAPITRE V.

ENCORE que le vol de la Gruë ne soit pas parmy nous en commun vsage, ny se pratique & exerce si souuent, & communement que pour le Heron, si n'est il moins plaisant que le precedent. Mais dautant que c'est vn Oiseau plus grand & fort, soit du bec ou corsage que le Heron, voire qui rend son vol plus haut, il y conuient mettre des Oiseaux dauantage : & pour cest effect il y faut ietter vn Gerfaut, vn Sacre, & deux Faucons. Lesquels, quand on aura recogneu la Gruë dans vne plaine ( auquel lieu elles habitent communement,) il faut ietter & lascher auec le mesme auantage que les precedents. Si les Oiseaux sont vaillants on y verra mille plaisirs par les grandes attaques qu'ils luy donneront, & quelque effort que la Gruë face de monter en haut, où elle faict sa volerie ordinaire pour prendre son vent & s'en aller, ils la porteront par terre. A quoy ( comme nous auons dict du Heron, ) il faut vser de diligence, de peur qu'auec le bec qu'elle a fort & pointu elle ne blesse quelque Oiseau. Ce qui n'arriue gueres autrement.

---

*Des Oiseaux qui sont rudoyez ou blessez par la Grue, Heron, ou Milan.*

## CHAPITRE VI.

PLVSIEVRS Oiseaux sont souuent blessez du bec de la Gruë ou Heron, ou des serres & bec du Milan, &

en font tellement rudoyez qu'ils n'ont plus le courage,
( ores qu'ils foient bien traictez & gueris ) de redonner à
cefte volerie. Et pour ce, font-ils nommez Oifeaux rauallez, ce qui fignifie autant que n'eftans plus capables pour
la haute volerie il les faut raualler, c'eft à dire defcendre &
mettre à voleries plus baffes, & aufquelles ne foit befoinde
tant de force & courage. D'où c'eft que cómunement ils
font remis pour les champs, & les Fauconniers des Roys &
Princes les y dreffent pour les vendre & en tirer quelques
efcus. Mais il y en a qui ont tellement perdu tout courage
qu'ils ne veulent rien valoir, & font contraints leur dóner
la clef des champs. Que noftre Fauconnier donc ne face
aucun eftat de tels Oifeaux rauallez : car il s'en rencontre
peu, lefquels apres auoir ( comme eft dict, ) efté rudoyez,
vueillent rien valoir. Toute l'enuie & curiofité qu'on en
doit auoir, c'eft pour apprendre à les guerir eftans bleffez,
comme cy-apres fera dict.

*De la volerie pour les champs.*

## CHAPITRE VII.

APRES que i'ay parlé des hautes voleries, il eft conuenable de traicter de la commune nommee pour
les champs, en laquelle on ne faict la guerre qu'aux Perdrix, Cailles, Corlis, Faifans, & autres Oifeaux de peu ou
point du tout de deffence & fort peu de volee. Les Lafniers, Lafnerets, Tiercelets de Faucon font propres à cefte
volerie, ores qu'on y puiffe bien mettre les Faucons, Gerfaux & autres defquels nous auons parlé, mais (cóme auffi
nous auons dict, ) c'eft deroger à la grandeur de leur for-

ce & courage, lesquels font capables de voler plus hau-
tement. Et pour ce que ie refte en creance que les Lafniers & Lafnerets font encore meilleurs pour ceft effect
que tous autres, ie m'amuferay à traicter comment il les
faut acharner & dreffer pour tel vol. Croyant auffi que
par l'inftruction & aduertiffement que ie bailleray pour
ceux-là, on fe pourra feruir pour y accommoder tous les
autres. Des Lafniers doncques & Lafnerets, i'ay dict
qu'il nous en arriuoit de deux fortes, fçauoir de niais
& de paffage. A chacun defquels il conuient obferuer
diuers moyens pour les rendre capables à donner du plaifir. Car en premier lieu pour rendre le Lafnier niais bien
volant pour les champs, il faut commencer à l'oifeler fur
la fin du mois de Iuillet & commencement du mois
d'Aouft, lors que les Perdriaux commencent à mettre la
maille & faire affez grand vol. On portera donc tels Oifeaux au deduict en quelque belle plaine ou lieu bien defcouuert, auquel trouuant vne compagnie de Perdriaux, il
en faut remarquer vn à fa premiere pofee où foudain l'on
portera l'Oifeau qu'on voudra oifeler. Il faut lors faire
releuer le Perdriau le plus pres de l'Oifeau qu'on pourra,
lequel voyant repartir le Perdriau fi pres de luy & ja rompu ne faifant que voleter, s'il eft de bonne & hardie nature il le fuiura & prendra, duquel on le paiftra, & luy en
fera vn grand plaifir, affin de l'acharner. Le continuant
ainfi deux ou trois iours en fuite, & iufques à ce qu'il les
fuiura courageufement & d'vne bonne aifle & volonté
on le pourra lors lafcher à la premiere volee. Ne voulant
eftre de l'opinion de ceux, lefquels pour oifeler leur Oifeau ne veulent pour vn temps leur faire voler & prendre qu'vn ou deux Perdriaux, car i'en ay veu lefquels par
telle couftume n'en vouloient en fin voler dauantage. Au

contraire

contraire l'Oiſeau ayant prins ce iourd'huy vn Perdriau,
il luy en faut faire prendre demain deux, & ainſi en augmentant de iour à autre iuſques à ſix ou ſept, qui eſt vne
honneſte prinſe. Le Fauconnier luy fera plaiſir de chacun
le luy laiſſant vn peu plumer & prendre de la ceruelle, ce
que nous appellons faire le deuoir. Ne faut eſtre auſſi de
l'opinion de ceux, leſquels ne veulent oiſeler leurs Oiſeaux
niais que lors que les Perdriaux ſont preſque Perdrix. Car
ie trouue qu'il eſt lors fort malaiſé, voire impoſſible à les
mettre dedans, à cauſe que l'Oiſeau niais, meſmes le Laſnier eſt poltron de ſoy, & le gibier eſt trop fort & viſte;
qui oſte le courage à l'Oiſeau de le ſuiure. Et ne faut croire que pour le mettre au menu, il quitte & refuſe la Perdrix eſtant en ſa force, pourueu qu'on le continuë ſans
ceſſe, c'eſt à dire tous les iours, ou du moins de deux iours
l'vn. Car continuant & acharnant ainſi l'Oiſeau ſans diſ-
continuation, il acroiſt auſſi tous les iours en force, viſteſ-
ſe, & courage, ne trouuant le Perdriau non plus fort auiourd'huy qu'hier, ny demain qu'auiourd'huy. De ſorte
que par telle continuation il ne fera difficulté non plus de
voler la Perdrix en ſa force que le Perdriau: ie ne doute
pas qu'ayant eſté acharné aux Perdriaux, ſi on le laiſſoit
ſans le faire voler quinze iours ou trois ſepmaines il
ne leur tournaſt la queuë, les trouuant plus forts & faiſans de plus grandes volees qu'auparauant. Car de iour
à autre le Perdriau croiſt, ſe fortifie & vole mieux: ſi on
rencontre quelque Oiſeau ſi ſot ou niais, lequel ne vueille du premier coup ſuiure & prendre le Perdriau pour ne
recognoiſtre aucun vif, il en faut prendre (choſe aſſez
facile,) vn qui ſoit en vie, le luy faire tuer ſur le poing, ou
autrement luy en faire plaiſir pour le luy faire recognoiſtre. A deffaut de Perdriaux conuient auoir vne petite

Q

poulette, laquelle faifant voleter deuant luy il fe iettera deffus, & par ainfi recognoiftra le vif. Eftant apres porté au deduict fe reffouuenant du plaifir paffé, voyant partir le Perdriau pres de luy, il le fuiura & en fin fe rendra bon. On rencontre tels Oifeaux niais fi durs & malaifez à mettre dedans, qu'ils femblent oublier en vne nuict tout le plaifir qu'ils auront receu de leur gibier le iour precedent : ne voulans le lendemain le recognoiftre. Mais il ne faut defefperer de tels Oifeaux : car bien continuez & pouffez qu'ils foient ils fe reueillent & s'adonnent à eftre bons & fages & font plus de duree que les autres, lefquels par trop d'ardeur fe perdent ou gaftent incontinent. Les Lafniers de paffage ne peuuent eftre mis aux champs, qu'és enuirons de Noël. Car ils ne fe prennent guere qu'és mois de Septembre, Octobre, & Nouembre, de forte qu'auparauant qu'ils foient bien dreffez, on s'approche fort de Noël, auquel temps la Perdrix eft en fa force. Et n'eft befoin à ceux-cy d'vfer de tant de façons pour leur faire prendre la Perdrix : car ils la recognoiffent d'eux mefmes, en ayant prins auparauant qu'ils fuffent mis en fubiection. Et n'eft befoin que de les bien dreffer & affaiter, car ils ne feront nulle difficulté s'ils font en bon eftat, de bien voler la premiere qui leur fera monftree, de laquelle il leur faut faire grand plaifir. Dauantage comme nous auons ja dict, ils s'adonnent librement au premier gibier duquel on leur aura faict plaifir. Or de crainte que par la faute des chiens ou autrement, cefte Perdrix que le paffager volera fe perdift & ne fuft prife, il fera fort bon que le Fauconnier en ait faict prouifion de quelqu'vne viue qu'il aura toute prefte dans fa Fauconnerie, de laquelle à deffaut de l'autre il fera plaifir à l'Oifeau. Il eft plufieurs Oifeaux, mefmement les Lafniers niais, lefquels ayants volé leur Perdrix quittent leur remife & reuiennent trouuer la chaffe, ce qui eft fort fafcheux. A quoy n'y a point de remede finon de les piquer fort, c'eft à dire les fuiure auec telle diligence qu'on les trouue encore combattant leur gibier dans les haliers. Ou l'Oifeau s'eftant efloigné de fa remife quand le Fauconnier aura pris la Perdrix la luy ietter toufiours fur le halier, & luy faire là le deuoir, par telle continuation lors qu'il aura remis fa Perdrix, il luy femblera qu'elle fera toufiours fur le halier : & en fin arreftera fur la remife. La faute procede auffi fouuent pour eftre les Oifeaux trop en faim, en forte qu'ayans failly leur gibier & ne l'ayans peu ietter au pied ils reuiennent chercher leur maiftre, penfans eftre reprins & repeus, mais il fera à ce deffaut aifé à noftre Apprentif d'y remedier, tenant fes Oifeaux en bon corps, & non trop affamez. Au regard du Corlis, c'eft le propre des Lafniers de les voler, mais tous ne le veulent faire, auffi y a-il des contrees, où il n'y en habite aucunement. Quant au phaifant c'eft le propre de l'autour, & y en a qui auront pluftoft prins & aimeront mieux voler vn phaifant qu'vne Perdrix. Ils habitent volontiers és païs de landes & forts : ce deduict pour les champs, outre ce qu'il eft de grand plaifir il rapporte de l'vtilité à la cuifine, & faut qu'il foit parfaict auec la bonté des Oifeaux de plufieurs bons efpaigneuls pour pouffer & releuer la Perdrix.

*Du vol pour Lieure.*

## CHAPITRE VIII.

I'A Y cy-deuant dict que l'inuention des hommes & l'art de Fauconnerie pouuoit forcer le naturel des Oi-

seaux, leur faifant voler & prendre le gibier, lequel ne leur
eft naturel ny propre. Car tout Oifeau de proye ( mefmes ceux defquels nous traictons,)aime à fuiure, prendre
& fe paiftre fur autres Oifeaux. Mais le plaifir de l'homme luy eft en telle recommendation qu'il oblige les Oifeaux à voler & prendre les Lieures, volerie non moins
plaifante qu'aucune des autres, lors que les Oifeaux y
font bien dreffez. Les plus propres à ce deduict font le
Faucon & Lafnier niais, car les paffagers ne s'y voudroiét
addonner pour auoir accouftumé de voler la plume, en
forte qu'ils iroient continuellement au change. Et eft
befoin que l'Oifeau ou Oifeaux qu'on voudra ainfi dreffer n'ayent onques recogneu autre vif ny gibier, comme
auffi n'ont faict lefdits Faucons ou Lafniers niais. Par ainfi
pour y dreffer l'Oifeau il faut auoir des Leuraux(comme
demy Connils,) lefquels on luy fera tuer fur le poing, ou
autrement à l'heure du paft, & defquels auffi on le paiftra en le laiffant fort acharner deffus. Quand le nouueau
Fauconnier verra qu'il le recognoiftra bien, il en conuient
auoir vn autre vn peu plus grand tout vif, & le porter en
quelque belle plaine ou autre lieu bien defcouuert, &
non entourné de haliers ou autres empefchemens, & en
ce lieu il mettra l'Oifeau ou Oifeaux à mont. Lors ayant
premierement attaché le Leuraut auec vne longue ficel-
le il le l'aira courre en appellant l'Oifeau: fi l'Oifeau le
fuit & le lie il luy en faut faire grand plaifir & l'en paiftre.
Quand l'Apprentif aura ainfi continué & qu'il recognoiftra que fon Oifeau y donne bien, il luy faut faire battre
vn grand Lieure. Et pour ceft effect il en faut efcorcher
vn fi à propos, que toute la peau y foit bien entiere, tant
tefte, oreilles, iambes, queuë, que tout le corps. Laquelle
peau il conuiendra bien emplir par tout de bourre, ou à

ce deffaut, de foin ou de paille coupee bien menu, & en
sorte qu'elle ressemble comme si c'estoit le Lieure mesme.
A l'heure du past de l'Oiseau nostre Apprentif ira en quelque pré fauché & bien esmondé, auquel lieu mettant son
Oiseau ou Oiseaux sur aisle, ayant premierement attaché
ladite peau à vne longue filiere, par l'aide de laquelle le
Fauconnier fera courre & sauteler ladite peau en criant &
appellant tousiours ses Oiseaux : s'ils viennent & descendent choquer viuement, & battre ladite peau par plusieurs
fois, faut auoir promptement cuisse de Geline chaude, &
les en paistre sur ladite peau : comme si c'estoit du propre
lieure. Or ayant continué deux ou trois iours ceste façon,
il n'y aura point de mal de porter l'Oiseau ou Oiseaux au
vray dednict, & les faisant soustenir sur aisle faire en sorte qu'on trouue quelque Lieure en beau pays, non fort,
ains descouuert : Et lors en criant & appellant l'Oiseau
comme le nouueau Fauconnier faisoit pour luy faire battre ladite peau, il ne fera aucune difficulté de le choquer &
battre, & se rendra fort plaisant & bon. Mais pour en receuoir du plaisir il faut parfaire ceste volerie de deux Oiseaux ensemble, lesquels ne donnans aucune patience au
Lieure il se trouue bien empesché. En sorte qu'auec l'aide
de trois ou quatre petits chiés, lesquels soulagent fort les
Oiseaux, il n'y a Lieure si c'est en beau pais, qui se puisse sau
uer. Il n'est besoin que les Oiseaux liét le Lieure, car il suffit qu'ils le choquent & battent, dautant que s'ils le lioient
estant fort, il les pourroit renuerser ou emporter parmy
quelques ronces ou espines, ce qui gasteroit incontinent
les Oiseaux. D'où c'est que pour preuenir ce mal il faut
fort pinceter les serres des Oiseaux, affin qu'ils ne lient si
aisement, voire mettre vne petite botine de cuir à la grosse
serre des Oiseaux. Pour la perfectió dóc de ceste chasse, il y

Q iij

conuient (comme i'ay dict) deux Oiseaux & trois ou quatre chiens, par la faueur desquels ils prendront aisement
le Lieure, duquel l'Apprentif les paistra & fera grand plaisir, affin de les y conuier, & facent encore mieux vne autre fois. Tels Oiseaux mis au poil ne font pas vn grande
duree, à cause des bourrades qu'ils donnent : ce qui les
rompt, voire tue souuent, ou leur faict enfler les pieds,
& deuenir podagres, ou autrement se gastent & rompent en liant le lieure.

*Du vol pour Pie.*

## CHAPITRE IX.

D'AVSSI peu d'vtilité & profit est le deduict de la volerie pour la Pie que le Milan. Mais il n'importe aux
grands Seigneurs, pourueu qu'ils ayent leur plaisir & recreation. Si nostre Fauconnier neantmoins veut dresser
des Oiseaux pour prendre & faire voler la Pie, il n'en est
point de plus propres à cest effect que sont les Tiercelets
de Faucon, soient niais ou de passage. Et à la verité les passagers y sont plus propres, dautant que l'experience
nous apprend qu'vn Tiercelet de Faucon se sentant pressé d'appetit, prédra & se paistra plus volontiers sur vne Pie
que sur tout autre gibier. Soit qu'il le rencontre plus aisement, ou qu'elle ne soit de grande volee & deffence. Si
nostre Fauconnier y veut dresser le Tiercelet de Faucon
niais, il faut qu'il soit curieux que l'Oiseau soit leger, tienne bien sur aisle, & qu'il l'ait oiselé & acharné sur de ieunes Pies, quand elles commencent à sortir du nid & voleter. Car par telle continuation & exercice il se rendra bon

& plaifant pour voler la Pie en hiuer. Et commè nous auons dict aux precedents derniers Chapitres, s'il y veut mettre le Tiercelet de Faucon paffager, il ne fera difficulté eftant bien dreffé de la voler. En laquelle volerie y a grand plaifir, & eft plus propre, (ainfi que celle de l'Efmerillon pour l'Aloüette) pour le plaifir des Dames que pour autre grand exercice, dautant qu'il n'eft pas fort penible, la Pie ne pouuant faire de grands vols. Il eft requis faire cefte chaffe en païs defcouuert & non garny d'arbres, quoy que foit, de hauts arbres Car il feroit malaifé d'en faire partir la Pie fi elle voyoit l'Oifeau fouftenant fur aifle. D'autre equipage ne faut-il pas: des chiens ny de cheuaux, fi l'on ne veut. Elle n'eft de grand couft, moins de profit.

---

*Du vol pour Corneille.*

## CHAPITRE X.

SVIT le vol pour la Corneille, que les Fauçonniers ont inuenté pour donner plaifir & recreation aux Roys, Princes, & grands Seigneurs, fuiuie non plus que la precedente d'aucun profit. Si noftre Apprentif veut eftre curieux de dreffer des Oifeaux, foit pour só plaifir, ou d'autruy, pour cefte volerie qu'il foit aduerty qu'elle s'accomplit communement de trois Faucons de paffage; & pour voler en quelque lieu eftroit & proche de village, il eft neceffaire mettre vn Tiercelet de Gerfaut auec deux Faucons: pour les dreffer à cefte volerie il ne faut que les bien affeurer & bien leurrer en compagnie, & fi l'on peut auoir quelque Corneille en vie, cela fera propre la leur faire tuer premier que les porter aux champs, & fi

l'on n'en peut recouurer , faut apres leur auoir fait tüer
la poulle asseurement les porter aux champs , & essayer à
leur monstrer vne Corneille seule de pres, ils ne faudront
de partir promptement & de la prendre apres l'auoir bien
battuë, ne la cognoissans que trop, en ayans pris quantité estans en leur liberté: & faut que nostre Apprentis sçache, qu'il faut attaquer ladite Corneille le bec dans le
vent pour l'aduantage des Oiseaux. Les grandes plaines
sont propres à ceste volerie, les Corneilles n'ayans autre
refuge que les herbes & les bois: les Faucons noirs & les
plus bruns sont les meilleurs & plus propres que les blóds.
D'en donner la raison naturelle ie ne puis par mon ignorance, mais la coustume & la pratique nous l'à appris ainsi. Ceste volerie est de fort grande despence, tant pour la
quantité d'Oiseaux que l'on y perd, que pour la quantité de Piqueurs qu'il y faut pour les questes qui sont fre-
quentes à ceste volerie, & pour la quantité de cheuaux
que l'on tuë piquant apres lesdits Oiseaux.

---

*Pour le vol de l'Aloüette.*

## CHAPITRE XI.

RESTE le principal vol pour le plaisir des Dames, qui
est celuy de l'Aloüette. Laquelle estant des plus petits, & des plus legers Oiseaux, nous luy baillerons aussi
le plus petit , plus viste & leger de tous les Oiseaux de
proye pour luy faire la guerre, qui est l'Esmerillon. Lequel encore que plus par son courage & vistesse que force, il soit mis à d'autres voleries, comme à la Perdrix, c'est
son

son propre neantmoins d'attaquer l'Aloüette. Dautant que se sentant leger & corps bon pour soustenir longuement sur aisle, il recognoist l'Aloüette pour estre aussi legere, & son naturel s'adonne plus à la suiure & combattre que tout autre Oiseau : Or il faut que nostre nouueau Fauconnier lequel voudra estre curieux de prendre ce plaisir, soit aduerty que toutes Aloüettes ne sont propres pour ceste volerie, & n'y a que l'Aloüette huppee, laquelle se tient ordinairement dans les grands chemins & proche des villages : elles vont à la montee aussi legerement que les autres, mais soudain que les Oiseaux sont proches elles se pendent dans les villages ou dans les maisons. L'Apprentif aussi est desia aduerty que tous Esmerillons sont de passage, & n'est besoin d'auoir de ieunes Aloüettes pour les apprédre & oiseler. Car estant l'Esmerillon vne fois pris & dressé, il ne fera aucune difficulté devoler l'Aloüette. Or pour tel vol il est besoin, & pour les rendre plaisans il y conuient deux Esmerillons, lesquels le Fauconnier tiendra sur la main, & ayant rencontré à propos l'Aloüette en beau païs bien descouuert de bois, il luy lairra prendre vn peu d'auantage, & monter plustost que lascher l'Esmerillon ou Esmerillons. Lors il les deschapperonnera en leur monstrant l'Aloüette, & ils ne faudront de la suiure & aller attaquer, où il se verra mille plaisirs descentes & pointes iusques à monter au plus haut desnuës, & puis voir le tout tomber ensemble : à quoy faut courre promptement pour paistre bien à propos les Oiseaux. L'Apprétif sera en outre aduerty que si l'Esmerillon apres qu'il a esté pris n'est promptement dressé, & qu'il demeure trois sepmaines ou vn mois sans voler, il en vaut moins, & perd son courage, mesmes en l'endroit de l'Aloüette,

R

laquelle il ne veut que fort peu, voire presque nullement attaquer. Es maisons champestres des fenestres en hors les Dames peuuent prendre recreation en ce vol, lequel n'est de grande despence, & moins de profit.

# CINQVIESME PARTIE
## DE LA
# FAVCONNERIE.
### *ARGVMENT.*

*Ce qui se traicte en ceste cinquiesme Partie de nos Rudiments, regarde seulement la seconde espece des Oiseaux de proye, contenuë & comprise sous les Oiseaux de poing, lesquels se comprennent sous les especes de l'Autour & son Tiercelet, & de l'Espervier auec son Mouchet. Il se traicte donc en ceste Partie, de la nature desdits Oiseaux, de leur traictement, comme quoy il les faut dresser, affaiter, purger, mettre en estat, faire voler leur gibier, soient niais, branchers, ou de passage: de la difference de ceux-cy à ceux de leurre, tant en naturel que volerie & de cinq vices, ausquels tels Oiseaux de poing sont communement subiects: finalement il s'y traicte de l'equipage requis à chacune sorte de volerie.*

---

*Premierement de l'Autour & son Tiercelet.*

## CHAPITRE I.

AV Chapitre troisiesme de la premiere Partie de nos Rudiments, nous auons diuisé tous Oiseaux de proye propres à la Fauconnerie, en Oiseaux de leurre & de poing, & auons specifié tous ceuxque nous

comprenons sous ceste espece d'Oiseaux de leurre , & y
auons nommé l'Autour & l'Esperuier pour Oiseaux de
poing. Par mesme moyen auons promis de faire vn Traité
separement de ceux-cy d'auec ceux-là. Pour suiure neantmoins l'ordre proposé en nostredite premiere Partie,
où nous auons desseigné de parler de toutes sortes d'Oiseaux de proye, les plus vtiles (comme nous auons dict) à
la Fauconnerie, nous auons voulu glisser és Chapitres 17.
& 18. de la premiere Partie des presents Rudiments,
comme par prelude, quels estoient les Autours, affin de
les faire cognoistre à nostre Apprentif. Auons nous aussi
traicté de l'Esperuier : ce que nous auons deliberé d'em-
plifier & discourir plus au long en ceste cinquiesme Partie
de nos Rudiments. En laquelle nous voulons enseigner
à nostre Apprentif, de cognoistre, prendre, dresser, affaiter, & mettre à toutes sortes de voleries les Oiseaux de
poing. Ce que nous auons dict iusques icy, ne regardant
principalement que les Oiseaux de leurre. Il est donc rai-
sonnable que nous traictions à present des Oiseaux de
poing, ores que ie veux bien que nostre Apprentif soit
aduerty qu'és discours que nous auons tenu de ceux de
leurre, il y a plusieurs choses qu'il luy conuiendra pratiquer aussi bien à ceux de poing qu'autres, & à quoy traictant à present desdits Oiseaux de poing nous le renuoye-
rons pour en auoir plus certaine & particuliere cognoissance, ce qui le deura contenter. Car de redire plusieurs
fois vne mesme chose puis qu'elle peut suffire d'auoir
vne fois esté dicte, ce ne seroit que superfluité & abondance de paroles & redites. Mais dautant qu'ils ne sont
de semblable nature & complexion, ny reçoiuent
pareil traictement, il s'ensuit que tout ce qui peut estre
propre pour les vns ne le peut estre pour les autres, soit

en nourriture, gouuernement, ou pour les dreſſer, mettre
& maintenir en eſtat. C'eſt pourquoy nous parlerons à
preſent en particulier du gouuernement de l'Autour & de
ſon Tiercelet, comme auſſi de l'Eſperuier, ſous les eſpeces deſquels nous comprenons les Oiſeaux de poing.

*De la nature ou naturel de l'Autour.*

## CHAPITRE II.

PVis que nous deuons traicter de l'Autour, & de ſon
Tiercelet, il m'a ſemblé bon de commencer par le
naturel duquel il eſt compoſé. Car pour ce que nous en
auons traicté aux Chapitres dixſeptieſme & dixhuictieſ-
me de la premiere Partie de nos Rudiments, ce n'a eſté
ſeulement que pour donner à entendre à noſtre Apprentif quel Oiſeau c'eſt, affin de le cognoiſtre. Maintenant
dóc nous diſons que l'Autour ne participe moins des quatre elemens que les Oiſeaux de leurre, du naturel deſquels
nous auons touché au vingt-deuxieſme Chapitre de la
premiere Partie des preſens Rudiments. Et encore que
l'inſtinct & naturel de tout Oiſeau de proye ſoit, que la
chaleur domine en eux comme fort ſanguins, ſi n'en eſt
l'Oiſeau de poing tant pourueu que ceux de leurre. Auſſi
eſt-il Oiſeau plus peſant & moins hardy & courageux,
comme ne participant pas tant de l'element du feu qui eſt
leger, que ceux-là: à raiſon dequoy n'eſtant fortifié d'vne
ſi gráde chaleur naturelle il en reſte plus delicat, veut eſtre
mieux & de meilleur paſt nourry. Só humeur donc & qualité eſt aſſez temperee, & n'a beſoin à cauſe de ſa bonne
temperature, de tant & ſi fortes purgations & auſteres
R iij

regimes que ceux de leurre. N'estant toutesfois moins
qu'en ceux-cy, besoin de recognoistre en l'Oiseau de
poing la temperie & naturel du climat & pays où il a esté
pris. Car à la verité il se ressentira de l'air ou temperature
du climat de sa naissance, & telle humeur dominera volontiers en luy & en sera principalement composé. Car
s'il est pris & qu'il ait esté né & nourry és pays Orientaux
ou de Midy, son sang sera plus chaut, & ceste chaleur dominera en luy : par ainsi sera-il plus vif, prompt, hardy,
& leger. Si du costé Septentrional, l'humeur froide & humide voulant dominer en luy le rendra plus lent, tardif,
& paresseux, se rendant bien souuent poltron, aimant
mieux aller visiter les villages pour se paistre de quelque
coq ou geline, que de suiure le gibier ou proye, à quoy
il est mis. De quelque climat qu'il puisse venir il est ta-
quin, opiniastre, & depiteux, ne se rendant commun &
facile à tout indifferemmét ainsi que les Oiseaux de leurre. Ains ne veut gueres bien faire que pour celuy lequel
aura coustume de le traicter, ores que souuent il face semblant de ne le cognoistre, & ne luy est de facile reprise.
Cest Oiseau ne laisse pourtant estant bien conduict & mené, d'estre propre pour le paisir du Gentil-homme, dautant qu'estant tel, il prend quantité de gibier, & ne conuient pour son deduict, grand equipage de chasse.

---

*Comment on doit gouuerner l'Autour & son Tiercelet niais.*

## CHAPITRE III.

NOSTRE Apprentif sera aduerty que l'Autour &
son Tiercelet se peuuent prendre en trois sortes, sça-

uoir niais, qui eſt lors qu’il eſt pris & enleué du nid ou
aire encore blanc, duquel nous traicterons ſeulement en
ce Chapitre. Pris donc ainſi l’Autour, il le conuient bien
nourrir & en la meſme ſorte que i’ay dict au Chapitre 2 de
la ſeconde Partie des preſens Rudiments, iuſques à ce
qu’il aura du tout alongé & mis à bout toutes ſes pennes, tant de la queuë que des aiſles, comme principales : ce
qui ſe cognoiſtra, ſi aux pennes de la queuë, les cinq barres leſquelles la doiuent trauerſer, ſont bien ſorties &
fermees. Car à meſure que celles là croiſſent, celles de
l’aiſle & autres n’en font moins, & paruiennent en meſme
temps & tout à coup à leur perfection. Ce qu’eſtant, il ſera pris & ſaiſi doucement & garny de ſes garnitures, ainſi que i’en ay parlé au Chapitre troiſieſme de la ſeconde
Partie. L’Oiſeau ainſi garny, ſi on luy recognoiſt des poux
(n’en y ayant gueres leſquels en ſoient exempts,) il le faut
baigner, poiurer, & gouuerner tout ainſi & en la meſme
ſorte que i’ay enſeigné au Chapitre huictieſme de la ſeconde Partie de ces Rudiments. En ſe prenant bien garde que l’Oiſeau eſtant grand & fort il ne face trop d’efforts, ou qu’il ne ſoit trop eſtroictement tenu & preſſé
entre les mains, dequoy pluſieurs ſe ſont gaſtez. Et dautant qu’auparauant l’Oiſeau auoit accouſtumé d’eſtre repeu & nourry de bons paſts & chauts, affin de le bien
nourrir, agrandir & fortifier, ſi tout à coup on luy chan-
geoit d’autres viandes, non de ſi bon gouſt & encore froides, il ne ſevoudroit paiſtre, ains dedaigneroit le paſt qu’on
luy preſenteroit. D’où c’eſt qu’il eſt requis que lors que
noſtre Apprentif commencera à mettre l’Autour ou ſon
Tiercelet ſur le poing, il le paiſſe durant deux ou trois
iours de petits pigeonneaux, oiſelets, cœur de mouton
chaut, ou autre bon paſt, moyenne gorge deux fois, du

iour affin qu'il prenne goust & plaifir à fe paiftre fur le poing. Car outre que cela l'acheminera à fe vouloir paiftre fur le poing, il ne s'amaigrira fi à coup, eftant Oifeau fort delicat, lequel ne peut gueres long temps endurer la faim fans fe trop amaigrir. Il conuiendra le porter ordinairement fur le poing, tant pour le bien affeurer & affaiter, qu'affin qu'il recognoiffe mieux celuy qui prend en charge de le dreffer & nourrir. Car ainfi que nous auons dict au Chapitre fecond de cefte cinquiefme Partie, entre tous les Oifeaux de proye, il n'en eft aucun lequel defire plus recognoiftre celuy qui l'a en charge & gouuernement que l'Autour, & pour lequel il fera toufiours mieux, & fera plus plaifant que pour tout autre. Et dautant que c'eft vn Oifeau tempeftatif, & lequel fe tourmente fort fur le poing, ie trouue fort bon qu'on l'accouftume au chapperon, encore qu'il luy foit plus fafcheux à accouftumer que les Oifeaux de leurre. Pour quel effect & affin de le faire bien à propos, il faut que noftre Apprentif pratique le contenu au Chapitre neufiefme de la troifiefme Partie de nos Rudiments. Si toutesfois il eft bien affaité & dreffé auec patience & douceur, luy accouftumant peu à peu le bruit, la veuë & frequentation des hommes, & des chiens, d'eftre porté & reclamé, noftre Apprentif eftant ores à cheual & tantoft à pied, & autres chofes, aufquelles il eft requis qu'il foit affeuré, il fe pourra porter auec de la facilité fans chapperon, eftant mefmement niais. Et pour ceft effect le conuient veiller quelques nuicts fans y efpargner la peine & la veille; non à la verité auec tant de curiofité qu'és autres defquels nous parlerons, ny mefmes qu'és Oifeaux de leurre.

*Continuation*

*Continuation du traictement de l'Autour & du Tiercelet,
en luy commençant à lauer sa viande & donner cure.*

## CHAPITRE IIII.

QVAND noſtre Apprentif verra que ſon Autour ou Tiercelet deux ou trois iours paſſez commencera auec quelque aſſeuráce & appetit à ſe paiſtre ſur le poing, au lieu de continuer le paſt vif & chaut, il luy conuiendra oſter ceſte nourriture deux fois le iour, le paiſtre de viande froide vn iour ou deux, comme de mouton, veau, beuf, ou autre à la commodité de l'Apprentif, laquelle ſera bonne, bien eſmondee & nette de toute ordure, & n'ayant aucune mauuaiſe odeur. Et à meſure il commencera en ces ſoirs là apres que l'Oiſeau aura bien paſſé & induiſt ſon paſt, à luy donner cure aſſez groſſe, ſelon la proportion de l'Oiſeau, & qu'il la pourra aualler. Pour la pratique de quoy, ie le renuoye au Chapitre ſixieſme de la troiſieſme Partie de ces Rudiments, luy preſentant à boire de l'eau claire & nette, ſoit auparauant luy donner à curer, ou apres. Il ſera bon vn iour ou deux paſſez que l'Oiſeau aura eſté repeu de viande ainſi froide, de commencer à luy lauer ſon paſt, pour laquelle pratique auſſi & pour ſçauoir les raiſons de ce, ie ne rediray point en ce lieu ce qui en eſt cy-deuant contenu en noſtre Chapitre troiſieſme de ladite troiſieſme Partie de noſdits Rudiments. Bien veux-ie que noſtre Apprentif ſoit aduerty que l'Oiſeau de poing eſtant plus delicat que ceux de leurre, il n'a beſoin d'vn ſi grand lauement de viande, ny qu'elle trempe ſi longuement que pour les Oiſeaux de

S

leurre ou aucuns de rude nature. Ains au commencement conuient moüiller le paſt en eau tiede, affin que par ce peu de chaleur que l'Oiſeau trouuera en la viande il la pren-ne de meilleur appetit. Et puis peu à peu & ſelon l'embompoint & fierté de l'Oiſeau , il la faudra bailler bien trempée en eau froide iuſques à ce que noſtre Apprentif verra qu'il commencera à ſe faire la poiⅽtrine pointuë & deſcharnee, affin d'auoir iugement de ne l'amaigrir ou eſ-ſimer par trop, eſtant vne eſpece d'Oiſeaux qui veut eſtre tenuë aſſez en corps. Pendant ces iours que l'Oiſeau commencera à ſe rendre aſſeuré, il ſera bon de luy preſenter de l'eau pour ſe baigner en la meſme maniere que nous en auons parlé au Chapitre cinquieſme de noſtredite troiſieſme Partie, à quoy noſtre Apprentif aura recours , comme auſſi de le faire fort tirer tous les matins : pour quel regard faut auſſi voir le neufieſme Chapitre de ladite troiſieſme Partie de noſdits Rudiments.

*De purger l'Oiſeau de poing.*

## CHAPITRE V.

QVAND l'Autour ou ſon Tiercelet leſquels ont tous deux beſoin de ſemblable regime, auront receu le traiⅽtement ſuſdit par l'eſpace de huiⅽt iours ou enuiron, il ne ſera point mal faiⅽt , ains fort à propos de les purger. Car encore qu'il n'ait eſté nourry que de bonnes gorges, & le tout à propos, la quantité neantmoins qu'il en peut auoir pris ayát eſté nourry à plein & tout ſon ſaoul, peut luy auoir commencé d'engendrer quelques mauuai-ſes humeurs, leſquelles ſi par peu de preuoyance on laiſ-

foit long temps croupir dans l'Oifeau le pourroient faire tomber en plufieurs fortes de maladies , efquelles les
Oifeaux de proye font tous fuiects. Pour preuenir donc
ces maux, noftre Apprentif purgera l'Oifeau de poing
par deux matins confecutifs, apres qu'il aura bien rendu
fa cure ou cures, & ce auec pillules douces faictes de lard,
moëlle de bœuf, fucre, & fafran, en luy en donnant par
chacun matin la pefanteur d'vn efcu ou enuiron , en petites boulettes faictes comme pillules que donnent les
Apotiquaires, en luy donnant vn chacun iour de ladite
purgation, & s'eftant bien purgé, vne cuiffe de gelinote
toute chaude vne fois le iour feulement, ainfi côme ila efté
dict au Chapitre 2. de la troifiefme Partie de ces Rudiments. Ce que noftre Apprentif enfuiura, & au lieu qu'audit Chapitre i'en ordonne trois prifes par trois matins
pour l'Oifeau de leurre : ie n'en ordonne icy que deux
prifes pour les Oifeaux de poing. Dautant qu'ils ne font
fuiects à eftre tant remplis d'humeurs, ny ne font de fi
forte & robufte nature, & font plus aifez à efmouuoir,
& par ainfi ne leur conuient vfer de fi fortes & reïterees
purgations. Bien eft vray que lefdites pillules, ayans peu
efmouuoir quelques groffes humeurs ou colles, tellement
craffes & efpoiffes, que n'ayans peu eftre purgees par le
dos & fondement de l'Oifeau, elles refteroient encore
à purger, ce qui pourroit porter du preiudice à l'Oifeau &
empefcher qu'il ne paruint fi toft au deu eftat auquel il le
faut mettre ; il fera fort à propos le matin du troifiefme
iour de luy faire prendre & aualler vne pierre d'Aloés ciquotrin bon, & receu, de la groffeur d'vne bien petite
noifette, ou à deffaut de bon Aloés luy bailler cinq ou fix
petits lopins de la racine d'efclaire, dicte en latin *Cælidonia*,
preparee comme il fe trouuera au Chapitre premier de

nosRemedes. Par la vertu de l'vne defquelles chofes vne
heure apres ladite prife ou enuiron il iettera par le haut,
c'eft à dire par le bec, toutes fes groffes & mauuaifes humeurs, lefquelles luy pourroiét eftre reftees dans le corps.
Et deux ou trois heures apres le conuiendra paiftre d'vne
cuiffe de gelinotte comme deffus eft dict. L'Autour eftant
ainfi au commencement bien purgé n'aura befoin de lóg
temps d'autre purgation, ains feulement de bon regime,
en luy trempant bien, c'eft à dire mediocrement fon paft,
ores en eau froide, ores en eau tiede, felon la force &
eftat de l'Oifeau & temperature du temps deflors qu'il
aura atteint le deu appetit, auquel il faut qu'il paruienne
pour eftre en bon eftat. Et pour le luy maintenir fera fort
bon de luy tremper quelque fois, mais non fouuent, fa
viande en decoction de la racine de perfil & fucré, qui eft
fort aperitiue: pour quel regard ie renuoye noftre Apprentif au Chapitre douziefme de nofdits Remedes, où il fe
parle du mal de la croye ou pierre, & il y trouuera comme quoy il faut faire la decoction dudit perfil. Ie ne confeille pas noftre Apprentif d'enfuiure l'aduis de ceux, lefquels fans meure confideration, pour rendre l'Oifeau de
poing, & paracheuer de le mettre en bon eftat trouuent
bon de luy donner la pillule nommee lardon. Ce que ie
n'aprouue pas, eftant cefte forme de purgation trop violente pour la delicateffe de tel Oifeau, finon qu'il fe pra-
tiquaft en l'endroit d'Autours & Tiercelets mués, qui
auroient aquis trop de mauuaifes humeurs ou fierté en la
muë, ou bien aux Oifeaux de paffage pour leur corriger
leur colere & fierté. Mais fi noftre Apprentif s'en peut
paffer, fera le meilleur, & le luy confeille. Eftant beaucoup meilleur par autres moyens, qu'il pourra recueillir
de nos Rudiments, ou par longueur de temps y remedier.

S'il eſt toutesfois contraint d'vſer de ce remede, qu'il le pratique ainſi qu'il eſt deſcrit au quarante-troiſieſme Chapitre de noſdits Remedes, en preſentant durant leſdites purgations ſur le corps du iour, & les ſoirs en luy donnant cure de l'eau à boire : car l'Oiſeau ſera fort alteré. Et encore le lendemain apres toutes leſdites purgations, luy preſenter le bain pour ſe baigner.

*Pour reclamer l'Oiſeau de poing.*

## CHAPITRE VI.

TOVT le traictement & regime de l'Oiſeau de poing cy-deſſus ordonné peut prendre cours de dix à vnze iours ou enuiron, apres leſquels il ſera bien à propos accouſtumer à faire venir l'Autour, ou Tiercelet ſur le poing, ores qu'aucuns le dreſſent au leurre. Mais dautant qu'au quatrieſme Chapitre de la premiere Partie de ces Rudiments, nous auons dict que ce n'eſtoit point vn Oiſeau leger qui montaſt ſur aiſle ny eſcartaſt beaucoup, il ſuffiſoit que l'Oiſeau de poin fuſt dreſſé & reclamé ſur le poing. C'eſt pourquoy nous ne changerons point noſtre methode, reſtant à l'Apprentif s'il veut le dreſſer au leurre, de pratiquer ce qui eſt contenu au Chapitre ſeptieſme de la troiſieſme Partie de nos Rudiments. Mais ie luy conſeille de le reclamer & faire reuenir ſeulement ſur le poing, & pour ceſt effect nous luy dirons auſſi ſeulement qu'il ſuffira que pour quelques iours auec la filiere dicte Tien-le bien, il le face reuenir ſur le poing en luy monſtrant la viande dans la main du gand, le criant & l'appellant : L'Oiſeau y eſtant venu luy faire plaiſir, luy donnant

vne bechee ou deux , puis le remettre encore sur la perche
& le reclamer ainsi iusques à deux ou trois fois , & lors le
paistre du tout. Et continuant ceste façon iusques à ce que
nostre Apprentif verra que librement sans se vouloir es-
garrer çà ny là , il reuiendra bien & se paistra de bon appetit sur le poing , il le portera aux iours suiuants lascher
comme on dict sur sa foy, au tour de quelques arbres , &
l'appeller luy presentant le poing auec le past qu'on luy
voudra donner. L'Oiseau y estant descendu le faut lascher ainsi par plusieurs fois en la mesme sorte que nous
venons de dire auec la filiere, & lors le paistre tout à faict.
Et ayant continué à le reclamer ainsi deux ou trois iours;
quand il le voudra reclamer , & voyant qu'il reuient
bien asseurement, il sera fort vtile de l'appeller d'arbre en
arbre , affin de l'apprendre & accoustumer à suiure le deduict de la chasse, ainsi qu'il se trouuera au Chapitre qua-
torziesme de ladite troisiesme Partie. A quoy estant par-
uenu nostre Apprentif, il pourra lors faire iugement, son
Autour ou Tiercelet estre prest & en estat d'estre porté
aux champs pour luy faire prendre des Perdriaux. Mais
donne-ie en precepte à nostre Apprentif de ne reclamer comme nous auons dict l'Oiseau de poing pres de la
maison ou d'vn village , que le moins qu'il luy sera possible. Car ces Oiseaux de poing se rendent tellement rusez
& recognoissent si à propos le lieu où ils ont accoustumé
d'estre repeuz, que bien souuent ils quittent le deduict de
la volerie, pour reuenir au logis, & lors n'y rencontrans
le Fauconnier pour les reprendre & paistre, ils se iettent
volontiers à la feuë, & poulailler. Il conuient donc les porter reclamer en lieu escarté & esloigné de la veuë de la
maison s'il le peut. Et l'Autour & Tiercelet ainsi bien
gouuernez seront en estat & capables d'estre portez aux

champs. Et au lieu qu'és Oiseaux de leurre il y faut communement trente iours pour les rendre en deu estat pour faire voler, il n'en faut que quinze ou enuirõ à l'Oiseau de poing, à conter du iour qu'on luy aura commencé à donner cure sans discontinuer. Ce qui monstre bien qu'ils sont plus faciles & aisez à dresser que les autres.

*Pour oiseler l'Autour ou Tiercelet niais.*

## CHAPITRE VII.

TOVT ce que nous auons dict & enseigné iusques icy n'est que pour rendre l'Oiseau de poing en estat d'estre porté aux champs, pour recognoistre le gibier auquel on le veut mettre, & pour loyer de la peine qu'on y a prise, en retirer desormais du plaisir auec quelque profit. Ce qui sera assez aisé ayant pratiqué toutes les choses susdites. Ce que i'ay dict & traitté au 7. Chapitre de la quatriesme Partie de ces Rudiments, où i'ay parlé d'oiseler & mettre les Oiseaux dedans pour les champs; Ce qui seroit inutile de redire en ce lieu. Seulement adiousteray-ie que l'Autour se rend propre à voler le Faisant, mesmement lors qu'estant bien acharné aux Perdrix, il prend en coustume d'aller au village attaquer, & fort souuent prendre le coq, la poulle, & le chapon, ores l'vn tantost l'autre, estant de ceste humeur, que porté és lieux où les Faisans habitent, s'il luy en part quelqu'vn à propos estant mesmes au commencement des ieunes, semblant aduis à l'Autour que c'est vn coq ou chapon, il l'attaquera librement & l'abbregera plus qu'il ne fera vne Perdrix, & n'est gueres autre Oiseau propre pour ceste volerie, son

Tiercelet mefmes, ne s'y voulant addōner, quoy que foit, fort rarement. Dés lors auffi que l'Autour eft acharné au Phaifant malaifement fe remet-il bon pour la Perdrix, dautant que le Phaifant ne faict de fi grands vol, ne auec telle viteffe que la Perdrix; qui faict que l'Autour fe rend poltron & pareffeux.

---

*De l'Autour ou Tiercelet brancher.*

## CHAPITRE VIII.

AV Chapitre troifiefme de cefte cinquiefme Partie de Rudiments, nous auons dict que l'Autour & fon Tiercelet eftoient pris en trois fortes. De la premiere defquelles nous auons traicté & dict tout ce qui nous a femblé eftre requis pour rendre l'Oifeau & Autour niais volans. Comme nous ferons en ce lieu de la feconde, que nous entendons fous l'Autour ou Tiercelet branchers. Et tels Oifeaux fe prennent lors que les aires font fur arbre ou endroits d'iceluy tant difficiles, qu'on ne les a peu enleuer niais, ou que bien fouuent les aires n'ont pas efté trouuees ny recognuës: ce qu'eftant, ceux qui font couftumiers de les prendre leur font le guet, en forte que quand les Oifeaux font vn peu grands, & commencent à voleter par le branchage de l'arbre de leur aire ou autres à l'enuiron auec rets & filets il les prennent, & de tels Oifeaux faict bon faire choix & eflection. Dautant qu'ils font mieux nourris felon leur naturel, & leurs pennes fe rendent plus fortes comme eftans nourries à l'air de bons pafts, & fans eftre auffi trauerfees d'aucune faim. Ils commencent auffi lors à recognoiftre le vif, pource que les

pere &

pere & mere leur portent le paſt vif pour leur apprédre &
faire recognoiſtre cedequoy à l'aduenir ils doiuét prendre
leur vie & nourriture. Tels Oiſeaux auſſi ſont plus dangereux à garder, & y faut prendre plus de ſoin & curioſité qu'ils ne ſe rompent & froiſſent les pennes, leſquelles
n'eſtans encore ſeches, allongées, ne acheuées de fortifier,
ains molles & encore en ſang, prenans iournellement leur
accroiſſement & perfection, eſtans auſſi tels Oiſeaux plus
farouches, & ſe tourmentans beaucoup plus que les niais,
ſont plus aiſees à ſe rompre & gaſter. Se conſeruans toutesfois entiers, ils ſe rendent plus exquis & hardis que les
precedents. Au regard de leur traictement tant pour les
nourrir, aſſeurer, affaiter, purger, eſſimer, & reclamer noſtre Apprentif n'y vſera d'autres preceptes que ceux meſme que ie luy ay baillé à obſeruer pour l'Oiſeau niais. Car
eſtans Oiſeaux de meſme eſpece & ſemblable nature il n'y
faut diuerſe diſcipline:vray eſt que les branchers eſtans vn
peuplus farouches, comme ayans pris du cœur & courage
plus long temps aux champs, y conuiendra il auſſi vne
main plus douce & quelques nuicts de veille dauantage,
par leſquelles ils ne ſe rendront moins affaitez & aiſez que
les niais. Et pour mettre dedans l'Oiſeau brancher, c'eſt
à dire l'oiſeler & mettre pour les champs, il s'y mettra plus
librement & volontiers que le niais, pource que ſes pere
& mere luy ont en le paiſſant & nourriſſant faict recognoiſtre le vif. Il ſera bon de rendre chapperonnier tel
Oiſeau, voire dés le commencement qu'il ſera pris: ce
qui luy conſeruera fort ſes pennes, comme eſtant le vray
remede pour empeſcher de ſe debattre.


T

*De l'Autour & Tiercelet pris au passage.*

## CHAPITRE IX.

LA troisiesme façon de prendre les Oiseaux de poing, est au passage, lors qu'estans grands & paruenus à leur entier & perfection, ils s'escartent des montagnes & forests où ils ont esté nés, vont giboyans parmy les plaines circóuoisines, ou par quelque instinct naturel, (ainsi qu'en certaines saisons nous voyons faire à plusieurs autres especes d'Oiseaux,) ils passent d'vne region & païs en autre, ils sont pris par les Tendeurs à ce experts. Pris donc qu'ils soient, il faut incontinent les siller ou couurir d'vn chapperon ou coiffe à ce propre. Car à force de se tourmenter & debattre ils se pourroient rompre les pennes, voire se gaster eux mesmes & se mettre hors d'haleine, tels Oiseaux estans encore plus fascheux, despiteux & coleres pour quelques iours, voire plus difficiles à dresser que beaucoup de leurre qu'il y en a; & à tels Oiseaux, pour s'en bien seruir leur faut accoustumer le chapperon, auec lequel ils se tiennent & portent plus facilement sur le poing. Pour leur regime & traictement il ne sera point different à celuy des precedens, sinon qu'il y conuient employer plus de soin, veille, patience & de temps pour les dresser. Car au lieu que les precedens se pourront rendre asseurez dans cinq ou six veilles faictes bien à propos, à ceux-cy il leur faut bien la quinzaine pour estre totalement bien affaitez & asseurez à tout ce qui est requis: & au lieu qu'il ne faut que quinze iours ou enuiron aux precedens pour les rendre en estat de voler, il en faut bien

employer vingt voire pres de trête à ceux-cy. Lors qu'aussi
ils sont bien asseurez & dressez, il ne faut douter qu'ils
ne soient de beaucoup meilleurs, plus hardis & courageux que les autres. Mais que l'Apprentif se donne bien
garde de ne les laisser aller trop tost sur leur foy, ou de les
porter par precipitation & auant temps aux champs. A
tels Oiseaux ne conuient faire recognoistre le vif. Car
ayans giboyé pour se paistre long temps, ils recognoissent le gibier d'eux-mesmes.

---

*Les marques & indices qu'il faut recognoistre & accepter pour*
*bonnes au choix des Autours & Tiercelets, soient*
*niais ou de passage.*

## CHAPITRE X.

PARLANT des Oiseaux de leurre, i'ay au Chapitre
vingt-troisiesme de la premiere Partie de ces Rudiments, dict qu'en tous animaux y auoit certaines marques & indices naturels de la bonté, ou du peu de valeur
que chacune espece doit auoir, comme presages presques
certains de ce que l'on en doit esperer. I'ay en ce mesme
lieu monstré les marques qui se recognoissent pour les
meilleurs indices de la bonté des Oiseaux de leurre. Auec
lesquels ceux de poing ( desquels nous traictons, ) en ont
aucunes communes : sinon en tant que la grandeur & proportion des Oiseaux y peut rapporter quelque difference
ou plustost inegalité. Ie diray pourtant en ce lieu toutes
les bonnes que i'ay veu recognoistre, & en faire cas pour
l'eslection des Oiseaux de poing. Les principales beau-
tez & bons signes de l'Autour sont, d'estre petit, gros, es-

paulu, court, la poictrine large, de couleur plus rouce & viue que blonde & pasle, les mailles de deuant grandes & bié nourries, fort semees ou entremeslees de cœurs, la teste petite bien en appointant vers le bec qu'il aura bien noir, comme aussi la langue. Ayant aussi au dessus du bec dans le tour qui est iaune, vne marque noire, ( chose fort à priser ) de la grandeur d'vn gros grein de millet ou enuiron, auec l'œil vigoureux & iaune, & non pasle. Il doit auoir les serres grandes, grosses, bien pointuës, & fort noires, la iambe longue, la main grande, & seche, le tout haut en couleur, sçauoir iaune doré. Il se trouue à la verité plusieurs grands Autours esclames, ayans peu des bonnes marques dessusdites qui ne laissent de se rencontrer bons & vaillans. Soit par l'industrie, soin, moyen & traictement du bon & expert Fauconnier, ou par l'obseruation du commun Prouerbe qui veut, Que de toute taille soit bon leurier; Mais ceux qui se trouueront marquez comme nous auons dit, se trouueront, estans bien conduits & poussez, beaucoup plus excellens. Or n'y a-il point de difference entre les marques bonnes de l'Autour & de son Tiercelet, sinon qu'en la grandeur. Car ainsi que principalement on doit faire choix d'vn petit ou moyen Autour, il se fera au contraire en la grandeur du Tiercelet ayant toutes les autres bonnes marques communes auec l'Autour. Il se trouue neantmoins de fort petits Tiercelets excellents. Ie ne rediray point en ce lieu pour quelles raisons la petitesse ou mediocrité est plus desiree & meilleure que la grandeur en l'Autour, & au contraire au Tiercelet. Ie renuoye pour les sçauoir nostre Apprentif au susdit vingt-troisiesme Chapitre de nostredite premiere Partie de ces Rudiments, de là où il tirera les mesmes raisons pour les Oiseaux de poing que de leurre, estans choses de femblable confideration.

*De cinq vices aufquels font communement fuiects tous
Oifeaux de poing.*

## CHAPITRE XI.

IL n'eft à mon iugement efpece d'animal ny d'Oifeau,
lequel ne foit naturellement enclin à quelque tarre ou
vice, nonobſtant tout l'effort que nature peut faire pour
le rendre parfaict. Sur la deduction dequoy ie ne m'amuferay point tant, pour euiter ennuieufe prolixité, que ce
n'eft aufli mon deffein ny fuiect, ains me contenteray de
monftrer pour cefte heure cela eftre clairement prattiqué
és Oifeaux de poing, lefquels pour quelque bonne
nourriture qu'on leur puiffe donner & fi bien puiffent-
ils eftre dreffez, ils ont des vices particuliers & naturels à
leur efpece, & prefque communs à tous. Le premier defquels eft de quitter le deduict de la chaffe pour aller au
village ou autres lieux prendre & fe paiftre fur coq, chapon, geline, & autres de femblable efpece. Ce vice eft
commun à l'Autour & au Tiercelet, mais plus à l'Autour,
& peu de Fauconniers ont trouué d'experts remedes pour
les empefcher ou corriger de ce vice hereditaire, par lequel ils fe rendent bien fouuent fort deplaifans. Ie diray
pourtant icy ce que i'ay veu prattiquer à de bons Autour-
fiers, & que moy mefmes traictant & faifant voler des
Oifeaux de poing, i'ay experimenté, ores auec quelque
fuccés, quelquefois aufli & bien fouuent inutilement.
L'Autour ou Tiercelet donc ayant quitté le deduict de la
volerie pour fe ietter au village, ayant lié ou empieté coq,

chapon, ou geline, y arriuant le Fauconnier assez à temps
& auparauant que l'Oiseau en ait pris & mangé, il faut
le deslier d'auec ladite poulle, & l'en battre & gourmander, sans toutesfois le battre tellement qu'il en valust
moins, ou restast gasté. Ains faut quele deplaisir qu'on luy
fera, soit plus pour luy faire peur que mal. Il se pratique
aussi à mettre promptement l'Oiseau & sa prise, entre
deux grands bassins d'airain, & auec bastons frapper sur
lesdits bassins assez longuement, affin que le bruit luy face telle peur que cela luy oste le courage d'y retourner. I'ay
pratiqué aussi lors que l'Oiseau de poing auoit pris coq,
poulle, ou chapon, faisant comme qui luy en voudroit
faire le deuoir, ayant ouuert le test de la teste mettre &
iecter sur la ceruelle de l'Aloés en poudre, comme aussi
escorcher en plusieurs endroits ladite poulle & en faire le
semblable sur la chair d'icelle, affin que par le degoust &
amertume qu'il trouuera en tel past, il en soit degousté
pour n'y plus retourner. Tels petits moyens & remedes
rapportent quelque vtilité contre ce vice, pourucu qu'ils
soient adextrement pratiquez, mesmes la premiere fois
que l'Autour ou Tiercelet se ietteront à la poulle. Mais
bien souuent l'Autoursier ou Fauconnier est cause par
mesgarde de ce mal, lors que dans la maison il escorche, tire l'aisse ou cuisse de la geline deuant l'Oiseau, quand il le
veut paistre. Dequoy nostre Apprentif se gardera soigneusement, estant sans doute que telle inconsideree façon les occasionne souuent à y aller. Ains tuera la poulle
ou gelinotte, dequoy il voudra paistre l'Oiseau, hors de
la presence de l'Oiseau, sans la faire crier, mesmes luy oster
toute la plume & les iambes, lors qu'il le voudra paistre,
pour en oster à l'Oiseau toute la cognoissace qu'il pourra.
Et ores que telles choses auec curiosité pratiquées sem-

blent deuoir porter quelque remede contre ce vice, il eſt toutesfois des Oiſeaux ſi acharnez au village qu'il eſt preſque impoſſible de les en diuertir ; aucuns toutesfois plus qu'autres. Meſmes en ay-ie veu, & bien ſouuent des Laſniers, leſquels dés qu'ils commençoient à voler apres la muë y eſtoient fort ardans iuſques és enuirons de Noël, & apres n'y aller nullement. Ceſte raiſon eſt à moy occulte, ſinon que iuſques en ce temps là il ſe trouue encore par les villages de ieunes poulets & poulettes, aiſez & faciles à prendre & emporter à eux. Ce qui ne ſe rencontre apres Noël, ains ſont tous plus forts & ruſez pour ſe garantir. Le ſecond vice des Oiſeaux de poing eſt, lors que ſemblablement quittans le deduict de la volerie, ils ſe vont ietter à la feuë ou colombier, entrans dedans prédre le pigeon pour ſe paiſtre. Et neantmoins ils n'en voudroient auoir attaqué vn ſeul aux champs, pour le prendre à la ſuitte ou viteſſe d'aiſle, ores qu'ils paſſent ſouuent au tour d'eux. Ce vice eſt encore plus faſcheux que le precedent : car dautant que les colombiers ſont plus rares que les villages, l'Oiſeau de poing ne fera difficulté d'en aller chercher vn à vne lieuë de la chaſſe. Pour en d'eſtourner l'Oiſeau, i'ay pratiqué & veu pratiquer les meſmes remedes, que lors qu'il va au village, & que i'ay recitez. Et de plus, i'ay veu lors que l'Oiſeau eſtoit dans le colombier, fermer promptement les feneſtres d'iceluy, & auec foin ou paille moüillee, faire grande fumee au dedans, en ſorte que par le deplaiſir & incommodité que rapporte la fumée à l'Oiſeau, il eſt quelquefois deſtourné du vouloir d'y entrer. Mais cela porte vn grand preiudice & dommage au colombier, pource que les pigeons ſentans ceſte fumée, difficilement, ou du tout point, y veulent-ils rentrer : bien ſouuent auſſi à l'Oiſeau, car la

fumée leur est fort contraire, leur causant du mal en la
teste & aux yeux. Ie ne veux pas de tels vices exempter du
tout les Oiseaux de leurre. Car il y en a aucuns, mesmes
des Lasniers & Lasnerets, lesquels ne s'y adonnent & iettent moins que ceux de poing, mais entre quantité de
Lasniers il s'en trouuera quelqu'vn taché de ce vice, lequel
est comme naturel & hereditaire à tous Autours ou Tiercelets. Contre tels vices & imperfections des Oiseaux, le
meilleur remede que i'y recognoisse, c'est de ne tenir l'Oiseau trop en faim & affamé. Car c'est cela la plus part du
temps qui les faict aller au village & colombier, ains les
faut tenir plus hauts en corps & pleins, que maigres &
affamez. L'Autour aussi & Tiercelet veulent voler pleins
& de gaillardise. Le troisiesme vice, auquel l'Oiseau de
poing se rend fascheux, c'est d'estre de mauuaise reprise,
mesmement si on le lasche à son gibier vn peu mal à propos ou de rabat, à grand peine volera il bien. Au contraire demeurera sur l'arbre vne heure, voire bien souuent
deux heures sans vouloir reuenir sur le poing du Fauconnier, moins d'vn autre, iusques à ce que parauenture luy
venant quelque Perdrix à la trauerse, ceste fantasque humeur luy ayant passé il la volera. Ce vice aussi luy prend
souuent, lors qu'ayant bien volé sa Perdrix, par la faute
des chiens ou autrement, on ne la peut retrouuer à la remise, ou quelque chien rusé l'a furtiuement desrobee &
deuoree, & par cest accident n'y a moyen de luy en faire
plaisir ny deuoir. I'ay veu de tels Oiseaux de poing tellement despiteux par ce deplaisir, qu'il n'y auoit moyen de
les reprendre, ny les faire voler à propos de tout le iour. A
cest accident ie n'ay peu trouuer autre experiéce ou remede, que d'auoir promptement vne autre Perdrix soit morte
ou vifue, dans la Fauconnerie, auec laquelle (faisant semblant

blant de l'oster aux chiens, comme si c'estoit celle qu'il
auoit volee) on le reprend & luy faict-on vn peu de deuoir. Si ce remede n'y est propre il se faut sousmettre à la
patience & à la volonté de l'Oiseau. Le quatriesme vice
des Oiseaux de poing consiste en ce, que bien souuent
apres ou sans auoir receu aucun deplaisir en leur volerie,
il leur prend, quoy que soit, à d'aucuns certaine humeur
de fuir, qu'il semble que les chiens, ores qu'ils les recognoissent bien, voire mesmes le Fauconnier, luy font
peur. En sorte qu'ils se prennent à fuir d'arbre en arbre,
& de coline en coline, sans rien attendre, iusques à vne,
voire deux lieuës du deduict de la chasse, sans qu'ils vueillent attendre d'approcher la meute des chiens, ny mesmes
leur maistre. Et plus ils verront qu'on s'approchera,
plus lors ils se mettent en fuitte. Ce vice n'est moindre
que les autres, ayant eu vn Tiercelet d'Autour lequel fuit
deuant ma chasse sept grand lieuës. La cause de ce vice est
malaisée à cognoistre, sinon que le Fauconnier craignant
que son Oiseau n'aille au village ou colombier, le tient si
gaillard & plein, & par mesme moyen le conserue en telle
fierté, que mesprisant & la chasse & le Fauconnier, il faict
de telles equipees. Contre ce vice procedant de ce defaut,
reste à porter le regime de son past trempé en eau froide,
en le luy retrenchant vn peu, affin de corriger ceste fierté
& trop grande gaillardise, ou y employer selon la force
ou naturel de l'Oiseau, les purgations & autres remedes à
ce propres. Mais dautant que tous Oiseaux de proye, mesmement de passage, sont plus enclins à ce vice que les niais,
à cause de la fierté qui volontiers les accompagne plus
qués autres, & que le Fauconnier pourra craindre que le
rendant trop maigre, pour luy corriger ceste fierté, il l'o-
blige d'aller au colombier ou village; i'ay auec beaucoup

V

de profit & experience, pratiqué non seulement aux Oiseaux de poing, mais de leurre, de mettre dans leurs cures de quinze en quinze iours , & vne fois seulement, de l'herbe nommee Ruë, vn peu froissee ou pilee , affin qu'elle ait plus de vertu, mais il n'en faut vser aux Oiseaux bas & maigres à cause de la violence de l'herbe , laquelle ils ne pourroiét estans trop foibles, que difficilement supporter. Et soit à Oiseau gras ou maigre, il n'en faut pas abuser pour en donner trop souuent. Si auec autre bon regime le Fauconnier pratique ce moyen , il trouuera que c'est le plus souuerain contre la fuitte & fierté des Oiseaux. Le cinquiesme vice des Oiseaux de poing est : lors qu'ils ont ietté vne Perdrix ou autre proye au pied hors de la veuë du Fauconnier, ils se cachent & robbent tellement & par si grande astuce, dans le halier ou ailleurs , que ne faisans aucunement branler la sonnette, il est bien mal aisé de les trouuer. L'Oiseau ayant ce vice est à mon iugement mal à propos appellé Ratier , sinon qu'il s'entende qu'il faict en la mesme sorte que s'il faisoit le guet à vn rat. Il en est donc de si rusez, mesmes i'en ay eu quelques vns, lesquels quelque guet & recherche que ie pouuois faire auec mes gens, demeuroient tout le iour sur leur gibier pris sans aucunement se mouuoir : quoy que soit, si peu & auec tant d'astuce qu'ils ne se mouuoient que lors qu'ils me voyoiét esloigné pour m'oster le iugement certain de la sonnette. Contre lequel vice ie n'ay sceu pratiquer que de suiure bien pres les Oiseaux , affin d'arriuer pendant qu'ils debattent la Perdrix à la remise, & leur donner de bonnes & claires sonnettes , affin que pour peu qu'ils branlent on les puisse entendre. Tous ces vices rendent à la verité l'Oiseau de poing vn peu fascheux, & certes moins exquis & plaisant que celuy de leurre, lequel

ne rend presques nullement tousces deplaisirs, estant plus
volontaire aux humeurs de son maistre. Sur la comparai-
son dequoy i'aurois assez suiect d'vn ample discours, mais
pour euiter prolixité i'en remets le iugement à nostre Apprentif, lors qu'il aura experimenté & pratiqué l'vn &
l'autre. Ie diray seulement que ceux qui ont gousté &
pratiqué la facilité & plaisir des Oiseaux de leurre, se
peuuent difficilement ranger, se soufmettre & accommoder aux fascheuses & fantasques humeurs de ceux de
poing.

*De ce qui est commun & differant entre les Oiseaux de leurre,*
*& ceux de poing.*

## CHAPITRE XII.

TOvs Oiseaux de proye ( ainsi qu'auons dit ailleurs,)
sont composez des quatre elemens. Et ainsi qu'és autres choses, vne de ces humeurs & qualitez domine plus
aux vns qu'aux autres. Estant vne chose tref-certaine que
ceux de leurre participent plus du feu & de l'air, & les Oiseaux de poing du terrestre &  humide. C'est pourquoy
ceux-là sont plus ardans, courageux & legers, & ceux-cy
plus poltrons, pesans & paresseux. Tous sont en commun
destinez à prendre proye, mais diuersement selon leur naturel. L'Oiseau de poing ne peut ( que fort rarement )
voler & attaquer que la Perdrix, Phaisant & autres Oiseaux de peu de volee & deffence, & qui ne peuuent móter haut pour faire de grands efforts & volees. Celuy de
leurre attaque le Milan, le Heron, la Grüe, & autres Oiseaux de haute volee & de grande deffence, & rendent du

combat, ils les montent battre & attaquer au plus haut
des nuës, & auec tel courage, qu'ils les renuerfent & af-
fomment par terre au grand plaifir du Fauconnier. Tous
Oifeaux ont de commun qu'ils fe paiffent & prennent
leur nourriture, de mefmes pafts & viandes : & ce qui eft
propre pour paiftre & nourrir les vns ne l'eft moins pour
les autres, eu efgard toutefois à la qualité & eftat, auquel
chacun Oifeau peut eftre. Car ores qu'vne mefme viande
foit bonne à tous, elle ne fe doit pourtant donner à tous
indifferemment de mefme forte, car à l'Oifeau maigre le
paft vif ou autrement accommodé, (comme nous auons
dict) eft neceffaire. Et à l'Oifeau fier & gras, foit de poing,
ou de leurre, il le faut bailler trempé en eau. En forte que
eu efgard à la qualité & eftat de chacun defdits Oifeaux,
tout paft leur eft commun. Bien eft vray que l'Oifeau de
poing veut eftre vn peu plus en corps, c'eft à dire plein
que celuy de leurre. Car ainfi que nous auons dict, l'Oifeau de poing eftant de fon inclination plus pareffeux,
voire poltron que celuy de leurre, fe fentant bas, maigre,
& foible, il ne pourroit donner aucun plaifir, ains fe rendroit encore plus fafcheux & deplaifant. Au contraire,
l'Oifeau de leurre eftant de foy fanguin, chaut, & colere,
s'il eftoit nourry tant à plein, au lieu d'eftre plaifant il fe
rendroit fier & fuiect à fes volontez & non à celles du
Fauconnier. Tous Oifeaux auffi de proye eftans fuiects à
mefmes accidens & maladies, (aucunes efpeces toutefois
aux vnes plus que les autres) de mefmes remedes les faut-
il auffi fecourir, & cela ont-ils de commun. Mais les Oifeaux de poing ne laiffent de differer en cela mefmes à
ceux de leurre, dautant qu'à ceux-là y faut-il rapporter
quelque moderation, voire vn plus long temps qu'à
ceux-cy. Pour n'eftre ceux de poing de fi forte & robu-

ſte nature, ny tant de force & courage pour ſouſtenir, ſoit
la violence du mal ou accident, ou la rigueur & vehemence des remedes qu’il y conuient rapporter. En ſorte
que ſi noſtre Apprentif a à traicter vn Autour ou Tiercelet
malades, & qu’il luy conuienne vſer de violentes purga-
tiós, il y interuiendra des iours plus qu’il ne feroit à vn Laſnier ou autre Oiſeau de leurre. Pratiquant neantmoins en
ceux-là tant qu’il pourra les remedes les plus doux & be-
nings qu’il pourra recueillir, ſoit de nos Rudiméts ou des
eſcrits de nos maiſtres, & n’vſera des rigoureux & violans
que comme contraint. Tous Oiſeaux tant de poing que
de leurre ont de commun, le curer, & baigner: la facilité
du premier conſiſtant au bon & deu eſtat de tout Oiſeau.
Pour l’autre, celuy de leurre aime à ſe baigner plus ſouuent
que l’autre, pour eſtre celuy là plus plein de chaleur &
participer plus de l’element du feu. Ils ſont tous en general deſpiteux & fantaſques, plus à la verité ceux de poing
que de leurre, pourueu que ce feu duquel ceux-cy participent le plus, ſoit à propos moderé & corrigé. Ils ont
tous de commun, faire en meſme temps leurs aires, pondre, & couuer leurs œufs, voire meſmes en eſgal nombre,
qui eſt trois ou quatre, ou cinq au plus. Vn peu pluſtoſt
neantmoins ſe trouuent auancez les Oiſeaux de leurre
que de poing, pour confirmer qu’ils ont quelque chaleur naturelle plus grande, qui les pouſſe & conuie à s’a-
parier pluſtoſt que ceux de poing. Du differant auſſi ont-
ils du lieu de leurs aires, ceux de leurre faiſans leurs nids
dans les rochers, & les autres ſur branche, ainſi que nous
auons cy-deuant dict. Les Oiſeaux de poing ne peuuent
qu’ils n’en vallent moins endurans la puanteur & force de
ceux de leurre, ſi ceux-cy n’ont eſté premierement bien

purgez, autrement ceux-là sont pour en moins valoir,
voire mourir.

---

*De l'Esperuier, de sa nature & gouuernement.*

## CHAPITRE XIII.

PV is que nous faisons tenir à l'Esperuier la seconde
espece des Oiseaux de proye appellez de poing, & que
c'est par luy que plusieurs bons & experimentez Fauconniers entrent en la premiere cognoissance de laFauconne-
rie, par la facilité qu'ils trouuent au traictement & gouuernement de cest Oiseau, estant aussi le plus aisé à affaiter de tous : Nous luy ferions tort, si le mettant en oubly,
il n'auoit son rang en nos discours, & ne disions en ce lieu
quelque chose de plus particulier de luy que n'auons faict
au dix-huictiesme Chapitre de la premiere Partie de nos
Rudiments. Là où de la grandeur & proportion duquel
nous auons succinctement parlé, & pour en voir le contenu nous y renuoyons l'Apprentif. Mais traictans à present de son naturel, & comme quoy il le conuient dresser
& affaiter, nous dirons que son naturel est du tout semblable à celuy de l'Autour, & a besoin de mesme regime.
Bien est-il à la verité plus delicat, & ne peut endurer tant
de peine & trauail, ne si rude traictement que l'Autour,
pour estre plus petit & par consequent plus foible. Est-il
Oiseau aussi plus aisé à affaiter que l'autre : car nous auons
dict au Chapitre sixiesme de ceste cinquiesme Partie de
ces Rudiments, qu'il ne faut que quinze iours ou enuiron, pour dresser & rendre en estat vn Autour ou Tiercelet, & n'en faut que moitié moins à l'Esperuier, en leueil-

lant & donnant cure tous les soirs. Ce qui denote bien sa
foiblesse, de se laisser en si peu de iours dominer & par
mesme moyen assuiettir à la volonté de l'homme. Les cures bien continuees luy seruent de toute purgation, n'e-
stant Oiseau lequel puisse endurer ny supporter les remedes & purgations, desquels nous vsons és autres Oiseaux
de proye de plus forte nature. Ou si pour le descharger de
quelque rheume ou autrement, il est besoin de luy bailler quelque chose d'extraordinaire, que ce soit seulement
d'vn peu de la racine d'esclaire, selon la force & proportiõ
de l'Oiseau, & encore rarement. Il se prend niais, brancher, & passager, ainsi que l'Autour & en mesme façon,
& doit estre aussi en chacune desdites façons, traicté &
gouuerné, comme i'ay dict pour l'Autour en ceste mesme
cinquiesme Partie de nos Rudiments. L'Esperuier aime à
se baigner en mesme téps & saison que les autres Oiseaux
de proye. Il le faut aussi soir & matin faire tirer : il se recla-
me sur le poing ainsi que l'Autour, & comme il est
contenu audit precedent Chapitre sixiesme de ceste Partie. Il s'acharne & se met dedans au vol du Perdriau, ainsi
que i'ay dict pour l'Autour au precedent septiesme Chapitre. Mais à cause de sa foiblesse il ne peut voler qu'au
temps d'esté, & pendant que le Perdriau est foible : car
deslors que le Perdriau est deuenu Perdrix il n'y peut fournir, & le faut reseruer pour le Merle en hiuer, bien souuent au Iay, à quoy il donne maint plaisir. Il est bon de
l'accoustumer au chapperon, affin de luy conseruer sa force, & que pour trop se debattre & tourmenter sur la perche ou poing, dequoy ils sont coustumiers, ils ne s'affoi-
blissét par trop. Aucun autre Oiseau de proye ne veut estre
plus tenu en corps, & plein pour en tirer du plaisir que
l'Esperuier. Dautant qu'estant tenu maigre, outre qu'il

ne pourroit donner aucun plaifir ſuruenant quelque aſpre froid, il ne la pourroit ſupporter, & ſeroit pour mourir. Meſmes outre le bon traictement pour ſon paſt qu'il
luy faut bailler, le faut-il tenir en hiuer en lieu où il ſe
puiſſe reſſentir vn peu de la chaleur du feu ordinaire de
la maiſon. Et encore que ce ſoit vn Oiſeau aſſez commun,
& lequel baſtit & faict ſon aire en toute contree, & par
conſequent ſoit facile d'en recouurer chacun an : Aucuns
Fauconniers neantmoins ſont curieux de garder celuy
qu'ils auront faict voler, & trouué vaillant & bon iuſques à l'eſté ſuiuant, pour s'en ſeruir encore : En quoy il
faut auoir ſoin que l'hiuer eſtant paſſé, venant ſur le prin-
téps, par trop bon traictement il ne vienne àmuer & faire
tomber ſes pennes, leſquelles luy feroient beſoin pour
fournir à ſon vol, & en ayant quelques vnes en ſang elles ſe pourroient rompre & gaſter. Ie reuiens donc à dire
en peu de mots, que ſelon la grandeur & force de l'Eſperuier il eſt en pennaches, ſoit des aiſles ou de la queuë marques d'icelles, & en naturel, ſemblable à l'Autour. Apres
quoy ie n'obmetray quelques particularitez notables de
ce petit Oiſeau, lequel en premier lieu eſt appellé le Noble
de tous les Oiſeaux de proye, franc & exempt de peage.
Si bien que ſi vn Fauconnier en porte pluſieurs pour vendre, il n'en payera aucun tribut ne deuoir. Non plus ſi
parmy pluſieurs autres Oiſeaux il en porte vn ſeul. On
tient auſſi certainement que l'Eſperuier pour ſe preualoir
la nuict contre la rigueur du froid en hiuer, il prend ſur le
ſoir vn petit Oiſeau, lequel il garde vif toute la nuict en
ſes mains, affin d'en receuoir de la chaleur. Le iour venu,
il le laiſſe aller ſans luy faire mal, & du coſté qu'aura fuy &
ſe ſera retiré l'oiſillon qu'il tenoit il n'ira de tout ce iour
chercher proye de ce coſté là, de peur de le prendre &

eſtre

ingrat, ains s'en va bien loin tout au rebours pour se paistre. Si nostre Apprentif a parmy d'autres Oiseaux, mesmes de leurre quelque Esperuier, ie luy donne en precepte de ne le tenir pas sur la perche, ny pres des autres Oiseaux. Car leur haleine & senteur luy est fort contraire, &
ne la peut supporter sans en moins valoir, voire vient en
fin à en mourir. Ains le tiendra à part esloigné des autres,
ne le paissant mesmes sur le gand des autres Oiseaux. C'est
ce qui nous a semblé bon à deduire sur l'Esperuier, qui
doit seruir aussi pour son Mouchet.

---

*De l'esquipage de chasse requis à chacune sorte de volerie.*

## CHAPITRE XIIII.

PAR ce discours ie n'entreprens pas de regler les volontez, actions, esquipage, & despences d'aucun,
mesmes des Roys & Princes, ausquels semble n'estre rien
impossible. Car leur grandeur tant en auctorité que
moyens, ne permet de borne ny reiglement autre que
selon leurs plaisirs & volontez. Par le discours neatmoins
de la raison, ie diray que sans vne grande superfluité de
despence, l'equipage & suitte ordinaire qu'il conuient à
chacune sorte de volerie, peut estre honnestement limi-
tée. Ie dis donc que pour la volerie & à propos de la
Grue & Heron, il y conuient deux Faucons & vn Gerfaut, suiuis & accompagnez de quatre Piqueurs. Au vol
du Milan il y conuient deux Sacres & quelquefois le
Gerfaut, ou le Gerfaut & vn Sacre auec autant de Piqueurs. Au vol de la Corneille il y faut deux Lasniers ou
vn Faucon & vn Lasnier: deux ou trois Piqueurs suffisent

pour ce deduict la Corneille ne faisant pas de grands vols
pour en emmener les Oiseaux au loing. A toutes les suf-
dites chasses il n'y faict point besoin de chiens. Le vol pour
Lieure sera accomply de deux Faucons ou deux Lasniers,
ou d'vn Faucon & d'vn Lasnier suiuis de deux Piqueurs,
auec quatre ou cinq bons Espaigneux. Pour le vol du Canard deux Faucons sont necessaires, suiuis & secourus de
trois ou quatre Piqueurs, deux Garçons à pied, & deux
ou trois barbets ou autres chiens ou leuriers accoustumez
d'entrer & aller à l'eau. Au vol de la Pie il y conuient deux
Tiercelets de Faucon, auec peu de suite de Piqueurs, estát
cest Oiseau de peu de volee & deffence, ores que souuent
elle donne bien du plaisir. La volerie des champs se faict
en deux sortes; auec vn Oiseau de leurre, quel qu'il puisse
estre, ou pour la rendre plus plaisante, auec deux volans
ensemble. Si auec vn seul, vn Piqueur & deux hómes à pied,
ayans bon iarret auec six Espagneux peuuent honnestement accóplir ce plaisir. Si auec deux, dautant que bien sou
uent chacun Oiseau entreprend sa Perdrix, l'vn d'vn costé,
l'autre de l'autre, ce deduict s'accóplira de deux Piqueurs,
deux Garçons à pied & dix Espagneux. La seconde façon
de voler pour les champs, & la plus commune est auec
l'Oiseau de poing, & se peut accomplir auec encore moindre equipage & suite d'hommes & de chiens, sçauoir auec
vn Piqueur & vn Garçon ou Valet à pied, & six chiens.
Encore selon la commodité qu'on peut auoir, deux hommes à pied ayans de la disposition pour bien courre &
secourir l'Oiseau à la remise, pourront facilement faire
voler l'Autour ou Tiercelet. Le vol de l'Esperuier est tout
semblable & se peut encore faire auec moindres fraiz &
equipage: ie remets aux Dames à dresser l'equipage pour
le vol de l'Esmerillon à l'Alouette. Car c'est à elles princi-

palement que ceſte volerie appartient, & laquelle elles dreſſeront à mon iugement ſelon la grandeur, force & deffence du gibier. Sur le tout ie remets à la volonté particuliere d'vn chacun pour augmenter ou diminuer leurs equipages de chaſſe, ſelon leurs volótez & moyens, eſtans à ceux-cy qu'il faut principalemét qu'vn chacun ſe reigle ſans ſe laiſſer emporter pour vn plaiſir à vne extreme & exceſſiue deſpence, qui rapporte dans peu d'annees bien de l'incommodité, voire quelquefois la ruine ou du moins vne grande decadence du bon meſnage & aiſance d'vne maiſon. Ains que chacun auſſi principalement regarde en quel lieu il eſt aſſis, & quelle ſorte de volerie eſt propre en ce cartier, affin d'y accommoder ſa chaſſe & auoir l'Oiſeau ou Oiſeaux propres ſelon la beauté ou rigueur du païs, ſans meſler pluſieurs voleries enſemble, & vouloir forcer la nature des lieux : ce qui rend la chaſſe plus confuſe que plaiſante.

# SIXIESME PARTIE
## DE LA
# FAVCONNERIE.
### *ARGVMENT.*

*La cognoiſſance & ſçauoir de ceſte ſixieſme Partie des preſens
Rudiments n'eſt moins vtile & neceſſaire à noſtre Apprentif,
que les precedentes. Dautant que par icelle il luy eſt enſeigné
combien de temps tout Oiſeau peut voler en l'annee; le temps qu'il
doit demeurer en repos pour le faire muer, & en quel eſtat il doit
eſtre mis en ferme. Comme quoy & en quels lieux on a couſtume
de le faire muer, le traictement qu'il luy faut faire & bailler en
la muë. Le moyen qu'il faut obſeruer pour tirer à propos l'Oiſeau
de la ferme, & en quelle ſaiſon: contient auſſi les moyens & preceptes à obſeruer pour maintenir tous Oiſeaux de proye en ſanté
& bon eſtat. Quelles viandes ſont propres pour les nourrir, tant
legeres ou laxatiues qu'autres, & celles deſquelles il faut fuir
& non paiſtre les Oiſeaux. Finalement il y eſt deduit des ſignes
& indices, tant de la ſanté que mauuais eſtat & indiſpoſition
des Oiſeaux. Sans la cognoiſſance deſquelles choſes il ſeroit malaiſé que noſtre Apprentif peuſt bien & à propos gouuerner vn Oiſeau ou Oiſeaux.*

*Combien de temps en l'annee on peut faire voler l'Oiseau de
proye.*

## CHAPITRE PREMIER.

APRES que nous auons parlé de toutes sortes de voleries, lesquelles se peuuent & ont
accoustumé d'estre pratiquées en nostre
Fauconnerie, que nous auons enseigné
quels Oiseaux sont les plus propres & conuenables, & desquels on a accoustumé se seruir en chacune d'elles, comme aussi la methode pour les pratiquer, le
tout du mieux qu'il a esté en nous : il nous semble aussi à
propos que nous apprenions à nostre nouueau Fauconnier, que les Oiseaux de proye, desquels nous auons parlé, soient de leurre ou de poing, ne peuuent voler toute
l'annee, tant pour leur naturel qui est de muer, pendant
lequel temps il les faut laisser en repos, qu'aussi par l'Or-
donnance de nos Roys, la chasse est deffenduë depuis le
mois d'Auril, auquel les bleds commencent à monter &
noüer, les vignes aussi à pousser leurs boutons & rameaux,
iusques à la fin des vendanges, laquelle peut estre enuiron la fin de Septembre. Pendant lequel temps pour raison des Oiseaux niais chacun se licentie apres la cueillette
des bleds pour les oiseler & mettre dedans, soit parmy
les retoubles, chaumes, & landes, sans neantmoins autre degast. Que nostre Fauconnier soit donc aduerty que
l'Oiseau niais en son forage peut commencer de voler à
la fin du mois de Iuillet & commencement d'Aoust, iusques à la fin de Mars, qui sont huict mois ou enuiron.

Pour le paſſager, n'eſtant pris qu'és mois de Septembre, Octobre, & Nouembre, il ne peut donner du plaiſir que depuis Noël ou enuiron, iuſques à la fin dudict mois de Mars, auquel tous Oiſeaux, meſmes de paſſage, ſe reſſentét du renouueau, entrans en amour qui les prouoque ſouuét d'emporter la ſonnette ſans dire adieu. Ils commencent auſſi en ce meſme temps de muer, qui ſont occaſions ȝreſpertinentes pour leur noüer la longe. Il en eſt à la verité d'aucuns, leſquels font voler leurs Oiſeaux iuſques à la my ou fin d'Auril, mais ie ne ſuis de leur aduis, pour pluſieurs ſonnettes qui ſe perdent en ce temps-là.

---

*De faire muer l'Oiſeau.*

## CHAPITRE  II.

PV ıs que nous auons dit qu'vne des principales raiſons pour laquelle on ne fait voler toute l'annee l'Oiſeau de proye, eſtoit qu'enuiron le printemps nature le pouſſe, & conuie à muer, & que pendant ce temps-la il le faut laiſſer en repos ; noſtre Apprentif ſera aduerty que c'eſt de faire muer l'Oiſeau : ce qui ne denote autre choſe que changer de plumes tant grandes que petites, ce qui ne luy eſt moins naturel & ordinaire qu'és autres Oiſeaux domeſtiques, auſquels nous voyons annuellement tomber les vieilles pennes, & en leur lieu en naiſtre & venir d'autres. Ce qui eſt d'vne grande preuoyance de nature, dautant que ſi les Oiſeaux meſmement de proye, ne muoient de pennes, il arriue tant d'accidents aux vieilles, ſoit par rupture, froiſſure, taignes, ou autrement, que l'Oiſeau ſeroit dans deux ou trois ans, ou quelquefois dés

la premiere année fans pouuoir plus voler. Il eſt donc non
feulement vtile, mais neceſſaire que l'Oiſeau muë: ce qu'il
a accouſtumé de faire en cinq ou ſix mois, s'il eſt bien
nourry & gouuerné, & en deuient plus beau & agreable
comme vne perſonne eſtant veſtuë à neuf. Et encore diroit-on plus, que nature a eſté tellement prouidente de
leur ordonner la ſaiſon de muer lors que la chaſſe eſt preſque interdite, qui eſt depuis le commencement du mois
de May iuſques à la fin de Septembre, qu'elle n'a voulu
luy eſtabir ceſt o dre en autre ſaiſon pour ne faire perdre
aucun temps propre pour bailler du plaiſir à l'homme.
Vne autre preuoyance de nature ſe peut en cela meſme recognoiſtre. C'eſt de ne permettre & n'auoir voulu que
l'Oiſeau ſe deſpoüillaſt & muaſt toutes ſes plumes, & meſmes les principales toutes à la fois, ains les vnes apres les
autres, & à meſure ſeulement que les vnes croiſſent &
s'alongent, les autres tombent. Car ſi aux champs nature
n'auoit eſtably parmy les Oiſeaux ce bon ordre, ils ſe
trouueroient tellement deſpoüillez qu'ils ne pourroient
voler pour prendre proye & ſe nourrir : c'eſt donc en ceſte ſaiſon qu'il ſe faut abſtenir de la volerie, & vaquer à
faire muer l'Oiſeau ou Oiſeaux, deſquels on aura receu
plaiſir tout l'hiuer. Or puis que c'eſt vn ordre & eſtat de
l'Oiſeau par nature ordonné, de muer ſes pennes chacun an, il faut que noſtre Apprentif aide à nature, & y
rapporte par artifice tout ce qu'il pourra, affin que l'Oiſeau ſoit au pluſtoſt mué, & par ainſi ſon plaiſir renouuellé.

*En quel estat il faut mettre l'Oiseau en la muë.*

## CHAPITRE III.

IL ne suffit pas que nostre Apprentif soit aduerty qu'il faut que tous Oiseaux de proye muent de pennes tous les ans, & en quelle saison. Il faut qu'il sçache en quel estat il les faut mettre à la ferme, & comme quoy il conuient les y entretenir. Qu'il sçache donc qu'apres qu'il aura faict prendre maint plaisir à son Oiseau ou Oiseaux, de leur gibier, il les faut purger par deux ou trois matins, auec pillules douces, (desquelles i'ay parlé) faictes seulement de lard, moëlle de bœuf, sucre, & safran. Si toutesfois le Fauconnier faict iugement que l'Oiseau eust engendré du rheume, ou autrement fust extraordinairemét salé dans le corps, ie suis d'auis qu'apres deux prises par diuers & consecutifs matins desdites pillules douces, il luy en baille le troisiesme matin vne prise de celles que nous auons composees auec rheubarbe, aloës, & aguaric, & cené, le tout auec le mesme regime que i'ay enseigné par cydeuant, en luy presentant le bain le quatriesme iour: car l'eau luy profitera fort & luy sera beaucoup agreable. Ceste purgation luy est fort necessaire pour le descharger des grosses & mauuaises humeurs, qu'il peut auoir dans le corps, auec lesquelles s'il estoit mis en ferme, elles luy pourroient causer quelque plus grand mal ou degoustement. Et encore que par apparence le Fauconnier puisse iuger son Oiseau estre en assez bon estat, voire n'auoir besoin d'estre purgé, qu'il ne laisse pourtant. Car ce sera preuenir & couper chemin à beaucoup de maux, lesquels

peuuent

peuuent suruenir à l'Oiseau qui est en la ferme. De sorte
que le plus sain & exempt de toute maladie qu'on y pourra mettre, l'Oiseau ne sera que le meilleur. Dautant que
par l'abondance de graisse & embonpoint, qu'il prend &
reçoit pendant le temps qu'il demeure à muer, il engendre par mesme moyen assez d'humeurs pour tomber en
quelque accident de maladie. Si le Fauconnier recognoist
aussi que son Oiseau eust pris & engendré des poux, il
faut par necessité auparauant le faire muer, le baigner &
poiurer, ainsi que i'ay enseigné au Chapitre huictiesme
de la seconde Partie de ces Rudiments, à quoy pour ce regard ie le renuoye. Pource que le tourment que luy baille
ceste vermine seroit pour l'amaigrir, & ne luy donneroit
aucune patience. Et à force de chercher les poux auec le
bec pourroit se rompre les plumes, mesmes celles qui seroient en sang. Plusieurs sans autre cognoissance si leurs
Oiseaux ont des poux les poiurent croyans qu'ils en
muent mieux: ie ne m'aioincts pas en cela à eux, restant en
opinion qu'il ne faut iamais poiurer vn Oiseau qu'on ne
soit bien asseuré qu'il a des poux. Car outre que tel bain
tourmente fort vn Oiseau, voire en vaut moins quelques
iours apres s'il n'est bien gouuerné, c'est de la despence &
peine mal employees. Que pour precepte donc l'Oiseau soit mis en la ferme le plus sain & net qu'on pourra.

---

*En quel lieu il faut mettre l'Oiseau pour muer.*

## CHAPITRE IIII.

APRES que nous auons dit en quel deu est-il faut
mettre l'Oiseau à la ferme, il faut sçauoir les lieux

conuenables pour le faire muer bien à propos. On faict
communement muer l'Oiseau de proye en trois sortes.
Les vns le mettent sur vne grande table couuerte de gason d'vn costé & de gros sable de l'autre, dans vne chambre obscure, attachans l'Oiseau sur vn blot au milieu de
la table. On le met ainsi en lieu obscur, affin que l'air & la
clairté ne luy fissent enuie de se tourmenter & debattre. Il
ne faut attacher l'Oiseau si court qu'il ne se puisse promener par toute la table : on attache son past sur vne tablette de bois bien nette, affin que l'Oiseau ne la traine & char-
roye parmy le gason & sable, & par ainsi ne se paisse net-
tement. D'autres font muer l'Oiseau en liberté, c'est à dire dans quelque chambre, aux fenestres ou fenestre de laquelle, selon la commodité du lieu, ils font faire vne cage
bien grande faicte de bons liteaux & autrement bien seure & accommodee, affin que l'Oiseau n'en puisse sortir, &
qu'il puisse prendre l'air, le vent, la pluie, le Soleil, & se-
rain à son plaisir & volonté. Au trauers de laquelle cage y
aura vne perche bien seure, sur laquelle l'Oiseau se per-
chera & posera quand bon luy semblera. Au milieu de la
chambre on y pose vne autre grande table couuerte aussi
de gason & de sable auec vn blot par le milieu, & atta-
che-on le past de l'Oiseau sur vne tablette, ainsi que nous
auons dit cy-dessus. On trauerse aussi dans ladite chambre vne ou deux barres pour seruir de perche à la volonté de l'Oiseau : En sorte que s'il veut prendre de l'air, pluie
ou Soleil, il se iette dans ladite cage : quand il s'y ennuie il
se retire en la chambre. Autres font muer l'Oiseau sur la
perche ordinaire où ils ont accoustumé tousiours de tenir l'Oiseau, sans y apporter autre artifice, leur attachant le past sur la perche mesme, ou le paissant ordinairement sur le poing : croyans que l'oiseau lequel à la veuë

& frequentation ordinaire des hommes, chiens, & bruit
de la maiso n'en eft fi fafcheux & haguard à redreffer apres
la muë, comme s'il eftoit mué en l'vne des fufdites façons. I'ay veu vn vieux Lafnier fort bon & plaifant entre
les mains d'vn gentil-homme mien amy, lequel eftoit de
fi bóne nature, que fon maiftre le laiffoit muer en fa liberté, ne l'attachant ny renfermant iamais tout le temps qu'il
employoit à muer, ains l'Oifeau s'en alloit où bon luy
fembloit, & aux heures de fon paft reuenoit dans la
maifon. Ie ne dis pas cecy affin que noftre Apprentif fe hazarde d'en faire le femblable: car c'eft vne façon tellement
extraordinaire, que ie ne confeilleray à perfonne de la pratiquer, s'il ne fe veut mettre en hazard de perdre fon Oifeau. Mais reuenant aux trois premieres façons, ie dis que
les deux premieres font les meilleures, & la premiere fur
toutes, eftant celle de laquelle ie me fuis le mieux trouué.
Car l'Oifeau nourry en liberté dans la chambre deuient
plus fauuage & haguard. Et lors qu'on luy porte fon paft,
ou que pour plaifir on le va voir, il eft en danger en volant ou fe iettant dans la cage ou contre les murailles pour
fuir, qu'il ne fe rompe les pennes, celles mefmement qui
pourroient eftre encore tendres & en fang. Celuy auffi
qui eft mué fur la perche eft en danger de fe debattre &
demeurer fouuent pendu. Le Fauconnier toutefois fera
election de quelle forte, & en quel lieu il voudra faire
muer fon Oifeau felon la commodité qu'il en aura. Il me
demandera à quoy fert & profite le gafon & fable defquels i'ay parlé. Le gafon en premier lieu fert à ce que
l'Oifeau eftant gras, plein, & remply de grande chaleur, &
auffi fe fentant pefant fur fes pieds, en forte que tant pour
fe repofer & coucher que pour receuoir de la fraifcheur,
il prend vn grand plaifir & volupté de fe coucher dans

l'herbe du gason. Si bien que le Fauconnier sera curieux de renouueller ledit gason à mesure qu'il se sechera par trop. Et faut encore obseruer qu'il ne le faut bailler à l'Oiseau estant moüillé, soit de rosee ou pluie, ains le faut leuer de terre incontinent que le Soleil en a abbatu la rosee ou humidité. Au regard du sable l'Oiseau y prend aussi plaisir, se veautrant & secoüant dedans, ainsi qu'on voit que font les poulles dans la terre. Et leur sert de baing lequel on ne leur baille librement, mesmes à ceux lesquels on faict muer sur ladite table, comme sera dict au Chapitre suiuant. Nostre Apprentif donc s'il faict choix de faire muer son Oiseau sur ladite table, & en lieu obscur, qu'il soit aduerty d'attacher si à propos l'Oiseau, que venant à se debattre, ou autrement se promener sur ledict gason, il ne puisse tomber par aucun costé de ladite table : car il seroit pour s'y trouuer pendu, & estre par ce moyen gasté. Qu'il preuoye aussi que lors qu'il mettra l'Oiseau en la ferme qu'il n'aye pas le bec trop long. Car auec ce qu'il luy croist & muë, cela le pourroit empescher de se paistre à son aise. Par ainsi sera meilleur qu'il luy coupe & façonne le bec bien à propos auparauant le mettre en ladite ferme. Et qu'il se prenne bien garde que les gets ne pressent par trop les iambes de l'Oiseau : car il y suruiédroit des enfleures & autres maux malaisez à guerir.

*Du traictement & gouuernement de l'Oiseau en la muë.*

## CHAPITRE V.

MAINTENANT que nous auons aduerty nostre Apprentif en quel estat & lieu il faut mettre l'Oi-

feau à la ferme, & que c'eſt pour luy faire tomber les
vieilles pennes, affin qu'il en reuienne de nouuelles: Il
ſera encore aduerty qu'il y a des Oiſeaux meſmement de
paſſage, plus durs & difficiles à ſe deſpoüiller que les
autres, auſquels il faut aider & les traicter auec plus de
delicateſſe & curioſité que les niais, leſquels ſe deſpoüil-
lent aiſement. Or le commun traictement de tous, c'eſt de
les nourrir & paiſtre de bonnes viandes & gorges chaudes, comme pigeonneaux, petits poulets, & toutes ſortes d'Oiſeaux, ſouris, rats, & petits chiens de tetinne,
leſquels ne ſoient nez que de dix à douze iours. De tels
paſts s'il eſt poſſible faut paiſtre l'Oiſeau en la ferme, en
luy donnant auiourd'huy d'vne façon & demain d'vne
autre, ou diuerſement chacun paſt, affin que la continuation d'vne meſme viande ores qu'elle fuſt bonne ne la luy
fiſt haïr ou le rendiſt degouſté. Il faut donner à l'Oiſeau
qui eſt en la ferme deux fois du iour plus ou moins, ſelon
qu'on le trouuera en appetit, auquel neantmoins il le faut
conſeruer tant qu'on pourra, en nettoyant bien le lieu ou
tablette, ſur quoy on luy attachera ſon paſt. D'autant que
s'il prenoit quelque choſe de ſale ou quelque mauuaiſe
chair, ayant mauuaiſe odeur, ou gaſtée par les mouſches,
cela luy porteroit vn grand dommage & luy engendreroit pluſieurs maladies. Luy faut bailler les viandes deſſuſ-
dites viſues, affin qu'il en face & prenne à ſon plaiſir &
quand bon luy ſemblera. Ioint que ſe paiſſant ainſi ſur
paſt vif il prend plume ou bourre, leſquelles luy ſeruét de
cure & profitent beaucoup. Car comme nous auons dict,
curer en quel temps que ce ſoit maintient touſiours l'Oiſeau en ſanté, il eſt des Oiſeaux tant difficiles, qu'eſtans vne
fois gras & pleins ne ſe veulent plus paiſtre des ſuſdites
viandes, ains aimeront mieux de la chair de bœuf ou mou-

Y iij

ton, ( ores que groſſieres viandes ) que de quelque meilleur paſt. Il ſe faut pourtant accommoder au gouſt, appetit & humeur de l'Oiſeau tant qu'il eſt en muë: quand l'Oiſeau ſera mis en la ferme, s'il eſt en appetit, ne luy faut
donner quantité de paſt pour quelques iours. Car ayant
la viande à commandement il prendroit de ſi groſſes gorges, & en telle quantité, qu'elles luy feroient beaucoup
plus de mal que de bien, & luy refroidiroient l'eſtomach.
Mais il faut eſtre ſage en cela, luy donnant de petites &
moyennes gorges & de bon paſt, iuſques à ce que le Fauconnier cognoiſtra que l'Oiſeau ne ſe paiſt plus gloutonnement, & lors luy faudra bailler ſon ſaoul. Pluſieurs ont
opinion que l'Oiſeau ne muë point bien ny ſainement, ſi
le bain ne luy eſt ſouuét preſenté. Quant à moy ie dis qu'il
faut auoir egard au lieu, auquel on fait muer l'Oiſeau: car ſi
c'eſt en la premiere façon que nous auons deſcrite au precedent Chapitre, & pour moy approuuee, comment ſe
peut ſecher l'Oiſeau eſtant en lieu obſcur, & auquel le Soleil ny le vent ne donnent point pour le ſecher s'eſtant
baigné, celuy qu'on faict muer ſur la perche auſſi peu y a
il apparence qu'il ſe puiſſe ſecher s'il n'eſt porté au dehors;
ce qui ne ſe peut, l'Oiſeau eſtant gaillard & fier, que
voyant l'air il ne ſe debatte & tourmente aigrement.
Quant à l'Oiſeau qui eſt mué en chambre, & lequel par
le moyen de la cage peut à ſa volonté prendre l'air & le
vent, il n'y a point de mal de luy preſenter quelques fois
le bain dans vn vaiſſeau à ce propre & faict expres. Ie conſeille bien qu'à tous leur ſoit preſentee ſouuent de l'eau
pour boire. Car eſtans gras & ſe paiſſans de chairs viues,
ils peuuent eſtre alterez, & en ceſte façon l'eau leur peut
profiter de beaucoup, les laiſſant boire à leur aiſe. Et pour
ce que i'ay dict qu'il eſt des Oiſeaux fort tardifs à muer,

voire tellement qu'ils ne veulent prefques point du tout
muer, quoy que foit, que lors que les autres ont prefque
paracheué de muer, quelque bon paft & traictemét qu'on
leur face. A tels Oifeaux leur faut faire manger de ieunes
carcerelles, lefquelles baftiffent au tour des maifons, ou
ieunes Milans, ou à defaut de ieunes leur en donner
de vieux. Mais auffi toft qu'ils commenceront à muer il
ne leur en faut plus donner. Car ils fe defpoüilleroient
trop à coup, ou retomberoient encore les plumes qu'ils
auroient ja muees. Parquoy il ne faut vfer de cefte recepte
qu'à leur neceffité, & lors que les bons pafts ne peuuent
efmouuoir l'Oifeau à tomber fes pennes. Paiftre l'Oifeau
de chair de taupe faict incontinent defpoüiller l'Oifeau.
La defpoüille de l'oifeau qui eft en la ferme, eft bien à conferuer, pour ce qu'elle fert pour enter d'autres pennes
quand elles font rompuës, comme nous dirons cy-
apres.

*Comment il faut faire fortir l'Oifeau de la muë, & en*
*quelle faifon.*

## Chapitre VI.

Nov s auons dict qu'on met les Oifeaux de proye en
ferme, affin de leur aider par bon traictement à parfaire ou auancer ce à quoy nature les conuie, qui eft de
tomber les vieilles pennes, & en leur lieu en renaiftre d'autres. Ce fera donc lors qu'ils les auront tombees, & que
les nouuelles feront bien venuës & allongees à leur perfection qu'il les en faudra tirer. Ce qui pourra eftre ( s'il
n'y a du defaut de l'Oifeau ou de la nourriture, ) enuiron

la my ou fin du mois de Septembre. Si l'Oiseau est plus
tardif ne faut faire comme aucuns impatients, & diray in-
considerez, lesquels pour auācer pour quelques iours leur
plaisir sortirōt leurOiseau de la ferme, ores qu'ilait la pluspart de ses principales pennes non encore alongees, ains
en sang. Aussi leur en arriue-il beaucoup de desplaisir,
dautant que l'Oiseau se debattant par sa fierté sur le poing
ou perche, se rompt lesdites pennes en sang qui sont ir-
reparables. Pour couper donc chemin à ce mal, & ne sortir l'Oiseau mal à propos de la ferme,il ne l'en faut en premier lieu tirer qu'il n'aye bié alongé toutes ses pennes,&
qu'elles soient en leur deuë perfection. Dauantage pour
ce qu'il a demeuré long temps renfermé,se nourrissant,
comme on dict, comme yn pourceau au bac, il pourroit
estre deuenu fier,sauuage,& si gras,ques'il estoit tout tel
mis promptement sur le poing à force de se debattre &
tourmenter, il pourroit s'eschauffer &  apres morfondre
pour en deuenir souuent pantelant & hors d'haleine. Par
ainsi quinze iours auparauant ou enuiron que nostre Apprentif voudra ietter ou sortir son Oiseau de la ferme, &
à mesure qu'il verra que les longues pennes & serceau
sont à demy alongez, il ne paistra plus l'Oiseau de gorges
chaudes, ains de chair de veau ou autre trempee en eau
froide. Ce qui luy abbattra partie de son orgueil, & sera
de beaucoup plus aisé à traicter & gouuerner. Car il ne
faut douter que l'Oiseau n'aquere presque autant de fierté en la ferme, mesmement le passager, que lors qu'il
estoit aux champs & en liberté, & se rend plus malaisé &
dangereux à traicter & goūuerner. Ayant donc ainsi repeu pour quelques iours l'Oiseau de past trempé en eau,&
qu'on le verra auoir yn peu rabaissé de son orgueil & fierté, voire de son embonpoint, & que ses maistresses pen-

nes

nes sont bien à bout. Nostre Apprentif le pourra lors remettre sur le poing, & le porter ordinairement tousiours
chapperonné, ne le descouurant, ( affin de le mieux asseurer,) que lors qu'il le voudra paistre, & aussi tost luy remettra le chapperon. Si tant à cause des Oiseaux qu'on
luy donne pour son past en ladite ferme qu'autrement, le
Fauconnier luy recognoist des poux trois ou quatre iours
apres qu'il l'aura sorty de ladite ferme, il le pourra poiurer & gouuerner comme i'ay enseigné au Chapitre huictiesme de la seconde Partie de nos Rudiments , à quoy
ie le renuoye. Ayant esté poiuré ( s'il en a besoin & non
autrement,) ou non, il sera purgé par trois matins consecutifs auec pillules douces faites de lard, moëlle de bœuf,
sucre, & safran. Laissant neantmoins au iugement du
Fauconnier si l'estat de l'Oiseau requeroit que le troisiesme matin il luy fist prendre vne prise de pillules composees auec Rheubarbe, Aloës, Aguaric, & Cené, comme
& auec le mesme regime & le bain suiuy de pres, sçauoir
au quatriesme iour ainsi qu'il sera cy-apres enseigné, mesmes aux Chapitres 40. & quarante-vniesme de nos Remedes. Son past luy sera continué de cuisses de poulettes ou
autres chairs laxatiues & trépees en eau, ores froide & ores
tiede, selon la disposition du temps & estat ou fierté de
l'Oiseau, affin de l'estimer, rabaisser son orgueil, & le mettre en deu appetit. Ne faut oublier de luy donner tous les
soirs cure, comme on faisoit auparauant le mettre en ferme, & sera bon de le veiller pour quelques soirs s'il s'estoit
rendu trop sauuage & haguard, & y obseruer tout ce que
i'ay sur ce dict pour affaiter ou asseurer l'Oiseau, à quoy
ie renuoye nostre Apprentif. Quelque soin & diligence
que le Fauconnier rapporte au gouuernement de l'Oiseau
de leurre apres estre sorty de la ferme, il luy faut du moins

Z

vn mois, qui sont trente cures pour le rendre en bon
& asseuré estat. Auquel remis il peut estre porté au deduit,
luy ayant premierement faict reuoir & cognoistre le leurre. Et lors il ne faut douter qu'il n'attaque librement la
mesme espéce de proye qu'il auoit accoustumé de voler,
& ne le rende dans peu de iours aussi plaisant & bon qu'il
estoit auparauant. Si le Fauconnier recognoist que par le
doux traictement que dessus l'Oiseau se conseruast encore trop en son embonpoint & fierté, il le peut repurger
encore deux matins consecutifs auec lesdites pillules douces, & le troisiesme matin luy donner le lardon, ainsi qu'il
sera dict au Chapitre quarante-deuxiesme des Remedes,
auquel semblablement & pour ce regard ie renuoye aussi
nostre Apprentif ) en luy retrenchant encore de son past,
& le luy trempant plus fort en eau. Et s'il est besoin, le luy
tremper pour deux ou trois fois seulement en decoction
de persil. La façon de laquelle sera cy-apres descrite, & ne
faudra oublier de luy pinceter le bec & serres, lesquels
luy auront fort accreu en la ferme. A mon iugement lors
l'Oiseau sera en bon & deu estat, & tout cela se peut prattiquer tant és Oiseaux de leurre que de poing.

---

*Preceptes pour maintenir & conseruer tous Oiseaux de proye*
*en bon estat & santé.*

## CHAPITRE VII.

APRES que i'ay monstré à nostre nouueau Fauconnier comme quoy il faut prendre, garnir, cognoistre, traicter, leurrer, faire voler, muer, & ietter de la muë
ou ferme toute sorte d'Oiseau de proye, il ne me semble

hors de propos de ramaſſer & recueillir certains preceptes,
& leſquels ſont principalement en noſtre Fauconnerie
plus à prattiquer & obſeruer, affin qu'il ſçache maintenir
& conſeruer tout Oiſeau en bon eſtat & ſanté.

1  En premier lieu l'Oiſeau ſera touſiours repeu de bonnes viandes, bien nettes & lauees. Sçauoir en eſté en eau
fraiſche, car l'Oiſeau eſt en temps chaud plus plein de chaleur & fierté, laquelle l'eau fraiſche luy corrige. Et en hiuer en eau tiede, eſtant ſeulement beſoin que l'eau luy
tienne le boyau ouuert & laſche, le temps froid & glacial
luy corrigeant aſſez ſa fierté. Au Chapitre ſuiuant nous
parlerons des viandes bonnes & mauuaiſes.

2  On ne donnera iamais gorge ſur gorge, c'eſt à dire
paſt ſur paſt à l'Oiſeau, & ne luy faut rien donner à paiſtre
qu'il n'aye du tout bien paſſé & induit ſa premiere gorge.  Car nature ſe trouuant ſurchargee feroit quelque
conuulſion en elle meſme, pour eſtre ſouuent les viandes
de contraire nature & qualité, ou feroit vomir l'Oiſeau,
ce qui luy porteroit vn grand dommage.

3  On ne donnera groſſe gorge à l'Oiſeau, ains moyenne,
& telle qu'il s'en puiſſe ſeulement nourrir ſans ſuperfluité.
Car la grande repletion de viandes ſuffoque la chaleur de
l'eſtomach, & n'en faict ſi bonne digeſtion. Et au lieu que
le paſt ſe doit conuertir en aliment, il deuient en pourriture & mauuaiſes humeurs, d'où procedent aux Oiſeaux
pluſieurs faſcheuſes maladies.

4  Il faut eſtre ſoigneux que quand l'Oiſeau ſe paiſtra
qu'il ne prenne ſon paſt trop auidemment, gloutonnement & à gros morceaux, car il ſuffoque ſon eſtomach
n'arrange pas ſi bien ſa viande dans iceluy pour la cuire,
& la digeſtion ne s'en faict pas bien, ains luy faut laiſſer
tirer ſon paſt à petites bechees: car il l'induira beaucoup

mieux & s'en trouuera plus leger & gaillard , voire par ce
moyen se conserue en appetit.

5   Conuient tous les soirs donner cure à l'Oiseau s'il est
possible, (sçauoir) apres qu'il aura bien induit & passé sa
gorge, & non plustost : D'autant que la cure prise sur le past
presse la viande de l'Oiseau dans l'estomach , humecte , &
attire plustost la substance de la chair que l'humeur, pour
purger laquelle elle est destinee.  Voire en ay-ie veu lesquels ayans pris leur cure sur leur past en rendoient le
lendemain matin vne partie indigeste & puante auec leur
cure.

6 On ne paistra iamais l'Oiseau qu'il soit moüillé, ains s'il
est moüillé du bain qu'on luy aura presenté, ou de l'iniure
du ciel, il ne le faut paistre qu'il n'ait esté essuié au feu
ou Soleil. Car l'eau rendant quelque froideur en l'estomach de l'Oiseau , voire y excitant des humeurs qui l'em-
peschent de faire sa fonction, il sera fort malaisé qu'il puisse faire son profit du past qu'on luy bailleroit. Ains on le
laissera remettre & secher , & par mesme moyen nature
se remet & s'esuertuë en ses fonctions. Sur tout se faut
garder , soit que l'Oiseau soit peu moüillé ou sec, apres
auoir esté moüillé de ne le paistre de past froid. I'en ay veu
mourir : cela procedant que l'estomach s'estant rendu
froid & indigest par l'eau & pluie que l'Oiseau auoit re-
ceuë , le venant à charger de quelque mauuais past
froid , il ne faut douter qu'il n'en pourra aucunement
faire son profit ny le digerer.

7   De huict en huict iours il faut mettre dans sa cure ou
cures quatre ou cinq clouds de girofle en poudre : Car cela resioüit fort l'Oiseau, luy faict l'estomach bon, & luy
fortifie les parties nobles.

8   De quinze en quinze iours plus ou moins selon l'estat

de l'Oiseau, prenez aloës, ciquotrin, aguaric, fin sucre
candic, & rheubarbe autant de l'vn que de l'autre, le tout
bien subtilement puluerisé & passé par tamis de soye, &
de toutes lesdites poudres meslees ensemble, faut prendre le poix d'vn escu d'or & mettre ceste poudre dans sa
cure ou cures, que le Fauconnier luy fera adextrement
prendre & mettre bas. C'est vn singulier preseruatif contre toutes maladies internes qui peuuent arriuer és Oiseaux, & si les tient en deu estat & appetit.

9    Il ne faut faillir tous les matins de faire trauailler l'Oiseau sur vn tiroir, ayant la teste tournee vers le Soleil leuant, car cela luy sert d'vn grand exercice, & le faict purger par les narilles d'vn commencement de rheume, lequel il fera sortir en tirant, & apres il s'en trouue beaucoup plus gaillard. Il le faut aussi faire tirer sur les soirs en
luy donnant cure : car outre ce que le tiroir luy donne appetit de la prendre par la vertu du tiroir, il faict aussi digestion du past precedent si elle n'est faicte.

10    Le bain luy est à presenter de dix en dix ou douze en
douze iours ou autrement, selon la disposition & changement du temps, auquel lesdits Oiseaux se baignent volontiers & librement.

11    Il faut faire tous les matins iardiner l'Oiseau, c'est à
dire le mettre à l'air dehors sur quelque perche ou blot,
regardant vers le Soleil leuant, pourueu qu'il ne face
vent ou autre iniure du temps. Car l'air qu'il prend
ainsi luy plaist grandement & profite fort à la digestion.

12    En temps d'hiuer il conuient tenir l'Oiseau en lieu sec
& vn peu chaud, car s'il estoit tenu en lieu humide, auec
l'humidité de l'hiuer il engendreroit des rheumes au cerueau & gouttages, tant és reins que pieds malaisez à guerir. En temps d'esté au contraire il le faut tenir en lieu frais,

car la temperature de la saison qui est chaude desseche af-
sez l'humidité qu'il pourroit auoir en luy superfluë. Ioint
qu'il y prend plus de plaisir pour se preualoir contre la
chaleur estiuale.

13　On ne posera l'Oiseau sur barres ou perches, là où les
poulles & autres Oiseaux domestiques se perchent, pour
crainte des poux, lesquels desbaucheroient incontinant
l'Oiseau, ains aura ses perches ou blots à part bien nettes.

14　Ie ne conseille pas à nostre nouueau Fauconnier de
mettre au matin l'Oiseau sur le poing sans premier auoir
faict sa priere & recommandation à Dieu, affin que toutes ses actions luy soient en la iournee plus agreables, &
par consequent plus heureuses & fortunees.

15　Ne faut semblablement iamais mettre au matin l'Oiseau sur le poing, sans auoir premierement laué les mains
& la bouche. Les mains, pour ce qu'on pourroit durant la
nuict auoir touché aux parties honteuses, & en pourroiét
auoir retenu quelque mauuaise odeur qui seroit desagreable & nuisible à l'Oiseau, si mesmement le Fauconnier
touchoit son tiroir & son past. Et la bouche, pour ce que
de l'indigestion de l'estomach, se pourroit estre engendree vne mauuaise odeur, vapeur, ou haleine forte sortant de sa bouche, auec laquelle indisposition halenant
ainsi l'Oiseau de pres, cela luy pourroit causer quelque
degoustement ou vapeur au cœur ou cerueau fort nuisible.

16　Quand nostre Apprentif mettra l'Oiseau sur le poing
qu'il luy soit doux & courtois, tant de la main & voix que
de visage, & par ce moyen l'Oiseau aimera son maistre
& prendra plaisir d'estre sur sa main.

17　Ie donne en precepte de ne presenter au matin le ti-

roir ny paſt à l'Oiſeau que noſtre Apprentif n'ait premierement trouué ſa cure ou cures qu'il aura renduës. Car outre le degouſt qu'elles luy pourroient cauſer, il n'en ſeroit
ſi gaillard, prompt ny hardy à la volerie, & ſe pourroient
tellement enfler dans la mulette, ( meſmes ſi l'Oiſeau
eſtoit repeu vne ou deux fois deſſus) que fort difficilement, & à grande peine les pourroit l'Oiſeau le lendemain
curer & rendre. Ce qui mettroit noſtre Fauconnier en vne
merueilleuſe peine.

18  Qui veut faire qu'vn Oiſeau rende ſa cure ou cures de
bon matin, il faut apres que l'Oiſeau aura eſté purgé luy
faire pour quelques matins prédre ſó tiroir & paſt de bon
matin : par telle obſeruation il curera & rendra touſiours
ſes cures auant le iour, qui doit eſtre vn grand contentement pour le Fauconnier, affin de le tenir mieux preparé
pour le deduict de la volerie. Ioint qu'il pourra faire iugement que ſon Oiſeau eſt bien net & ſain dans le corps,
la cure ne rencontrant de groſſes humeurs qui l'empeſchent de faire promptement ſa fonction.

19  Encore que noſtre nouueau Fauconnier ait veu curer
ſon Oiſeau & ait trouué ſes cures ou cure, il n'eſt beſoin
pour la ſanté de l'Oiſeau qu'il le bouge d'vne demie heure apres de deſſus la perche. Car nature laquelle ne ſe ſent
aſſez deſchargee par l'attraction qu'a faict la cure, ſe veut
d'elle meſme deſcharger dauantage, & faict que l'Oiſeau
( quelque peu de temps apres qu'il a rendu ſa cure, ) rend
encore quelque eau par le bec. Ce qu'il pourra faire vne,
deux ou trois fois, ſelon la quantité des humeurs ſuperfluës qui ſeront en luy Si bien que l'Oiſeau s'eſtant ainſi
purgé & vuidé, il luy faut preſenter le tiroir quelque peu
de temps apres.

20  Que le paſt qu'on donnera à l'Oiſeau ſoit bien net &

efmondé de toutes ordures , nerueures , & graiffes , qui luy nuifent beaucoup pour eftre de mauuaife digeftion.

21　Ne faut tenir l'Oifeau dans la maifon ny ailleurs, en lieu qui foit fuiect à la fumee, pouffiere , ou mauuaife odeur : car cela luy caufe & engendre à la longue des vapeurs fafcheufes au cerueau , & en fin tref-difficiles à guerir.

22　Il faut que noftre Apprentif foit foigneux de regarder fouuent fi les gets ou porte-fonnettes ne preffent par trop les iambes de l'Oifeau. Dautant que cela luy cauferoit de grandes enfleures & inflammations aux pieds qui luy meneroient vne douleur ordinaire, & à laquelle il eft bien malaifé de remedier; fi mefmes le mal eft fupporté & inueteré.

23　Soit en outre foigneux noftre Apprentif, que, foit fur le poing, blot, ou perche, l'Oifeau ne demeure pendu. Car par tels efforts l'Oifeau amoindrit grandemét fa force,en eft moins apte,& peut moins fournir à fon deuoir, & eft en danger defe rompre non feulement des pennes, fe frappant contre la perche,mais plufieurs petites veines ou arteres, foit en la tefte, cuiffe & reins, duquel fang corrompu s'engendrent plufieurs maladies.

24　Si l'Oifeau par peu de preuoyance eft deuenu maigre,que noftre Apprentif ne le penfe remettre par groffes gorges & de groffieré viande. Car nature eftant debilitee & amoindrie, ne pourroit digerer & faire fon profit defdits gros pafts, ains pluftoft s'y trouueroit fuffoquee. Au contraire il le faut remettre par moyennes gorges & de bons pafts, & ne le porter aux champs ny au deduict pour quelques iours qu'il ne foit remis. Car le trauail l'amaigriroit toufiours,& le repos qu'il prendra auec le bon raictement que peu à peu on luy donnera, il fera dans

peu

peu de iours remis, pourueu que le defaut ne procede de
quelque mal interieur non encore incognu.

25  Si l'Oiſeau au contraire eſt deuenu trop gras & fier,
il ne le faut penſer eſſimer & remettre en eſtat pour luy
faire endurer la faim trop à coup comme aucuns font.
Car cela debiliteroit pluſtoſt l'Oiſeau & le rendroit ſi
foible qu'il ne pourroit voler, ains le faut paiſtre de plus
petites gorges & mieux trempees & lauees en eau qu'on
ne ſouloit, & qu'il ſoit touſiours porté ſur le poing en
quelque part & lieu que le Fauconnier puiſſe aller, ſoit à
pied ou à cheual. Car par tel regime & trauail il ſera dans
peu de iours amaigry & remis en deu eſtat.

26 Si le Fauconnier veut tenir ſon Oiſeau en bon & deu
appetit, & le preuenir du mal de la pierre ou croye, de
huiᶜt en huiᶜt iours, plus ſouuent ou moins, ſelon l'eſtat
de ſon Oiſeau, il doit tremper ſon paſt en decoᶜtion de
racine de perſil & ſucre, laquelle ſe faiᶜt ainſi qu'il eſt
contenu au Chapitre douzieſme de nos Remedes, où il
ſe parle du mal de la croye ſuruenant aux Oiſeaux, ou
bien incorporer ladite decoᶜtion auec huile d'amandes
douces, ou huile d'oliue recente, & y tréper le paſt de l'Oiſeau. Si ne faut-il toutesfois continuer fort frequemment
ladite decoᶜtion : car elle amaigrit fort l'Oiſeau.

Toutes les ſuſdites regles & preceptes eſtans bien ob-
ſeruez par noſtre nouueau Fauconnier, auec les autres
methodes à obſeruer que i'ay par tout cy-deuant baillé,
il ſera malaiſé qu'il ne maintienne ſon Oiſeau ou Oiſeaux
en bon eſtat & ſanté pour luy donner du plaiſir. I'entens
pour les maladies internes, car pour ruptures, froiſſe-
ments, coups, bleſſures, & autres tels, ce ſont maux leſquels ſuruiennent par accident inopinément, & non pas
faute de bon regime & gouuernement, à quoy il eſt

bien malaisé que le Fauconnier puisse aisement parer ny preuenir.

*Des viandes bonnes qu'on doit donner aux Oiseaux de proye,*
*& mauuaises que l'on doit fuir.*

## C H A P I T R E  V I I I.

I'AY promis au commencement de mon precedent Chapitre de parler des viandes bonnes pour les Oiseaux de proye, & desquelles on a accoustumé & les peut-on nourrir domestiquement. Car quand ils sont aux cháps & en leur liberté, ils se paissent selon leur gré de bon past & de gorges chaudes ordinairement. Si ce n'est quelque Oiseau poltron & lasche, lequel se iette souuent & se paist de charongne. Ie veux plus : car ie veux apprendre à cognoistre à nostre nouueau Fauconnier quelles sont les mauuaises & à fuir, affin qu'en la nourriture & past de son Oiseau, il ne s'en serue point que par toute sterilité & manque des bonnes. Chacun donc en sa chacuniere nourrit son Oiseau ou Oiseaux de chairs & viandes qui luy sont plus communes & faciles à recouurer, ainsi que sont beuf, mouton, veau, pourceau, lieure, poulaille, poulette, petits poulets, pigeonneaux, petits oiseaux, rats, & souris. Toutes lesquelles viandes ou pasts sont bons, & encore qu'ils soient tels ils ne laissent d'auoir diuerses natures, & par consequent diuers effets en l'Oiseau. La chair du beuf & du mouton tient vñ Oiseau gras & plein, si elle n'est corrigee par eau & fort trempee. Mesmes le past continu du mouton, si ( comme dict est, ) il n'est corrigé par eau, rend en l'Oiseau quelque crasse humeur

qui feroit pour fe conuertir en croye ou pierre. Les fufdites deux fortes de paft font donc bonnes eftans bien
trempees en eau. La poulaille eft d'autre nature : car baillee chaude à l'Oifeau mefmement l'aifle, nourrit beaucoup, & eft de plus dure & mauuaife digeftion que la
cuiffe : de laquelle, ofte le dur qui eft fur le plat de la cuiffe
& trempé en eau, nourrit affez bien l'Oifeau& luy tient le
boyau lafche & ouuert. Mais au regard dudit paft de poulle
ie confeille de ne donner de l'aifle à l'Oifeau que le moins
qu'on pourra : quoy que foit il la faut donner chaude, & ne
paiftre iamais l'Oifeau de geline ladre, ny qui foit tenuë
& renfermee, car elle n'eft fi naturelle, ains ie faut feruir
des poulles nourries en liberté & de bon grain. La chair
de veau eft laxatiue , ne nourrit & tient gueres en l'Oifeau mefmes trempee en eau , fi bien que qui voudra effi-
mer vn Oifeau cefte viande eft bonne. Il ne fe fait gueres
bon feruir du paft de pourceau, dautant qu'il tient l'Oifeau falle, à caufe que telle viande eft toufiours graffe &
remplie de grande humidité, il eft neantmoins laxatif &
tient le boyau de l'Oifeau lafche & ouuert, & à faute d'autre paft il s'en faut feruir. Le paft de poulette eft encore
plus laxatif & paffe plus legerement dans l'Oifeau que celuy de geline , & s'en faict bon feruir quand on veut
amaigrir vn Oifeau, pourueu qu'il foit trempé en eau.
Car eftant baillé chaud il eft de plus grande nourriture, tenant toufiours pourtant l'Oifeau gaillard & en appetit.
Quant aux petits poulets, pigeonneaux, rats , & autres
tels, le paft d'iceux eft fort agreable à l'Oifeau eftant d'aifee digeftion , le nourrit affez bien & le refioüit. Et faut
que tels pafts foient donnez chauds & vifs pour eftre bien
felon leur naturel. Par ainfi quand l'Oifeau fera malade,
degoufté ou autrement non gaillard , il fera bon de le pai-

ftre defdites viandes. Le cœur d'vn ieune cochon tout
chaud eft fort bon & fingulier pour vn Oifeau malade,
la chair du lieure eft laxatiue mefmes trempee en eau, elle
eft pourtant melancolique, & n'en faiét pas bon paiftre continuellement l'Oifeau. Le paft de Corneille n'eft
pas mauuais pour en donner quelquefois à l'Oifeau, car à
caufe que la chair a quelque petite aigreur elle le met en
appetit. De toutes les fufdites viandes il eft bon de paiftre
l'Oifeau, fçauoir felon l'eftat d'iceluy, ores d'vne & tantoft d'autre, affin que la continuation de l'vne ne luy ennuie & fafche. On peut aux champs paiftre extraordinairement l'Oifeau de fon gibier, auquel il fera mis, comme
de Perdrix, Corlis, Canard, Heron, Gruë, & autres bons
Oifeaux, qu'il prendra, qui luy profiteront beaucoup,
tant en fa nourriture qu'augmentation de courage à bien
voler & attaquer fa proye. Quant aux mauuaifes viandes,
& defquelles ie ne côfeille noftre Apprentif de paiftre fon
Oifeau, la chair de vache & de truie font des premieres. Le
paft en eft dur, groffier, de mauuaife digeftion, & engédre
de groffes & mauuaifes humeurs en l'Oifeau. Tout Oifeau
viuant de rapine eft deffendu : finon lors que l'Oifeau eft
en ferme, que pour le faire auancer de muer on luy donne
quelquesfois de ieunes Milans & Carcerelles ; car autrement ils font durs & de mauuaife digeftió. Tous animaux
foufterrains comme renards, blaireaux, chats fauuages, &
autres ne font nullement bons, tant pour leur mauuaife
fenteur, que pour eftre durs & defagreable coétion en l'e-
ftomach. Toutes chairs mortes de longue main & ayans
mauuaife odeur ne font à bailler à l'Oifeau, car outre qu'il
n'en peut prendre aucun bon aliment, comme de chofe
corrompuë, telle corruption luy enuoye des vapeurs au
cerueau qui le luy affeétent grandement. Les Oifeaux no-

ſturnes comme choëttes, chahuans, ne ſont pas tant contraires à l'Oiſeau pour luy en donner quelquefois : car
tels Oiſeaux ne prennent nourriture que de rats, petits
lapins, & autres tels legers paſts, deſquels ils ſe paiſſent à
la deſrobee la nuict, & par ainſi ne peut eſtre que friande
& legere. Mais ie ne mets pas le paſt de tels Oiſeaux en
conte, comme n'arriuans que fortuitement & fort rarement. I'ay obmis parlant du paſt du mouton au commencement de ce chapitre, de dire qu'il ne faut nullement, (ſinon qu'en cas de neceſſité) paiſtre l'Oiſeau de mouton,
non chaſtré ny ſené. Car encore faut-il qu'il ſoit ſené de
longue main, affin qu'il ne ſente le belier. Ie dis auſſi pour
fin du preſent Chapitre, que le paſt d'vn coq n'eſt nullement bon à l'Oiſeau, tant pour eſtre dur & de mauuaiſe
digeſtion, que pour eſtre d'humeur trop chaude. Voila ce
qu'il m'a ſemblé bon d'apprendre à noſtre Apprentif
touchant les viandes propres ou mauuaiſes aux Oiſeaux
de proye.



*Signes communs de la ſanté de l'Oiſeau.*

## CHAPITRE IX.

ENCORE que noſtre Apprentif rapporte tout ce qui
eſt de ſon pouuoir pour la conſeruation de la ſanté
de ſon Oiſeau : l'amour toutefois qu'il luy porte, ou la
crainte qu'il a de faillir en l'obſeruation de ce qui eſt requis pour la luy conſeruer le met ſouuent en ialouſie, &
doute s'il eſt ſain ou non. Par ainſi, pour auoir familiere
cognoiſſance, ſi l'Oiſeau eſt ſain & gaillard, ie veux mettre icy les ſignes communs & exterieurs, par leſquels iour-

nellement, voire à toute heure il pourra iuger & cognoistre la santé & gaillardise de son Oiseau.

1  En premier lieu si l'Oiseau se baigne bien & vertement,
c'est signe qu'il a de la gaillardise & force en luy, & qu'il est
sans douleur.

2  S'il rend ses cures aisement, & matin , & qu'elles ne
soient point gluantes & entournees de quelque humeur,
qui semble flegme ou colle fonduë , & ne sentent point
mauuais , ains en les pressant entre les doigts qu'il en
sorte de l'eau claire , il faut faire iugement que l'Oiseau
n'est plein de grosses & visqueuses humeurs.

3  Si l'Oiseau passe & induit bien son past , c'est signe que
la chaleur naturelle faict bien son deuoir & n'est point affectee, & que son estomach n'est point indigest.

4  Quand l'esmond de l'Oiseau sera blanc, assez espoix,
& qu'au milieu il y a de la matiere noire, encore plus dure & de la grosseur d'vne grosse febue, cela donne clair
iugement de la bonne digestion de l'estomach, que l'Oiseau faict bien son profit du past, rend ses excrements
bien cuits & digerez, & que l'Oiseau n'est point sale dans
le corps.

5  Lors que l'Oiseau, soit sur le poing ou perche se secoüe
vertement , & incontinant apres il se branle & vantelle vn
peu la queuë, & sousleue en haut par mesme moyen ses
aisles , il faut iuger l'Oiseau estre gaillard & non morfondu , & n'auoir aucune douleur en son corps.

6  On peut iuger aussi de la gaillardise de l'Oiseau quand
il estend vne aisle, tantost l'autre, le long de ses cuisses &
iambes.

7 Quand l'Oiseau suit & peigne bien ses plumes, tát grandes que petites, auec le bec, & qu'allant frotter son bec
sur le cropion il est veu apres frotter auec ledit bec sesdi-

tes pennes, il n'a aucune douleur en luy, ains est gaillard.

8  Lors que l'Oiseau, soit au matin ou au soir, prend son tiroir bien vertement tirant de bonne force, il n'a point de douleur en luy. Car s'il en auoit il ne trauailleroit sur son tiroir de si bon courage.

9  Si l'Oiseau est esueillé & dorme peu, c'est signe qu'il est gaillard & plus plein que bas, & que les vapeurs & fumees de l'estomach ne luy montent trop au cerueau pour le rendre endormy.

10  L'haleine douce de l'Oiseau & non forte & puante fera iuger qu'il n'a point de putrefaction dans le corps; qu'il a toutes ses parties interieures, tant nobles qu'autres, bien seines & non affectees, ny mesmes de rheume conuerty en flegme & pourriture dans la teste.

11 Si l'Oiseau en son respirer ordinaire ne fait point mouuoir son estomach, ce qu'on appelle pantoyer, n'ouure point le bec ou ne siffle des narilles pour respirer, c'est signe qu'il n'est point pantays, & qu'il a ses poulmons bien sains, non affectez, & les conduits des narilles non estouppez de rheume.

Voila donc les signes communs & familiers, par lesquels nostre Fauconnier pourra estre certain de la santé de son Oiseau ou Oiseaux. Mais ils y sont tous requis: car s'il en manque d'vn seul, il faut croire qu'il y a quelque defaut en luy, auquel il faut promptement pouruoir, sans laisser inueterer & enraciner le mal.

*Signes pour recognoiſtre l'indiſpoſition & mauuais eſtat de l'Oiſeau.*

## CHAPITRE  X.

QVAND ie ne dirois autre choſe, ſinon que par tout le contraire des ſignes precedents on deuroit auoir aſſez familiere cognoiſſance de l'indiſpoſition de l'Oiſeau, & penſerois ie auſſi auoir aſſez ſatisfaict à noſtre Apprentif. Puiſque nous ſommes à la veille, (toutefois) de trai–cter des remedes propres contre les maladies, accidents, & infirmitez de l'Oiſeau, affin qu'auſſi par faute de prolixité, il ne reſte en rien douteux de ce qui eſt requis pour cognoiſtre les deffauts & maladies des Oiſeaux, & à quoy il faut qu'il aye vn aigu iugement, & œil curieux: ie monſtreray icy ouuertement & amplement tout ce à quoy il pourra recognoiſtre le mauuais eſtat de ſon Oiſeau, quoy que ſoit ſelon moy.

1 En premier lieu, quand noſtre nouueau Fauconnier verra que l'Oiſeau auoit couſtume de ſe baigner à certains iours, ou ſelon le changement du temps, & qu'il prenoit ſon bain gaillardement: & au contraire qu'il ne le prend que mollement & lentement, voire meſmes eſt veu craindre l'eau, & n'y oſer toucher, ou du tout ne ſe veut plus baigner, il faut croire qu'il a quelque indiſpoſition en luy, & qu'il pourroit bien eſtre refroidy & morfondu.

2 Si au lieu qu'il auoit couſtume de curer bon matin rendant ſes cures nettes & non puantes, & que par la ſuite de quelques iours il demeure trois ou quatre heures plus tard à rendre ſa cure ou cures qu'il ne ſouloit, iettant ſes

cures

cures auec grande peine & effort, couuertes de quelque gluante & mal sentant humeur. Il faut iuger que les humeurs se font esmeuës en l'Oiseau pour s'estre moüillé ou autrement, qui luy causent tel retardement. Et qu'il le faut promptement purger, comme cy-apres il sera enseigné.

3    Quand l'Oiseau demeure plus à passer & induire sa gorge ou past que de coustume, par raison & iugement s'ensuit que son estomach & chaleur naturelle sont affectez.

4    Si l'esmond de l'Oiseau est blanc, clair, entremeslé de verd & iaune, auec quelques humeurs visqueuses parmy, faut croire l'Oiseau n'estre en bon estat, & qu'il est salle dans le corps, en danger d'engendrer quelque maladie.

5    L'Oiseau ne se secoüant plus que mollement, soit sur le poing ou perche, ne vantelant la queuë, ny releuant ses aisles apres s'estre secoüé, conuient faire iugement qu'il peut estre morfondu, ou qu'il a faict quelque effort extraordinaire, lesquels luy menent de la douleur & luy ostent la gaillardise & force.

6    Si l'Oiseau discontinuë d'estendre ses aisles le long de ses cuisses & iambes, & s'estandant mesmes lors que l'air se met & dispose à la pluie, il a quelque douleur & n'est gaillard.

7    L'Oiseau ne daignant plus esplucher ses pennes, comme il souloit auec le bec, soit au changement du temps, ou autrement sa gaillardise est fort rabaissee, il faut iuger qu'il a quelque tristesse en luy qui le fasche & tourmente beaucoup.

8    Si l'Oiseau soir ou matin ne prend son tiroir auec la mesme force & gaillardise qu'il souloit, & que mollement il s'exerce dessus, il s'ensuit qu'il a faute d'appetit, &

par consequent est degousté, ou qu'il a quelque douleur, soit en la teste ou au reste du corps qui le destourne de ce plaisir.

9　Quand l'Oiseau est fort endormy, il s'ensuit qu'il peut estre maigre, & que les vapeurs qui luy montent de l'estomach au cerueau, (lequel n'est pas plus fort que le reste du corps) luy causent ce sommeil.

10　L'haleine forte & puante de l'Oiseau denote les grosses & infectes humeurs, desquelles quelque trop gros & mauuais past le peut auoir remply, & seroient pour luy auoir engendré le chancre, ou qu'il a l'estomach indigest.

11　Si l'Oiseau soit soir ou matin ferme quelquefois vn œil & ouure l'autre, ou les bousche quelquefois tous deux comme s'il dormoit, il faut croire qu'il a douleur en la teste, & qu'il s'y engendre vn rheume malaisé à guerir.

12　Si l Oiseau esternuë ou siffle des narilles il faut coniecturer qu'il s'y engendre vn rheume, & que les conduits de nature se bouschent & estouppent, à quoy il faut promptement remedier.

13.　Quand l'Oiseau ouure le bec comme s'il bailloit, cela est indice qu'il a des filandres qui luy enuoyent des vanitez au cœur, où qu'il aualle du rheume par le conduit qui tombe du cerueau au gosier.

14　Si les pieds ou iambes commencent à enfler l'Oiseau, c'est signe qu'il deuient podagre.

15　Si l'Oiseau respire plus hastiuement qu'il ne souloit ou n'est le naturel de l'Oiseau, il s'ensuit que les conduits des narilles par où il respire ordinairement sont bouschez, ou qu'il a quelque partie des principales au dedans le corps affectee & offencee, & qu'il est pour deuenir pantais, qui denote autant que hors d'haleine ou poussif.

16　Quand l'Oiseau se paist & qu'il reiette la viande auec

le bec, il s'enfuit de deux chofes l'vne: fçauoir que l'Oifeau
eft degoufté & dedaigne le paft, ou qu'il luy vient du mal
dans le bec ou gofier, comme faict volontiers le chancre.

Voila donc plufieurs vrays indices de la maladie & in-
difpofition de l'Oifeau. Le moindre defquels il ne faut
mefprifer n'en y ayant vn feul qui ne merite qu'on fecoure
promptement l'Oifeau: car l'inueteration voire des moindres maladies eft fort malaifee. Par ainfi ie ne me penfe-
rois eftre aquitté de ma promeffe, cy apres auoir inftruit
noftre nouueau Fauconnier de la cognoiffance des maladies des Oifeaux, ie ne luy donnois les remedes pour les
en foulager, quoy que foit tels que l'experience m'a faict
apprendre: ce que ie feray Dieu aidant fubfequemment

# SEPTIESME PARTIE
## DE LA
# FAVCONNERIE.
### ARGVMENT.

*Encore que l'edification ne sera pas petite pour l'Apprentif, s'il faict bien son profit de ce qui luy a esté cy-deuant enseigné, mais elle sera bien plus loüable & profitable, si elle est fortifiee de l'intelligence & prattique du contenu en ceste septiesme Partie des presents Rudiments. En laquelle il se parle des maladies & accidents, esquels les Oiseaux de proye sont suiects; de la cause aussi d'iceux & des remedes que l'art permet y rapporter. Sans l'experience & sçauoir desquels ou autres qu'il pourra tirer de nos maistres, l'Apprentif se trouueroit en grande peine ne sçachant par quel moyen secourir ses Oiseaux au moindre accident de mal qui leur pourroit suruenir, & seroit contraint aller mandier les remedes, desquels il peut estre instruit par la prattique du contenu en ceste Partie, & la methode desquels est renduë assez intelligible & facile à prattiquer. En ceste Partie aussi est enseignée la methode de faire les pillules douces & autres, comme aussi la pillule appellee le lardon, & comme quoy il en faut vser.*

*Remedes pour l'Oiseau, lequel rend sa cure ou cures plus tard*
*qu'il ne faut, & auec beaucoup d'efforts, estans*
*conuertes de gluante humeur, & sont de*
*mauuaise odeur.*

## CHAPITRE PREMIER.

NOvs ferons tenir le premier lieu & rang à la difficulté qui souuent suruient aux Oiseaux de proye, de rendre au matin la cure ou cures qu'on leur aura baillé le soir, lequel accident nostre Apprentif cognoistra en son Oiseau, & sera asseuré qu'il a encore sa cure ou plusieurs dans le corps, ne les trouuant point en premier lieu les matins sous la perche ou blot de l'Oiseau, & en luy touchant de la pointe du doigt au fons de la poictrine, il luy trouuera la mulette enflee, ioint que l'Oiseau fera plus triste mine que de coustume, & ne fera en deu ou point d'appetit comme il estoit les iours qu'il rendoit bien ses cures. Ie repeteray encore icy comme necessaire, ce que i'ay dict ailleurs, mesme au Chapitre septiesme de la troisiesme Partie de nos Rudiments : Qui est que l'Oiseau estant sale au dedans du corps, c'est à dire remply de grosses humeurs, crasses & espoisses, rend plus tard ses cures qu'il ne souloit, & encore auec grands efforts, & les ayant renduës ont mauuaise odeur. Et outre l'indispositió & maladies ausquelles telles humeurs pourroient faire tomber les Oiseaux, cela recule grandement le plaisir de la chasse, ne pouuant le Fauconnier y aller que bien tard. Et auec ce l'Oiseau ne pourroit bien faire son deuoir estant ainsi sale au dedans , il est quelquefois des Oiseaux qui font de grands efforts en rendant leur cure, lesquels sont neantmoins en bon estat & ne sont point pleins desdites humeurs , ains cela procede souuent que la cure ou cures sont trop grosses , & sinon auec grand peine les Oiseaux les peuuent rendre. Cela arriue aussi que l'Oiseau est trop maigre, & n'a souuent la force de rendre (qu'à peine) ses cures. Parquoy que nostre Apprentif preuoye bien si c'est par la grosseur de la cure que l'Oiseau peine à curer , ou si c'est pour estre trop maigre. Car à tous deux il est fort aisé de remedier ; à celuy-là ne faisant plus sa cure ou cures, si grosses & se corrigeant de ceste faute, à cestui-cy le remettant en bon estat par bons pasts & bonne nourriture, comme nous auons cy-deuant dict & dirons encore cy-apres, & mesmes au Chapitre troisiesme de nos Remedes. L'Oiseau lors se rendra bien curant legerement & à propos, si c'est par quantité d'humeurs que la cure ou cures sont retardez, & que par ce defaut l'Oiseau trauaille ainsi à curer, voire tellement, que l'Oiseau les ayant bien souuent montees par ces efforts iusques au iabot , elles sont neantmoins retenuës & liees tellement par quelque grosse humeur, qu'il faut que le Fauconnier les face sortir par force , & les entre-arracher auec les doigts ; chose fort fascheuse : il faut vser des remedes qui s'ensuiuent. Quand le Fauconnier aura veu faire trois ou quatre efforts à l'Oiseau sans pouuoir rendre sa cure ou cures, qu'il luy baille & face aualler soudain par force la grosseur d'vne grosse febue de bó aloës, ciquotrin en pierre, & le tiéne pres du feu. La vertu de l'aloës, qui est amie de l'estomach le fera descharger d'vne partie des coles & humeurs par le bec qui l'empeschoient de curer , & par mesme moyen attirera & fera rendre les cures à l'Oi-

feau. Pour ce iour il le faut paiftre enuiron deux heures
apres moyenne gorge , de quelque bon paft : car il aura
fon eftomach offencé & fe reffentira encore des efforts
qu'il a faicts pour curer, & par ainfi ne feroit capable de
receuoir & digerer quelque gros paft & froid. Par trois
matins confecutifs apres le Fauconnier purgera l'Oifeau,
fçauoir le premier matin d'vne prife de pillules douces, &
les deux autres matins de celles qui font compofees de
rheubarbe, aloés, aguaric, & cené, tout ainfi & auec le
mefme regime que i'enfeigneray aux Chapitres quarante
& quaránte & vn des prefents Remedes, affin de le bien
purger & defcharger de toutes fes humeurs mauuaifes
qui le rendoient ainfi fafcheux & tardif à curer, & le quatriefme iour il luy prefentera le bain. Si l'aloës qu'il luy
aura baillé en pierre, ( comme i'ay dict ) n'auoit peu faire
ietter & rendre lefdites cures, ains auroit feulement rendu ledit aloës, faut auoir recours à chofes plus acres &
fortes. Parquoy le Fauconnier luy donnera vne heure
apres qu'il aura rendu ledit aloës , vne pierre d'alun de
glas bien laué & net, de la groffeur d'vne groffe febue ou
enuiron, laquelle il luy conuiendra auffi faire aualler &
mettre bas par force. Et pource que c'eft vne drogue fort
acre , violente & corrofiue , elle fera par fa force, vuider à l'Oifeau & rendre ladite cure ou cures auec quantité
de flegmes qui l'empefchoient de curer, en le tenant touf-
jours pres du feu ou Soleil fans vent. Au defaut dudict
alun, & que le Fauconnier n'en peuft promptement recouurer qu'il ait recours à la racine d'vne herbe , laquelle
vient & croift le long & dans les vieilles murailles, nommee efclaire ( en Latin *cœlidonia*, ) & de cefte racine qui eft
iaune bien efmondee, auec la pointe d'vn couteau & fans
eau, en fera prendre & aualler comme deffus à l'Oifeau la

groſſeur d'vne petite noiſette coupee à petits morceaux,
en tenant l'Oiſeau pres du feu ou au Soleil ſans vent. Ceſte
racine qui eſt d'humeur atractiue attirera auec ſoy la cure
ou cures, auec partie des humeurs qui empeſchoiét de curer l'Oiſeau, & luy fera le tout rendre & ietter. Ladite racine ne faict pas telle operation que ledit Alun : car elle
n'eſt ſi forte ny corroſiue. Mais ſoit que noſtre Fauconnier ait vſé de l'vn ou de l'autre, il ne paiſtra l'Oiſeau de
deux ou trois bonnes heures apres qu'il ſera repeu, comme deſſus eſt dict. Ayant touſiours recours apres à la meſme purgation, regime & bain que deſſus, & apres l'Oiſeau
curera mieux & plus matin, en luy mettant pour vn ſoir
deux, trois ou quatre cloux de girofle pilez dans ſa cure.
Il eſt des Oiſeaux, leſquels ayans accouſtumé de curer
bon matin, ſe rendront tardifs à rendre leurs cures. Ce
defaut procede ſouuent du Fauconnier, lequel pareſſeux
ne paiſt que tard l'Oiſeau, luy donne par ce moyen tard ſa
cure ou cures, & par conſequent il ne les peut rendre le
lendemain que bié tard, à cauſe de la digeſtió qui n'eſt pas
faite. Le Fauconnier ſe peut corriger de ceſte faute, paiſſant les ſoirs & donnant cure à l'Oiſeau de meilleure heure
qu'il ne ſouloit, & l'Oiſeau de ſon coſté fera ſon deuoir.
La tardiueté de curer ſemblablement peut bien arriuer à
l'Oiſeau pour raiſon des humeurs qui ſe feront ſoudain
eſmeuës en luy, & qui luy auront affecté l'eſtomach pour
ne faire ſi prompte digeſtion qu'il ſouloit : Tout cela procedant d'auoir eſté porté en mauuais temps aux champs,
auoir eſté grandement moüillé, ou auoir enduré quelque
autre iniure de temps : comme de neige, verglas & autres,
& n'auoir pas apres bien eſté ſeché, eſſuié, & tenu en lieu
chaud & ſec, ſi bien que ſon eſtomach & inteſtins s'en ſe-
roient refroidis. Parquoy ſi on recognoiſt que le retardement

dement ou difficulté de curer procede de ce dernier defaut, noftre Fauconnier tiendra durant trois ou quatre
iours fon Oifeau affez pres du feu, quoy que foit, qu'il
en reffentevn peude chaleur, ou du moins en lieu chaud&
fec, & le purgera en la maniere fufdite, & auec mefme
regime, en luy mettant auffi chacun defdits iours trois ou
quatre clouds de girofle dans fa cure ou cures. Et l'Oifeau
reuiendra en fon premier eftat, curera bien & matin. Ledit
cloud de girofle luy profitera beaucoup, car il luy rechau-
fera & refioüira l'eftomach, qui eftoit offencé & refroidy. Et ne faut douter que toutes les fois que l'Oifeau fe
moüille, s'il n'eft feché à propos les humeurs s'efmou-
uent en luy, & en vaut moins. Au Chapitre vingt-vnief-
me des Receptes ordonnees pour les Oifeaux par le fieur
d'Efperron, lequel a tref-doctement efcrit de la Fauconnerie, il expofe vne cure qu'il fit d'vn Oifeau qui auoit la
mulette empelotee, ou autrement empefchee de certain
amas, qu'il ne pouuoit curer. Or il dict qu'auparauant
vfer du dernier extreme remede duquel il le guerit, il n'a-
uoit premierement oublié d'vfer de toutes fortes de remedes propres pour faire rendre les cures aux Oifeaux.
Sçauoir les pillules de mufc, de *hiera pigra*, des communs
aloës, vitriol, alun, poiure, antimoine, & autres. Ie fuis
fort contant de luy ceder le cognoiffant fort capable, mais
auec fa permiffion, ie diray en premier lieu que les pillules
telles qu'elles puiffent eftre, ne peuuent eftre propres pour
faire rendre à l'Oifeau l'empefchement qu'il a dans la
mulette. Dautant que le propre des pillules eft de fe fondre dans la mulette, paffer par les inteftins, & fe vuider
par bas, ou autrement elles font de peu d'operation & vertu, & par ce moyen humectent & font enfler dautant
plus les cures de l'Oifeau, plus difficiles donc à rendre. Au

C c

contraire ce qui doit eſtre donné à l'Oiſeau pour tel effect
doit demeurer ferme & en corps ſolide ſans qu'il ſe con-
ſomme, quoy que ſoit que fort peu, & qu'il le rende preſques entier. Au regard du vitriol ie le trouue auſſi trop
corroſif & violent, mais pour l'antimoine (ie ne veux pas
debattre la prattique dudict ſieur d'Eſperron, ) ie ne la
puis aucunement approuuer. Eſtant vn medicament ſi
violant, & preſque tellement ennemy de nature, que
quelque preparation qu'on y puiſſe rapporter, & pour ſi
bien qu'il ſoit preparé il n'eſt homme ſi robuſte & fort
qu'vne demie dragme ne le mette fort bas, eſtant proprement vn bouleuerſement de nature. Comment & en
quelle ſi petite quantité le pourroit-on bailler à vn Oiſeau, lequel de ſoy n'eſt de ſi forte nature que l'homme,
eſtant deſia affoibly de ceſt empeſchement qu'il a dans la
mulette qu'il n'en vienne à mourir ? Ce que i'ay bien voulu dire par parentheſe.

---

*Remedes pour l'Oiſeau, lequel ne peut du tout point rendre &*
*reietter ſa cure ou cures.*

## CHAPITRE  II.

IL eſt des Oiſeaux, leſquels choiſis de deſſus les cages,
ou autrement pris par le Fauconnier ſont ſi ſales au
dedans & remplis de groſſes humeurs, que ſi on leur donne des cures auant les purger ils ne les peuuét arracher ny
ietter dehors, tant elles ſont comme colees auſdites humeurs. Aucuns Oiſeaux auſſi meſmemét les niais, prennét
ſouuent telle quantité de la toille, bourre, ou paille, deſquels ſont entournees les perches, ſur leſquelles ils nous

font portez,qu'il n'eft au pouuoir & force de l'Oifeau de
le rendre & ietter dehors. Quelquefois par la pareffe du
Fauconnier,lequel aimera à dormir la matinee,& n'eft cu
rieux de faire guet quád fon Oifeau curera. Ains fe leuant
tard croira que quelqu'vn en paffant ait emporté auec le
foulier la cure de fon Oifeau , ou ait efté emportee auec
l'ordure & immondicité qu'on a ietté dehors nettoyant
la maifon. En forte que fans autre foin ny curiofité,il paiftra l'Oifeau fur fes cures : &  le foir mefmes luy en donnera encore vne ou deux felon qu'il a accouftumé d'en
vfer. C'eft lors par les moyens & accidents fufdits où eft
la difficulté de curer : car par la quantité & groffeur des
cures que l'Oifeau a dans luy, lefquelles fe font liees &
comme enuelopees les vnes auec les autres,auec ce qu'elles fe peuuent enfler tant par l'humidité qu'elles ont rencontré en l'Oifeau, que par la fubftance du paft qu'on luy
a donné fur lefdites cures, il eft impoffible que tout ceft
amas puiffe remonter & reffortir par où il eft entré,quel-
que effort que puiffe faire l'Oifeau, & volonté qu'il ait de
curer,ce qu'en Fauconnerie eft dit auoir la mulette empelotee. Apres auoir eu recours aux remedes mentionnez
au precedent Chapitre, & les auoir tous prattiquez & recognu qu'ils font inutiles, voire qu'ores que l'Oifeau les
rende & reiette, il retient toufiours pourtant lefdites cures, ou fouuent eftant fort debilité retient lefdites drogues & remedes fans les pouuoir rendre , il faut que le
Fauconnier penfe & iuge fon Oifeau en mauuais eftat, &
duquel y a plus d'efperance de prompte mort que guerifon. Si mefmes il ne peut rendre(comme dict eft,)les remedes qu'on luy donne , s'il a fupporté ce mal en foit
amaigry & degoufté. L'Oifeau lors eftant en ceft eftat
pour le dernier & extreme remede le Fauconnier fera ce

C c ij

qui s'enfuit : Il fera adextrement prendre & abattre l'Oiseau par quelqu'autre à la renuerse, & en la mesme façon qu'il faut tenir vn poulet quand on le veut chaponner. Vn autre luy tiendra les deux iambes, en les luy ouurant : car celuy qui le tient à trauers ne luy pourroit pas tenir les iambes, comme l'on faict à vn poulet, pour la force de l'Oiseau, & vn autre luy tiendra la teste, de peur qu'auec le bec il n'offence quelqu'vn. Pour estre toutesfois tenu plus seurement par celuy qui le tient à trauers, & que ses pennes ne se foulent entre les mains, il seroit bon que l'Oiseau fust mailloté, c'est à dire si bien plié dans quelque grand mouchoir, seruiette, ou autre linge, qu'il ne peust aucunement remuer ses aisles ny se debattre, & seroit lors tenu plus seurement. Abbatu donc qu'il soit, & bien tenu (comme auons dict,) le Fauconnier luy plumera bien net toute la plume & duuet que l'Oiseau a depuis le bout de la poictrine en bas, iusques au fondement. La plume bien ostee & la peau bien descouuerte, le Fauconnier fendra & coupera auec vn tranche-plume ou petit rasoir, la peau par trauers qui est entre ledict fons de la poictrine, & le fondement, tout de mesmes que quand on veut chaponner vn poulet, excepté qu'il faut faire l'ouuerture plus grande. Car à chaponner vn poulet, il n'y faut mettre dans le corps du poulet qu'vn doigt, & pour parfaire ce qui est requis, il en faut bien mettre deux du moins dans le corps de l'Oiseau. Si bien qu'il ne faut point espargner de couper (comme i'ay dit,) par trauers toute ladite peau iusques au plat des cuisses, qui vient aboutir en cest endroit. Ceste premiere peau ainsi bien fenduë & ouuerte, il en reste vne autre pellicule, en laquelle sont entournez tous les intestins, laquelle semblablement il faut subtilement fendre sans gaster ny blesser aucuns desdits intestins, autrement l'Oiseau seroit

gasté. Lesdites peaux ainsi fenduës & ouuertes l'Apprentif verra la mulette empelotee de l'Oiseau, en laquelle sont
lesdites cures grosses & enflees, qui est ce que nous auons
dit s'appeller aux poulles & autres Oiseaux, gesier. Par le
dessous de ladite mulette, ( c'est à dire entre ladite mulette & les reins de l'Oiseau, ) le Fauconier passera les deux
premiers doigts de sa main gauche, & sousleuant vn peu
ladite mulette, il la tiendra ferme auec le pouce & lesdits
deux doigts. Ainsi prise & bien tenuë ladite mulette, il faut
auec le rasoir ou autre ferrement bien trenchant, duquel il
auoit coupé lesdites peaux, fendre ladite mulette de long
en l'endroit où elle est charnuë, sans toucher neantmoins
au boyau qui y vient aboutir d'en haut, ny à celuy qui
part de ladite mulette, & va vers les intestins. Car si lesdits
boyaux estoient coupez ou blessez l'Oiseau seroit gasté : il
faut donc fendre ladite mulette & l'ouurir ( tout ainsi que
fait vn cuisinier le gesier d'vne poulle ou autre Oiseau,
pour le mettre au pot ou en fricassee, ) & lors paroistra
tout ce qui est dedans ladite mulette qu'il faudra oster, &
la bien mondifier & estuuer auec vin & eau tiede, tellemēt
qu'elle soit bien nette, sechée & essuyée auec linge blanc &
fin. Cela fait, faut auoir baume naturel, & l'ayāt vn peu fait
chauffer il en faut oindre & frotter les deux costez de la
tailleure & blesseure, qui a esté faite en ladite mulette, &
soudain les reioindre & recoudre, comme font les bar-
biers les blessures auec aiguille carree & soye cramoisie.
Ladite mulette ainsi recouusé il la faut encore oindre &
frotter par le dessus & enuiron de ladite cousture, dudict
baume, & lors la lascher & remettre en son lieu. Mais il
ne faut pas quand on posera ainsi l'Oiseau, tirer tellement
ladite mulette, qu'on tirast par trop le boyau qui vient du
iabot & aboutit à ladite mulette. Car sans y penser on

C c iij

tueroit l'Oiſeau, ains faut auec telle d'exterité traicter &
medicamenter l'Oiſeau, qu'on ne ſouſleue qu'vn peu ladite mulette. Laquelle remiſe comme dit eſt en ſon lieu,
il faut auſſi reprendre auec les doigts la groſſe & premiere peau fenduë, & la recoudre auec la ſuſdite aiguille &
ſoye tout à meſure qu'on recouſt les poulets, eſtans chap-
ponnez, ſans qu'il y demeure aucune ouuerture de playe,
de crainte que le vent n'entraſt dedans, & ſe logeaſt dans
le corps de l'Oiſeau, le fiſt enfler & mourir. Il ne faut pas
auſſi que leſdites couſtures ſoient fort ſerrees l'vne contre
l'autre, tant de ladite mulette que peau, il ſuffit que les
deux coſtez ſe ioignent doucement, pourueu qu'il ne reſte aucune ouuerture aux playes, & que le tout ſoit bien
couſu. Laquelle couſture faicte en ladite peau, il faut derechef oindre & frotter dudit baume. Si le Fauconnier
manque de baume il ſe faut ſeruir de graiſſe de chapon ou
geline fonduë, ou autre graiſſe douce ſans ſel ny qui ſoit
rance. Tout cela fait il conuient poſer l'Oiſeau tout mailloté (ſi mailloté il eſt,) ſinon couuert de ſon chapperon
ſur vn lict ou autre lieu mol, & le laiſſer repoſer ainſi trois
ou quatre heures, voire coucher; car il en aura tout beſoin par le tourment qu'il aura receu. Ie donne icy en
precepte à noſtre Apprentif de ne panſer iamais ainſi l'Oiſeau à l'air ny au vent, ains en lieu obſcur, & auquel l'air
ny le vent donnent aucunement, & faut panſer l'Oiſeau à
la clarté de la chądelle ou autre clair flambeau, de peurque
l'Oiſeau ne s'eſuente & que le vent ne luy entre dans le
corps, qui luy ſeroit vn nouueau & double mal, pire peut
eſtreque le premier. Et faute que ceſte cure ſe face enuiron
les deux ou trois heures apres midy, ſans luy rien donner
à paiſtre pour tout ce iour. Sur le ſoir ſi l'Oiſeau eſtoit
mailloté il le faut deſmailloter & le laiſſer à ſon aiſe, neant-

moins touſiours chapperonné. Il ne faut pas que noſtre
nouueau Fauconnier ſoit pareſſeux à ſe leuer ſouuent la
nuiét pour viſiter ſon Oiſeau, voir s'il eſt fort mal, ou en
quel eſtat il peut eſtre. Voire meſmes luy oſter quelque
fois le chapperon pour voir à ſes yeux s'il les a ioyeux ou
triſtes, & le luy remettre apres doucement. Le lendemain
matin vn peu apres Soleil leuant, il fera encore abattre
ſon Oiſeau & luy graiſſera, & oindra la ſuſdite couſture
dudiét baume ou autre graiſſe comme nous auons diét.
Vn quart d'heure apres faut auoir le cœur d'vn ieune cochon tout chaud & boüillant, & toute la graiſſe & peaux
bien oſtees & eſmondees, il le faut faire tremper dans vn
peu de laiét d'aſneſſe ou vache à la commodité du Faucónier, dans lequel laiét ſoit auſſi fondu vn peu de bon ſu-
ere de madere, ou candic, & nó du raſſine. Et ſoit que l'Oiſeau vueille tirer luy meſme le paſt ou qu'on le luy mette
à petits morceaux, il luy faut donner à paiſtre lediét cœur
de cochon, ainſi trempé, qui luy profitera beaucoup &
luy ſera d'aiſee digeſtion. Puis il ſera laiſſé en repos touſ-
jours chapperonné ſur ledit liét, affin qu'il ſe couche ou
repoſe ainſi qu'il luy plaira. Si le Fauconnier recognoiſt
que le chapperon luy faſche par trop, il le luy pourra oſter
en fermant bien toutes les portes & feneſtres du lieu où
il ſera, affin que nulle clarté n'aille ſur luy & n'y voye
rien. Et en outre fermera tellement les rideaux du liét, ſur
lequel il ſera, qu'ores qu'il ſevouluſt debattre ou autremét
ſe promener, il ne peuſt tomber à terre. Mais le meilleur &
plus ſeur eſt qu'il demeure chapperonné. Si l'Oiſeau paſſe
& induiét bien ce premier paſt, & qu'il eſmeutiſſe bien, il
faut prendre eſpoir de ſa ſanté : ſi auſſi il la rend ou ne la
peut digerer, il faut croire nature defaillir. Par le defaut de
laquelle l'Oiſeau ne pourra ſubſiſter guere plus longue-

ment. Or cognoissant qu'il a en quelque chose faict son
profit dudit past., il luy en sera baillé vn autre tout semblable enuiron les deux ou trois heures apres midy, apres
luy auoir derechef oing & frotté sadite playe comme dessus est dict. Si semblablement il faict son profit dudit past,
il faut continuer à le nourrir le lendemain & autres iours
suiuants de bons petits pasts & legers, ores de cœur de
cochon, ores d'vn cœur de mouton, ores de quelque petit rat, & ores de petits Oiseaux & pigeonneaux, le tout
chaud & sans aucuns ossemens, & sera bon par fois tremper le past que le Fauconnier luy donnera, dans laict, comme dessus est dict. Mais non tousiours ny ordinairement,
dautant que la continuation dudit laict luy pourroit estre
ennuieuse, voire odieuse. Il faudra aussi continuer à luy
graisser la susdite cousture, affin d'aider nature à la faire
reprendre & reioindre. Si traictant ainsi doucement & à
propos l'Oiseau, le Fauconnier recognoist que sa force
s'augmente, & que par l'espace de cinq ou six iours il in-
duise bien son past & face de bons esmonds, il ne sera que
bon de luy donner chacun soir apres vne cure de coton
en continuant ce bon regime iusques à entiere guarison,
& que le Fauconnier le pourra mettre & porter sur le
poing. Car quant à la playe de la mulette, nature auec la
vertu du baume qu'on y aura mis en le pansant, la remettra & guerira. Et si elle aposteume ( comme font toutes
les playes, mesmes où il y a de la chair ) l'aposteme tombant au dedans de la mulette, sortira & se vuidera auec les
excremens ; outre ce que la cure qu'on luy baillera en
emportera tousiours vne partie, & par ainsi tiendra le lieu
net. En sorte que si l'Oiseau est pansé & traicté adextrement & soigneusement, & que pour auoir trop supporté
son mal nature ne defaille, il sera pour n'en valoir moins.

I'en

I'en ay traicté & guery plusieurs en ceste sorte, i'approuue fort le traictement que prattique le sieur d'Esperron à
vn Oiseau fort affoibly, & dequoy il fait mention en son
Chapitre 21. de ses Receptes. Disant que traictant pour
semblable maladie vn Oiseau & le trouuant fort affoibly,
il le nourrit & substanta quelque temps, arrachant la teste
de ieunes pigeonneaux, & faisant tenir le bec de l'Oiseau
ouuert, il luy mettoit soudain le col du pigeonneau dedans, affin que l'Oiseau receust & se substantast du sang
tout chaud dudit pigeonneau, sans luy bailler autre nourriture pour quelques iours, mais aussi conuient-il la renouueller souuent pour pouuoir assez substanter l'Oiseau. Et sera fort bon & à propos de le prattiquer ainsi
à l'Oiseau fort foible & debilité. Or quant à la prattique
de la recepte que ledit sieur d'Esperron prattiqua, & de
laquelle au mesme Chapitre il dit auoir guery vn Oiseau,
ie ne l'ay iamais prattiquee & la trouue plus difficile que
celle que i'ay prattiquée, voire plus dangereuse de gaster vn Oiseau. Car la pointe du crochu du fer chaud, duquel il se sert pour tirer la cure ou cures par le gosier, venant tát soit peu à blesser dans le corps l'Oiseau, & la playe
ou offence ne pouuant estre secouruë, il est tout appa-
rent que l'Oiseau en est pour moins valoir. Ie ne veux pas
detourner que nostre Apprentif ne l'experimente sur
quelque Oiseau deploré, quand l'Oiseau sera vn peu remis
& fortifié, & que le Fauconnier cognoistra qu'il va en
augmentant, il sera tres-bon de le purger par deux matins
seulement auec pillules douces, faictes de lard, moëlle de
bœuf, sucre & safran, auec le regime & bain, s'il le veut
prendre, que i'ay cy-deuant enseigné. Par precepte aussi
ie donne à nostre nouueau Fauconnier, qu'entreprenant
de panser & traicter en la maniere susdite son Oiseau qu'il

D d

soit si aduisé que l'Oiseau auparauant le panser, ne se soit tourmenté & eschauffé. Car si cela estoit il n'auroit pas mis le rasoir ou autre ferremét à faire les incisions à ce necessaires, que le sang esmeu par l'eschauffement l'empescheroit d'effectuer ce qu'il faudroit faire, & seroit l'Oiseau en danger de mourir entre les mains de celuy ou ceux qui le tiendroient. Parquoy il y faut estre bien soigneux & aduisé, affin que l'Oiseau soit en repos, en tranquilité & non esmeu. Tousiours y en a-il quelqu'vn qui fait les cimetieres bossus, soit pour n'estre traicté auec curiosité & comme il faut, ou pour le defaut ( comme i'ay dit, ) de nature auoir trop supporté le mal. Mais aux extremes maladies il faut prattiquer & employer les extremes & derniers remedes. I'ay obmis au commencement de ce Chapitre vne autre recepte qu'on peut prattiquer & essayer encore auant que de venir à l'effect de ce dernier & fascheux remede. Le remede donques obmis est tel, que le Fauconnier sera asseuré que l'Oiseau a deux ou trois cures dans le corps, lesquelles il ne peut rendre le soir subsequent il luy en baillera vne autre dans laquelle il aura plié, mis & enuelopé la grosseur d'vne petite noisette ou enuiron, d'aloës, ciquotrin bon & recent en pierre. I'ay veu que la vertu de ceste cure derniere, en arrachoit & emmenoit le lendemain matin vne autre auec soy, en continuant ainsi chacun soir iusques à ce qu'il ne restoit plus de cures dans le corps de l'Oiseau. Lesquelles ainsi renduës faudra purger l'Oiseau comme dessus est dit. Aucuns encores prattiquent vn autre moyen au lieu du susdit aloës, & mettent dans la cure dix ou douze grains de froment trempé de vingt-quatre heures ou plus en eau. Le froment à la verité par vne mauuaise senteur & odeur qu'il a, prouoquera l'Oiseau à vomir, & luy fera

faire de grands efforts, par l'aide defquels il pourra rendre & ietter partie des cures ou autre empefchement qu'il
pourroit auoir dans le corps en purgeant toufiours l'Oifeau fubfequément comme cy-deffus i'ay dit. Ces receptes
neantmoins ne peuuent feruir aux Oifeaux, lefquels aurót
fupporté quelques iours lefdites cures, à caufe de la liaifon qui s'eft faite d'icelles l'vne auec l'autre, laquelle ces
derniers remedes ne pourroient rompre ny diffoudre, &
encore moins attirer & faire fortir ; pour raifon tant de la
multitude qui ne fçauroit repaffer par le gofier, que pour
eftre trop enflées & remplies d'humidité. Pour preuenir à
ces inconuiens, que noftre Apprentif ne donne iamais
cure à fon Oifeau qu'il n'ait efté bien purgé. Soit foigneux auffi les matins de chercher & trouuer bien fa cure
ou cures. Tant que l'Oifeau demeurera ainfi malade, &
qu'on le traictera comme dit eft, il le faut tenir en lieu
pluftoft chaud & fec que froid & humide. En trois fe-
maines ou plus s'il eft bien panfé & traicté, il fera guery &
remis en bon eftat.

---

*Remedes pour l'Oifeau, lequel fe tient maigre & ne fe veut*
*engraiffer.*

## CHAPITRE III.

IL aduiendra quelquefois que l'Oifeau de foy-mefmes
fe tiendra maigre, & quelque bon paft ou nourriture
que le Fauconnier luy baille, il ne fe rendra plus gras &
haut en corps, qui fera vn grand defplaifir. Il faut croire
lors que cela luy procede de quelque douleur interne encore incognuë, & que tel mal le confomme & empefche

de se mettre en corps, ou qu'il a son estomach si indigest
& peu capable de cuire la viande qu'il prend, & en conuertir la substance en sa nourriture, qu'il est côtraint de s'a-
languir & deuenir ainsi chetif & maigre. Parquoy quád
le Fauconnier auec beaucoup de curiosité sera entré en
cognoissance duquel des deux procede ce defaut, si c'est
par maladie, il auroit beau auec toute delicatesse nourrir
son Oiseau que iusques à ce qu'il l'aura guery, ou quoy
que soit fort soulagé du mal qui le trauailloit il sera tous-
jours maigre. Et encore que i'ay cy-deuant baillé des indices d'aucunes maladies des Oiseaux, mesmes en mon
Chapitre dixiesme de la sixiesme Partie de ces Rudiments,
i'en parleray encore au Chapitre des Remedes desdites
maladies, affin que l'Oiseau n'en puisse auoir aucune tant
cachée soit-elle, de laquelle nostre Apprentif ne puisse
entrer en cognoissance, & par mesme moyen par les remedes que ie luy bailleray, ou qu'il pourra apprendre de
nos maistres il n'y puisse remedier. Comme l'on fera à celle-cy la cause du mal recognuë, & apres ostee par les remedes qui seront cy-apres baillez à chacune maladie.
Lors auec la bonne nourriture qu'on baillera à l'Oiseau
& le soin qu'on en aura, il sera bien tost remis. Si le Fauconnier aussi recognoist le defaut proceder d'indigestion
de l'estomach, qui se pourra recognoistre à l'esmond de
l'Oiseau corrompu, estant entremeslé de iaune, verd, &
blanc salé, qu'il esmeutira plus souuent que de coustume,
& que son past luy demeure peu dans l'estomach. Ayant
coustume de faire sa coction en quatre, cinq ou six heures, & il ne la garde quelquefois pas plus d'vne heure ou
enuiron, qui empesche qu'il n'en prend pas si deuë nourriture, ains se conuertit en excremés. Ce qui procede d'vne
defluxion grande qui se fait du cerueau dans la mulette

où la coction se faict. Il faut secourir cest estomach &
couper chemin à ceste fluxion comme s'ensuit, le tenant
en premier lieu en lieu chaud & sec, le purgeant par deux
matins de pillules douces, & le troisiesme matin de celles
où il y a aguaric, rheubarbe, aloës, & cené, & de toutes
lesquelles ie donneray la methode au Chapitre quarante
& quarante & vn de ceste septiesme Partie des presents
Rudiments, en le nourrissant de bons pasts & legers pour
quelques iours, & les luy faisant tremper quelque fois,
mesmement les matins, en laict d'asnesse ou autre, (auec
sucre) vn peu chaud, en luy donnant tous les soirs cure, ou
de deux soirs l'vn, dans laquelle y ait clouds de girofle &
vn peu de canelle en poudre. Cela reconfortera grandement l'estomach de l'Oiseau, & par tel bon & ordinaire
traictement il reprendra son embonpoint. Et ne faut faire comme aucuns ignorants, lesquels voyans leur Oiseau bas & maigre, le pensent promptement remettre en
luy donnant de grosses gorges sans autrement en considerer la cause, mais ils se trompent & n'y a rien pire. Car
l'estomach de l'Oiseau estant desia affecté on le tourmente encore plus par la peine qu'il prend à cuire lesdites
grosses gorges.

---



## CHAPITRE IIII.

L'OISEAV pourra aussi estre suiect de tomber en inconuenient de ne passer ou induire si bien son past,
qu'il souloit ou point du tout; mal plus fascheux que le

precedent, & qui presage volõtiers la mort de l'Oiseau s'il
n'est traicté & secouru promptement. Par ainsi il faut bien
recognoistre d'où procede ce defaut de nature, qu'il demeure beaucoup plus à passer son past & le cuire, qu'il ne
souloit. Le Fauconnier pourra iuger si cela procede d'v-
ne quantité d'humeurs, lesquelles se veulent rendre
maistresses des principales fonctions de nature, & mesme
de l'estomach. Pource qu'il verra quelques iours son Oiseau non en si bon appetit que de coustume, que ses cures seront salles & de mauuaise odeur, qu'il rendra ses cures plus tard qu'il ne souloit, & son haleine sera vn peu
forte & aspre, son esmond sera entremeslé & diuersifié
d'humeurs iaunes, verdes, & noirastres. Cela ou partie recognu en l'Oiseau, il faut auoir promptement recours
aux pillules composees de rheubarbe, aguaric, aloës, & cené, desquelles ie feray mention au subsequent Chapitre
quaranciesme, suiuant lesquelles il faut purger l'Oiseau
par deux ou trois matins consecutifs, selon la disposition
de l'Oiseau, luy donnant chacun iour trois heures ou enuiron apres la purgation, vne gorge moyenne de past
vif, & de ceux que i'ay cy-deuant mis en mon Chapitre
huictiesme de la sixiesme Partie de ces Rudiments, au
rang des pasts & viandes legeres & d'aisee digestion. Ou
à faute de past vif luy faut bailler d'vn cœur de ieune cochon ou de mouton tout chaud, trempé en laict & sucre,
comme nous auons dit au precedent Chapitre, vn peu
chaud. Et luy mettant par quatre ou cinq soirs clouds de
girofle en sa cure, l'Oiseau ainsi bien soigneusement traicté guerira, passera, & induira son past aussi bien qu'auparauant. Mais il ne faut oublier de luy presenter de l'eau
à boire & pour se baigner. Que le Fauconnier ignorant
soit aussi aduerty de ne bailler tels remedes à l'Oiseau qu'il

n’ait bien paſſé & induict le paſt ou gorge que difficilement il pourroit paſſer, ce ſeroit bien gaſter tout. Or pour
aider à l’Oiſeau à paſſer ceſte gorge qu’il n’induict que
fort peu , & la digerer & mettre bas pluſtoſt , il y a pluſieurs petits remedes fort aiſez à prattiquer. En premier
lieu , luy faut tenir l’Oiſeau ſur la main nuë , & ſouuent
pres du feu ou au Soleil. Car la chaleur qu’il receura de la
main de noſtre Apprentif, & du feu, & chaleur du Soleil
luy feront aduancer ſa digeſtion,& ſe verra que l’Oiſeau
mettra incontinant bas & induira ſon paſt du moins
beaucoup mieux. Si ce moyen n’eſt ſuffiſant & que l’Oiſeau demeure trop à paſſer ſon paſt , il luy faut faire aualler par force ou autrement la groſſeur d’vne noiſette de
bon ſucre de Madere , ou de ſucre candic , ou luy faire
boire vn peu d’eau, dans laquelle ſoit ſucre de Madere ou
candic pulueriſé & battu , le tenant touſiours ſur la main
nuë , & le promenant par la maiſon ou au Soleil ſans
vent. Car par l’aide du ſucre qui eſt chaud, & qui ſe fondra dans ſon eſtomach, chaleur de la main & exercice qu’il
fera par la promenade & mouuement, il mettra bas &
induira ſon paſt. Si tout cela ne contente noſtre nouueau
Fauconnier, & qu’il cognoiſſe que l’Oiſeau ſoit encore
tardif à paſſer ſa gorge, il prendra vn peu de bon vin rouge, dans lequel il mettra canelle ſubtilement pulueriſée,&
ſucre,& fera le tout bien bouillir entre deux eſcuelles,à ce
que ledit vin ait bien pris le gouſt & ſubſtance deſdits ſucre & canelle : & dudit vin refroidy il en fera par force
prendre & aualler à l’Oiſeau par l’aide d’vne culiere , laquelle aura vn tuyau au bout, ou autrement du mieux
qu’il pourra autant qu’il en pourroit ranger dans la moitié d’vn teſt de noiſette en le gardant de vomir. Et lors il
ne faut pas douter que l’Oiſeau ſera fort mal s’il ne paſſe

ſadite gorge. Car tous ces moyens ſont pour aider & conforter la chaleur naturelle qui eſt affectée en luy, & les faut tous prattiquer ſi l'vn ou deux ne ſuffiſent auant que bailler leſdites pillules à l'Oiſeau. Apres leſquelles ou pendant les iours meſmes de la purgation de l'Oiſeau, il ne ſera que bon quand on aura trempé vn paſt de l'Oiſeau en laict, de luy en tremper vn autre dans ledit vin ainſi compoſé, s'il eſtoit trop difficile d'en prendre : il faudra que ce ſoit ſi doucement ou par force, luy mettant doucement ladite viande ainſi trempee dans le bec, & la luy pouſſant auec le doigt, en ſorte qu'il en prenne pour ſe ſubſtanter. Ny ne faut pas continuer par trop ledit vin : car au lieu de conforter la chaleur naturelle affectee en l'Oiſeau, il la pourroit par ſa chaleur alterer pluſtoſt & rendre moindre. Parquoy en tout il conuient obſeruer mediocrité, & rapporter vn bon iugement du beſoin & neceſſité qu'on a à l'Oiſeau. Si l'Oiſeau ayant eſté fort moüillé aux champs & mal ſeché, eſt incontinant & inconſiderement repeu de quelque gros paſt froid & groſſe gorge, voire en telle ſorte que nature ſe trouue tellement refroidie qu'elle ne peut digerer ce paſt, ores que le Fauconnier luy ait prattiqué tout ce que nous en auons dit, & que le tout ſoit prattiqué inutilement & ſans profit ny auancement. De crainte que ceſte gorge ne ſe corrompe dans le iabot, & engendre quelque mauuaiſe vapeur au cerueau de l'Oiſeau, ou autrement ſe conuertiſt en pourriture & putrefaction, qui auanceroit la mort de l'Oiſeau, noſtre Apprentif aura lors prompt recours à vne pierre de bon aloës, ciquotrin recent, de la groſſeur d'vne petite noiſette, laquelle il fera aualler à l'Oiſeau, affin que ledit aloës luy face rendre ledit paſt, le tenant touſiours pres du feu ou au Soleil ſans vent. Lequel paſt ainſi rendu par

l'Oiſeau

l'Oiſeau, ie ſuis d'aduis qu'il luy donne encore de rechef
(s'il recognoiſt la force de l'Oiſeau le pouuoir ſupporter,)
vne autre petite pierre dudit aloës, affin que s'il reſtoit
quelque choſe de puant ou deſagreable dudit paſt en l'eſ-
ſtomach il s'en deſcharge. Cela faict il ne donnera rien de
tout cedit iour à l'Oiſeau pour paiſtre, ains le tiendra en
lieu chaud. Le lendemain matin il paiſtra ſon Oiſeau d'vn
cœur de ieune cochon ou de mouton, trempé en laict
d'aſneſſe ou autre, auec ſucre vn peu chaud, apres auoir
bien nettoyé & eſmondé ledit paſt de toutes peaux &
graiſſe qui ſont de mauuaiſe digeſtion. Si l'Oiſeau fait ſon
profit dudit paſt, & le paſſe & induiſe ce ſera bon ſigne,
& ſur le ſoir on luy pourra donner ſemblable paſt trempé
dans le ſuſdit vin qui luy fortifiera grandement l'eſtomach
& le reſioüira. Il luy faudra par deux ou trois iours continuer ainſi ſon paſt, ores d'vne viande & tantoſt d'autre,
moyennes, voire petites gorges, & leſdits deux iours
paſſez ne ſera point impertinent de luy donner cure trempee dans ledit vin vn peu tiede, ce qui luy profitera beaucoup. Pourueu (comme i'ay cy-deuant dit,) qu'on ne
continuë pas trop ledit vin pour la raiſon ſuſdite. Or
comme l'Oiſeau ſera dans ſix ou ſept iours vn peu fortifié, ſera bon de le purger comme i'ay dict cy-deſſus, y rapportant tout bon regime, & comme il ſera cy-apres dict
au Chapitre quarante & vnieſme. Continuant donc à
bien nourrir l'Oiſeau de gorges chaudes & legeres, il ſera
bien toſt remis, en luy donnant quelquefois auſſi clouds
de girofle dans ſa cure. Si ce que deſſus prattiqué l'Oiſeau
ne ſe porte mieux, n'en faut eſperer que la mort, laquelle
certes eſt plus proche & apparéte en l'Oiſeau, touché de ce
mal, que la ſanté & gueriſon. Or ſi l'Oiſeau n'a voulu rendre ce paſt qu'il ne peut digerer, lors tous remedes pratti-

E e

quez, vſant en ceſte extremité des extremes remedes. Il
faut faire abattre & tenir ſeurement l'Oiſeau, luy arracher la plume en l'endroit du iabot, qu'il aura le plus gros
& plein dudit paſt, & auec vn petit raſoir ou autre ferrement bien trenchant, il luy faut fendre du long la premiere peau, & tellement, qu'autre peau qui eſt au deſſous,
& dans laquelle le paſt eſt contenu & enſerré ſoit bien
deſcouuert. Laquelle auſſi il faudra ſemblablement fendre, & tellement, que toute ceſte mauuaiſe viande en ſorte & en ſoit iettee ſans qu'il reſte aucune choſe au dedans.
Et apres il faut auec vin & eau tiede, bien lauer, eſtuuer,
& auec vn linge blanc & fin eſſuier ledit iabot. Puis recoudre auec ſoye cramoiſie leſdites peaux l'vne apres l'autre le plus ſubtilement que faire ſe pourra, & tenir le lieu
graiſſé de baume ou autre graiſſe douce par quelques
iours De tout le iour de ceſte prattique ne ſera rien donné à l'Oiſeau pour paiſtre, iuſques au lendemain matin
qu'il ſera repeu de cœur de cochon, comme cy-deſſus a
eſté dict. Aucuns Oiſeaux ont eſté par ce moyen gueris,
rarement toutesfois, meſmes ſi l'Oiſeau a ſupporté ce
mal, ou s'il n'eſt adextrement panſé & nourry delicate-
ment.

---

*Remedes pour Oiſeau, lequel rend ſa gorge.*

## CHAPITRE V.

LEs Oiſeaux de proye ſont ſuiects à vn autre mal, non
moindre que les precedents. Car il eſt Oiſeau, lequel
ayant pris ſon paſt le rend & reiette ſans que nature en
ait faict aucun profit, ny tiré aucune nourriture. Telle

maladie eſt fort faſcheuſe, ne preſageant bien ſouuent que
la mort de l'Oiſeau s'il n'eſt ſecouru bien à propos. La
cauſe de tel vomiſſement ou deſuoyement peut venir
( meſmes à l'Oiſeau lequel n'a gueres eſtoit ſain, ) du paſt
qu'on luy aura donné, lequel pouuoit auoir quelque mauuaiſe ſenteur, laquelle l'Oiſeau n'a peu ſupporter : ou que
le couteau auec lequel on luy a coupé ſon paſt auoit coupé des aulx, oignons, poirreaux, ou quelque autre herbe
forte, aigre, & rude à l'eſtomach de l'Oiſeau, qui l'a pouſſé
au vomiſſement. Si telle en eſt la cauſe, apres que l'Oiſeau
aura rendu ſon paſt, luy faut faire prendre & aualler vne
pierre d'aloës, ciquotrin bon & recent, de la groſſeur d'v-
ne petite noiſette, & en le tenant lors pres du feu ou au
Soleil ſans vent, par la vertu dudit aloës il acheuera de ſe
deſcharger de quelque mauuais gouſt, odeur, ou ſaueur
que ledit paſt luy pourroit auoir laiſſé au dedans, & ne ſera repeu de tout ledit iour iuſques au ſoir, que le Fauconnier luy baillera cure auec quatre ou cinq clouds de girofle pilez, comme cy-deuant i'ay dit. Et le lendemain matin apres qu'il aura curé & pris ſon tiroir, il le paiſtra de
quelque paſt vif & leger, comme pigeonneaux, petits oiſeaux, & tels autres, ou à ce defaut, de chair de mouton
bien eſmondée & trempée en laict, du tout moyenne gorge. Si ceſt accident n'eſt arriué à l'Oiſeau que par le
moyen ſuſdit il n'en vaudra moins, & auec bon regime &
traictement il ſera bien toſt remis & gaillard. Sans qu'il
ſoit beſoin d'y rapporter autre choſe, ſi par la faute & peu
de preuoyance du nouueau Fauconnier, lequel tenant
ſon Oiſeau en mauuais eſtat luy a laiſſé faire vn tel amas
d'humeurs mauuaiſes, qu'elles ſe ſoient renduës maiſtreſſes de l'eſtomach, & empeſchent les principales fonctions. Voire qu'il ne peut receuoir, moins endurer le paſt

pour bon qu’il foit , ains eft contraint de le rendre. Ce
qu’on aura peu precedemment iuger par quelque commencement du degouftement de l’Oifeau,à fes cures non
nettes & à l’efmond , il faut prattiquer ce qui s’enfuit. Il
faut en premier lieu que demie heure apres qu’il aura ainfi rendu fon paft , mefmement s’il continuë à le rendre,
luy faire prendre comme nous auons dit en la precedente
Recepte , vne pierre d’aloës ciquotrin , pour luy ofter,
comme a efté dit, tout le mauuais gouft ou infecte vapeur
que ledit paft luy pourroit auoir laiffé , & ne le paiftre de
tout cedit iour , & le foir luy donner cure auec clouds
de girofle. Le lendemain fera repeu comme deffus a efté
dit, de bon paft vif, moyennes gorges, ou cœur de cochon,
trempé en laict & fucre : s’il en fait fon profit il y aura efperance de guerifon. Mais foit qu’il la rende ou non, il
faut qu’il foit purgé par deux ou trois matins alternatifs,
( c’eft à dire laiffant vn iour entre deux defdites prifes) auec
pillules compofees d’aloës, aguaric, & rheubarbe , pour
lefquelles ie renuoye au Chapitre quarante & vniefme
des prefents Remedes , auec bon regime, & tenant touf-
jours l’Oifeau en lieu plus chaud & fec que froid & humide, & luy prefentant tous les foirs quand le Fauconnier
luy donnera à curer auec clouds de girofle de l’eau à boire,
à quoy il prendra grand plaifir , & mefmes luy en prefenter quelquefois fur iour. L’Oifeau s’amendant faut continuer à le bien nourrir, i’entends de bons pafts, & touf-
jours petites ou moyennes gorges, & vaut mieux le paiftre plus fouuent. Si nonobftant tout ce que deffus l’Oifeau continuë en fon defuoyement, il luy faut faire prendre cœur de cochon ou de mouton , qui foit fené , trempé en vin , compofé comme nous auons dit au precedent
Chapitre : car cela luy reconfortera l’eftomach. Et luy

pourra-on si sa force le permet, faire prendre vne autre
prise des susdites pillules, voire par iours intermedies
si l'Oiseau est fort affoibly. Si auec le bon & delicat traictement qu'on luy fera ceste purgation ne luy profite,
il ne faut rien esperer de tel Oiseau que le vol pour en enter d'autres. C'est vne maladie de laquelle il ne se sauue
guere d'Oiseaux, & s'il aduient que par bon secours l'Oiseau se porte mieux, il sera tres-bon sept ou huict iours
apres la premiere purgation le repurger encore comme
dessus est dit, & auec semblable regime.

---

*Comment on doit recognoistre le rheume qui est en la teste*
*de l'Oiseau.*

## CHAPITRE VI.

ENCORE qu'au Chapitre 10. de la sixiesme Partie de
nos Rudiments, où i'ay parlé des signes des maladies
des Oiseaux, ie n'ay pas obmis certaines choses, par lesquelles nostre Apprentif pourra iuger & cóprendre que
son Oiseau engendre du rheume en la teste. Auparauant
neantmoins que de parler des remedes pour guerir lesdits
rheumes, ou du moins en soulager fort l'Oiseau, il m'a semblé bon de faire icy vn plus ample traicté de la cognoissance & iugement certain que nostre nouueau Fauconnier
pourra auoir desdits rheumes, estás en la teste de l'Oiseau;
de leurs natures & qualitez, & subsequément nous traiterons des remedes que nous auons sprattiquez ausdits rheumes contraires. Ie dis donc qu'aussi bien que les hommes,
les Oiseaux sont suiects à diuerses maladies, & procedent

prefque de mefmes lieux & caufes. Car tout ainfi que le
rheume & douleur de tefte s'engendrent au tour du cerueau de l'homme , par les vapeurs & exhalaifons qui fe
font de l'eftomach au cerueau. Ainfi à aucuns Oifeaux, les
groffes gorges de mauuaife chair , & autres mauuaifes
humeurs enuoient dans la tefte de l'Oifeau des fumees qui
fe conuertiffent en eau, que nous appellons rheume, cóme l'on void les couuertures des pots boüillans eftre
moüillees, ores qu'elles ne touchent pas à l'eau boüillante:
cela procedant de la vapeur & fumee qui fortent dudit
boüillon. D'autres Oifeaux prennent ce mal pour eftre tenus par mefgarde & inaduertance en lieu fumeux & plein
de pouffiere, lefquels entrans auec la refpiration par les
narilles d'vn cofté, & par les yeux de l'autre, penetrent par
leur violence iufques au cerueau , lequel eftant naturellement entourné de quelque humidité, affectent & corrompent cefte humeur naturelle, laquelle fe conuertiffant en
rheume & pourriture, mene douleur au cerueau de l'Oifeau. Lequel cerueau eft fenfible & delicat, & rend l'Oifeau pefant, endormy, & malade. A d'autres le rheume
vient & s'engendre pour s'eftre moüillez, & que noftre
Apprentif n'a pas eu le foin de les faire fecher bien à propos. Car comme i'ay dit fouuent, toutes les fois que l'Oifeau fe moüille & n'eft feché comme il faut, l'humeur s'ef-
meut par tout luy, mefmes en l'eftomach & cerueau, &
fe conuertit foudain en rheume & pourriture. De quelque caufe que puiffe proceder ce mal la cognoiffance en
eft efgalle , & telle, que l'Oifeau fe fentant ainfi preffé &
chargé de rheume en la tefte , foit que le Fauconnier le
tienne fur le poing , foit fur la perche ou blot, il fera veu
comme s'il aualloit quelque chofe. Il faut lors faire iugement qu'il eft contraint ce faire par la grande quantité de

rheume qu'il a en la teste, duquel ne se pouuant descharger par les narilles, ( conduit par nature ordonné pour la
descharge des excremens du cerueau, ) il est contraint les
appeller & attirer dans le corps par les conduits & vaisseaux qui montent & descendent de l'estomach au cerueau, & du cerueau en l'estomach. A l'Oiseau lequel sera
aussi affligé de rheume, on luy verra le tour des yeux enflé, & iceux comme baignez & couuerts d'eau. Car le cerueau se sentant trop pressé & affligé de rheume & vapeurs
repousse partie de ceste mauuaise humeur tant qu'il peut,
aux parties exterieures. D'où c'est que l'œil delicat & sensible, en estant le plus voisin, ne pouuant dissimuler la violence du mal le monstre incontinant. Quand l'Oiseau sera
affligé de rheume on luy verra soir & matin, soit sur la
perche, blot, ou poing, clorre & fermer comme s'il dormoit, ores vn œil, tantost l'autre, & quelquefois tous
deux au coup, par la pesanteur & douleur que luy cause
ce rheume en la teste. L'Oiseau prenant son tiroir au matin, ou en esternuant iettera quelques goutes d'eau des
narilles, le Fauconnier fera lors iugement que son Oiseau
a le cerueau trop humide & qu'il est trauaillé de rheume.
Quand l'Oiseau au lieu d'vn doux respirer qu'il doit auoir,
voire qui ne se recognoisse pas, est veu siffler, ronfler des
narilles, voire halleter bien souuent ouurant le bec, il
faut croire la respiration trouuer le chemin ordinaire
& naturel estoupé par le rheume, qui donne plus grande
peine au poulmon de respirer. La violence & malice du
rheume, sera quelquefois telle, que le palais du bec de
l'Oiseau en sera enflé, comme s'il s'y vouloit engendrer
vn chancre. Voila les principales cognoissances du mal
du rheume en l'Oiseau.

---

*Remedes pour guerir l'Oiseau du rheume, lequel est encore en eau, appellé rheume subtil.*

## CHAPITRE VII.

IL faut sçauoir que de quelque cause que puisse estre suruenu le rheume en la teste de l'Oiseau, il n'y en peut auoir que de deux sortes. L'vn, qui est encore en humidité subtile, & ne fait presque qu'arriuer ou s'engendrer au tour du cerueau, & par nous appellé rheume subtil. Et l'autre (duquel nous parlerons au subsequent Chapitre,) lequel pour auoir esté trop supporté est deuenu espoix & conuerty en flegme & pourriture qui afflige grandement l'Oiseau. Et procedans tous deux de mesmes causes, n'ont aussi autre difference de nature : sinon que l'vn est recét, & l'autre a esté supporté. D'où c'est qu'ayāt changé de qualitez, aussi faut-il diuers remedes pour en soulager l'Oiseau qui en sera affligé. C'est pourquoy ceste premiere sorte de rheume appellé subtil, & duquel nous traitons à present est beaucoup plus facile à guerir que l'autre : Aussi ne trauaille-il pas tant l'Oiseau, & ne luy cause tant de douleurs que le dernier. L'Apprentif donc apres auoir recognu que ce rheume est subtil, & encore en eau, y remediera en ceste sorte. Il purgera par trois matins consecutifs son Oiseau, sçauoir le premier matin de pillules douces faites de lard, moëlle de beuf, sucre, & safran ; & les autres deux iours consecutifs de pillules composees de lard, moëlle de beuf, sucre, safran, aloës, rheubarbe, aguaric, & cené, y obseruant la quantité & mesme regime que ie diray cy-apres, mesmes en mon Chapitre quarante, &

quarante

quarante & vniefme, & continuera à luy donner deux ou
trois foirs cure auec clouds de girofle, en luy prefentant
de l'eau à boire tout à fon aife. Le quatriefme matin
( i'entends fi l'Oifeau n'eft trop bas, ou qu'il n'euft efté
trop rudoyé de la fufdite purgation , car cela eftant il
luy faudroit donner des iours d'interualle , & le nourrir
de bons pafts , ) le Fauconnier luy baillera la pilluë que
nous auons appellée le lardon, auec la mefme façon & regime que nous dirons auffi cy-apres en noftre quaran-
te-deuxiefme Chapitre, & le lendemain luy prefenter le
bain.  Or encore que les fufdites pillules purgent grandement l'Oifeau & ont grande vertu, tant pour purger
l'eftomach & inteftins, d'où procedent les vapeurs,caufes
du rheume qui eft en latefte,que pour faire attraction dudit rheume. Cefte pillule de lardon neantmoins fait vne
telle purgation , & defcharge tellement l'Oifeau de toutes mauuaifes humeurs , tant de l'eftomach que de la
tefte, qu'il eft malaifé fi le rheume eft encore en eau &
fubtil, que l'Oifeau n'en foit entierement defchargé , ou
tellement foulagé qu'il en fera deliuré pour long temps,
eftant bien gouuerné. Si quelque chofe neantmoins luy
en eftoit reftée, pour l'en defcharger iournellement fans
le  tourmenter ny rudoyer , il le faut faire fort tirer
tous les matins la tefte tournee vers le Soleil , ce qui
luy fera fort bon. Si mefmes le Fauconnier met dans la
main qu'il tiendra le tiroir, d'vne herbe appellee rhuë , ou
du fort, la force & vertu attractiue de laquelle par l'aide
dudit tiroir luy fera couler par les narilles le refte du rheume qui pourroit eftre refté dans la tefte de l'Oifeau. Et faut
ainfi continuer iufques à ce que le Fauconnier recognoiftra só Oifeau affez defchargé. Or vfant dudit tiroir auec
ladite herbe , il fuffira de le faire chacun matin vn bon

quart d'heure ou au plus demie heure, il fera bon par
certains iours luy faire entrer du ius des fueilles de mariolaine dans les narilles fi auant que l'on pourra, car cela eft fort propre pour faire efternuer & defcharger le
cerueau. Mettre auffi quelquefois dans la cure ou cures
de l'Oifeau, cinq ou fix grenes d'vne herbe appellee fta-
phifagre en poudre fera fort bon. Dautant qu'elle eft
d'humeur fort attractiue, & par ainfi attirera le rheume
du cerueau, & fi met l'Oifeau en bon appetit. l'approuue fort de mettre pour quelques foirs, ) ainfi que dit le
fieur d'Efperron au premier Chapitre des Remedes des
Oifeaux ) de la fauge, (pourueu qu'elle foit de la menuë,)
ou à faute de fauge, d'vne herbe nommee abfinthe, dans
la cure de l'Oifeau, pour ce qu'elles font attractiues. Par
les moyens que deffus, & auec bon regime & gouuernement, l'Oifeau fera bien toft defchargé & foulagé de cefte humidité & rheume fubtil ; duquel n'eftant traité en
pourroient arriuer plufieurs accidents à l'Oifeau. Le premier, qu'il fe conuertiroit en flegme & pourriture grandement nuifible : dauantage nature defirant defcharger
le cerueau trop affligé de cefte humidité, la renuoye &
repouffe aux parties inferieures, d'où procedent chancre,
douleur, & rougeur aux yeux, gouttages aux reins, enfleures de iambes & pieds teignez aux pennes des Oifeaux,
& plufieurs autres bien malaifees à guerir lors que telles
humeurs y ont pris leurs cours. Que le Fauconnier donc ne
foit nonchalant à fecourir fon Oifeau, & le foulager de
ce mal auffi toft qu'il l'aura recognu.

*Remedes contre le rheume conuerty en flegme & pourriture
dans la teste de l'Oiseau.*

## CHAPITRE VIII.

LO R S que le Fauconnier aura recognu par les signes
que nous auós baillez au precedét 6. Chapitre que ceste subtile humeur & humidité pour auoir esté trop sup-
portée, s'est conuertie en flegme & grosse humeur espoisse
au tour du cerueau de l'Oiseau qui le rend triste & malade,
qu'il courre aux remedes qui s'ensuiuent, ayant premierement bien pris garde, & preueu que son Oiseau ne soit
maigre. Car outre que c'est vn tref-mauuais signe à vn
Oiseau malade du rheume de s'amaigrir, aussi ne pourroit-
il endurer ny soustenir estant maigre, tout ce qu'il luy
conuient patir pour sa guarison ou soulagement. D'où
c'est qu'auec tout soin & bons pasts, auant toutes choses
le Fauconnier fera que son Oiseau sera en bon estat, voire
plustost gras qu'vn peu maigre. Lors il purgera son Oiseau
par trois matins, en laissant tousiours vn entre deux qui
courront cinq iours, sçauoir trois de purgation & deux intermedies, des pillules composees de moëlle de beuf, lard,
sucre, safran, aloës rheubarbe, aguaric, & cené, decrites au
Chapitre 41. de nos Remedes. Es iours de ladite prise il ne
paistra l'Oiseau qu'vne fois le iour honneste gorge, & les
autres deux iours deux fois du iour moyenne gorge, &
tellement, & si à propos, que l'Oiseau se maintienne en
deu estat, n'estant ny bas ny maigre. L'Apprentif me demandera pourquoy ie fais ceste intermission de iours en
ceste purgation : Ie respons que la purgation entiere pour

ceſte maladie eſtant longue, rude, & faſcheuſe à l'Oiſeau,
il ſeroit trop rudoyé ſi on ne luy donnoit quelque relaſ-
che ou intermiſſion pour le conſeruer en ſa force. Eſtant
vne regle obſeruable parmy tous Fauconniers, qu'és cures
des Oiſeaux plus arduës & difficiles, il y faut employer
plus grande longueur de temps, & ne les precipiter pas les
vnes ſur les autres, affin que la precipitation ne face ſuc-
comber l'Oiſeau ſous le faix. Or ceſte purgation ainſi
faite, laquelle aura nettoyé l'Oiſeau dans le corps, empeſche qu'il ne monte plus de vapeurs au cerueau, que ce qui
eſt requis pour la nourriture d'iceluy, voire aura fait attraction d'vne partie du rheume de l'Oiſeau. Le ſeptieſme ma
tin, il luy faut donner la pillule de lardon, ainſi que i'ay
dit au precedent Chapitre, & auec le meſme regime, preſentant à boire & le lendemain le bain à l'Oiſeau. Par ceſte
pillule cóme nous auons dit au Chapitre precedent, l'Oiſeau ſera encore merueilleuſement deſchargé de ſes humeurs ſuperfluës tant du corps que de la teſte, en ſorte
qu'il ne reſtera plus en la teſte de l'Oiſeau que la plus groſſe & eſpoiſſe humeur, laquelle n'ayant peu eſtre attiree
par les ſuſdites purgations, ny repaſſer par les conduits &
arteres du col, il faut à preſent en deſcharger l'Oiſeau, &
luy faire prendre ſon cours par autre endroit, qui ſera
par les narilles. Et pour ceſt effet, le neufieſme matin apres
que l'Oiſeau aura curé, (car il ne faut diſcontinuer aucunement de luy donner cure, ains luy en bailler tous les
ſoirs, & de deux l'vn y mettre clouds de girofle, (comme
nous auons dit, ) faut auoir vn peu de bon vinaigre & vn
peu de poiure ſubtilement pulueriſé, ou à defaut de poiure, de la ſemence ou greine de ſtaphiſagre auſſi pulueriſé,
ou à ce defaut, de bon aloës ciquotrin en poudre; l'vn ou
l'autre bien meſlé auec ledit vinaigre, ou auec ius de mar-

iolaine tout seul, il faut faire abattre & prendre l'Oiseau, &
luy mettre auec vn petit plumasseau dudit vinaigre ou dudit ius de mariolaine, deux ou trois goutes dans chacune
des narilles, & le plus auant tirant vers le cerueau que l'on
pourra, & encore luy en faut fort frotter le palais du bec
iusques au gosier. Ceste Recepte ( & laquelle ledit sieur
d'Esperron n'approuue pas, ) esmouuât fort le rheume de
l'Oiseau, on luy verra secoüer la teste & esternuer pour
s'en descharger & le faire sortir. Pour luy aider faut auoir
vn tiroir en la main, à ce que s'il est possible, par l'effort
du tiroir il se descharge plus aisement & abondamment.
Si l'Apprentif void que l'Oiseau par le tourment que
luy donnera ledit vinaigre il ne tienne conte du tiroir,
il conuient derechef faire prendre & abattre l'Oiseau, &
auec la bouche succer & attirer par lesdites narilles le
rheume y esmeu, lequel le Fauconnier cognoistra bien
auoir attiré par le goust d'iceluy, lequel sera mauuais,
puant, & sale, & en faut faire autant en chacune desdites narilles, & par ce moyen & prattique continuee par
deux ou trois matins non consecutifs, ains intermedies,
( pour la violence & tourment que cela donne à l'Oiseau, ) il l'en trouuera bien tost deschargé & grandement soulagé de ceste grosse humeur & pourriture qui luy
trauailloit le cerueau. Et dautant que ceste Recepte tourmente fort l'Oiseau & luy donne de grands assauts, aussi
ne la faut-il donner à Oiseau bas & maigre, ( comme
nous auons dit, ) ny la continuer que comme i'ay aussi dit,
car l'Oiseau en vaudroit moins. Si aussi nostre Apprentif
cognoist qu'ayant donné ledit vinaigre à l'Oiseau, cela luy
donne de trop grands efforts & trop longuement, qu'il
prenne de l'eau fraische, & auec la pointe des doigts ou autrement qu'il en iette aux narilles & bec de l'Oiseau, car

F f iij

cela luy moderera son tourment & douleur. Si toutesfois
l'Apprentif voyant le rheume bien esmeu, & commencer
à sortir par lesdites narilles, il court au remede de succer
& attirer ledit rheume, comme i'ay dit ceste douleur &
tourment sera bien tost passé à l'Oiseau Que pendant ladite operation l'Apprentif soit aduerty de tenir tousiours
l'Oiseau pres du feu ou au Soleil sans aucun vent, deux ou
trois heures apres que l'Oiseau sera ainsi deschargé, &
lesdits efforts passez il sera repeu d'vne gorge chaude & de
legere digestion moyenne gorge, ou de deux, selon l'appetit & force de l'Oiseau. Dautant que comme nous
auons dit, il le conuient nourrir & maintenir en sa force,
continuant tousiours ses cures auec quelquefois clouds
de girofle, mais non plus si souuent. Trois ou quatre
iours apres ce que dessus, ie suis d'aduis que l'Apprentif
repurge encore l'Oiseau par deux matins seulement, &
encore vn iour entre deux, l'Oiseau auec les susdites pillules de lard, moëlle de beuf, sucre, safran, aloës, rheubarbe,
aguaric, & cené, affin que telle purgation acheue d'oster
& attirer tout ce qui peut rester de mauuais & superflu
en l'Oiseau, & remette toutes les fonctions & parties de
nature en bon & deu estat, y vsant neantmoins tous-
jours du regime & bain que i'ay tousiours dit. Or pour
empescher que ce mal n'arriue plus au cerueau de l'Oiseau, il luy faut donner le feu à la teste, lequel profitera
à deux fins. L'vne, de resserrer & restraindre l'humeur, à ce
qu'ores qu'il en reste quelque chose, elle ne peust auoir
vertu de passer outre & de trauailler l'Oiseau. L'autre, de
couper chemin à ce que les humeurs ne montent pas en
telle abondance en la teste de l'Oiseau pour y faire nouuel amas. Mais il faut que nostre Apprentif soit aduerty
que le feu ayant les proprietez susdites, laisse tousiours

neantmoins le mal au mefme eftat qu'il eftoit lors qu'il
eft appliqué, fans qu'il ait aucune vertu de le guerir. C'eft
pourquoy nous auons laiffé le remede du feu tout le
dernier, affin que tout ce que nous auons dit foit prattiqué, & l'Oifeau defchargé du rheume auparauant l'application d'iceluy, lequel fe prattique comme fe trouuera
au Chapitre fuiuant. I'amplifieray ce difcours d'vn remede qu'vn bon Fauconnier m'a dit auoir experimenté auec
heur à vn Oifeau fort tourmenté du rheume, apres auoir
effayé tous autres remedes & trouuez inutiles, qui eftoit
d'auoir trapané vn Oifeau. Ce qui fe prattique ainfi :
Apres auoir trouué tous remedes vains faut faire tenir feurement l'Oifeau, luy fendre la peau de la tefte apres l'a-
uoir bien plumee, defprins & defcharné bien la peau d'a-
uec l'os, en forte que l'os de la tefte demeure tout defcouuert : cela fait il faut incifer l'os en rond auec petite fcie ou
autre ferrement à ce propre, & en emporter du teft de
la tefte de la grandeur d'vn petit carolus ou piece de trois-
blancs, en forte que la ceruelle paroiffe & foit defcouuerte, laquelle fera doucement humectee & defchargee
de cefte humeur fuperfluë auec plumaffeau de coton, ou
charpis fubtil, tout ce qu'on pourra, fans toutesfois preffer ny offencer la ceruelle. Cela fait il faut auoir le teft
d'vn chappon, geline, ou autre Oifeau taillé de mefme
grandeur & rondeur que celuy qu'on a ofté à l'Oifeau,
& le pofer fi fubtilement fur l'ouuerture, qu'aucun vent
ne puiffe penetrer ny l'air entrer dans la tefte de l'Oifeau,
& ayant refioint, graiffer le lieu de graiffe de geline, reioindre les peaux de la tefte, premierement leuees l'vne
contre l'autre. Et me dit celuy qui fit cefte cure, que fon
Oifeau s'eftoit bien porté. Ie ne l'ay iamais prattiqué ny
veu pratiquer, ie ne mefcrois du tout pourtát que la cho-

se estant faite par vne main fort prattique, subtile & experte qu'elle ne puisse profiter, mais ie conseille d'en vser
en l'endroit d'Oiseaux du tout deplorez : dautant que
(comme nous auons dit ailleurs) aux extremes maladies,
il faut employer les extremes remedes.

*Comment il faut donner le feu à la teste de l'Oiseau contre*
*le rheume.*

## CHAPITRE IX.

TRois ou quatre iours apres, (ou autrement selon
le iugement que le Fauconnier aura de l'estat & force de son Oiseau (sans vser comme i'ay dit, de precipitation, (& ayant prattiqué tout le contenu en mon precedent huictiesme Chapitre, il donnera aux fins susdites
le feu à la teste de l'Oiseau. Pour quel effet il luy conuient
auoir trois petits ferrements, la figure desquels i'ay icy
mise du mieux qu'il m'a esté possible. Le premier desquels
est fait comme vn poinçon bien pointu, de la grosseur d'v-
ne assez grosse aiguille de raiseur, & bien rond & poly.

De ce poinçon tout rouge & chauffé au feu, faisant bien
seurement tenir & abattre l'Oiseau, le Fauconnier luy ou-
trepersera bien droit les narilles de part à autre, ne s'es-
cartant point du conduit desdites narilles, car il pourroit
gaster l'Oiseau. Tout soudain faut auoir vn autre fer semblable au precedent, excepté qu'au bout du poinçon il
faut

faut qu'il y ait vn petit bouton de fer comme à demy rond, de la groſſeur d'vn petit poix.

Auec lequel ferrement bien poly & chaud, il conuient donner de rechef le feu auec ledit bouton ſeulement au derriere de la teſte de l'Oiſeau, au lieu appellé la nuque, qui eſt l'aſſemblee & liaiſon du col auec la teſte. En ceſt endroit donc droitement le Fauconnier luy ayant auparauant arraché quelques petites plumes en ceſt endroit leſquelles pourroient empeſcher de poſer droictement, & en ceſt endroit le feu, ou en pourroient empeſcher l'effet, il luy donnera le bouton de feu ſi adextrement qu'il n'y ait que la peau qui ſe reſſente du feu, ſans entrer plus auant, ny toucher au teſt de la teſte, ny à la ſuſdite liaiſon, car l'Oiſeau pourroit eſtre gaſté. Parquoy il y faut aller ſeurement & auec beaucoup d'auiſement. Cela ainſi fait, il conuient auoir vn autre ferrement fait ainſi.

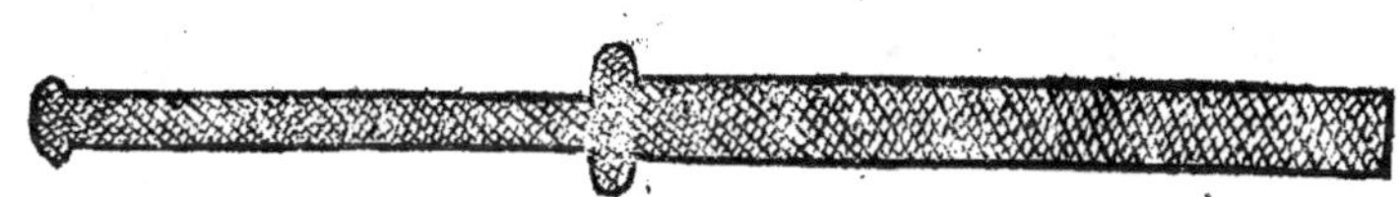

Duquel auſſi bien poly, tout chaud & boüillant, il faut auec le bout qui eſt plat, donner derechef le feu entre l'œil de l'Oiſeau, & le bec par le deſſus, & des deux coſtez, luy ayant auſſi oſté quelques petites plumes de ceſt endroit, & le luy faut comme nous auons dit, poſer ſi adextrement qu'il n'y ait que la peau bruſlee ſans entrer plus auant. Et de crainte que lors que le Fauconnier donnera en ceſt endroit le feu à l'Oiſeau par le debattemét d'iceluy,

G g

n'eſtant ſeurement tenu,ou incertitude & branlement de
la main du Fauconnier, ne poſant droit le feu en l'endroit requis il eſchapaſt ſur l'œil,(ce lieu en eſtant fort voiſin & proche , ) il eſt requis de couurir l'œil de l'Oiſeau
d'vn linge moüillé en eau froide en cinq ou ſix doubles:ce
qui empeſchera tant ledit accident, que l'œil auſſi ne ſe
reſſentira pas de la vehemente chaleur du feu , moins de
la fumee qu'il cauſera par ſa bruſlure.  Or dautant que la
violence du feu pourroit eſtre grande, & cauſer de la douleur à l'Oiſeau:pour la moderer vn peu , il faut mettre ſur
chacun deſdits lieux vn peu de beurre frais qui ſoit ſans
ſel, ains le plus recent & nouueau fait ſera le meilleur,iuſ-
ques à ce que la vehemence du feu ſoit paſſee & l'eſcarre
leuee, laquelle veheméce durera par l'eſpace de neuf iours.
Aucuns pour n'eſtre aſſeurez à la prattique dudit feu,n'o-
ſans ſe hazarder à celle des deux derniers , ſe contentent
apres auoir bien purgé cóme deſſus eſt dit leur Oiſeau, de
luy donner ſeulement le feu aux narilles , pour luy faire
plus ample ouuerture à ce que ceſte humeur craſſe & eſpoiſſe ſorte mieux , ſoit en luy ſucçant comme a eſté dit,
ce rheume auec la bouche, ou eſtans trop delicats , ſe ſeruans d'vn petit cedon de ſoye trempé dans le ſuſdit vinaigre & poiure. Par le moyen duquel cedon , en le paſſant & repaſſant ſouuent dans les narilles de l'Oiſeau, ils
attirent ledit rheume. Mais le plus ſeur & experimenté remede eſt le precedent , laiſſant neantmoins au choix de
noſtre Apprentif de prattiquer lequel que bon luy ſemblera. Cela fait, faut remettre l'Oiſeau en ſon lieu & le
nourrir & traiter à propos, pour peu de iours apres,( meſmes la violence du feu paſſee ) le remettre au deduit de
la volerie.

*Pourquoy, & à quelles fins le feu se donne és susdits endroits de la teste de l'Oiseau.*

## CHAPITRE X.

ENCORE qu'au precedent huictiesme Chapitre, i'ay dit les deux principales fins pour lesquelles, (& à quoy ie renuoye nostre Apprentif pour ce regard,) le feu est dóné à la teste de l'Oiseau : Si est-il conuenable qu'il sçache pourquoy, & à quelle fin il luy est baillé le feu és trois endroits susdits de la teste, & quel effet vn chacun desdits lieux peut auoir; le bien & profit qui en reuient. Il faut donc en premier lieu sçauoir que le feu est donné à l'Oiseau à trauers des narilles, pour luy rendre ce conduit de nature vn peu plus grand & libre à ce qu'il aye le respirer plus facile. Dautant que par la quantité & crassitude du susdit rheume, ce conduit pourroit auoir esté à demy bouché & estoupé. Ioint que l'Oiseau reuenant à mesme mal le conduit estant plus dilaté & ouuert, ) y ayant mesmes des Oiseaux lesquels naturellement l'ont fort petit,) il se deschargera mieux & plus facilement de son rheume qu'il ne faisoit de luy mesmes , soit par les remedes qu'on luy baillera , ou que nostre Apprentif vueille succer & attirer le rheume auec la bouche, comme nous auons dit. Le feu est aussi donné au derriere de la teste de l'Oiseau, & en l'endroit que i'ay dit, à cause que par la restriction que fait en ceste partie le feu, par laquelle & au droict de laquelle les vapeurs du corps montent au cerueau, la fluence & cours n'y soient si grands, & n'y montent & affluent auec telle abondance. Et par ainsi, que le cerueau en demeure & reste plus libre & deschargé. Et au regard du feu donné entre l'œil & le bec, il se donne semblablement en cest endroit comme le lieu auquel le rheume estant vne fois en la teste de l'Oiseau, affluë le plus, s'arreste & tourmente l'Oiseau, comme si nature l'enuoyoit & s'en vouloit descharger plus sur ceste partie pour le faire sortir & esuacuer par les narilles. Par ainsi nature estant contrainte & resserree en soy, par tant de lieux & vertu du feu, il faut qu'elle se contienne en elle mesme, & ne soit plus capable de receuoir tant d'humeurs, par lesquelles elle auoit accoustumé d'estre affectee & tourmentee. Voila ce qu'il m'a semblé bon de dire tant des Receptes contre ce mal de rheume, que vertus & proprietez du feu qu'on donne à l'Oiseau. Estant mon opinion, que si ce que i'en ay traicté és trois derniers Chapitres, ne guerit l'Oiseau malade du rheume, estant le tout prattiqué auec dexterité & temps, on ne l'en soulage grandement, que l'Oiseau est fort deploré. Ne voulant interdire ny empescher nostre nouueau Fauconnier d'auoir lors recours aux plus curieuses Receptes baillees par nos maistres.

---

*Remedes contre le chancre de l'Oiseau.*

## CHAPITRE XI.

L'OISEAV de nostre Apprentif pourra estre suiect à vn autre mal non gueres moins fascheux que le precedent. Car celuy-là dure long-temps, & par ainsi donne loisir au Fauconnier de courre aux remedes & secourir

l'Oiſeau, mais celuy duquel nous traitons à preſent appellé chancre, contraint l'Oiſeau dans peu de iours à mourir s'il n'eſt promptement ſecouru. Il prend à la langue,
goſier, & palais du bec de l'Oiſeau, & ſe recognoiſt à ce
que l'Oiſeau gratera ſouuent le bec auec la main, en ouurant vn peu ledit bec, comme s'il vouloit porter l'ongle
au lieu de ſa douleur. Laquelle vient au commencement
par vne demangeaiſon, laquelle ſe conuertiſt en ardeur
preſque inſuportable à l'Oiſeau. Ce mal auſſi ſe recognoiſtra à ce que l'Oiſeau ſe voulant paiſtre, & prenant la
viande auec le bec, ne pouuant ſupporter ny endurer
qu'elle paſſe ny touche au lieu de ſa douleur, & où le chancre s'engendre, (ſi ja il n'eſt formé,) il la reiette l'ayant
peu ſauouree dans le bec. Dauantage l'Oiſeau atteint de
ce mal, il a ſa reſpiration de mauuaiſe odeur; retenant en
cela la nature de la cauſe du mal. Quand le Fauconnier
verra ces indices en l'Oiſeau qu'il ne ſoit pareſſeux de luy
regarder ſoudain dans le bec & bien auant, comme auſſi
à la langue. Or ſi le chancre ne commence qu'à venir, &
ne ſoit enraciné & ſupporté, le Fauconnier luy verra &
trouuera en icelle part affectee vne peau comme morte,
ſous laquelle le mal ſe forme. Si le chancre pour auoir eſté
ſupporté eſt ja formé, le lieu ſera entre noir & bleu, faiſant vne concauité. Car le naturel de ce mal eſt, & ſa
malice, de s'engendrer & approffondir touſiours en con-
cauant & mangeant touſiours la chair. Ce mal procede
d'vne humeur infecte & puante, que l'Oiſeau a dans le
corps pour s'eſtre repeu de quelque charongne ou autre
viande puante & mal nette. La mauuaiſe vapeur de laquelle montant par le goſier au dedans du bec de l'Oiſeau engendre ce mal violent. Il s'engendre auſſi d'vne
grande chaleur interne, laquelle montant au ceruceau

affecte la premiere humeur qu'elle y rencontre, la rend
subtile, acre, & mordicante.　Et laquelle par sa violence
ne pouuant demeurer en repos, fluë & se iette pour faire
ses efforts sur les parties à elle en quelque chose inferieures & plus voisines; en sorte qu'elles y engendrent
ce mal. Or de quelque cause que le mal arriue les remedes seront, Auoir en premier lieu recours aux pillules, desquelles i'ay souuent parlé, composees de lard, moëlle de
beuf, sucre, safran, aloës, aguaric, rheubarbe, & cené.
Desquelles par trois matins consecutifs faut purger l'Oiseau auec la mesme qualité, forme & regime qu'il sera dit
cy-apres, mesmes au Chapitre quarante & vniesme. Ceste
purgation ostera la cause du mal, & fera que le dedans du
corps de l'Oiseau estant net, il ne montera ny au bec ny au
cerueau de l'Oiseau aucune mauuaise vapeur ny chaleur
extraordinaire : mesmement si apres ladite purgation on
luy baille vne prise de pillules nommees lardon, ainsi qu'il
sera cy-apres dit au quarante-deuxiesme Chapitre. Cela
s'entend si on recognoist l'Oiseau assez fort & vigoureux. La cause donc du mal ostee, il ne restera qu'à traicter le lieu blessé & douloureux; en sorte que le lendemain de la purgation acheuee, il faut auoir vn petit tranche-plume ou lancette auec quoy il conuient fendre ceste
peau morte qui couure le mal, & le bien descouurir,
ores qu'on la deust fendre de long, & par trauers pour
bien descouurir le mal. Cela fait il faut auoir vn autre
fer plat & crochu, presque pareil à ceux auec lesquels on
cure & racle les dents, fait en ceste façon.

Auec ce ferrement le Fauconnier raclera doucement
toute la fuperficie du chancre iufques prefques au vif,(i'entends fi le mal eft au gofier ou palais du bec.) Ledit chancre ainfi bien net & defcouuert,il fera frotté auec la pointe du doigt ou petit linge,de bon vinaigre, dans lequel
y aura affez bonne quantité d'aloës ciquotrin en poudre, ou ( à faute de ce ) de ius de racine d'efclaire, de laquelle nous auons cy-deuant parlé, dite en Latin *Cælidonia*, laquelle pour en faire le fuc & fubftance, il faudra
fort piller. Duquel des deux que l'Apprentif fe ferue, il
fera propre pour mondifier cefte partie, & faudra continuer iufques à ce qu'il y voye la chair belle & viue:pour
remettre & confolider laquelle, faudra frotter & oindre
le lieu d'huile d'amandes douces, graiffe de geline ou
beurre frais ,à la commodité de l'Apprentif. Et faut ainfi
panfer l'Oifeau foir & matin chacun iour iufques à guerifon : mais toutes les fois qu'il panfera ainfi l'Oifeau, il
conuient luy tenir le bec vne grande pofe de temps ouuert , affin que ce qu'il aura mis fur le mal ne foit foudain
emporté par la langue, ou fecoüé , ou bien fouuent mis
bas & auallé par l'Oifeau, & par ainfi auroit efté traité
inutilement. Mais comme dit eft, luy fera tenu le bec ouuert, iufques à ce que le Fauconnier iugera que ce qu'il
aura mis fur le mal aura fait affez d'operation. Si le chancre eft fort enraciné & que ce remede ne fuft fuffifant ,
apres la prattique reïteree de ladite purgation,& apres
auoir bien raclé auec ledit ferrement le mal, l'Apprentif
prendra poudre de Mercure, laquelle incorporee auec vn
peu de beurre frais & mife fur cherpis ou linge fin en forme de plumaffeau,fera porté fur le bout d'vne petite fpatu
le droictement fur le mal,& tenuë ainfi par l'efpace d'vne
heure ou deux, en tenant toufiours l'Oifeau bien feure-

ment , & le bec ouuert iufques à ce que ladite poudre ait
aſſez fait d'operation. Car  elle mordique & mondifie
fort. Cela ainſi longuement tenu deſſus, il le faut retirer & graiſſer  le lieu d'huile d'amandes  douces , ou
graiſſe de geline pour adoucir la playe, puis laſcher & remettre l'Oiſeau à ſon aiſe.  Si le Fauconnier  ne veut vſer
ou ne ſe trouue bien de  la ſuſdite poudre de Mercure,
qu'il prenne alun de glas bruſlé & mis en poudre, de laquelle auec la pointe de ladite ſpatule , il poſera deſſus le
chancre  en tenant ladite  poudre auec ladite ſpatulette
long temps deſſus, affin que ladite poudre face ſon operation : car elle eſt fort mondificatiue , mangeant & con-
ſumant la mauuaiſe chair, en frottant touſiours apres le
lieu deſdits  huile ou graiſſe iuſques à gueriſon. Et duquel Remede que l'Apprentif ſe ſerue ou  prattique , ne
faut paiſtre l'Oiſeau de deux heures apres qu'il luy trempera ſon paſt en ladite huile d'amandes douces, & luy ha-
chant ſondit paſt à petits morceaux, affin qu'il ne luy cou-
ſte tant de prendre  & aualler, &  faudra à meſure qu'on
recognoiſtra de la gueriſon, auoir encore recours à la ſuſdite purgation par deux ou trois matins, ſelon  l'eſtat &
force de l'Oiſeau, excepté du lardon. Car cela luy profitera
grandement.  Si l'Oiſeau eſt ainſi ſoigneuſement panſé
& traité , dans peu de iours il ſe portera bien & ſera remis.  Le chancre auſſi eſtant fort malin & tellement, que
l'application des choſes ſuſdites ne fuſt ſuffiſante, & apres
auoir iceux prattiquez, il faut auoir recours au feu , lequel luy ſera baillé par l'Apprentif, faiſant tenir bien ſeurement ſon Oiſeau, comme auſſi luy faiſant tenir le
bec bien & ſeurement ouuert auec le fer plat & crochu , duquel i'ay parlé. Lequel le Fauconnier fera bien
chauffer, & auec iceluy tout chaud, il raclera  & fera

bruſler

brufler toute la chair mauuaife de chancre iufques au vif
& bonne chair fans l'offencer. Et lors il oindra & frotera
le lieu du chancre de beurre frais ou d'huile d'amandes
douces ou autre graiffe, en luy tenant comme dit a efté, le
bec long temps ouuert, affin de donner loifir à ce qui fera mis deffus de faire fon deuoir & operation. Et pour empefcher que la langue par fon mouuement ne touche au
feu, il faut pluftoft auec vn petit linge moüillé luy enueloper ladite langue & deffous du bec enfemble, qui empefchera le mouuement d'icelle. Mais il ne faut qu'vne
fois appliquer ledit feu, & continuer à oindre & graiffer
le lieu offencé iufques à entiere guerifon, employant &
continuant toufiours les purgations que i'ay cy-deuant
ordonnees au commencement de la maladie & à la fin,
& auec le mefme regime, traictement & nourriture que
i'ay dit. Si le chancre eft à la langue, il fera plus aifé d'en
traicter l'Oifeau, mefmement fi le chancre eft au bout
ou par cofté de la langue. Car ayant vfé d'abord de la fufdite premiere purgation, prenant ladite langue entre les
doigts, ie fuis bien d'aduis fi le chancre eft fort vlceré &
malicieux, qu'auec le fufdit fer chaud le Fauconnier luy
enleue tout le bout ou cofté de ladite langue où fera le
chancre iufques au vif, puis frotter ladite langue du fufdit huile ou graiffe iufques à guerifon, car il fera dans
peu de iours remis. Le chancre auffi ne faifant que commencer & n'eftant encore fort enuenimé, il fuffira de racler le mal auec ledit fer non chaud, & le defcouurir bien,
puis le frotter du fufdit vinaigre & aloës, ou du ius d'efclaire comme nous auons dit. Ou bien felon le merite du mal
noftre Apprentif fe feruira defdites poudres, ainfi comme i'ay dit, luy tenant chacune fois qu'il le panfera long
temps la langue entre les doigts, ou du moins le bec ou-

H h

uert. Affin que ce qu'il mettra deſſus ait temps & loiſir de
faire ce pourquoy il y eſt mis , ce que l'Oiſeau ietteroit
incontinant s'il eſtoit en liberté. L'Oiſeau a quelquefois
telle douleur, & ce mal luy ennuie en telle ſorte, qu'il ne
peut prédre ny paſſer par le bec aucun morceau. Parquoy
tout auſſi toſt que noſtre nouueau Fauconnier aura recognu ce defaut en ſon Oiſeau , de crainte qu'il ne s'amai-
griſt par trop & ſuccombaſt ſous le mal & prattique des
ſuſdites Receptes, il le luy conuient paiſtre & luy mettre
les petits morceaux du paſt qu'il luy aura coupez dans le
bec bien doucement, en les luy pouſſant dans le goſier,
affin que l'Oiſeau n'ait peine que de les aualler & mettre
bas. Et le nourrira de bons paſts moyennes gorges , &
ainſi ſon Oiſeau ſoigneuſement traicté, panſé, & purgé,
comme deſſus eſt dit, ſe remettra & n'en vaudra moins. Si
auſſi le mal eſt meſpriſé ou fort inueteré, l'Oiſeau ſera en
grand danger. Noſtre Apprentif pourra prattiquer ſi
bon luy ſemble les Receptes contenuës au ſeptieſme Chapitre du ſieur d'Eſperron contre ce mal, exceptee l'eau
de ſublimé que ie n'aprouue pas pour ſa violence & acrimonie. Ce mal eſt fort faſcheux tant pour la violence d'i-
celuy, laquelle afflige fort l'Oiſeau, que pour eſtre en lieu
ſur lequel on ne peut que difficilement appliquer les Remedes. Mais vſant des preceptes que i'ay baillez au ſeptieſme Chapitre de la ſixieſme Partie de ces Rudiments, noſtre Apprentif preuiendra ce mal, & ne pourra que difficilement arriuer à l'Oiſeau.

*Remedes contre le mal de la pierre, autrement dite croye, laquelle
vient aux Oiseaux de proye.*

## CHAPITRE XII.

LE s Oiseaux de proye par peu de preuoyance des Fauconniers, engendrent souuent de la croye és intestins,
& communement au boyau culier. Ce mal procede volontiers d'vne gráde chaleur qu'ils ont au dedás du corps,
par laquelle l'excrement ou esmond de l'Oiseau est endurcy & constipé, & par mesme moyen lesdits intestins,
& difficilement peuuent-ils esmeutir. Or ledit esmond
ainsi constipé & endurcy, ne peut passer aisement, ains
demeure en partie dans ledit boyau, dequoy s'engendre
& forme ceste croye qui afflige grandement l'Oiseau &
se rend fort dangereux, s'il n'y est promptement remedié.
Aucunefois ce mal s'engendre aussi és reins de l'Oiseau
par vne descente d'humeur grossiere & acre qui se fait du
cerueau, laquelle prenant son cours le long d'iceux reins
y est tellement (par la chaleur grande & extraordinaire
qu'elle y rencontre, procedant ceste chaleur d'vne grande intemperature de l'Oiseau,) arrestee & dessechee, qu'elle se conuertit en fin en dureté, & par succession & suitte
de temps en pierre, croye, ou gros sable, qui ne trauaille
pas moins l'Oiseau que le precedent. Car par ce moyen
l'Oiseau est priué de toutes les fonctions, ausquelles l'aide
des reins est necessaire, ne se pouuant presque remuer ny
secoüer tant il est affecté de douleur. Nostre nouueau Fauconnier recognoistra ce mal à son Oiseau quand il voudra
esmeutir, il leuera la queuë se plaignant, & bien souuent

essaiera d'esmutir qu'il ne pourra. S'il esmutit ce ne sera
qu'vn peu, & comme si l'on auoit mis ou meslé dedans
chaux ou plastre. L'Oiseau ayant supporté ce mal aura les
yeux enflez & quasi pleurans, tant à cause de l'ennuy &
deplaisir qu'il reçoit par tel mal & douleur, que des vapeurs que luy enuoye en la teste, ceste grande chaleur &
constipation. On luy verra souuent porter le bec au fondement, comme s'il vouloit tirer & arracher ce qui le
tourmente, voulant imiter l'Oiseau nommé Ibis, lequel
on tient se purger les intestins par son dos auec le bec, &
presta aux Medecins l'imitation de bailler les clysteres.
L'Oiseau aura en outre le brayer sale (mauuais signe,) de-
notant sa force diminuee, & ne pouuoir assez haute-
ment releuer sa queuë pour esmeutir, de sorte que son excrement demeure souuent sur ledit brayer. Ou (qui ne
voudra attribuer ce signe à foiblesse:) cela denote que
l'Oiseau est si roidy, constipé, & le mal le tient si pressé &
gesné qu'il ne se peut plier ou courber pour leuer sa queuë.
Voila les principaux indices, par lesquels nostre Apprentif iugera ceste maladie, laquelle recognuë faut se seruir
des remedes subsequents, lesquels nous rechercherons &
prattiquerons par le contraire du mal. Lequel procedant
d'vne grande chaleur qui a causé ceste restriction d'intestins & constipation d'excremens, il faut auoir recours aux
choses aperitiues rafraischissantes, & qui ayent la vertu &
force de rompre & dissoudre ceste croye. Il faut donc pour
premier remede prédre racines de persil, vne poignee bien
lauee & esmondee de sa terre & immondicité, & icelle racine bien nette il la faut fendre en long, & tirer de dedans
vn petit bois qui ressemble vn petit nerf. Cela fait, il faut
couper à petits morceaux toutes lesdites racines, & les
mettre boüillir & bien cuire auec de l'eau bien nette dans

vn pot de terre neuf bien plombé. Lefdites racines ainfi
bien cuites & molles, il faut les preffer entre les mains ou
au bout d'vn linge ou feruiette, en forte que toute la fubftance defdites racines forte & tombe dans la decoction
pour la rendre encore plus participante del'humeur defdites racines, & laquelle decoctió il faudra encore paffer par
vn linge fin pour en ofter toute l'immondicité. Ce boüillon ou decoction ainfi preparé, faut prendre trois pleines
cuillerees d'argent, de bon huile d'amandes douces, ou à
faute d'iceluy d'huile d'olif nouueau, & non vieux ny rance, & mettre ledit huile dans vne petite efcuelle. Dans lequel huile faut mettre au double de la fufdite decoction
refroidie qu'elle foit, battre & demefler le tout tellement
enfemble, que cela deuienne cóme blanc & à demy efpoix,
& en forte que lefdits huile & decoction foient bien in-
corporees enfemble. A quoy faudra lors adioufter & bien
incorporer la pefanteur d'vn efcu de bon aloës ciquotrin,
bien puluerifé & paffé en tamis de foye. Tout cela ainfi
aprefté & bien difpenfé, faut auoir vne petite feringue
femblable, ou vn peu moindre que celles defquelles vfent
les Chirurgiens pour feringuer ceux qui ont mal dans la
verge. Dans laquelle feringue bien nette qu'elle foit, & ledit huile vn peu chaud, fçauoir vn peu plus que tiede,
fera le tout mis dans ladite feringue, & foudain (en faifant
tenir & abattre l'Oifeau à la renuerfe,) fera mis en mode de clyftere & pouffé doucement, & peu à peu dans le
fondement de l'Oifeau. Lequel apres ladite iniection fera
tenu encore vne pofe à la renuerfe, en luy tenant la queuë
plus haute & releuee que le refte du corps, affin que ce
clyftere face mieux fon operation. Cela fait l'Oifeau fera
remis fur la perche ou poing pres du feu, (fans neátmoins
qu'il en reffente viuement l'ardeur : car la chaleur luy eft

H h iij

contraire, ) iufques à ce que par la vertu dudit clyftere il
aura fait plufieurs efmonds , & qu'il l'aura acheué de
rendre. Cela fait il fera repeu vne heure apres de paft vif
& leger, trempé neantmoins en huile d'amandes douces,
batuë & incorporee auec ladite decoction de perfil & fucre, ou à faute dudit huile d'amandes douces , fe faudra
feruir d'huile d'olif incorporé tout de mefmes, & fera repeu ainfi deux fois du iour fans luy donner cure. Car elle
luy feroit pour encore inutile : ledit clyftere ou iniection
compofé comme deffus luy fera continué par trois matins
auec ladite feringue , & mefme regime de viure. Si toutesfois le paft ainfi trempé luy fafchoit pour luy en eftre
baillé trop fouuent, il fuffira de le luy tremper feulement
en ladite decoction de perfil. Tout cela ainfi prattiqué,
conuient par trois matins intermedies purger l'Oifeau de
pillules faites de lard, moëlle de beuf , fucre, fafran, aloës,
aguaric , rheubarbe , & cené,  pour la compofition defquelles ie r'enuoye au Chapitre quarante & vniefme fubfequent , en le nourriffant les iours de ladite purgation
de bons pafts vifs fans aucune mixtion, moyenne gorge,
& fuffifamment qu'il fe puiffe nourrir & fortifier. Apres
laquelle purgation noftre Apprentif continuera à luy
donner cure, eftant tres-bon és iours apres & confecutifs de luy tremper par fois fon paft dans ladite decoction
de perfil auec fucre, affin de luy entretenir & conferuer
toufiours le boyau en bon eftat & ouuert, eftant ladite
decoction fort aperitiue. Si l'Oifeau par la violence du
mal a le fondement enflé le faudra frotter & oindre d'huile rofat ou graiffe de geline foduë, ou à ce defaut de quelque autre graiffe douce iufques à guerifon. Noftre nouueau Fauconnier me demandera pourquoy en la prefen-
te maladie, ie n'ay recours deuant toutes chofes à la pur-

gation ainſi que i'ay fait és autres, deſquelles nous auons traicté. Ie le ſatisfaits, diſant que le conduit & boyau de l'Oiſeau, eſtant empeſché ou eſtoupé par la croye, ſi les pillules ne trouuoient paſſage ouuert & libre pour faire leur operation, & par ce moyen fuſſent retenuës & empeſchees de faire leur fonction, elles donneroient grande peine & trauail à l'Oiſeau, & reſteroient apres vne eſmotion d'humeurs dans le corps de l'Oiſeau inutiles. Mais lors que ledit clyſtere a fait rompre & deſcendre partie de ceſte pierre ou croye, & a rendu le boyau plus libre, leſdites pillules font meilleure operation & ſont donnees beaucoup plus à propos qu'autrement, oſtans & emportans l'humeur peccante. Si toutesfois apres le ſuſdit Remede prattiqué l'Oiſeau n'alloit en amendant, il luy faut bailler vn autre clyſtere fait d'huile d'olif, battu & incorporé auec la ſuſdite decoction de perſil, fiel de cochon, & aloës, le tout bien meſlé enſemble & vn peu chaud, qu'il faudra continuer deux ou trois fois à iours diuers, ſelon que ſe portera l'Oiſeau, & apres recourre encore à la purgation ſuſdite, & auec meſme regime que i'ay dit, n'oubliant de luy preſenter de l'eau à boire tous les iours, & apres ladite purgation ce bain, car s'il ſe baigne ſera vn fort bon augure de ſa ſanté: & faut continuer à luy donner cure, en luy trempant ſouuent ſon paſt en huile d'olif, decoction de perſil, & ſucre. Contre tel mal eſt ſingulier remede, faire tremper le paſt de l'Oiſeau ſouuent dans la decoction d'aſperges, car elle eſt fort ſinguliere pour rompre & diſſoudre la pierre ou croye. Si l'Oiſeau faiſoit difficulté de prendre ſon paſt ainſi trempé, il faut incorporer ladite decoction d'aſperges auec huile d'amandes douces ou d'olif, dans quoy on trempera ſon paſt au lieu de la decoction de perſil. Or ſi le Fauconnier ne peut re-

couurer de feringue pour appliquer les fufdits clyfteres,
ou que la chofe luy femblaft trop difficile à prattiquer, il
n'y aura point de mal de luy faire prendre & aualer le premier clyftere duquel i'ay parlé, par le bec, par le moyen
d'vn gros boyau de geline ou de ieune cochon, ledit boyau bien net & laué. Et eftant ledit boyau lié par les deux
bouts, & remply du fufdit clyftere, l'Apprentif le fera
prendre & mettre bas à l'Oifeau pres du feu, & empefchant
qu'il ne le rende par haut, c'eft à dire par le bec, & luy continuant le regime de ces pafts comme nous auons dit, &
cela fuiuy de la purgation fufdite, & luy donnant de l'eau
à boire chacun iour,& quelquefois luy prefentant le bain,
le mal fera fort violent & inueteré fi l'Oifeau ne s'en porte mieux. Si tous les fufdits remedes ne profitent felon le
fouhait de noftre Apprentif,qu'il prattique encore ce remede: Prenez peaux de raues autrement rifforts, vne poignee bien nette & efmondee moitié moins,noyaux de ne-
fles,autant de femences de melons & autant de fueilles
de grenil,dit en Latin *milcan folis*,le tout bien deffeché au
foleil ou au feu,(il eft meilleur au foleil,)auec le cart moins
d'efcorce de citron, & du tout faire poudre fubtile,laquel-
le il faut faire tremper en chopine de bon vin blanc, moitié eau,par l'efpace de vingt quatre heures. Puis faut faire
boüillir le tout vn peu, affin que l'eau & le vin retiennent
mieux la fubftance & nature defdites poudres,de laquelle
decoction refroidie il faut prendre deux ou trois cuillerees d'argent, & dans icelle mettre le poix de demy efcu
de bon aloës ciquotrin bien puluerifé. Et d'icelle decoction incorporer & mefler auec huile d'amandes douces,ou huile d'olif en femblable quantité ou enuiron. Le
tout ainfi bien demeflé & incorporé enfemble, faut mettre dans vn boyau de geline ou autre,& le faire prendre &

aualler

aualler par le bec à l'Oiſeau, tant qu'il le mette bas. L'Oiſeau ſera tenu pres du feu iuſques à ce qu'il ait paré bas ,
c'eſt à dire par le fondement fait ſon operation, & en gardant que l'Oiſeau ne le rende & reiette par le haut. La
croye ou pierre ſera bien dure ſi ce remede ne la rompt &
diſſout , & ayant continué ce remede deux ou trois iours
vne fois du iour ſeulement , ſera bon de le purger par
deux ou trois matins, & auec le meſme regime tant de
ſon paſt que eau à boire, & pour ſe baigner , & luy continuant ſes cures que i'ay dit cy-deſſus.   Il ſera fort bon
pour quelques iours de luy tremper ſon paſt dans la ſuſdite derniere decoction de peaux de rifforts grenil, & autres, ſans toutefois y mettre d'aloës, car l'amertume d'iceluy degouſteroit l'Oiſeau. Et ores que tout ce que nous
auons dit en ce preſent Chapitre eſt fort propre & vtile
contre tel mal, l'Oiſeau neantmoins le peut auoir tellement ſupporté, & ſe peut ceſte croye tellement eſtre attachee aux inteſtins, que les ſuſdits remedes ne pourroient
eſtre de telle vertu qu'on deſireroit pour la gueriſó & ſanté de l'Oiſeau. Cela recognu il ne faut eſperer que la mort
de l'Oiſeau. Affin neantmoins de ne le laiſſer ſans ſecours
il faut courre au dernier & extreme remede, comme il faut
faire en toutes maladies deplorees. Par ainſi il faut fendre
à l'Oiſeau la peau qu'il a entre le bout de la poitrine & fondement tout ainſi que i'ay dit qu'il falloit faire en mon 2.
Chap. des preſens Remedes, à quoy pour ce regard ie renuoye noſtre Apprentif. Ladite peau ainſi bien fenduë &
ouuerte, enſéble la pellicule qui entourne & enuelope les
inteſtins, il faut toucher & ſouſleuer vn peu le boyau culier : lieu cóme nous auons dit, auquel ceſte croye volótiers
s'engendre & arreſte. Ce boyau ſe trouuera gros, enflé, &
dur, pour raiſon de ladite croye : pour laquelle oſter, il

faut auec vn petit rafoir, lancete, ou autre ferrement bien
pointu & trenchant, fendre & ouurir ledit boyau du
long, tant que le mal durera, racler & bien efmonder toute cefte croye, en forte qu'il n'y demeure rien. Lors foudain faut bien eftuuer le dedans dudit boyau auec vin &
eau enfemble tiede, & le bien effuier auec linge fin. Conuient lors auoir baume naturel, ou pour le manque d'iceluy huile d'amandes douces, graiffe de geline ou autre
douce & non falee, mais le meilleur eft de baume, & en oindre & frotter le dedans dudit boyau. Lequel tout auffi
toft fera recoufu auec aiguille carree & foye cramoific
bien à propos, enfemble ladite peau coupee ou fenduë, &
lefdites couftures oindre ou graiffer dudit baume ou
autres fufdites. Si l'Oifeau a la force d'endurer ceft effort
il fera pour en guerir, car encore qu'on tiéne que les inteftins coupez, percez, ou rompus, ne fe reprennent pas,
ceftui-cy neantmoins fe peut reprendre comme eftant
gros & charnu. I'ay quelquefois fait ceft effay auec de
l'heur. Pour le paft de l'Oifeau il fera repeu de bonnes
viandes & d'aifee coction, & pour quelques iours trempee en huile d'amandes douces ou d'olif, meflé & battu
auec l'vne des fufdites decoctions. Quelques iours apres
felon la force de l'Oifeau, il fera purgé par deux ou trois
matins des fufdites pillules, de lard, moëlle de beuf, fucre,
fafran, aloës, aguaric, rheubarbe, & cené, auec le mefme
regime que i'ay toufiours dit. Que noftre nouueau Fauconnier ne hazarde la prattique de ce dernier remede qu'à
l'Oifeau defploré, & auquel tous autres remedes font
inutiles. Car fouuent pour ne traicter ou panfer pas à
propos l'Oifeau, ou par fa foibleffe, il eft pour mourir
auant ledit remede prattiqué, ou bien toft apres : or fi le
mal eft aux reins il fe faut feruir du remede fubfequent,

qui eſt qu'il faut fendre l'Oiſeau au meſme endroit & de
la meſme façon que nous venons de dire, & auons dit
audit precedent Chapitre 2. L'Oiſeau ainſi fendu, le Fauconnier paſſera par deſſous les inteſtins le premier doigt
de la main droite tout du long des reins, & en la meſme
façon que s'il vouloit chapponner vn poulet. Et pouſſera ainſi ſon doigt iuſques au milieu des reins, auquel lieu
communement s'engendre & amaſſeceſte croye ou pierre,
laquelle rençontree comme ſable ou grauier par le doigt,
le Fauconnier la doit arracher & tirer hors du corps de
l'Oiſeau, comme qui tire les genitoires d'vn poulet. Puis
oindra & frottera la pointe de ſondit doigt de baume
naturel, huile d'amandes douces ou autre graiſſe, & remettant ledit doigt dans le corps de l'Oiſeau, il ira oindre
le lieu où eſtoit ladite pierre ou croye: cela fait il recoudra
l'Oiſeau comme nous auons dit cy-deſſus. De tout ledit
iour il ne luy ſera rien baillé à paiſtre iuſques au lendemain
matin que ſon paſt ſera trempé en huile d'amandes douces ou d'olif, auec l'vne des ſuſdites decoctions incorpo-
rees auec ledit huile, ce qu'il luy faudra continuer pour
quelques iours, & apres eſtant remis vn peu en ſa force il
ſera purgé comme deſſus eſt dit: c'eſt vn mal faſcheux &
duquel il ne rechappe guere d'Oiſeaux, ſi meſmement le
mal eſt inueteré. Parquoy il faut que le Fauconnier le pre-
uienne par bon gouuernement, ou iceluy arriué l'en ſe-
coure promptement: car il eſt beaucoup plus aiſé de remedier au commencement des maladies, qu'à l'inueteration ou enracinement d'icelles Ie conſeille noſtre Apprentif de prattiquer les remedes que donne contre ce mal le
ſieur d'Eſperron en ſon dix-neuſieſme Chapitre de ſes
Remedes, plus pour preuenir le mal & comme pour empeſchement qu'il ne ſuruienne à l'Oiſeau, ou pour vn

commencement de mal, que pour estant arriué le güerir, ne les trouuant, selon mon iugement, assez forts contre la dureté & violence de ce mal, mesmement inueteré. Ie remets neantmoins nostre Apprentif de les prattiquer selon sa volonté.

*Remedes contre le mal du podagre qui vient aux iambes & pieds de l'Oiseau de proye.*

## CHAPITRE XIII.

LE mal de podagre vient aux Oiseaux de plusieurs & diuerses causes & accidents. Aucunefois ce mal luy arriue par l'inaduertance & mauuais soin du Fauconnier, lequel permet que les gets & porte-sonnettes pressent & serrent les iambes de l'Oiseau, d'où s'en ensuiuent des enfleures & inflammations, & (s'il n'y est pourueu,) en fin des fontaines aux pieds des Oiseaux, clouds, pierres, & autres mauuaises carnositez tres-difficiles à guerir. Ce mal suruient aussi à l'Oiseau d'vne descente de rheume chaud & violent qui se fait du cerueau, lequel coulant tout du long des reins iusques à la iointure & assemblage des cuisses auec lesdits reins ou cropion, auquel lieu quelquefois il se diuise, & suiuant tout du long des os des deux cuisses, aucunefois de l'vne seulement, ou par les gros vaisseaux, il ne s'arreste qu'il ne soit à la liaison & assemblage du pied ou des deux pieds. Là où estant, & ne pouuant descendre plus bas, il fait ses efforts, cause & engendre plusieurs inflammations, enfleures & douleurs à l'Oiseau, d'où procedent maints autres maux, si (com-

me dit eſt, ) il n’y eſt promptement pourueu & remedié.
Souuentefois ſe congrege ce mal quand l’Oiſeau a frap-
pé & choqué ſa proye, ( meſmement quand il combat
de grands & forts Oiſeaux, ) auec telle force & ardeur, qu’il
ſe fait mal & maſche le deſſous des pieds, & puis ſans rien
preuoir ny conſiderer, il eſt mis ſur la perche ſans luy mettre aucune choſe molle deſſous, ny ſans luy appliquer aucun remede pour le ſoulager de ce mal, & empeſcher qu’il
n’y en arriue de plus grand. Tel meſpris & pareſſe eſt cauſe, qu’à ceſte partie, la plus baſſe & affectee, affluent & ac-
coulent peu à peu les humeurs, d’où s’en enſuiuent ſous
les pieds des fontaines & autres ſuſdits maux & douleur.
Ce mal finablement peut arriuer à l’Oiſeau comme naturel, & auquel ſa nature eſt de ſoy diſpoſee & capable d’a-
uoir en ſoy abondance d’humeurs, ou de les y receuoir facilement pour peu d’eſmotion qu’il y ait en l’Oiſeau. Ainſi que ſont ceux, leſquels ont de leur naturel les iambes &
mains groſſes & charnuës, ainſi comme i’ay cy-deuant dit
au Chapitre vingt-troiſieſme de la premiere Partie de nos
Rudiments, où i’ay parlé des marques & ſignes, auſquels
il faut auoir eſgard en l’election & choix des Oiſeaux de
proye. De tels Oiſeaux à la verité l’humeur y eſt de ſoy
plus diſpoſee que de ceux qui ont la iambe & main ſeche:
il ſemble toutesfois que les clouds & pierres qui s’engendrent és mains des Oiſeaux procedēt, (ores que tels maux
n’arriuent guere ſans inflámation ) d’vne humeur froide,
laquelle ne pouuant deſcendre plus bas, eſt contrainte de
s’arreſter & ſe conuertir en dureté. Pour quelque cauſe &
occaſion donc que ce mal arriue à l’Oiſeau, il a ſemblables
effets, & en arriuent meſmes accidents, comme ſont enfleures, inflammations, apoſtemes, fontaines, clouds,
& pierres, leſquels affligent tellement l’Oiſeau, que

Ii iij

ne se pouuant plus soustenir sur ses pieds, il est contraint
de se tenir acroupy sur son cropion, ou couché sur son
estomach. Et seroit beaucoup plus vtile pour le Fauconnier, & mesmes pour l'Oiseau, qu'à mesure que ce mal
arriue l'Oiseau fust mort, que de le voir ainsi miserable
par vn long temps endurant beaucoup de douleurs, tant
par la violence du mal qu'application des remedes à ce necessaires. Lesquels en fin apres plusieurs essais, ( si mesmes le mal est inueteré ) se trouuent vains & appliquez
inutilement. Pour n'ignorer neantmoins les remedes à ce
mal contraires, nostre Apprentif sera aduerty que tout
aussi tost qu'il recognoistra ensleures ou inflammations
aux pieds & iambes de l'Oiseau qu'il l'oste de la perche &
le mette sur vn lict ou autre lieu mollement, sur lequel
l'Oiseau se puisse reposer ou coucher, comme bon luy
semblera, en le tenant tousiours chapperonné. Car la dureté de la perche & contrainte de se tenir tousiours sur les
pieds, luy rengrege & augmente sa douleur. S'il recognoist
que les gets ou porte-sonnettes pour serrer trop l'Oiseau,
soient cause de ce commencement de mal, il ne sera paresseux de les oster. Et soudain faire vn restraintif de
blanc d'œuf & brouillamini fort battu & desmeslez ensemble, qu'il luy appliquera deux fois le iour, & le lendemain commencera à purger l'Oiseau auec pillules faites
de lard, moëlle de beuf, sucre, safran, aloës, aguaric,
rheubarbe, & cené, pour lesquelles ie le renuoye au Chapitre quarante & vniesme subsequent, & ce par deux ou
trois matins, auec le mesme regime que i'ay tousiours dit,
& luy continuant ses cures. Ceste purgation diuertira
les humeurs, & ne tomberont point sur ses parties affectees, En sorte que tenant le lieu offencé, graissé, & oint
pour quelques iours auec graisse de geline ou autre dou-

ce,il n’en vaudra moins,&le mal ne s’empirera,ains en fera
guery. Si le mal commence à s’engendrer par la defcente
de rheume, il faut auoir recours au mefme remede que
nous venons de dire, qui eft de repercuter cefte chaleur
& inflammation auec repercutifs & refrigeratifs, parmy
lefquels toutefois ne fera point mal fait d’y mettre & battre parmy,vn peu d’huile rofat, mais ne le continuer ordinairement. Car encore qu’il foit au nombre des huiles
refrigerans & propres contre les inflammations , il eft
neantmoins chaud,& par la continuation eft veu augmenter l’ardeur & inflammation. En forte qu’il fuffira
que de deux fois l’vne , ou felon que l’Oifeau fe portera,
d’y mettre & mefler dudit huile : faut par mefme moyen
& en mefme temps auoir recours aux fufdites pillules,def-
quelles ie viens de parler , & en purger l’Oifeau par trois
matins confecutifs , obferuant le regime que i’ay touf-
jours baillé. Cefte humeur eftant par ladite purgation attiree du cerueau & purgee, il ne faut douter que le lieu
douloureux n’en foit bien toft foulagé, en forte que luy
tenant le lieu graiffé pour le confolider de ladite graiffe de
geline,ou autre cóme dit eft,douce,il fera bien toft guery.
Si toutefois par la premiere & própte prattique de ce que
deffus l’Oifeau n’eftoit tout à fait guery, fera tref-bon luy
continuant toufiours lefdits repercutifs, quelques iours
apres vfer d’vne feconde & femblable purgation, laquelle ( s’il eftoit refté encore au cerueau quelque chofe de cefte humeur peccante, ) acheuera de purger & attirer le
tout , en forte que l’Oifeau fera bien toft guery. Ie donne icy en precepte à noftre nouueau Fauconnier,que pour
traiter à propos cefte maladie de quelque caufe qu’elle
puiffe venir , il vaut mieux tenir l’Oifeau plus maigre
que gras & plein. De crainte que l’abondance d’humeurs

qui eſt en l'Oiſeau gras & plein ne fluë & accoule par
trop à ceſte partie baſſe affectee. Et ſuffira que l'Oiſeau
ſoit en eſtat qu'il puiſſe ſubſiſter & auoir la force d'endurer & ſupporter les remedes, quand le Fauconnier a recognu que l'Oiſeau s'eſt maſché ou offencé le deſſous du
pied, en battant & choquant ſon gibier. Ce qu'il recognoiſtra l'Oiſeau eſtant boiteux, ou ne s'apuiant pas ſi ferme ſur l'vn comme ſur l'autre pied, il fera ce qui s'enſuit.
Faut prendre gemme pure & neufue, la groſſeur d'vne
groſſe noiſette, maſtic, ſang de dragon, momie, encens,
& gomme arabique, de chacun, moitié moins, & le tout
mis en poudre l'eſtendre ſur de ſimple cuir, & auec vn fer
chaud faire le tout fondre. Et tant chaud que l'Oiſeau le
pourra endurer, (ce qu'on cognoiſtra en le touchant auec
la pointe du doigt,) il le faut poſer ſur le lieu de la douleur, & en plier & enueloper bien le pied de l'Oiſeau. Ceſt
emplaſtre, eſt fort reſolutif & diſſipe le ſang maſché, qui
ſe pourroit engendrer en ceſte partie. Il le faut ainſi laiſſer par l'eſpace de vingt-quatre heures, & apres le renouueller encore ſi beſoin eſt. Dés le lendemain que ledit
mal ſera recognu, & que le Fauconnier aura appliqué ledit
emplaſtre qu'il purge l'Oiſeau par deux ou trois matins
auec pillules douces, faites ſeulement de lard, moëlle de
beuf, ſucre, & ſafran, pour leſquelles auſſi ie renuoye au
Chapitre quarantieſme ſubſequent, affin que par l'euac-
uation d'humeurs que fera ladite purgation, elles n'a-
fluent & ſe laiſſent aller ſur ceſte partie offencee, & par
ce moyen l'Oiſeau n'en vaudra moins: meſmes s'il eſt panſé bien toſt apres le mal pris & arriué. Si ce mal eſt comme naturel à l'Oiſeau pour les raiſons que i'en ay dites, &
que le Fauconnier recognoiſſe quelque petite enfleure,
ſoit aux iambes ou aux pieds, auec vn battement de veine

qu'il

qu'il se presume que nature se dispose & veut prendre son
cours sur ces parties inferieures capables d'elles mesmes
de receuoir quantité d'humeurs, voire en estans d'elles
mesmes abreuuees. Il faut pour preuenir & couper chemin aux fascheux accidents qui en pourroient arriuer par
negligence, vser en premier lieu de la purgation par trois
matins des pillules composees de lard, moëlle de beuf,
sucre, safran, aloës, rheubarbe, aguaric, & cené, auec le
mesme regime que dessus. Puis le lendemain desdits trois
iours de purgation, il faut inciser & couper les veines à
l'Oiseau. Pour la methode dequoy i'en feray vn Chapitre
cy-apres, & auquel pour ce regard & prattique ie r'enuoye
nostre Apprentif, n'en voulant pour le present amplifier
cestui-cy. Telle prattique couperatellement chemin à l'af-
fluence & descente desdites humeurs, que l'Oiseau sera
pour estre preserué dudit mal. Pourueu aussi que l'Oiseau
soit tenu net & purgé de quinze en quinze iours, plus souuent ou moins, selon la temperature & estat d'iceluy,
affin que quantité d'humeurs superfluës ne s'engendrent
en luy, & par autres conduits & arteres defluans sur
ceste partie capable d'elle mesme de les receuoir, ne
s'en rendent maistresses & fort difficiles à chasser & re-
pousser. Tout ce que nous auons dit sert plustost d'vn
preseruatif contre la violence du mal du podagre qu'autrement. Lequel nonobstant tous remedes dessus prattiquez, ne laisse de pulluler & viuement s'enraciner
aux pieds de l'Oiseau : ou iceluy ja arriué, & l'Oiseau en
ce miserable estat faut prattiquer les choses subsequentes, mesmes si l'inflammation y accroist. En premier
lieu faut faire refrigeratifs de blanc d'œuf, broüillamini,
auec vn peu d'huile de Nenuphar blanc, & le tout bien
battu & mis sur estouppes, l'appliquer soir & matin aux

K k

pieds de l'Oiseau en liant par deſſus auec bande de toile vſee, trempee en obſicrat, lequel ſe fait des trois quarts d'eau, & vn quart de vinaigre: attachant & liant ſi bien le tout que l'Oiſeau ne le puiſſe oſter. Or continuant ceſte forme de refrigeratif pour quelques iours, il faut purger l'oiſeau auec pillules dernieres, deſquelles i'ay parlé & auec meſme regime que i'ay touſiours dit. Le lendemain de ladite purgation qui aura duré deux ou trois iours, il faut abſiſter ou ſerrer les veines à l'Oiſeau, ſi les premiers remedes deſquels nous auons parlé, n'ont obligé le Fauconnier de l'auoir deſia fait. L'inflammation ſera par trop grande, ſi cela prattiqué elle ne diminuë, & lors conuiendra tenir les pieds & iabes de l'Oiſeau oints & graiſſez deux fois du iour: Sçauoir vne fois du ſuſdit huile de Nenuphar, & vne autre fois d'huile roſat, ou quelquefois les meſler l'vn auec l'autre, en pliant & enuelopant bien le pied & iambe de l'Oiſeau auec linge fin, tant à cauſe de tenir mieux l'huile deſſus, que pour eſuiter qu'il n'engraiſſe ſes plumes deſdits huiles, mettant le pied dans ſadite plume. Six ou ſept iours apres la continuation de tel traictement, il ſera encore bon de repurger l'Oiſeau, comme deſſus pour bien diuertir toutes humeurs, & les empeſcher d'affluer en ceſte partie, & l'Oiſeau ſe portera bien. Or pour preuenir vne autre nouuelle deſcente d'humeurs, & pour fin de la preſente Recepte il faut auec vn petit ferrement ſubtilement fait de l'eſpoiſſeur d'vn demy teſton ou pluſtoſt moins que plus, & fait en ceſte ſorte,

luy donner vn traict de feu tout au tour de la iambe vn
peu au deſſous du genoüil, & autant au deſſus de l'aſſemblage du pied , & deux ou trois traits dudit feu là où le
malle ſouloit le plus offencer & greuer. Et faut donner
ledit feu auec telle dexterité & ſi ſubtilement, qu'il n'y
ait que la peau qui s'en reſſente, ſans que les nerfs en reſtent offencez , car l'Oiſeau pourroit eſtre gaſté. Pour co-
riger lors l'ire du feu, faut tenir les iambes & lieux caute-
riſez graiſſez de beurre frais iuſques à ce que la douleur
ſoit ceſſee , & que l'eſcarre de la peau où le feu aura touché ſoit leuee. Si par la prattique de tout ce dernier remede l'Oiſeau ne gueriſt il eſt fort deſploré. Or ſi ſans auoir
prattiqué ce que deſſus le Fauconnier recognoiſſoit qu'il
ſe fiſt (pour auoir l'Oiſeau ſupporté le mal ſans auoir eſté
panſé ny ſecouru ) vn amas d'apoſtemes au deſſous ou par
coſté ou au deſſus du pied de l'Oiſeau, il ſe faut bien garder
de repercuter par refrigeratifs ceſte humeur comme aux
precedents : au contraire faudra aider à nature pour attirer & amolir ceſte humeur, & la rendre diſpoſee de ſe vuider & ſortir. L'eſtat de ce mal ſe recognoiſtra à ce qu'auec
l'inflammation l'enfleure ſera fort molle, & fera comme
vn petit bout plus en vn endroit qu'en autre. Le mal ainſi
recognu, il le faut ainſi panſer comme s'enſuit. En premier lieu faut purger l'Oiſeau auec pillules faites de lard,
moëlle de beuf, ſucre, ſafran, aloës, rheubarbe, aguaric,
& ſené , par trois matins conſecutifs , & auec le meſme
regime que i'ay touſiours dit. Pendant leſquels iours il
faut panſer le pied ou pieds malades auec remolitifs &
maturatifs faits comme s'enſuit. Conuient prendre limas
rouges, d'vne herbe appellee ſeniſſon, farine de greine de
lin, oignon de lis, & vieux oing. Il faut dans vn mortier le
tout battre & fort piller enſemble, ſi bien & en ſorte que

K k ij

le tout soit bien incorporé. Puis sera le tout mis dans vn
pot de terre neuf bien plombé, auec vn peu de vin, & fait
boüillir, que le tout deuienne bien cuit & consommé, cóme si c'estoit vnguent. De cela en faut mettre deux fois le
iour sur le pied de l'Oiseau, tant chaud qu'il le pourra endurer, en le luy pliant & enuelopant bien, & le faut continuer par tant de iours qu'on recognoisse la matiere & aposteme bien meure. Si ledit cataplasme séble à nostre nouueau Fauconnier trop fascheux ou difficile, (ores qu'il soit
tres-bon) ou ne peut recouurer de tout ce qui y peut estre
propre, qu'il se serue de l'onguét appellé *Basilicum*, duquel
il fera amplastres sur linges, & les appliquera deux fois de
iour sur le lieu douloureux, en pliant le pied en sorte que
les amplastres ne puissent tomber ny l'Oiseau les arracher
auec le bec. Et pliera lesdits emplastres auec bandelettes
de toile trempees en obsicrat, comme dessus est dit, & lesquelles entourneront toute la iambe de l'Oiseau iusques
au genoüil, voire au dessus le long de la cuisse s'il se peut.
Car ledit obsicrat a gráde vertu pour repercuter l'inflammation & empescher qu'elle ne vienne en telle abondance sur le lieu affecté. Ceste humeur donques par l'aide des
choses susdites bien meure, le Fauconnier prendra vn
semblable fer que celuy duquel ie luy ay dit en mon
neufiesme Chapitre des Remedes, qu'il falloit donner le
feu au derriere de la teste de l'Oiseau. Excepté que celuy
lequel nous fait à present besoin n'aura pas le bouton du
tout si gros. Auec ce ferrement donc & petit bouton bien
chaud, (apres auoir bien recognu l'endroit le plus mol,
& où l'aposteme pourra le mieux sortir, ) il faut percer la
peau du lieu douloureux, & assez auant que l'aposteme
puisse prendre son cours, laquelle ledit trou & conduit
ainsi fait, il faudra faire sortir sans toutesfois par trop pres-

ſer. Cela fait, faut faire vne petite tante auec charpis,
laquelle ointe dudit onguent *Baſilicum*, il faut faire entrer dans le pied ce qu'on pourra; mettre encore par deſſus vne petite compreſſe de cherpis, couuerte & ointe dudit onguent. Et pour tenir bien le tout, faut auoir emplaſtre ſur cuir fin ou toile de *Diachilum magnum*, fidellement
fait & compoſé par quelque Apotiquaire; car ceſt emplaſtre fidelement fait, eſt ſingulier pour meurir & attirer
l'apoſteme. C'eſt à la verité vne eſpece de tirant, mais il eſt
beaucoup meilleur que celuy duquel on vſe communement appellé *Diachilum paruum*. Et pour le recognoiſtre
l'vn d'auec l'autre, le premier duquel il ſe faut ſeruir eſt rou
geaſtre, & le dernier eſt cóme gris. Si l'Apprentif ne pouuoit promptement recouurer du *Diachilum magnum*, il ſe
ſeruira en attendant de l'onguent *Baſilicum*, duquel il ſera
emplaſtre ſur le mal, & faut ainſi panſer deux fois le iour,
ſçauoir ſoir & matin le mal iuſques à gueriſon. Quelques
iours apres que le Fauconnier aura continué de panſer ainſi l'Oiſeau, il faut qu'il le repurge encore par deux matins
ſeulemét auec les pillules dernieres deſquelles i'ay parlé, &
auec le meſme regime, affin de diuertir touſiours les humeurs. Cela fait il faut abſciſer & ſerrer les veines de l'Oiſeau, comme il ſera monſtré ſubſequemment. Six ou ſept
iours apres, que l'Oiſeau ſoit encore repurgé par deux
matins comme deſſus, & puis le feu luy ſoit baillé aux
iambes & pieds, tout ainſi comme i'ay auſſi dit cy-deuant:
ſçauoir l'enfleure & apoſteme du pied eſtans preſque gue-
ries. Car comme nous auons dit au precedent 8. Chapitre,
le feu laiſſe le lieu malade au meſme eſtat que lors qu'il y
eſt appliqué, & n'a autre vertu que pour reſtraindre &
empeſcher qu'autres & nouuelles humeurs n'y affluent &
renouuellent ou rengregent le mal. L'ardeur duquel feu

K k iij

ainfi appliqué fera moderee par beurre frais comme deffus eft dit, pour quelques iours.  L'Oifeau ainfi bien &
foigneufement traité & panfé pourra guerir : bien fouuent par la nonchalance ou ignorance du nouueau Fauconnier, ou mefprifant ce mal, cefte humeur qui eft froide
& affluë en ces parties là fe congele par fucceffion de
temps en pierres, en forte que l'Oifeau ne fe peut nullement fouftenir, ou fe conuertit en chairs & carnofitez
mortes, de tref-difficile guerifon. Si le mal eft conuerty
en dureté & pierre, apres auoir purgé l'Oifeau par trois
matins auec les dernieres pillules, defquelles i'ay parlé en
ce precedent Chapitre, & auec mefme regime que i'ay
toufiours ordonné, il faut auec le premier fer duquel i'ay
parlé au prefent Chapitre, & iceluy bien rouge & chaud
fendre du long & non par trauers la peau du lieu où s'eft
engendree cefte dureté & pierre. Et icelle bien fenduë &
ouuerte iufques à ladite dureté, il conuient auec la pointe d'vn poinçon ou autre petit ferrement, chercher & tirer
hors ladite dureté & pierre, & s'il y en auoit plufieurs n'en
y faut laiffer aucune : còme auffi s'il y en auoit en plufieurs
endroits de fes pieds il en faudroit faire le femblable. Si le
fang furmóte & y vient en abondàce, pour le reftraindre &
eftacher, luy foit baillé vn reftraintif de blàc d'œuf & broüil
lamini fort battus enfemble, & mis fur eftoupes, & luy foit
appliqué iufques à ce que le fang fera eftanché & ne fluera
plus. Faut lors tenir le lieu ou lieux ainfi cauterifez, graiffez de graiffe de geline ou autre graiffe douce iufques à
guerifon. Car eftás tenus ainfi graiffez nature remettra les
lieux malades, & l'Oifeau pourra guerir en recourant encore fept ou huiĉt iours apres à vne feconde purgation
par trois matins : Sçauoir deux matins auec pillules douces,
& le tiers matin auec les compofees d'aloës, rheubarbe,

aguaric, & cené, affin d'acheuer de diuertir les humeurs
qui affluent fur fes parties affectees, & affin qu'elles n'y
caufent quelque nouuelle inflammation. Si le Fauconnier
fe veut feruir de l'abfcifion & ferrement des veines & application du feu, comme nous auons cy-deffus dit, il le
pourra faire, car cela diuertira & empefchera grandement
les humeurs de n'y faire nouuelle, ou quoy que foit, fi
abondante defluxion. Ceft amas d'humeurs auffi ainfi
fait aux pieds de l'Oifeau, & conuerty en carnofitez &
comme chairs mortes, apres auoir eu recours à la purgation par trois matins de l'Oifeau auec pillules compofees
d'aloës, aguaric, rheubarbe, & cené, il faut auec le fufdit
ferrement chaud bien fendre en croix la peau en l'endroit
duquel eft faite cefte carnofité & la defcouurir bien. Si le
Fauconier la peut toute couper ou arracher qu'il n'y laiffe
rien : finon apres auoir eftanché le fang qui pourroit affluer en cefte partie auec le fufdit reftraintif de blanc d'œuf
& broüillamini, & le lieu rendu bien net & defcouuert:
il faut mettre deffus poudre de Mercure incorporee auec
vn peu de beurre frais ou toute feule, à la volonté de l'Apprentif, pouruen qu'elle y vueille prendre & tenir. A defaut de ladite poudre de Mercure il fe feruira de la poudre
d'alun de glas bruflé. L'vfage defquels eft fort bon contre
toutes mauuaifes chairs & carnofitez fuperfluës, car elles
les mangent. En forte qu'il en faut vfer iufques à ce qu'elles ou l'vne d'icelles, aura affez mordiqué, & qu'il n'y reftera plus que ce qui doit eftre au pied naturellement. Si
l'Apprentif eft defpourueu defdites poudres & n'en peut
recouurer, il faut qu'il applique fur le mal auec charpis,
de l'onguent appellé *Apoftolorum*, ou de l'*Ægyptiacum*; l'*A-*
*poftolorum* neantmoins meilleur, eftant fort propre à mondifier la mauuaife chair, & en faut panfer foir & matin l'Oi-

seau iusques à ce que le lieu soit bien mondifié & n'y paroisse plus, que ce qui doit estre (comme i'ay dit,) naturellement au pied de l'Oiseau. Bien est vray que s'il se sert desdites poudres ou l'vne d'icelles, il suffira de les renouueller sur le pied de l'Oiseau de vingt-quatre en vingt-quatre heures, & continuer ainsi iusques à ce qu'elles auront fait leur entiere operation. Et lors faudra pour le consolidement du lieu malade se seruir de graisse de geline ou autre douce, par le moyen de laquelle les pieds & lieux malades de l'Oiseau tenus graissez, nature se remettra en son premier estat. Mais pendant le traitement des pieds de l'Oiseau, en ceste sorte sera fort bon de recourir encore à vne autre purgation par trois matins, (sçauoir) deux matins auec pillules douces, & le troisiesme matin auec pillules composees de rheubarbe, aloës, aguaric, & cené, desquelles i'ay tousiours parlé auec mesme regime & à mesmes fins que dessus. Et comme dit est, pour preuenir vn pareil mal à l'aduenir, le Fauconnier aura recours au serrement & abscision de veines, comme aussi à l'application du feu. Excepté que le feu estant appliqué à la iambe ou iambes de l'Oiseau, il ne faut que donner vn traict de feu tout au tour du lieu où s'estoit fait cest amas, sans toucher au lieu nouuellement pansé, car la douleur & sentiment y seroient trop grands & violans. Nostre Apprentif me demandera pourquoy en toutes ces incisions de la peau du pied de l'Oiseau, on ne se peut seruir du trenchant de quelque rasoir, lancette, ou autre ferrement que du feu. Ie luy respons qu'on se sert du feu pour empescher en premier lieu la fluxion de sang, non si grande, & que l'incision faite auec vn tranchant sans feu se reprend & bouche incontinant : ce qui empesche qu'on ne peut panser l'Oiseau qu'en luy renouuellant tousiours

sa

sa playe ou incision, ce qui est preuenu par le feu, l'incision & ouuerture ainsi faite ne se reprenant & reioignant qu'auec temps, & par ainsi le traitement de l'Oiseau en est plus aisé. C'est ce qui m'a semblé à dire pour le regard de ce mal, à quoy i'ay esté long, & me suis fort amusé, mais la diuersité de ceste maladie, la longueur & malignité d'icelle m'y ont obligé. Le sieur d'Esperron en ses Remedes Chapitre quinzielme, n'en donne pas beaucoup, presupposant que la principale guerison de toutes ces maladies consiste à l'abscision des veines des Oiseaux. Et encore bien souuent arriue-il qu'apres l'essay & prattique de tous bons Remedes, le trauail se trouue inutile & l'Oiseau non guery. Restant finalement en creance qu'il n'y a mal ou accident qui ruine & cause plustost la mort des Oiseaux de proye aux champs, estans en leur liberté, que celuy duquel nous auons parlé. Nos maistres nous ont dit & enseigné vn autre moyen de guerir le podagre par la rupture de la iambe ou iambes de l'Oiseau. Et à la verité plusieurs se seruent de ce remede assez heureusement, croyans que par la reprise de l'os de l'Oiseau, & cal qui se fait en la reprise desdits os, toutes humeurs sont tellement arrestees, venans d'en haut, qu'il n'en fluë plus sur les pieds. Mais pour moy ie tiés que par ce moyen nostre Apprentif se mettroit en grand hazard de faire vn nouueau mal pire que le premier, si l'Oiseau n'est fort adextrement pansé. Car en luy rompant la iambe ou iambes, si l'on perce la peau & la moëlle, ou mesme l'os rompu prend l'air ou le vent, l'Oiseau pourra estre gasté ou du moins de difficile guerison. Auec ce, faut tousiours panser le mal ja arriué au pied, ne seruant ladite rupture que d'vn preseruatif contre la nouuelle descente d'humeurs. Pour faire entendre à nostre Apprentif s'il veut

prattiquer ce remede, il faut qu'il aye trois eſtrincles petites : Deſquelles l'vne ſera de la longueur de la iambe de
l'Oiſeau, & les autres deux de chacune la moitié moins.
Elles ſeront des deux coſtez du plat de la iambe attachees
auec fil ou petites bandelettes de toile. Puis le Fauconnier
prenant la iambe de l'Oiſeau, la rompra iuſtement par le
milieu, & en l'endroit où les deux petites eſtrincles ſe
ioignent, ſans neantmoins comme dit eſt, que l'os perce
la peau : pour la gueriſon de laquelle rupture ie r'enuoye
l'Apprentif au Chapitre cy-apres de la Rupture des iambes
ou cuiſſes des Oiſeaux. Mais encore pour diuertir bien les
humeurs faut-il touſiours ſe ſeruir des ſuſdites purgations, car autrement nature y prendroit touſiours ſon
cours, & mettre la main par les Remedes que deſſus.

---

*Comme quoy il faut abſciſer & ſerrer les veines des Oiſeaux.*

## CHAPITRE XIIII.

AV precedent & dernier Chapitre ie me ſuis obligé de
faire vn narré ou inſtruction à part, comme quoy &
en quelle forme & maniere il falloit abſciſer & ſerrer les
veines de l'Oiſeau pour la prattique des Remedes contenus
audit dernier precedent Chap. à quoy ie ne veux manquer
auparauāt m'engagner au traité d'autres maladies. Et pour
ceſt effet ie ne repeteray point que la plus grande part des
humeurs & inflammations, tombans ſur les pieds des Oiſeaux, coulent & affluent principalement ſur ſes parties
inferieures, par les veines & vaiſſeaux ſanguinaires. Et
que pour empeſcher ou diuertir autant qu'on peut ceſte
defluxion, il faut ſerrer & abſciſer les principaux conduits

qui tombent & refpondent fur ces parties là, affin qu'o-
ftee la principale caufe du mal, la plus grande violence d'i-
celuy foit auffi oftee. Or dautant que tant le fang qu'humeurs coulent fur ces parties par vne maiftreffe veine , laquelle venant du dedans de la cuiffe paffe le long de la
iointure du genoüil de l'Oifeau, & de là encore tombe tout
du long du dedans de la iambe, tant d'vne qu'autre , iufques à l'affemblage du pied auec ladite iambe, auquel lieu
ce gros vaiffeau ou maiftreffe veine fe dilate en plufieurs
petits conduits qui vont le long des ferres de l'Oifeau &
y portent la nourriture, & auffi les mauuaifes humeurs qui
y peuuent eftre. Vne partie auffi de ladite nourriture &
humeurs peut bien à la verité fluer & eftre portee par autres petites veines & arteres. Mais eftans fi petits qu'ils
nous font comme incognus ou inuifibles, c'eft à ce principal gros vaiffeau qu'il fe faut adreffer, & mefmes l'attaquer au lieu où il eft le plus gros & en fon entier, qui eft
lors qu'il fort du plat de la cuiffe par le dedans, & vient
aboutir à la iointure du genoüil, & enuiron vn trauers
doigt au deffus dudit genoüil. Et c'eft le lieu que nos maiftres nous ont enfeigné de prattiquer ce ferrement de veines. Or encore que fort fuffifamment ils en ayent parlé,
& monftré comme quoy il y falloit proceder, notamment
le fieur d'Efperron en fon 15. Chapitre des Remedes, noftre nouueau Fauconnier n'ayant peut eftre leurs liures,
( aufquels pour ce regard ne le deurois renuoyer: ) pour
ne le laiffer en aucun doute, ie luy diray icy en y mettant
quelque chofe du mien, ce que i'en ay appris d'eux &
heureufement prattiqué. Il conuient donc mailloter bien
l'Oifeau dans feruiette ou autre linge, à ce que ( fans toutesfois le trop preffer, ) il ne fe puiffe mouuoir, & que
celuy lequel le tiendra à trauers le puiffe tenir plus

feurement entre les mains, fans luy fouler fes plumes.
Il fera donc ainfi pris & tenu à la renuerfe, & par vn autre
luy fera tenuë la tefte & l'vne des ferres, affin qu'il ne
bleffe ou offence perfonne. Ainfi pris & tenu, le nouueau
Fauconnier prendra l'autre ferre & iambe en vne main,
& la luy eftendant luy plumera & oftera bien toute la
plume & duuet qui eft par le dedans du plat de la cuiffe
de l'Oifeau, depuis le genoüil iufques à la longueur de
deux trauers doigts au deffus ou enuiron, & tellement,
que l'endroit où paroift cefte veine foit bien defcouuert.
Et preffant lors le plat de ladite cuiffe, ou faifant en ce
lieu là vne petite ligature, auec quelque petit ruban ou
paffement rouge, la veine qu'il faut ferrer & abfcifer paroiftra groffe & enflee au deffus de la iointure dudit genoüil, & en l'endroit où elle fort du gras & plat de ladite cuiffe iufques audit genoüil. Car de la panfer voir ny
recognoiftre plus haut, à caufe de l'efpoiffeur de la cuiffe
feroit recherche mal employee, & temps perdu. Cefte
veine donques ainfi bien recognuë par le Fauconnier, il
fendra & coupera adextrement la peau de la cuiffe droitement au deffus de la veine enuiron vn demy trauers
doigt de long, & ce auec telle d'exterité, qu'il ne coupe &
fende que ladite peau, fans offencer ny toucher en rien à
ladite veine, car il fe trouueroit fort empefché, & pourroit
l'Oifeau eftant traité par vn ignorant, eftre gafté. Cefte
premiere & groffiere peau de la cuiffe ainfi fenduë, il y
reftera encore quelques pellicules qui couurent & font
au tour de ladite veine, laquelle neantmoins auec toute
fa groffeur ne pourroit eftre groffe que comme vn fil de
foye retors, & peut eftre moins. Lefquelles pellicules
auffi il faudra rompre & defprendre d'auec ladite veine,
laquelle paroiftra noiraftre entre lefdites pellicules & ar-

teres, & les faudra rompre & defprendre auec ongle de
butor ou autour, qui ont les ferres fort grandes , ou à
faute de ce, auec vn autre ferrement, foit d'or, d'argent,
airain, ou fer, & encore à faute de tout ce que deffus, d'vn
petit bois crochu & demy pointu , bien efmondé de fa
peau & bien fec, ledit inftrument foit de bois ou matiere
metallique fait en cefte forte, de la **groffeur** d'vne groffe
aiguille de raifeur.

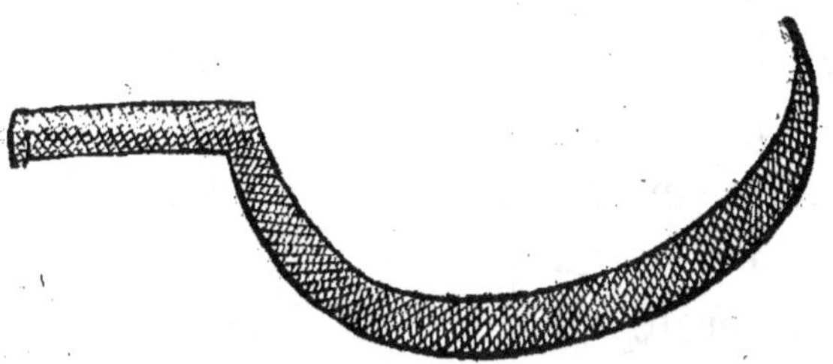

Or ladite veine ainfi defcouuerte, il conuient paffer &
faire couler par deffous icelle ledit ongle ou autre inftrument, & la mettre bien toute nette fur ledit ongle ou
ferrement, fans y prendre ny enleuer aucune autre artere
ny nerf. Ladite veine ainfi mife fur ledit ferrement, il
conuient auoir vne aiguille, foit commune ou autre
auec bon fil retors frotté auec poix en mode d'vn petit ligneul, & faire paffer le cul premier de ladite aiguille par le
deffus de ladite veine & aupres dudit ongle & ferrement,
lequel tiendra ainfi la veine foufleuee, i'entends par le
haut de la veine du cofté de la cuiffe , & non par le bas du
cofté du genoüil. Ladite aiguille & foye paffee à demy,
ladite veine fera auec ladite foye bien liee, ferree à double
nœud, & en forte qu'aucun fang ny humeur n'en puiffe
plus defcendre. Ladite veine ainfi ferree par le haut, il
faut prendre la lancette & rafoir auec lequel le Fauconnier auoit fendu la peau de la cuiffe, & percer ladite veine

Ll iij

droit par le milieu fur l'ongle ou autre inftrument, lequel
foufleue ladite veine & la faut percer, en forte que le fang
en forte tout à fon plaifir. Et lors fera ofté ledit ongle ou
autre ferrement, & faut laiffer feigner ladite veine tout à
fon aife en y faifant mefmes venir le fang auec les doigts
depuis le pied. Quand le Fauconnier verra qu'il ne voudra plus ou que fort peu, fortir de fang, il repaffera ledit
ongle ou ferrement encore par le deffous de ladite veine,
& ayant coupé ledit fil ou petit ligneul à demy trauers
doigt de la ligature, il abfcifera & coupera tout à fait au
deffous de la ligature ladite veine par trauers. En fe prenant premierement bien garde qu'il ne vienne aucun
fang par ladite ligature, car l'Oifeau pourroit eftre gafté
s'il n'eftoit promptement fecouru par cautere ou fur ligature, encore la cure en feroit fort dangereufe, ores
qu'elle fuft effayee par quelque main bien maiftreffe. Ladite veine donc ainfi coupee, il faut encores effayer d'en
faire fortir le fang fi aucun en eftoit refté, & fi l'autre
iambe ou pied en a befoin, en faire le femblable en s'y
comportant adextrement. Nos maiftres nous ont monftré & apris cefte façon & methode de ferrement de veine, lequel ie loüe & approuue fort & m'en fers bien fouuent. Mais de moy ( mefmes és Oifeaux qui ont vne grande inflammation aux pieds, ) i'ay prattiqué de faire cefte abfcifion & ferrement au milieu de la iambe de l'Oifeau par le dedans, y obferuant toufiours neantmoins
la mefme methode de liaifon & abfcifion qu'au deffus du
genoüil, & comme nous auons dit. Mais à la verité la veine eft en ladite iambe plus difficile à trouuer, & faut y
proceder auec plus de dexterité pour raifon des nerfs
parmy lefquels elle paffe & coule, & defquels il faut
eftre foigneux de n'en bleffer ny offencer le moindre.

Car outre ce que l'Oiseau pourroit estre priué de ne s'aider plus de ce pied, il y suruiendroit de plus grandes enfleures & inflammations qu'auparauant. Mais si ladite
veine est bien trouuee, serree, & coupee à propos en cest
endroit la iambe & pied se deschargent beaucoup mieux
du sang corrompu, qui affectoit ceste partie, que par l'incision au dessus du genoüil, & en est de plus grande vertu. Soit ladite abscision & serrement de veine faits en l'vn
ou l'autre lieu, il faut auec eau nettoyer la playe & tous
les endroits où le sang pourroit auoir touché aux pennaches de l'Oiseau. Ce qui neantmoins auroit esté bien facile de preuenir en mettant vn linge entre deux, & l'Oiseau
estant tenu adextrement le sang pourroit estre tout tom-
bé à terre. L'effusion duquel ne sera pas en petite quantité eu esgard au membre de l'Oiseau, car si toute la peau
de la iambe & pieds de l'Oiseau, estoient separez & es-
corchez d'auec leurs os & nerfs, le sang qui sortira de
ladite veine n'y pourroit arranger. Ladite playe donc
ainsi bien estuuee & essuyee auec linge fin, nostre
Apprentif mettra vne petite compresse de toile fine trempee en eau sur ladite playe, & sera liee auec vne petite bande aussi de toile fine, & pansera ainsi son Oiseau soir &
matin deux iours entiers. Et pour acheuer de consolider le
lieu blessé, il sera graissé par quelques iours de graisse de
geline ou autre douce, & plié auec vne petite bande
iusques à guerison, laquelle pour ce regard ne tarde-
ra guere. Car nature l'aura bien tost remise & guerie,
mesmement si ladite playe est tenuë pliee & couuerte d'v-
ne petite bandelette de toile vsee & fine, tant pour empescher que le vent ne rapportast quelque incommodité
en la playe, que pour empescher que l'Oiseau n'engraisse

ſes plumes de la graiſſe auec laquelle on luy panſera ladite playe ou playes, ſi on a ſerré & abſciſé les veines des
deux coſtez. Le ſieur d'Eſperron en ſon quinziefme
Chapitre des Remedes baille deux methodes de ſerrer
& abſciſer les veines aux Oiſeaux. La premiere, pareille
à celle que ie prattique communement, & de laquelle
ie viens de parler, laquelle s'abſciſe au deſſus du genoüil,
& par l'autre il donne le moyen d'arracher ladite veine:
ce que i'approuue fort ſi elle ſe peut prattiquer. Et pour
ce que noſtre Apprentif n'auroit en main les œuures dudit ſieur d'Eſperton pour en aprendre & prattiquer la methode, i'expoſeray en ce lieu ce qu'il en dit. Vous auez
( dit-il, ) vn autre moyen de couper la veine à l'Oiſeau
qui eſt beaucoup meilleur : c'eſt qu'ayant acroché la veine & l'ayant liee du coſté de l'ongle dont vous tenez la
veine acrochee, il faut la lier encore de meſme façon en vn
autre endroit, deſia diſtant toutesfois du premier, lié d'vn
trauers de couteau ſeulement qui ſera de l'autre coſté de
l'ongle, de maniere qu'entre ces deux leures il ne demeure que l'eſpace de l'ongle. Puis prenez la meſme veine au bas de la main de l'Oiſeau à l'endroit du porte-ſonnettes, & l'acrocher auec vn autre ongle ſans oſter la premiere d'entre les deux leures, toutesfois ſans la lier : lors
vous couperez ceſte veine en ce lieu plus bas au porte-
ſonnettes. Apres vous couperez la veine entre les deux
leures qui ſont ſur le genoüil, & de la leure plus baſſe
apres le genoüil, vous tirerez de ceſte veine le long de la
iambe, de façon qu'il ne demeure rien d'icelle depuis le
genoüil iuſques au porte-ſonnettes. Puis vuiderez le ſang
qui eſt encore en ceſte main, ce que vous ferez ainſi.
Apres auoir coupé le bout des ongles d'icelle, & auoir
mis l'Oiſeau de bout dans vn plat plein d'eau tiede, en

ſorte

sorte que les mains y trempent iusques au porte-sonnette
seulement & non plus haut, & enchapperonné, de peur
qu'il ne se debatte, frottez-luy ceste main auec le bout de
vos doigts dans l'eau, & ainsi le sang en sortira. Vous appli-
querez en apres l'emplastre de broüillamini & glaire
d'œuf sur ceste main sans qu'il touche plus haut que du
porte-sonnette. Voila ce que le sieur d'Esperron en dit;
que i'approuue fort, pourueu qu'il soit prattiqué subtilement & auec dexterité, mais pour consolider les ouuer-
tures & incisions, il conuient apres prattiquer & obseruer ce que i'en ay cy-deuant dit.

---



## CHAPITRE XV.

CE S T vn accident & chose fort fascheuse au nouueau
Fauconnier, quand par sa hastiueté ou autrement
par sa faute la ligature de la veine qu'il a pensé lier & serrer
demeure lasche, en sorte que le sang ne laisse de fluer &
couler, soit peu ou en abondance. Ceste faute peut mettre l'Oiseau en tel estat, que peu à peu il ne luy resteroit
plus de sang au corps. Car c'est vne chose certaine qu'il y
a vne telle correspondance aux veines, & mesmes leur
source procedant à toutes de mesme lieu, qui est du foye,
que par l'ouuerture & flux de l'vn des principaux vaisseaux mesmement és parties inferieures, esquelles plus li-
bremét le sag affluë tout le reste du sag y accourt, & y préd
chemin pour sortir. En sorte que l'Oiseau desnué du sang,
ou quoy que soit de la plus grande partie, ne peut (nó plus
que tous autres animaux) subsister. Pour reparer dóc ceste

faute, il faut que noſtre Apprentif tout auſſi toſt qu'il l'aura recognuë, & veu que nonobſtant la ligature qu'il auoit
faite, le ſang vient touſiours du coſté de la cuiſſe contre
noſtre deſſein, en faiſant touſiours bien ſeurement tenir
ſon Oiſeau ſans qu'il ſe puiſſe mouuoir, remuer, ne debattre, il tirera doucement les deux bouts de la ſoye qu'il
auoit coupez à demy trauers doigt de ladite ligature, &
tirant ainſi doucement ladite veine il fera s'il peut, & que
ladite veine le puiſſe permettre, vne ſur ligature promptement par deſſus l'autre du coſté de la cuiſſe, en prenant le
bout de ladite veine auec petites pincettes à ce propres, laquelle ſur-ligature il liera & ſerrera ſi à propos qu'il n'en
coulera plus de ſang. Si toutesfois auant auoir recognu
ſadite faute, la veine auoit eſté coupee du tout, & que
pour s'eſtre trop retiree dans la chair, il n'y euſt moyen de
la retirer pour faire ladite ſur-ligature, on en verra touſ-
jours le bout par le moyen du fil de ſoye qui fait la premiere ligature. En ſorte que paroiſſant le bout coupé de
ladite veine, il faut auec le petit bouton de fer duquel i'ay
parlé au precedent treizieſme Chapitre, parlant du podagre, cauteriſer & faire bruſler bien à propos, (& ſans
que le feu touche à autre part) le bout de ladite veine. En
ſorte que par la reſtrinction que fera le feu du bout de
ladite veine le conduit d'icelle s'eſtoupera, luy eſtant baillé bien à propos & ſi auant, que la veine pourra eſtre
veuë, & qu'il en ſera beſoin, autrement l'Oiſeau ſeroit
pour reſter gaſté & mort: ainſi meſmes s'il n'eſt panſé
auec grande dexterité, il y aura aſſez affaire de le garantir,
& aura beſoin d'vn bon & delicat traitement & grand
ſoin.

*Remede contre les ventositez ou coliques de l'Oiseau
de proye.*

## CHAPITRE XVI.

L'OISEAV de proye bien souuent non moins qu'autres animaux, est suiet à des ventositez qui luy causent
des coliques le tourmentans fort. Ce mal procede des
mauuaises viandes froides, ou pour estre trop continuees
à estre lauees en eau trop froide & viue, mesmes en hiuer,
dequoy il est repeu, l'Apprentif ne preuoyant pas le
temps auquel il faut ainsi tremper le past de l'Oiseau, ny
la nature d'iceluy, ny la qualité & nature des viandes desquelles il le nourrit. En sorte que par telles cruditez l'Apprentif est tout estonné que son Oiseau est malade, fait
triste mine, est en continuel mouuement, bien souuent est
contraint s'acroupir ou coucher sur le poing ou la perche,
& par les vapeurs que telle douleur luy enuoye en la teste,
il a les yeux mouïllez & comme pleurans, qui sont les indices de ceste maladie, laquelle bien souuent n'est pas recognuë que des plus experts. Elle se loge aux boyaux &
intestins, & par le remuement du vent qui se fait au dedans l'Oiseau ressent & souffre de grandes douleurs. Pour
à quoy remedier faut faire promptement ce qui s'ensuit:
Prenez deux ou trois cueillerees d'argent ou enuiron de
bon huile de noix non rance ny bruslé, lequel il faut
battre & incorporer auec decoction d'anis: c'est à dire
auec autant d'eau que d'huile, en laquelle eau le Fauccon-
nier aura fait boüillir de l'anis, en y adioustant la grosseur d'vne petite noix de sucre candic, & d'vne noisette de

bon aloës ciquotrin bien pillez & puluerifez. De tout cela
bien battu & meflé enfemble & vn peu chaud, fera
baillé à l'Oifeau clyftere auec la feringue, dequoy i'ay
parlé au Chapitre douziefme des Remedes. Trois heures
apres l'operation duquel ( i'entends que pendant icelle
il faut tenir l'Oifeau pres du feu, ) l'Oifeau fera repeu de
bon paft vif & leger, & luy fera trempé fi on le paift
d'autre chofe fon paft en ladite decoction d'anis incorporé auec huile d'amandes douces. Car l'anis eft fort
propre pour diffiper les vents és inteftins, & ne fera point
mal fait, ains fort bon, l'Oifeau ayant bien paffé & induit fon paft de luy renouueller encore ce clyftere. Apres
l'operation duquel luy faudra le foir donner cure auec
clouds de girofle grandement profitable contre les ven-
tofitez. Or fi ( comme nous auons dit audit precedent
Chapitre douziefme, ) l'Apprentif manque de feringue,
il faut qu'il fe ferue du boyau de geline ou autre, pour
faire prendre ce que deffus à l'Oifeau par le bec, & le
luy faire mettre bas. Mais il fera beaucoup meilleur
eftant mis par iniection au fondement, dautant que cela va droit aux inteftins, & l'eftomach ne s'en trouue
chargé. Et affin de remettre l'Oifeau en fon accouftu-
mee fanté, il fera bon de le purger par trois matins
confecutifs auec pillules defquelles i'ay fouuent parlé,
& mefmes au fubfequent quarante-vniefme Chapitre,
compofees d'aloës, aguaric, rheubarbe, & cené, & auec le
mefme regime que i'ay enfeigné cy-deuant. Luy prefentant de l'eau à boire & le bain comme i'ay toufiours dit, &
luy continuant fes cures, dans lefquelles il faudra par fois
mettre clouds de girofle. Il fera bon quelquefois auffi
de tremper fon paft en vin rouge, dans lequel ait boüilly & cuit canelle fine, anis, & fucre d'vne cuitte, le

tout en poudre. Car cela luy eschauffera les intestins, &
profitera beaucoup contre les ventositez. L'Oiseau ainsi
bien traité se portera bien. Il sera fort bon aussi au lieu
dudit cloud de girofle, mettre dans ses cures de l'anis con-
fit par fois seulement sans le continuer. Si tout ce que
dessus ne profite à l'Oiseau, nostre Apprentif luy face
aualler auec vne cueillier qui ait vn petit canon au bout, vn
peu d'eau de canelle tiree par quinte-essence, qui est vn
souuerain remede.

*Remedes contre les filandres des Oiseaux de proye.*

## CHAPITRE XVII.

L'OISEAV de proye est aussi suiect d'auoir des filandres
autrement nommees aiguilles, & sont ainsi appellees
aiguilles, pource qu'elles piquent l'Oiseau. Elles s'engendrent cómunement és cuisses, reins, & col de l'Oiseau pres
de la teste. Ce mal procede d'vn sang corrompu, lequel
vient à cause que l'Oiseau à force de se debattre, ou tourmenter, ou de demeurer pendu sous la perche ou poing
par les efforts qu'il fait ou qu'il prend, il se rompt certaines
petites veines ou arteres, soit au col, reins, ou cuisses, desquelles il sort du sang. Lequel venant par long-temps à
se cailler & secher, presse l'Oiseau & le pique, en sorte
qu'il se plaint, porte souuent le bec au lieu où le mal le
presse & pique. Et pource que pres de la teste il n'y peut
porter le bec, il y court auec la main & se gratte comme au sommet de la teste. Cela le pique quelquefois
en sorte, que ne se pouuant souuent tenir il est contraint de se laisser presque choir. Le remede en sera tel:

M m iij

il faut prendre pillules composees d'aloës, aguaric, theu-
barbe, & cené, en la mesme sorte qu'il sera dit au quarante-vniesme Chapitre subsequent, & en purger par trois
matins l'Oiseau, & chacun matin luy en donner la pesanteur d'vn escu, le tenant pres du feu, & l'empeschant de ne
les rendre par haut, & le paissant d'vne cuisse de geline
trempee en eau tiede trois ou quatre heures apres ladite
prise de pillules, ou vne heure apres que le Fauconnier
cognoistra qu'elles auront fait leur deuoir & operation.
Et sera bon pour quelques iours luy tremper son past en
eau, ou bien vn peu de safran cuit. Car la chaleur dudit
safran dissout ce sang corrompu, voire mesmes luy faut
mettre dans ses cures safran en poudre quelques soirs. Et
ne sera que bon incorporer aux susdites pillules vn peu de
*hiera pigra*, & par bon regime & traitement l'Oiseau se
portera bien.

---

*Remedes contre vne autre sorte de filandres suruenants aux
Oiseaux de proye.*

## CHAPITRE XVIII.

IL suruient à l'Oiseau de proye vne autre espece de filandres qui luy est encore plus fascheuse, dautant qu'elles s'engendrent és enuirons des parties nobles, comme
le cœur, foye, & poulmons, & semblent comme petits
vers, lesquels non contans d'attaquer & trauailler en ces
parties là l'Oiseau, ils l'attaquent iusques au gosier, en
sorte & si fort qu'il tombe comme demy mort & n'ayant
aucune force. L'Apprentif recognoistra aussi ce mal, à ce
que l'Oiseau par les vanitez que cela luy engendre il baail-

le fort fouuent. Cela s'engendre en l'Oiſeau à force de
mauuaiſes humeurs, deſquelles il eſt remply, ou des mauuais paſts, deſquels il eſt repeu par la corruption dequoy
ceſte vermine s'engendre. Laquelle auſſi toſt recognuë il
faut auoir recours aux pillules, deſquelles i'ay parlé au pre-
cedétChap. & ce par trois conſecutifs matins, auec le meſme regime que i'ay dit, & ſera fort vtile de mettre dans
la cure de l'Oiſeau pour quelques ſoirs de la poudre que
font les Apotiquaires contre les vers des petits enfans.
Ou à faute de ce, faut mettre gouſſe d'ail bien broyee
dans la cure de l'Oiſeau, car la force & aigreur de telles
choſes tuera & diſſipera leſdites filandres, en luy continuant pour quelques ſoirs apres à luy mettre clouds de
girofle dans ſa cure. Si le nouueau Fauconnier eſt tardif &
pareſſeux à traiter & panſer l'Oiſeau de ce mal, il s'enraci-
nera tellement, & leſdites filandres ſe feront ſi fortes qu'il
ſera malaiſé apres de les vaincre & feront mourir l'Oiſeau.
Pour ſeur preſeruatif contre toutes ſortes de filandres,
& beaucoup d'autres maladies & infirmitez, leſquelles
ſuruiennent és Oiſeaux de proye, faut prattiquer le contenu au huictieſme article du Chapitre ſeptieſme de la
ſixieſme Partie de nos Rudiments, où i'ay parlé pour
maintenir l'Oiſeau de proye en ſanté, à quoy ie renuoye
pour ce regard noſtre Apprentif, ſans en augmenter dauantage ce preſent Traité.

*Remede pour Oiseau , lequel s'est donné coup au corps, aisle,*
*iambe, ou cuisse.*

## CHAPITRE XIX.

IL est tel Oiseau de proye, lequel de l'ardeur & courage qu'il assaut & veut choquer sa proye, il fond & de-
scend dessus de telle force & vitesse, que soit par le coup ou
choc qu'il luy donne, ou quelquefois le faillant , il rencontre vn bois, pierre, ou autre chose contre quoy se heur-
tant il se fait vn grand mal, voire tel, que soudain il tombe
mort ou demeure si affoibly qu'il ne peut plus voler. Parquoy deslors & soudain que telle foiblesse par choc sera suruenuë à l'Oiseau de nostre nouueau Fauconnier , il
faut qu'il tasche de le mailloter pour l'emporter plus seurement & doucement, & affin aussi que l'Oiseau auec tout
son mal ne se tourmente & debatte. Estant arriué au logis il le maniera & tastera par tout son corps, aisles, cuisses,
& iambes , mesmement en la poictrine comme le lieu le
plus dangereux , estant celuy qui va tousiours deuant.
Par ainsi en quelque lieu que soit le coup, la plume sera
doucement arrachee ou coupee si pres de la peau, ensemble le duuet de l'Oiseau, que le lieu douloureux demeurera bien visible & descouuert , & ce que l'on appliquera
dessus ne s'y pourra prendre aucunement, & vaut mieux
l'arracher. Le lieu offencé ainsi bien descouuert, il y faut
promptement appliquer vn semblable emplastre de la
grandeur du mal tout pareil à celuy duquel i'ay parlé au
precedent treiziesme Chapitre de ceste septiesme Partie,
pour mettre sur le pied de l'Oiseau, & lequel est fait de
gemme

gemme pure, maftic, &c. pour la faction duquel i'y renuoye noftre Apprentif. Ceft emplaftre donc fait & appre-
fté luy fera appliqué tant chaud qu'il le pourra endurer
fur le lieu douloureux, & y fera laiffé par l'efpace de vingt-
quatre heures , puis renouuellé tant que befoin fera.
Et fi l'Oifeau n'eft par trop foible luy fera baillee cure
dés le premier foir, dans laquelle fera mife momie bonne
& naturelle en poudre la groffeur d'vne noifette. Par la
vertu de laquelle fi le coup auoit penetré iufques au dedans du corps , & y euft fait cailler ou corrompre du
fang , il fera diffout & ne fe conuertira en pourriture. Il
faudra donc que la force de l'Oifeau gouuerne, fçauoir
s'il pourra rendre ladite cure.  Or de tout le iour que l'Oifeau aura pris le coup, il ne fera repeu iufques au lendemain matin qu'il fera repeu de bon paft & de legere digeftion petite gorge, car s'il eftoit repeu pluftoft il feroit en
danger de rendre & vomir fon paft. Si auffi l'Apprentif re-
cognoift l'Oifeau n'eftre tropfoible, ne fera pointmal fait,
ains fort bon, vn iour ou deux apres le purger par deux
ou trois matins auec pillules faites de lard, moëlle de beuf,
fucre, fafran, aloës, rheubarbe, aguaric, & cené, de
la preparation defquelles ie parleray au quarante-vniefme Chapitre fubfequent, affin d'attirer les humeurs &
les purger, à ce que par trop de vehemence, elles n'affluent
& coulent fur le lieu malade. Le coup eftant en la chair
de la poitrine de l'Oifeau, & que par l'attraction que pourroient auoir faits les fufdits emplaftres, il y euft amas d'humeurs, mefmes de fang mafché, faut auoir vne petite ventoufe de verre toute pareille, fors qu'en grandeur (car celle
doit eftre beaucoup plus petite) à celles dequoy les Chirurgiens ventoufent les malades. Cefte ventoufe doit eftre
appliquee pour la premiere fois fur le lieu du mal toute fe-

N n

che en la mefme forme qu'on les applique aux hommes.
Apres que ladite ventoufe y aura demeuré la moitié d'vn
demy quart d'heure ou enuiron, elle fera oftee & leuce.
Et foudain auec vne petite lancette, feront faites fur le
lieu malade deux ou trois petites fcarificatiõs, n'outreper-
fans pas plus que de la peau.  Lors & incontinant fera remife ladite ventoufe, laquelle fera axtraction du fang
mafché & autres mauuaifes humeurs qui pouuoient eftre
en ce lieu  L'Apprentif donc voyant qu'elle aura tiré enuiron autant de fang comme il en entreroit dans la moitié d'vn teft d'vne noix, il leuera & oftera ladite ventoufe, nettoyera bien la fuperficie du mal, & le tiendra touf-
jours oint & graiffe de graiffe de geline ou autre douce,
iufques à guerifon, & cependant tenir toufiours l'Oifeau
bien purgé & net auec les fufdites pillules, de peur qu'aucun nouuel amas d'humeurs ne s'y face.  Si le coup eft en
l'aifle, cuiffe, ou iambe, aufquelles parties les ventoufes
ne pourroient feruir, apres auoir vfe & employé le fufdit
emplaftre deux ou trois fois, felon le befoin, s'il y reftoit
quelque enfleure ou indignation de nerfs, ces parties
eftans pleines de nerfs, veines, & mufcles, fort fenfibles
& douloureux, il fe faut prefumer qu'il y a quelque nerf
ou mufcle, foulé & offencé qui caufe cefte enfleure. A
cefte occafion lors fera fait le cataplafme qui s'enfuit. Prenez vn peu de miel moitié moins de terebentine deVeni-
fe, autant de fleur de farine de graine de lin, ou à fon defaut de farine de froment, & mettez le tout dans vn demy quart de bon vin rouge, & faites le tout boüillir à
petit feu dans vn poiflon bien net, en le remuant touf-
jours auec vn petit bafton ou fpatulette, iufques à ce qu'il
deuienne efpoix & comme vnguent. De ce cataplafme
tant chaud que l'Oifeau le pourra fouffrir, fans toutesfois

l e brufler, le Fauconnier en appliquera auec eftouppes &
bandes fur le mal de l Oifeau, fans le remuer ny changer
de vingt-quatre heures. Et s'en feruira par tant de iours
qu'il verra en eftre befoin. Ce cataplafme a vne merueil-
leufe vertu contre toute indignation de nerfs. Il faudra
par mefme moyen purger l'Oifeau comme deffus eft dit,
& à mefmes fins. Et tenant apres iufques à entiere guerifon, le lieu graiffé de graiffe de geline ou autre, l'Oifeau
fera bien toft remis, pourueu qu'il n'y ait point de fractu.
res d'os.

---

Remede pour la playe ouuerte de l'Oifeau de proye.

## CHAPITRE XX.

PAR les mefmes raifons que peut prendre l'Oifeau de
proye vn choc ; auffi fe peut il bleffer & faire playe
ouuerte, rencontrant quelque chofe de pointu ou comme trenchant. Par les ferres auffi du milan & becs de la
gruë ou heron, il peut auffi receuoir bleffeure foit en longueur ou profondeur. Laquelle auffi toft recognuë il faut
bien ofter toute la plume du tour de la playe, & fi elle eft
encore en fang, apres l'auoir bien efmondee & eftuuee
auec vin & eau, puis effuiee auec linge fin, il y fera appliqué pour premier appareil, reftraindre & eftancher le fang,
blanc d'œuf bien battu auec broüillamini, & y fera laiffé
par l'efpace de douze heures. Puis fera leué & la playe bien
efmondee auec linge fin, laquelle apres fera panfee comme s'enfuit. Faut prendre huile de noix non vieux ny rance, & le faire chauffer tant que difficilement l'Apprentif y
puiffe tenir le doigt, & de ceft huile ainfi chaud en mettre

N n ij

auec vn plumaſſeau dans la playe, & y mettre vne tante
trempee dans ledit huile, & en frotter tout le tour de la
playe, puis la couurir auec vn autre petit linge trempé auſſi
audit huile, & auec vne compreſſe & bandes bien accommodees, lier ſi bien le tout que l'appareil ne puiſſe tomber ne l'Oiſeau l'oſter auec le bec. Ceſt huile a grande vertu
contre le venin qui pourroit eſtre en la playe, & la mondifie grandement. Il luy en ſera mis & appliqué deux ſemblables appareils de douze en douze heures. Aucuns prattiquent au lieu dudit huile, du lard flambant, lequel ils
font gouſter dans de l'eau fraiſche, & de ceſte graiſſe fonduë en panſent l'Oiſeau. Leſdits deux appareils paſſez,
l'Apprentif panſera la playe, la tenant touſiours bien nette de bon & vray baume naturel, luy mettant touſiours
des tantes dans ladite playe, (ſelon la grandeur d'icelle)
trempees dans ledit baume. Par faute duquel il panſera la
playe de ſon Oiſeau du ius de l'herbe Nicotiane, autrement herbe à la Royne, en mettant le marc de la fueille
dedás & ſur ladite playe iuſques à gueriſon, eſtát ce ſimple
fort ſingulier aux playes. Si l'Apprentif ne veut ou ne peut
prattiquer ce que deſſus, face l'onguent que s'enſuit : Prenez graiſſe de geline quatre onces, moitié moins de bonne
terebentine de Veniſe, deux onces de cire vierge, quatre
onces de fueilles de ladite herbe à la Royne, leſquelles
bien eſmondees auec linge ſans les moüiller faudra piller
en mortier de marbre & pilon de bois, & tant ius que
marc d'icelle ainſi fort pillé, incorporer auec ce que deſſus, & le faire cuire dans vn pot de terre neuf bien plombé, ou dans vn poilon bien net, en le mouuant auec vne
ſpatulette, & tellement, que par cuiſſon tout cela deuienne comme onguent, duquel deux fois du iour il faudra
panſer l'Oiſeau iuſques à gueriſon, & ſa playe ſe portera

bien. Si toutefois la playe eſtoit fort longüe, ie ſerois
bien d'aduis que le Fauconnier auparauant luy donner aucun appareil, fiſt à ladite playe deux ou trois poincts d'aiguille carree, & auec fil de ſoye cramoiſie ou autre à ce defaut, affin que plus aiſement la playe ſe reprenne. Laquelle
ſera panſee par les deux bouts d'icelle, auec tantes graiſ-
ſees de l'vne des choſes ſuſdites & emplaſtres tous ſemblables deſſus ladite playe. Ladite playe neantmoins
n'ayant eſté promptement recouſuë & la chair s'eſtant retiree des deux coſtez, il ne faut plus penſer d'vſer de ladite
couſture. Car on ne ſçauroit faire rejoindre ladite chair,
eſtant vne fois retiree & ouuerte de deux coſtez. Si l'Apprentif ne vouloit ou pouuoit prattiquer les remedes ſuſdits pour ne pouuoir recouurer de la ſuſdite herbe ny faire
ledit onguent, (lequel faut qu'il ſoit fait expres, ) qu'il ſe
fourniſſe chez vn Apotiquaire de deux petites boites, l'v-
ne pleine d'onguent nommé *Baſilicum*, l'autre ſera pleine de l'onguent appellé *Aureum*. Pour releuer de peine
le nouueau Fauconnier, qu'il face que l'Apotiquaire
meſle & incorpore ces deux onguents enſemble en y mettant autant de l'vn que de l'autre, & de ceſt onguent en
panſer la playe de l'Oiſeau iuſques à gueriſon. Car ces
deux onguents ainſi meſlez & aſſemblez ont vne grande
vertu pour mondifier & faire reuenir la chair. Et pourra le
Fauconnier ayant vſé deſdits onguens ainſi aſſemblez par
quelques iours, s'il void la chair de la playe bien viue &
mondifiee vſer de l'onguent *Aureum* tout ſeul, pour faire
reuenir promptement la chair, mais qu'il ſe prenne garde
que la chair ne croiſſe trop: Car eſtant inutile il la faudroit
faire conſómer auec poudre de Mercure ou d'autres: mais
pour preuenir & empeſcher ceſt accident, quand le Faucónier verra que la playe ſera preſque fermee & remplie, il

Nn iiij

n'vſera plus dudit onguent *Aureum*, ains panſera ce peu qui reſtera auec graiſſe de geline ou autre douce, par l'aide de laquelle nature fera naiſtre la peau & ſe remettra comme elle doit eſtre. Puis faut tenir le lieu graiſſé de miel pour y faire pluſtoſt reuenir la plume, pour le traitement & nourriture requis à l'Oiſeau bleſſé & pendant ſa gueriſon. Le Fauconnier en premier lieu ſera aduerty de ne luy donner à paiſtre de tout le iour qu'il aura receu la playe iuſques au lendemain qu'il ſera repeu de quelque paſt vif d'aiſee digeſtion ou petite gorge. Car s'il eſtoit peu bien toſt apres ſa bleſſeure, il pourroit vomir & rendre ſon paſt. Pour tout le iour de ſon mal, il luy faut tenir ſon paſt trempé en eau tiede, & vaut mieux qu'il ſe tienne vn peu maigre que gras, affin qu'il ne ſoit trop plein d'humeurs & qu'elles empeſchent ou retardent la gueriſon. Il ſera fort bon auſſi & vtile deux ou trois iours apres la bleſſeure de l'Oiſeau, s'il n'eſt fort foible, de le purger par deux ou trois matins ou intermedies, ſelon l'eſtat & force d'iceluy auec pillules de lard, moëlle de beuf, ſucre, ſafran, aloës, rheubarbe, aguaric, & cené, en la meſme forme & auec le meſme regime qu'il ſera cy-apres dit, & meſmes au quarante-vnieſme Chapitre. Mais ſi l'Oiſeau eſt foible & abbatu du coup, il ne faudra le purger que de pillules douces, deſquelles ie parleray auſſi au Chapitre quarantieſme, & faudra que la force de l'Oiſeau gouuerne. Au milieu de ſa gueriſon il en faudra faire le ſemblable du moins par deux matins. S'il eſt ainſi gouuerné la playe ſera bien profonde ou enuenimee s'il ne gueriſt bien toſt. I'approuue fort ce qu'en ordonne le ſieur d'Eſperron en ſon trentieſme Chapitre des Remedes, excepté qu'il n'ordonne de purger l'Oiſeau : ce que ie conſeille de faire.

*Remede pour l'Oiseau de proye, lequel a l'aisle, iambe,
ou cuisse rompuë.*

## CHAPITRE XXI.

SVr la fin du treiziesme Chapitre de nos presents
Remedes, i'ay renuoyé nostre nouueau Fauconnier
pour sçauoir le moyen de guerir & remettre l'os cassé, &
iambe rompuë de l'Oiseau en ce lieu. C'est pourquoy à
present ie le veux edifier non seulement en cela, mais aussi
en tout ce qui peut arriuer à son Oiseau de fracture d'os,
tant en la iambe, cuisse, qu'aisles. Car si l'Oiseau est rompu ailleurs comme aux reins, ie tiens que les remedes y
peuuent estre appliquez, mais inutilement. C'est la raison
pour laquelle nous ne nous amuserons qu'à traiter du
gouuernement & traitement qu'il faut faire aux parties de
l'Oiseau, les plus traitables & plus curables, telles que
sont les iambes, cuisses, & aisles de l'Oiseau. De represen-
ter icy les accidents par lesquels ce mal peut suruenir, il en
y a en tant & si diuerses manieres que i'ayme mieux les
laisser au iugement de nostre Apprentif à les penser & preuoir, ( ioint qu'auec la maladie arriuee la cause en est
tout aussi tost descouuerte, ) que d'amplifier mon discours en ceste recherche trop longue, aimant mieux m'en-
ployer à monstrer le remede du mal aduenu qu'à dire les
causes d'iceluy. Ie dis donc que par quelque accident que
ce mal soit arriué à l'Oiseau, il le faut secourir comme
s'ensuit. En premier lieu il faut mailloter l'Oiseau, affin
de luy oster tout moyen & pouuoir de se tourmenter &
debattre, à ce qu'aussi celuy qui le tiendra le tienne plus

seurement. L'Oiseau donc bien pris & abattu, s'il a la cuisse rompuë soit au plat ou gros de la cuisse, il faut bien oster toute la plume d'alentour du lieu rompu. Ayant premierement fait appareil d'vn cataplasme fait de deux ou trois iaunes d'œufs fort battus, dans lesquels seront iettez broüillamini, sang de dragon, momie, mastic, & encens, de chacun la grosseur d'vne noisette, le tout bien mis en poudre subtile & passee en tamis & fort battu & incorporé auec lesdits moyeux d'œufs. Aucuns y iettent & ie ne le reprouue pas, vn peu d'huile rosat, pour preuenir l'inflammation. Or le tout bien meslé & battu ensemble, faut accommoder estoupes pour mettre ledit emplastre dessus de la grandeur, pour en ceindre & enuelopper la partie rompuë : faut aussi preparer trois petites estrincles de l'escorce de quelque ieune bois, non pourtant trop souple. Sera aussi faite prouision d'vn petit linge en double pour seruir de compresse, & d'vne bande de toile fine de la largeur de deux trauers doigts ou enuiron, & longue du moins vn quart d'aune. Il faut aussi auoir apresté obsicrat fait de trois parties d'eau & vne de vinaigre, lequel soit vn peu chaud, & dans lequel il faut mettre tremper l'estoupe qui est aprestee, la compresse & la bande. Laquelle estoupe ou chanure l'Apprentif ostera dudit obsicrat, & l'espraignant en la main ne le laissera que côme demy moüillé, & mettra dessus ledit cataplasme tout prest à estre posé sur le mal. Tout cela bien apresté & l'Oiseau abattu à la renuerse, & tenu bien seurement à trauers du corps par quelqu'vn, vn autre luy tiendra la teste à ce qu'il ne blesse ou offence personne. Nostre Apprentif lors prendra la iambe ou cuisse rompuë en l'estendant bien de son long auec la main gauche, & la tenant bien droite & du mesme sens que l'Oiseau a accoustumé de la porter auec

les

les doigts de fon autre main , il taftera où feront les deux
extremitez de l'os rompu,& les fera rejoindre l'vn au bout
de l'autre, fi bien qu'ils ne fortent ny paroiffent en les maniant d'vn cofté ny d'autre.Quand les deux extremitez de
l'os feront bien iointes l'vne à l'autre , il fera par quelque
autre tenir bien feurement la iambe de l'Oifeau en ce mefme eftat, fans que les os fe diloquent & defioignent plus,
& à quoy il faudra qu'il prenne bien garde, affin de les remettre fi la chofe eftoit arriuee. L'Oifeau ainfi bien tenu
& les os remis, il pofera deffus & tout au tour le cataplafme fur eftoupes cy-deffus preparé. Lequel il couurira &
enuelopera de ladite compreffe demy efprainte, & fur laquelle il pofera les trois petites eftrincles par trois coftez
de ladite cuiffe ou iambe, & lefquelles feruiront pour tenir la iambe ou cuiffe fermes à ce qu'elle ne puiffe branler
pour fe diloquer. Par deffus lefquelles eftrincles fera mife
ladite bande auffi demy efprainte en tournant le lieu malade & plus haut & plus bas, & fera arrefté à ce qu'elle ne
fe puiffe deffaire auec vn ou deux poincts d'aiguille. Il ne
faut neantmoins que ladite bande ferre & preffe tellement
lefdites eftrincles qu'elles fiffent mal à l'Oifeau, & fuffent
caufe en cefte partie de quelque enfleure ou inflammation , ains le tout fera pofé par mediocrité & iugement.
Si l'Oifeau a l'aifle rompuë il faut que l'Apprentif fçache
que tout Oifeau a auffi bien trois maiftres os en l'aifle
qu'en la cuiffe. Le premier qui aboutit au corps de l'Oifeau & fait vne iointure prefque par le milieu de l'aifle,
s'adioignant à vn autre qui eft double , c'eft à dire qu'en
ceft endroit là y en a deux , lefquels fe viennent ioindre
à l'aifleron. Le troifiefme eft l'aifleron, & duquel naif-
fent & prouiennent les cinq principales & maiftreffes
pennes de l'aifle de l'Oifeau. Du fecond que nous auons

O o

dit eftre double viennent auffi les principaux manteaux
de l'aifle de l'Oifeau, & du gros lequel nous auons mis le
premier, fortent quelques autres petites couuertures, lefquelles couurent à demy lefdits manteaux, & rempliffent
ce qui fe trouueroit defgarny entre lefdits manteaux & le
corps ou reins de l'Oifeau. Or fi la rupture eft au gros ou
pres du corps, il fera panfé & fecouru comme nous auons
dit de la cuiffe & iambe. La rupture neantmoins eftant
fort pres de la iointure du corps, fort difficilement luy
pourra-on faire les fufdites ligatures. Et lors il faut de
deux chofes l'vne, fçauoir le laiffer long temps mailloté,
& fon aifle au mefme eftat & port qu'elle fouloit touf-
jours eftre. Car nature pour peu que les deux extremitez
de l'os rompu fe rencontrent, les fera reprendre, ou par
long temps s'y pourra engendrer au droit de ladite rupture vn cal, par l'aide duquel l'Oifeau pourra fouftenir
fon aifle. Pour l'autre, fans y employer ny temps ny peine laiffer l'Oifeau pour perdu. Si la rupture eft à l'os du
milieu, & auquel lieu i'ay dit qu'il en y auoit deux, la
guerifon en fera plus facile, car tref-malaifement fe peuuent-ils tous deux rompre à la fois, y ayant vn demy
trauers doigt d'efpace entre deux. En forte que l'vn ou
l'autre reftant entier & non rompu, l'autre s'en accommode mieux, & l'Oifeau y a plus de force pour fouftenir
fon aifle. Non que pourtant il puiffe aucunement s'en aider, fi le moindre des deux (y en ayant toufiours l'vn
beaucoup plus petit & foible que l'autre) eft rompu.
Pour le panfer donc en ceft endroit, il conuient plumer
le deffus & deffous de l'aifle fans toucher aux manteaux
ny grandes plumes qui y font. Et puis eftendant bien l'aifle tout de fon long, l'os fera remis auec la main du Faucónier: c'eft à dire les deux extremitez d'içeluy feront ren-

duës iointes l'vne contre l'autre. Lors auec vn semblable cataplasme que dessus, lequel sera posé & appliqué par le dehors de l'aisle dessus & dessous, comme aussi la compresse & deux petites estrincles, l'vne dessus & l'autre dessous, l'Oiseau sera pansé, & son mal lié auec la susdite bande, laquelle le Fauconnier fera passer doucement en entournant ladite aisle entre les manteaux ou pennes de l'Oiseau, sans les arracher ny couper. La mesme forme sera obseruee à remettre & panser l'aisleron rompu. En quelque lieu donc que l'Oiseau puisse estre rompu, estant pansé comme dessus, il sera mis & posé pour vn iour ou deux tout mailloté sur quelque lict ou lieu mol. Si l'Apprentif void que le maillot fasche trop à l'Oiseau, il le luy pourra oster en le tenant tousiours chapperonné qu'il n'y voye rien, affin de luy oster toute enuie de se tourmenter & debattre, voire mesmes le tenir en lieu obscur & sur vn lit, duquel les cortines soient fermees tellement, qu'il n'en puisse partir. Car s'il luy estoit permis de se debattre il se pourroit encore gaster. Ce premier appareil donc ainsi mis ne doit estre osté ne leué de quinze ou vingt iours apres; temps assez suffisant pour ce que l'os se puisse estre vn peu repris & noüé. Ces iours là passez nostre Apprentif faisant encore bien tenir & abattre à la renuerse son Oiseau, luy ostera & leuera doucement tout ce premier appareil. Si toutesfois il s'estoit tellement endurcy & pris contre la partie malade qu'il fust malaisé de l'en oster, faut faire chauffer vn peu d'eau & vin ensemble, auec lesquels il faut tremper & ramolir ceste dureté, en sorte que cest appareil se leue & oste facilement Ce que fait, il faut auec ledit vin & eau estuuer bien le lieu malade, & le rendre bien net & essuié. Tant au mouuement lors de l'Oiseau que maniement que pourra faire de ceste partie l'Appren-

tif, il cognoiſtra facilement ſi l'os eſt commencé à repré-
dre, & s'il ſe tient vn peu l'vn à l'autre, conuient lors que
le Fauconnier apreſte promptement vn autre cataplaſme
fait ſeulement de blanc d'œuf, broüillamini, & huile roſat, lequel comme le precedant, il appliquera encore def-
ſus la partie malade auec eſtoupes trempees comme dit
a eſté. Et l'accommodera de rechef comme en la meſme
maniere que la premiere fois, & le lairra ainſi encore par
l'eſpace de huict ou dix iours qu'il en renouuellera vn
autre tout ſemblable pour meſme temps, dans lequel
les deux extremitez de l'os pourront eſtre bien repriſes,
& le lieu aſſez fort pour commencer à ſouſtenir l'Oiſeau.
Et n'aura plus beſoin que d'eſtre tenu graiſſé & oint dudit huile roſat, ou autre graiſſe douce pour reconforter ceſte partie iuſques à parfaite & entiere gueriſon.
Pour la nourriture & autre gouuernement en outre de
l'Oiſeau, il doit eſtre tout pareil & conforme à celuy que
i'ay ordonné pour l'Oiſeau bleſſé au precedent dernier
Chapitre. Car pour le premier iour de ſa rupture il ne
mangera rien, & pendant ſon mal ſa viande trempee en
eau luy eſt meilleure qu'autrement. Voire meſmes eſt
mieux quand l'Oiſeau ſeroit tenu plus maigre & bas que
haut & embonpoint. Les purgations auſſi ſemblables
ne luy ſeront moins vtiles pour les meſmes cauſes & raiſons deduites audit Chapitre, & l'Oiſeau ainſi traité ſe
portera bien. Mais d'autant que ces cataplaſmes ainſi longuement tenus ſur la partie affectee peuuent preſſer l'Oiſeau & luy ennuier grandement ſe deſſechans deſſus, il
pourroit auec le bec oſter & arracher tout l'appareil que
l'on y pourroit mettre, & par ainſi ſeroit pour ſe gaſter
encore plus fort, qui ſeroit employer le temps fort vaine-
ment. Pour preuenir à cela il faut que l'Apprentif en

ait tout soin & s'en prenne bien garde. Or s'il void que
l'Oiseau s'essaye ou efforce de ce faire, qu'il entourne ses
ligatures de quelque herbe rude & aigre, comme peut
estre la ruë ou autre. Affin que l'Oiseau portant le bec
pour rompre lesdites ligatures & appareil, il mette au bec
ceste amertume, de laquelle ayant gousté deux ou trois
fois il ne s'en essayera plus. Ou bien qu'il luy attache vn
petit cordon à la cornette du chapperon, lequel se viendra par le dessus de l'Oiseau rendre & respondre à la queuë,
à laquelle le petit cordon sera attaché, & par ce moyen empesche de ne pouuoir baisser la teste ny l'alonger pour
porter le bec à se faire du mal. Si c'est pour l'empescher de
porter le bec sur les ligatures de l'aisle, luy faut passer &
tenir tousiours vne fueille de papier ou parchemin passee
dans le col, laquelle vienne s'estendre sur les aisles, ce qui
empeschera que l'Oiseau ne pourra rencontrer lesdites ligatures, ores qu'il s'en efforce. Ou bien le Fauconnier
couurira lesdites ligatures de la susdite herbe. L'os
estant bien repris, pour consolider ceste partie, i'approuue
fort l'estuue ordonnee par le sieur d'Esperron en son
28. Chapitre des Remedes, disant: Remplissez vn pot neuf
de terre du meilleur vin que vous pourrez trouuer, mes-
lez-y vne poignee de roses seches, autant de son de froment, & vne quatriesme partie de poudre de myrthe,
couurez le pot auec grosse toile, laquelle vous enduirez
auec paste ou argille, en façon que ceste toile ne se
brusle. Faites ainsi le tout bouillir vne bonne heure,
apres laquelle vous l'osterez du feu & y ferez vn trou
par le dessus au milieu de la toile. Et abattant l'Oiseau tenez le en sorte, qu'il reçoiue la fumee en l'endroit de la blesseure. Voila ce qu'il en dit. Mais auec
cela ie dis qu'il seroit fort bon de prendre des matieres

O o iij

qui font dans ledit pot, & vn peu chaudes en plier & enuelopper vne fois le iour le lieu offencé iufques à guerifon.

---

*Remede pour Oifeau de proye, lequel a la veuë trouble &*
*couuerte.*

## CHAPITRE XXII.

IL eft des Oifeaux, aufquels (par vne grande abondance d'humeurs & de vapeurs qui montent du corps, &
eftomach au cerueau de l'Oifeau par la defluxion qui fe
fait fur les yeux , comme plus proches & voifins du cerueau,) la veuë deuient trouble & obfcure, en forte qu'ils
n'y voyent pas de beaucoup fi bien qu'ils fouloient. Ce
qui eft fort fafcheux & fe recognoiftra à ce que l'œil de
l'Oifeau n'eft au dedás fi clair & lucide qu'il fouloit. Et en
outre quand l'Apprentif leurrera fon Oifeau , il reuiendra
plus pour la voix que pour le leurre , & ores que le Fauconnier le branle fans crier & appeller, ne partira pas Dauantage la cognoiffance en fera fort facile, à ce que l'Apprentif voulant lafcher l'Oifeau à fa proye, il ne la pourra
voir ny iuger, ains ira volant de toutes parts fans fçauoir
où ny pourquoy. A ce mal il y faut pouruoir promptement-
ment , dautant que cefte mauuaife humeur n'ayant pas
vn long cours à faire, qui n'eft que depuis le cerueau à
l'œil, il peut en peu de temps auoir fait beaucoup de mal,
voire reduit l'Oifeau à n'y voir goute. A quoy il ne feroit
plus temps de pouruoir, n'y ayant en l'art de Fauconnerie
remede pour faire recouurer la veuë perduë à l'Oifeau.
C'eft pourquoy puis qu'il y eft donné des moyens de la

conferuer, il s'en faut promptement feruir fans attendre
l'extremité. Contre le commencement donc de ce mal,&
pour ne le laiffer empirer, conùient faire ce qui s'enfuit.
Faut en premier lieu purger l'Oifeau par trois matins
confecutifs des pillules faites de lard, moëlle de beuf, fucre, fafran, aloës aguaric, rheubarbe, & cené , tout ainfi
& en la mefme forme, quantité & regime qu'il fera dit,
mefmes au Chapitre quarante-vniefme fubfequent, luy
prefentant de l'eau à boire à fon plaifir, apres que lefdites
pillules ont fait leur operation. Lefdits trois iours expirez,
il faudra le lendemain luy donner le feu au derriere de la
tefte droit à la nuque, & entre les yeux & le bec,& ce auec
les mefmes ferremens que i'ay dit eftre neceffaires au precedent neufiefme Chapitre des Remedes, & en la mefme
forme & maniere defcrite. Ce qui fera vn prealable à cefte cure , dautant que la purgation luy aura beaucoup
defchargé le cerueau & purgé les humeurs , d'où proce-
doient ces vapeurs & fumees, qui fouloient môter au cerueau. Le feu au derriere la tefte empefchera qu'ores qu'il
en reftaft aucunes au corps de l'Oifeau, elles ne pourront
plus quoy que foit, auec tant de facilité gagner le cerueau.
Et quant au fecond feu, dautant que c'eft le principal endroit d'où participe plus l'œil du cerueau, il fera vne telle
reftriction que cefte humeur n'affligera plus cefte partie
tant fenfible. Si bien qu'il ne reftera plus qu'à la defcharger & foulager: ce qui fera comme s'enfuit. Il faut prendre
fleurs d'herbe appellee efclaire, en Latin *Cœlidonia*, & de
laquelle i'ay fouuent parlé, ou à faute des fleurs faut prendre les fueilles , lefquelles il faut piler en mortier de marbre ou autre bien net & pilon de bois , & en faire fortir
le ius & fubftance, laquelle il faut mefler & bien incorporer auec vn peu de miel. Il luy faut de cela oindre & frot-

ter l'œil en le luy faifant tenir par force ouuert, & luy en
faire emplaftres deffus qu'il faut remuer deux fois du iour.
Et l'accommoder fi bien auec le chapperon, que l'Oifeau
en fecoüant la tefte, & auec le pied ne le puiffe faire tóber
ny ofter ce qui aura efté mis deffus. Si l'Apprentif ne pouuoit recouurer d'efclaire, il faut fe feruir auec ledit miel de
l'eau diftilee d'vne autre herbe, communement appellee
verueine, qui eft auffi fort propre contre le mal des yeux.
Mais la premiere recepte eft fort finguliere : ayant quelques iours prattiqué ce que deffus, fi le Fauconnier reco-
gnoift encore quelque obfcurité en la veuë de l'Oifeau,
il fera bon d'auoir du fucre candic fubtilement puluerifé,
& de cefte poudre en mettre vn peu dans vn tuyau de plume d'oye ou autre commode, lequel foit coupé & ouuert
des deux coftez, en faifant bien feurement tenir l'Oifeau,
il luy faut foufler cefte poudre dans l'œil, & autant en
chacun fi tous deux en ont befoin, & faire en forte que
ladite poudre y demeure le plus qu'on pourra. Car outre
ce qu'elle mordiquera l'empefchement qui pouuoit eftre
en l'œil, elle le ferā pleurer, qui le defchargera auffi & de-
liurera de partie de fon obfcurité. Aucuns vfent de la poudre faite d'alun de glas bruflé & fubtilement puluerifé,
mais ie la trouue vn peu trop corrofiue & mordicante.
De la poudre d'efcreuice appliquee comme deffus eft dit
eft bien meilleure. L'Apprentif donc fe feruira des fufdites receptes, ores de l'vne & tantoft de l'autre, felon
qu'il verra l'Oifeau en auoir befoin. Mais il faudra que le
mal foit fort enraciné, fi apres la prattique des fufdits remedes, & vne iteratiue purgation femblable à celle que
deffus la veuë de l'Oifeau n'eft remife en fa premiere clarté. Pour fes pafts ordinaires, il luy faut bailler fa viande
trempee en eau, & le tenir plus maigre que plein, affin que

pat

par vne repletion grande, il ne ſe face vne nouuelle eſmotion d'humeurs. I'entends iuſques à ce qu'il ſera guery, car lors il ſera remis en ſon premier eſtat. I'en ay traité aucuns, auſquels (apres auoir prattiqué tout ce que deſſus,) il m'a fallu donner & appliquer le cedon pour vn temps, affin de diuertir encore mieux l'humeur d'aller au cerueau, & par meſme moyen l'en deſcharger. Eſtant fort vray que là où nature eſt bleſſee ou offencee, les humeurs y prennent volontairement leur cours. C'eſt pourquoy le cedon ne ſe pouuant donner ny appliquer ſans bleſſeure, les humeurs y affluent plus librement qu'ailleurs. Si noſtre Apprentif donc eſt contraint de l'appliquer à ſon Oiſeau, il ſera aduerty qu'il le faut poſer iuſtement vn peu au deſſous de l'aſſemblage du col & de la teſte par le derriere du col. Il ſe baille donc en ceſte maniere : Il faut premierement plumer le col de l'Oiſeau en l'endroit, où il faut appliquer ledit cedon. Puis prenant la peau entre les doigts & la tirant vn peu, elle ſera miſe entre deux tenailles plattes & percees à ce propres, & auec vne groſſe aiguille de fer, comme vne groſſe aiguille de raiſeur qui ſera longue du moins demy pied, au trou de laquelle aiguille qui ſera à la proportion d'icelle ſera paſſé le cedon, lequel ſera auſſi fait de ſoye cramoiſie de la longueur de cinq ou ſix gros fils de ſoye retorce, ou bien ſera fait de poil de cheual de meſme groſſeur. Et auec la pointe de ladite aiguille bien chaude & rouge, ſera paſſé ledit cedon à trauers du trou deſdites tenailles & peau du col de l'Oiſeau, ſans neantmoins toucher aucunement au col de l'Oiſeau, car il pourroit eſtre gaſté. Le cedon donques ſera outrepercé & laiſſé pendu des deux coſtez audit col de l'Oiſeau, en noüant & aſſemblant les deux extremitez dudit cedon enſemble. Lequel il faudra tenir graiſſé

P p

debeurre frais, graiſſe de poulle ou autre. Et ne ſera beſoin que le cedon ainſi noüé ſoit plus long de quatre doigts. Dans quelques iours par la vertu de ce cedon les humeurs du cerueau ſeront attirées, & par meſme la veuë allegee. Et faudra deux fois du iour au moins luy faire paſſer & repaſſer ledit cedon dans ladite peau du col, affin de faire touſiours ſortir l'humeur & apoſteme qui y pourroit eſtre, & à chacune fois le rendre bien net. Dans quelque temps continuant touſiours quelque purgation des ſuſdites pillules, l'Oiſeau guerira & luy faudra oſter le cedon, tenant le lieu où il paſſoit, bien graiſſé & oint de graiſſe de geline ou autre douce, & l'Oiſeau ſe portera bien.

---

*Remedes contre la rougeur qui vient aux yeux des Oiſeaux de proye.*

## CHAPITRE XXIII.

IL arriue quelquefois vne rougeur aux yeux des Oiſeaux de proye, comme s'ils auoient du feu dedans; ce qui leur fait vn grand mal à cauſe de l'ardeur qu'ils reſſentent. Ce mal procede comme le precedent, d'vne defluxion du cerueau qui afflige ceſte partie ſenſible & ſi voiſine, & ne different en rien ſinon que ceſte ſi eſt d'vne humeur plus chaude, viue mordicante, comme procedant du foye, lequel peut eſtre affecté. L'Oiſeau donc de noſtre Fauconnier ayant ce mal, (lequel ſe pourra recognoiſtre à voir les yeux de l'Oiſeau, & qu'il frottera ſouuent ſes yeux ſur le haut de ſon aiſle, comme s'il les vouloit eſſuyer ou oſter quelque choſe qui luy ennuie,) ſera pan-

fé prattiquant tout ce que i'ay dit au commencement du
dernier precedent Chapitre, en ce que i'ay parlé de purger l'Oiſeau, & de luy donner le feu  Ce qui doit eſtre
prattiqué en meſme ſorte. Et apres ladite purgation &
appliquement de feu, ſera l'œil de l'Oiſeau panſé auec
blanc d'œuf battu auec moitié moins d'eau roſe. Le tout
ainſi bien battu, ſera mis & appliqué auec linge fin demy
trempé en obſicrat ſur les yeux ou œil de l'Oiſeau, auec
compreſſe auſſi demy moüillee dans ledit obſicrat, & le
tout tellement accommodé auec petites bandes ou auec
le chapperon , qu'il ne puiſſe l'oſter ny deffaire auec le
pied ny ſecoüant la teſte. Et ſera ainſi panſé deux fois le
iour iuſques à gueriſon ou grand amandement. Car lors
faudra renouueller par deux matins conſecutifs, ſeulement la ſuſdite purgation auec le meſme regime que i'ay
touſiours dit, & ſe contenter d'arrouſer & mettre ſur les
yeux auec petits linges de ladite eau roſe, ſeulement iuſques à parfaite gueriſon. Si ceſte application de blanc
d'œuf & eau roſe, ne ſont ſuffiſans contre ce mal, l'Oiſeau ayant eſté repurgé comme dit eſt, il faut mettre ſur
l'œil de l'Oiſeau de la vigne diſtilee par alambic, & battuë auec pareille quantité de miel. Ce qui luy ſera appliqué auec linge fin & compreſſe trempee comme deſſus ,
ſur les yeux deux fois du iour iuſques à gueriſon. Mais le
Fauconnier ne pouuant recouurer de ladite eau ainſi diſtilee, qu'il ſe ſerue auec ledit miel de ladite eau de vigne
telle qu'il la pourra amaſſer & receuoir des ceps de vignes
nouuellement coupez, car elle y profitera beaucoup, mais
non ſi vertueuſement. Pendant le mal de l'Oiſeau, il ſera
bon de le paiſtre moyennement, & le tenir plus maigre
que plein pour eſuiter nouuelles vapeurs en la teſte de
l'Oiſeau. Et ne ſera moins vtile de luy tremper ſouuent

P p ij

son past en decoction de chicoree, car elle est fort propre contre la chaleur du foye, mesmement si sondit past est trempé en l'eau de ladite chicoree distilee par alambic, elle en sera plus vertueuse. En laquelle s'il y auoit trop d'amertume, (comme estant le naturel de chicoree d'estre vn peu aigre) laquelle fust desagreable à l'Oiseau, & ne se voulust paistre, il la faut adoucir auec sucre d'vue cuite, ou sucre candic, le tout bien puluerisé. Ou bien il la faut mesler & battre auec huile d'amandes douces ou d'olif, & luy faire ainsi par fois vser de ladite eau, tant & selon la disposition de l'Oiseau. Pour la fin de la guerison du mal sera encore fort bon d'auoir recours aux susdites pillules, & l'en purger par deux matins consecutifs, auec le mesme regime que i'ay tousiours dit. Or i'entends qu'en toutes les maladies desquelles i'ay parlé, il ne faut discontinuer de donner cure à l'Oiseau, si quelque mal qu'il ait il n'est trop affoibly. Car la continuation & vsage desdites cures, tient l'Oiseau en bon estat & plus capable de receuoir le benefice des remedes que l'Apprentif luy donne & applique. L'Oiseau donc ainsi traité se portera bien.

---

*Remede pour l'œil de l'Oiseau de proye offencé de coup.*

## CHAPITRE XXIV.

D'AVTANT que l'œil en toute creature est vne partie fort sensible & delicate, aussi faut-il peu de chose pour l'affecter & rendre malade. Ce qui se peut en plusieurs manieres & accidents, desquels nous auons parlé de deux, & ausquels suit vn troisiesme, duquel le reme-

de n'eſt moins vtile à apprendre à noſtre Apprentif que
les precedens. Car l'Oiſeau aſſaillant ſon gibier, ou par
autre accident, ſe peut heurter ou frapper en l'œil,
d'où il s'en enſuit des enfleures & rougeurs, voire tel ſe
creue ſoudain l'œil ou en perd la veuë bien toſt apres le
coup. Par ainſi dés lors & auſſi toſt que ceſt accident ſera
ſuruenu à l'Oiſeau, affin de preuenir & couper chemin à
l'inflammation, laquelle y pourroit ſuruenir, faut appliquer blanc d'œuf fort battu, & en faire appareil ſur linge fin trempé, comme a eſté dit aux precedents derniers
Chapitres, en obſicrat, enſemble la compreſſe, & accommoder ſi bien le tout, ſoit auec le chapperon ou bandes, que l'Oiſeau ne les puiſſe faire tomber, & ſera pour
quelques iours ainſi panſé. Meſlant neantmoins quelque
fois auec ledit blanc d'œuf moitié moins d'eau roſe, comme nous auons dit au precedent dernier Chapitre. Et ſera
panſé deux fois le iour, ſçauoir matin & ſoir. Mais dés le
lendemain matin dudit coup il ſera commencé à purger
auec pillules de lard, moëlle de beuf, ſucre, ſafran, aloës,
cené, aguaric, & rheubarbe, pour leſquelles ie renuoye au
Chapitre 41. de nos Remedes, & ce par trois matins conſecutifs, & auec le regime que i'ay touſiours enſeigné.
Ceſte purgation attirera l'humeur ſuperfluë du cerueau,
& l'en purgera par le bas, & par ainſi empeſchera la fluxion
ſur l'œil malade, auquel ſi le Fauconnier ne recognoiſt
d'enfleures ou inflammation, ou icelle guerie par l'application des remedes ſuſdits, il frottera l'œil de ſon Oiſeau auec
ſang de ieune pigeon tout chaud, & à faute de ieune, du
ſang du vieux, le ieune neantmoins eſtant meilleur, & ce
deux fois le iour, & ce auec vn plumaſſeau, & ſera trempé
vn petit linge blanc & fin dans ledit ſang, & appliqué tout
chaud ſur l'œil, & ſi bien accommodé que l'Oiſeau ne le

Pp iij

puiſſe faire tomber, comme nous auons dit des precedens.
Et faut continuer ce remede de ſang quelques iours, car
il eſt fort ſingulier & bon: c'eſt à peine de ſix ou ſept pigeonneaux. Car le ſang froid & gardé d'vn iour à l'autre
ne ſeroit pas bon, ains le faut appliquer tout chaud & tel
qu'il vient du corps du pigeonneau. Or ſi tout ce que deſſus prattiqué le coup eſtoit tel que l'œil de l'Oiſeau en de-
uint en quelque choſe trouble ou couuert comme d'v-
ne petite nuë blanche, il faut auoir recours aux autres receptes & remedes contenus au precedent vingt-deuxieſme Chapitre, où elles commencent ainſi. Il faut prendre fleurs de l'herbe appellee eſclaire, en Latin *Cœlidonia,*
*&c.* & à quoy ie r'enuoye pour ce regard l'Apprentif, &
les prattiquer toutes iuſques à la fin de la gueriſon, en tenant touſiours l'Oiſeau de huict en huict iours bien purgé auec les ſuſdites pillules. Pendant laquelle cure l'Oiſeau ſera tenu plus maigre que gras, & ſa viande trempee
en eau tiede. Eſtant ainſi ſoigneuſement à temps & propos
panſé, il guerira & ſon œil ſe remettra. Le ſieur d'Eſperron en ſon vingt-ſixieſme Chapitre des Remedes, ordonne contre ceſt accident vne eau que ie ne deſaprouue pas:
Prenez dit-il tuchie preparee vne once, demy quarteron
d'eau roſe, autant de vin blanc, auec vne poignee de ruë,
& mettez le tout dans vne phiole, vous ferez le tout
boüillir iuſques à ce que le tout ſoit reduit à la moitié, &
de ceſte decoction en faut diſtiler dans l'œil de l'Oiſeau
bleſſé, & en appliquer ſouuent ſur l'œil.

*Remede pour l'œil creué de l'Oiseau de proye.*

## CHAPITRE XXV.

L'OISEAV par la roideur du choc qu'il pourroit prendre, ou par autre accident se peut tout à fait creuer
l'œil, à quoy il faudra que nostre Fauconnier remedie, non
pour recouuter l'œil & y reparer la veuë, ce seroit lauer
la teste du corbeau, ains pour remedier à la douleur, guerir la playe, & preuenir les accidents que ce mal pourroit
causer en ce lieu. Car l'œil estant vne partie fort delicate &
sensible, (comme nous auons souuent dit,) lors qu'il y arriue & suruient des accidents, le sentiment aussi en est plus
grand, & moins tollerables les douleurs, & y arriue communement plus d'accidents, à cause de l'humidité & vapeurs voisines du ceruenu qu'en aucune autre partie du
corps. Lors donc que ce malheur sera arriué à l'œil de l'Oiseau de nostre Fauconier, & tout aussi tost, s'il y apert quelque esquille ou esclat de bois ou autre chose, sera tiré hors
doucemét; & soit qu'il y ait effusió de sang ou non, luy sera
próptement appliqué dessus blanc d'œuf fort battu auec
broüillamini en poudre, bien accommodé comme tous-
jours a esté dit, soit auec le chapperon ou autrement, à ce
que l'Oiseau ne le puisse oster ou faire tomber. Ce premier appareil y sera tenu tout le long du iour ou par douze ou quinze heures, apres lequel temps il sera leué &
l'œil de l'Oiseau bien nettoyé. L'œil ainsi net & essuié auec
linge fin, il sera exactement regardé par le Fauconnier,
s'il y reste point encore quelque esquille de bois, pierre,
ou grauier dans la playe de l'œil, ce qu'il faudra adextre-

ment & doucement tirer auec petites pincettes, ou autrement le mieux à propos que le Fauconnier pourra, & si bien, qu'il n'y demeure aucune ordure ny esquille de quelque chose que ce soit, si elle se peut voir ou toucher. L'œil ainsi bien net, s'il y suruient encore du sang on y appliquera encore les susdits blancs d'œuf, accommodés comme dessus, pour encore douze ou quinze heures pour restraindre le sang. Et dés le lendemain de ladite blesseure il faut purger l'Oiseau auec pillules de lard, moëlle de beuf, sucre, safran, aloës, aguaric, cené, & rheubarbe, par trois matins consecutifs, pour la prattique desquelles faut voir le quarante-vniesme Chapitre de nos Remedes, ( auec le mesme regime y ordonné, ) pour tirer l'humeur du cerueau, & empescher qu'elle ne tombe promptement sur ceste partie tendre, sensible, affectee & grandement participante auec les humeurs du cerueau. Durant lesquels iours de ladite purgation, & tant que besoin sera, le lieu malade sera pansé auec onguent, duquel nous auons parlé en plusieurs lieux cy-deuant, nommé *Basilicum*, fort propre à faire mondifier les playes & blesseures. S'il y a pertuis parfond y sera mis vne petite tante, selon la profondeur du mal, auec vne petite compresse de charpis dessus ointe dudit onguent: sinon, il suffira que ladite compresse y soit auec vne emplastre dudit onguent. Et apres que la blesseure sera assez purgee & mondifiee de sa posteme, pour acheuer de consolider le lieu malade il le faudra seulement tenir oint & couuert de sang de pigeonneau chaud & vif deux fois de iour, iusques à ce que nature soit remise en l'estat qu'elle doit demeurer, apres la priuation de tel membre, luy tenant tousiours ledit lieu bien net: Il sera fort bon de repurger encore l'Oiseau auec les susdites pillules, pour tousiours mieux diuertir les

humeurs

humeurs du lieu malade., lequel ainsi bien secouru &
pansé se resoudra de la blesseure, non de la veuë.

---

*Remede contre le morfondement suruenu à l'Oiseau de proye.*

## CHAPITRE XXVI.

L'OISEAV de proye se morfond par plusieurs façons,
aucunefois pour auoir esté moüille de la pluie ou de
son bain ordinaire, & n'auoir eu curiosité de le faire secher à propos. Quelquefois pour auoir esté tenu & s'estre
fort debattu & tourmenté en lieu chaud, comme au Soleil, mesmement l'Oiseau gras & plein, & soudain sans autre preuoyance ny curiosité, il est mis en lieu frais & humide. Souuent apres s'estre eschauffé à suiure & battre sa
proye il la va souuent lier & prendre dans l'eau, & le
Fauconnier n'a curiosité de le faire secher bien à propos,
& le tenir en lieu chaud & sec. Or ce mal arriué à l'Oiseau
se recognoistra à ce qu'il fera plus triste mine que de coustume, il ne se secoüera si vertement & gaillardement, ains
auec peine & difficulté, & malaisement pourra rejoindre
ses plumes: il ne se paistra de si bon appetit, ny prendra
son tiroir de la force & vigueur accoustumee. Ceste douleur luy saisit presque toute sa chair & iointures, en sorte
que malaisement pourra-il voler, & clorra à demy les yeux
à cause des vapeurs & fumees que luy enuoye ce mal en la
teste, qui le rendent endormy. Ceste maladie recognuë, que nostre Apprentif ait recours à ce qui s'ensuit. Premierement qu'il purge par trois matins consecutifs l'Oiseau auec pillules desquelles i'ay parlé dernierement, & au precedent dernier Chapitre, faites &

composees de lard, moëlle de beuf, sucre, safran, cené,
aloës, aguaric, & rheubarbe, & auec la mesme methode
contenuë en mon subsequent 41. Chapitre. Le lendemain
qui sera le quatriesme iour, faut faire ce qui s'ensuit : Prenez mariolaine, lauandre, romarin, sauge, thin, laurier,
& roses, sechees au Soleil, du tout les fueilles seulement,
& de chacune vne poignee, & le tout faites boüillir en
vin, moitié eau dans vn pot de terre neuf plombé, & lais-
sez le tout cuire iusques à parfaite coction. Lors faut auoir
des linges blancs d'assez grossiere toile, lesquels il faut
mettre tremper dans ledit bain ou coction, & tant chaud
que le Fauconier y pourra tenir la main & que l'Oiseau le
pourra endurer : il faut plier & enuelopper tout l'Oiseau
dans l'vn desdits linges demy espraint, & le couurir d'vn
autre drap ou linge chaud, pour garder plus longuement
la chaleur du premier, & sera tout couuert l'Oiseau, ensemble la teste, pourueu qu'il ait le bec & respiration libres. Et à mesure que le premier linge commencera à
se refroidir, faudra le renouueller d'vn autre tout semblable & fait comme dessus, iusques à quatre ou cinq fois,
& tant qu'on verra que l'Oiseau pourra souffrir sans le
trop ennuier ou presser. Cela fait, sera l'Oiseau couuert
d'vn autre linge double qui sera sec & bien chaud, & l'Oiseau tenu pres du feu sans qu'il puisse prendre aucun vent,
iusques à ce qu'il sera bien sec & remis en son premier
estat. Car ceste fomentation l'ayant beaucoup esmeu &
fait suer, s'il prenoit du vent, il seroit plus mal qu'auparauant. Et sera continuee ceste fomentation deux ou trois
iours en suite, selon la disposition de l'Oiseau, lequel sera tousiours tenu en lieu chaud & sec, en luy continuant
ses cures, & pour quelques soirs auec clouds de girofle,
comme i'ay cy-deuant dit. L'Oiseau aura besoin d'estre

nourry de paſt vif ou autre bon & leger, car le mal l'a-
maigrira aſſez, & faut taſcher de le fortifier par bonnes &
moyennes gorges. Si ceſte fomentation ſemble trop difficile à noſtre Apprentif, il pourra au lieu d'icelles auoir
recours à pluſieurs linges ou ſeruiettes bien chaudes, &
tellement, que difficilement on les puiſſe manier. Dans
l'vne deſquelles l'Oiſeau ſera aupres du feu tout plié &
enueloppé, comme deſſus eſt dit, n'ayant rien de libre que
le reſpirer. Et à meſure que ceſte premiere ſeruiette commencera à ſe refroidir, il la faut renouueller d'vne autre
pareillement bien chaude, & continuer ceſte façon iuſques à ce que le Fauconnier aura recognu que ſon Oiſeau
aura enduré vn grand chaud, & aura le duuet qu'il a
ſoꝰ la plume, moüillé de ſueur qui ſera ſortie de ſon
corps par la vertu & attraction de ceſte fomentation ſeche. Lors ſera deſplié l'Oiſeau & tenu aſſez pres du feu,
affin que l'Oiſeau ſe ſeche peu à peu & ne reçoiue aucun
vent, mais dautant que ceſte fomentation ſeche n'a telle
efficace que la precedente, auſſi la faudra-il prattiquer &
continuer plus longuement, c'eſt à dire plus de iours, &
tant que le Fauconnier iugera le mal le meriter. Ce qu'il recognoiſtra facilement à la gaillardiſe recouuerte à ſon Oiſeau, & qu'il ſe ſecoüera bien & vertement comme il ſouloit. N'oubliant pour fin & commencement de ce remede
de purger l'Oiſeau, comme deſſus eſt dit, & luy preſenter
l'eau pour boire tous les ſoirs, & en fin le bain. Ie donne
icy en precepte à noſtre Apprentif, que de quelqu'vne
deſdites fomentations qu'il vueille vſer qu'il ne les applique iamais qu'il ne ſoit bien aſſeuré que l'Oiſeau ait bien
paſſé & induit ſon paſt precedent, tant en haut qu'en bas,
autrement par l'effort qu'il prendroit en ladite fomentation, il ſeroit pour rendre & vomir ce qui reſteroit à dige-

rer, qui luy seroit vn nouueau mal & accident pire que le premier. Qu'il n'oublie aussi ( comme nous auons dit,) de tenir l'Oiseau en lieu chaud & sec , dautant que toutes choses estansvaincuës par leurs contraires, la chaleur dissipe & ressout ceste humeur froide qui affligeoit l'Oiseau. Mais s'il est soigneusement pansé & traité comme i'ay dit, il sera dans huict ou dix iours remis.

---

*Remede pour Oiseau qui a la iambe , cuisse , ou aisle , disloquez ou dejoints.*

## CHAPITRE XXVII.

AYANT obmis à la suite du Chapitre 21. des presens Remedes , où i'ay parlé des remedes pour remettre les ruptures des aisles , cuisses , & iambes de l'Oiseau , de traiter subsequemment de la dislocation qui se peut faire és iointures desdits membres : ie suppleeray en ce lieu , & diray que soit en se tournant, contournant, debattant, ou par autre accidét l'Oiseau se peut demettre quelque iointure de l'vne auec l'autre, soit és aisles, cuisses, ou iambes. Car les autres parties du corps, ne sont composees de iointures, par ainsi non suiets à dislocation. Excepté le col, la dislocation duquel est mortelle , & par ainsi de peu de moyen ny d'espoir de guerison. Or en quelque part que cest accident arriue és autres parties, il se recognoistra à ce que si c'est à la iambe ou cuisse, l'Oiseau ne se soustiendra nó plus: cóme aussi si c'est en l'aisle, il la tiendra autant pendante & la remuera presque aussi peu que si les os desdits membres estoiét rompus. Et pour ce faut incontinant faire abattre & tenir seurement l'Oiseau , & luy ma-

nier la iambe boiteuse ou aifle pendante , & ayant bien
recognu auec la main qu'il n'y a aucun os rompu, l'Apprentif fuiura & touchera adextremen: toutes les iointures ; au manier & attouchement defquelles, outre qu'il
trouuera aifement la iointure difloquee auec les doigts,
l'Oifeau le luy donnera bien à cognoiftre, car il aura en cet
endroit grande douleur. Ladite diflocation donc bien recognuë, le nouueau Fauconnier eftendant & tirant de
fon vray fens l'aifle, iambe, ou cuiffe d'vne main, & tenant
ladite diflocation entre les doigts de l'autre, il la preffera,
& fera en forte, que les deux iointures fe reioindront &
remettront en leur lieu. Ce qu'il recognoiftra eftre quand
vn os ne paffera point plus l'vn que l'autre. Dauantage
que par l'attouchement en mefme lieu de l'autre membre,
il trouuera les iointures eftres efgalles. La diflocation
donques bien remife, fera fait appareil de blanc d'œuf,
fort battu auec broüillamini en poudre, & vn peu d'huile
rofat & mis fur eftoupes , dequoy la iointure fera pliee
auec compreffe & bandes trempees en obficrat, ce qui y
demeurera trois iours fans le bouger ny mouuoir. Lefdits
trois iours paffez le faudra renouueller d'vn autre, & ainfi
le traiter iufques à guerifon , laquelle fera affez aifee &
prompte, pourueu que l'Oifeau n'ait fupporté ladite diflocation. Car cela eftant, fort difficilement fe pourroit-il
panfer à caufe des humeurs qui fe feroiét affembleǝes dans
la iointure difloquee, lefquelles fe pourroient defia eftre
conuerties en quelque dureté, & auffi à caufe des inflammations & enfleures qui furuiennent prefque toufiours és
parties affectees & malades, non fecouruës ny medicamé-
tees. Telle chofe eftant arriuee à l'Oifeau, il ne faut laiffer
de le fecourir & faire tout ce qu'on pourra pour remettre
ladite diflocation, laquelle remife fera panfé (fans que les

Q q iij

ligatures foient trop ferrees, ) comme cy-deffus eft dit.
Car ceft appareil eft bon, non feulement pour preuenir &
empefcher lefdites inflammations & enfleures, mais auffi
pour les confolider & repercuter quand elles font furue-
nuës. A quoy fera fort bonne auffi vne purgation par trois
matins, fçauoir deux matins auec pillules douces faites de
lard, moëlle de beuf, fucre, & fafran, & le troifiefme matin
de celles compofees, & aufquelles eft adioufté aloës, cené,
aguaric, & rheubarbe, auec le regime que i'ay toufiours
dit.　Pour lefquelles ie r'enuoye noftre　Apprentif aux
fubfequens quarante & quarante-vniefme Chapitres.

---



## CHAPITRE XXVIII.

L'OISEAV pour plufieurs raifons & caufes vient degoufté & ne fe paift de fi bon appetit qu'il fouloit,
voire quelquefois defdaigne de fe paiftre. Cela procede
aux vns pour eftre trop gras & pleins, chofe commune
aux Oifeaux fortans de la ferme, lefquels pour quelques
iours defdaignent leur paft, à quoy par petites gorges &
chairs lauees eft aifé de remedier. Autres font degouftez,
voire ont perdu quafi du tout l'appetit pour auoir efté repeus de mauuaifes & groffieres viandes, & de difficile digeftion. Defquelles nature n'ayant peu faire fon profit &
icelles conuertir en aliment, elle les a conuertis en excrements & mauuaifes humeurs, defquelles auffi ne fe
pouuant bonnement defcharger elles occupent & eftou-
pent l'orifice de l'eftomach où s'engendre l'appetit. En
forte que par telle fuffocation d'humeurs il eft du tout

degousté & ne prend aucun plaisir à se paistre. A ce mal
arriué il faut pouruoir comme s'ensuit : Prenez aloës
ciquotrin fin, & recent en pierre ou masse, de la grosseur d'vne grosse febue ou enuiron, laquelle ferez
aualler & mettre bas à l'Oiseau, & sera tenu pres du feu
iusques à ce qu'ayant gardé ledit aloës vne heure ou enuiron, il aura rendu auec ledit aloës plusieurs eaux, colles,
& flegmes, qu'il aura attiré auec soy, qui le soulageront
grandement. Deux heures apres il sera repeu du cœur
d'vn ieune cochon tout chaud, ou d'vn petit pigeonneau
ou oiselet vif, affin qu'il prenne plus de plaisir à se paistre,
& luy faut tousiours continuer ses cures. Le lendemain
il faut commencer à le purger auec pillules douces, faites
seulement de lard, moëlle de beuf, sucre, & safran. Et au
second & tiers iour luy faut donner pillules composees
d'aguaric, cené, aloës, & rheubarbe, pour lesquelles faut
voir le Chapitre quarante-vniesme de nos Remedes, en
le nourrissant pendant ladite purgation, de bons pasts vifs
moyennes gorges, & de facile digestion. Cela fait, il sera
fort vtile pour vn iour ou deux de tremper sa viande en
huile d'amandes douces, à faute duquel en huile d'olif
battu auec decoction de persil, ou auec ladite decoction
seule, auec sucre candic en poudre. Ce qu'il ne faudra pas
continuer en tous ses pasts, mais pour pasts intermedies,
car la continuation luy pourroit desplaire & degouster,
ou à faute de ce, tremper sondit past en decoction de ser-
fueil, estant fort propre à exciter l'appetit, & mondifie le
sang. L'Oiseau ainsi soigneusement & à temps traité &
tenu en lieu sec, sans estre toutefois tenu trop chaudement ny en lieu froid, se remettra & recouurera bien tost
son appetit, luy continuant aussi apres la prattique des
choses susdites, de luy bailler son past tousiours bien trem-

pé en eau tiede, felon fa difpofition & fanté, & luy donnant auffi (comme dit eft, tous les foirs cure par fois auec
clouds de girofle. Luy prefenter fouuent de l'eau à boire, & quelquefois le bain pour fe baigner fera tort bon
& ytile.

---

*Remedes contre le mal de pantais furuenant és Oifeaux de proye.*

## CHAPITRE XXIX.

IL me feroit beaucoup plus facile de fournir à noftre
Fauconnier Apprentif, des preceptes pour empefcher
& preuenir le mal du pantais, affin qu'il n'arriue à l'Oifeau, que de le pouruoir de remedes pour le guerir, le mal
luy eftant furuenu. Ne trouuant cefte cure moins difficile
qu'à vn Marefchal, de guerir vn cheual efcalmat ou pouffif: De forte qu'il faut que l'Apprentif ait tout foin par
bon regime & gouuernement, de preuenir ce mal, ou de le
traiter & panfer droit à fon arriuee. Car fi par defdain &
pareffe on attend que le mal foit fort inueteré, ie le tiens
pour incurable, & la peine qu'on y prendra & remedes
qu'on y appliquera pour perdus & mal employez. Ce mot
de pantais ne denote & fignifie autre chofe qu'vn Oifeau
hors d'haleine & pouffif, & ce mal procede de plufieurs
accidents. En premier lieu, pour s'eftre l'Oifeau trop debattu fur la perche ou fur le poing eftant gras & plein, en
forte qu'il fe iette hors d'haleine, & fait par la violence &
efforts qu'il a donnez aux poulmons, reins, & autres parties nobles, qu'elles ne peuuent plus refpirer à leur aife,
ains auec peine: moins celles aufquelles la refpiration doit
toucher, la permettre ny endurer. Aucunefois par le de-

battement

battement de l'Oiſeau ſe rompt quelque veine au tour
du poulmon ou des reins par le ſang caillé, de laquelle
il s'engendre vne apoſteme & douleur en ces parties qui
empeſchent la reſpiration. Ce mal auſſi peut proceder de
quelque choc ou hurtade que l'Oiſeau peut auoir pris en
attaquant ſon gibier, ou autrement : à cauſe dequoy s'eſt
engendré du ſang caillé dans ſon corps, lequel ( comme
deſſus eſt dit,) ſe conuertiſſant en pourriture & apoſteme,
empeſche la liberté de la reſpiration & la fonctió libre des
parties à ce neceſſaires. Comme ſemblablement l'Oiſeau
peut prendre ſon mal d'vn rheume engendré de longue
main au cerueau de l'Oiſeau, lequel bouchant les conduits
propres pour la reſpiratió y fait pantayer l'Oiſeau. Ce mal
procede auſſi d'vne humeur ſubtile, laquelle deſluant du
cerueau ſur les poulmons(principales parties de la reſpiration,) en fin les gaſte & corrompt. Si ceſte maladie procede & vient de la premiere cauſe cy - deſſus declaree,
faut prendre decoction de vinette & racines de perſil
cuits & boüillis enſemble dans vn pot de terre neuf &
plombé, en laquelle faut auſſi ietter ſucre candic en poudre, & dans ceſte decoction faire tremper la viande &
paſts de l'Oiſeau : car cela eſt fort propre pour le rafraiſ-
chir. Ayant ( auant toutes choſes ) eu recours aux pillules compoſees d'aguaric, cené, aloës, & rheubarbe, deſquelles l'Oiſeau ſera purgé par trois matins conſecutifs,
ainſi qu'il eſt enſeigné au ſubſequent 41. Chapitre Affin
de deſcharger l'Oiſeau des mauuaiſes humeurs qu'il
pourroit auoir, & les deſtourner qu'elles n'affluent & ſe
iettent ſur le lieu affecté & malade dans le corps, il ſera
bon quelquefois luy faire tremper ſon paſt en huile d'a-
mandes douces, ou à faute d'icelle, dans huile d'olif,
(le premier neantmoins meilleur.) Dans lequel huile ſoit,

R r

vn ou autre, faut detremper & demesler de la susdite decoction & y faire tremper le past de l'Oiseau, car il luy
sera fort profitable. Le Fauconnier cependant fera prouision de cinq ou six angroises, ( qui sont de petites lesar-
des qui courent le long des murailles, ) & icelles prises
viues les faut faire mourir sur vne pasle de fer toute rouge,
ou les faire secher au four vn peu chaud , en sorte qu'elles
deuiennent seches, & que l'on en puisse faire poudre , de
laquelle pour quelques soirs on mettra la grosseur d'vne
noisette dans sa cure. Et faut ( comme dessus est dit ) panser & traiter ainsi l'Oiseau, tant que la maladie le requer-
ra. Pendant le cours de laquelle il faut tenir l'Oiseau plus
maigre beaucoup que plein, tant pour empescher la quantité de mauuaises humeurs qu'engendre la repletion,
qu'aussi pour euiter la chaleur interne, ( contraire à ceste
maladie , ( de laquelle les Oiseaux hauts & pleins sont
tousiours accompagnez. Sera aussi l'Oiseau tenu tous-
jours en lieu frais , car la chaleur luy est contraire, & le
trauailleroit encore plus fort. La prattique de ce mesme
remede & de l'estat de l'Oiseau , se doit aussi obseruer
contre ce mal, procedant de la seconde cause que nous
auons dite, qui est de la rupture de quelque veine. Excepté que pour quelques soirs il faut mettre au commencement qu'on le pansera, poudre de momie bonne & naturelle pour dissoudre le sang gasté & corrõpu, voire mesmes en mettre en poudre sur son past. La limeure de fer y
est aussi propre, estant fort subtile pour mettre & en sau-
poudrer son past. Pour les deux causes procedans du rheume & defluxion du cerueau, ie renuoye nostre Fauconnier au Chapitre huictiesme de nos Remedes, où i'ay parlé des remedes contre le rheume conuerty en flegme , car
c'est celuy-là qui afflige l'Oiseau en ceste maladie. Et par

la prattique & obseruation du contenu audit Chapitre,
en trempant aussi le past és huile & decoction susdits,
l'Oiseau s'amendera & se portera bien. Il se fait quelquefois vne defluxion d'humeurs venant du cerueau, le long
des reins, & s'y arrestant, elle engendre de petites pustules ou vne assez grande, pleine ou pleines d'eau corrompuë, laquelle en fin se conuertit en pourriture & aposteme, qui trauaille grandement l'Oiseau, & luy cause ce
mal du pantais. Pour y remedier il faut en premier lieu
fendre l'Oiseau tout ainsi & au mesme lieu que i'ay dit
és Chapitres second & douziesme de nos Remedes, où
i'ay parlé de tirer les cures & oster la pierre ou croye qui
est aux reins des Oiseaux. I'entends pour le regard de la
premiere peau seulement, car il ne faut toucher à la mulette, de laquelle nous parlions audit second Chapitre.
Ladite peau ainsi coupee le Fauconnier passera le premier
doigt de la main droite par dessous les intestins, & coulant tout du long de l'os du cropion en montant vers les
reins (qu'on ne prend que depuis la iointure dudit cropion tirant vers le col,) il tastera doucement à l'endroit
de ladite iointure ou és enuirons, s'il rencontrera ladite
apostemé ou pustules : ce qu'il faudra qu'il creue & perce
auec l'ongle & emporte la peau, en sorte qu'il n'y demeure rien. Cela fait sortant son doigt du corps de l'Oiseau,
& bien net qu'il soit, il l'oindra de baume ou graisse de
geline ou huile d'amandes douces, & faisant repasser son
doigt par mesme lieu, il oindra du mieux qu'il pourra le
lieu où estoit le mal, & recoudra l'ouuerture faite tout
ainsi que nous auons dit, & monstré esdits second &
douziesme Chapitres, ausquels tant pour faire ladite incision qu'icelle recoudre, ie r'enuoye nostre Apprentif.
Deux iours apres, sera bon & vtile de purger l'Oiseau par

trois matins , ( ſi l'on recognoiſt l'Oiſeau .abattu & foible, ) intermedies, ſinon conſecutifs, auec pillules de lard,
moëlle de beuf, ſucre, ſafran, aloës, ſené , rheubarbe , &
aguaric. Continuant de luy lauer ſon paſt , ( s'il eſt gras &
plein, ores en eau froide , & s'il eſt maigre, en eau tiede, )
& ores en la ſuſdite decoction de perſil & vinette, ou battuë auec huile d'amandes douces ou d'olif, comme il a eſté
dit quelquefois : auſſi de luy mettre limeure de fer ſubtile
ſur ſon paſt, & continuer de luy donner cure auec quelquefois de la ſuſdite poudre d'angroiſes dans ſes cures A
Oiſeau pantais eſt fort bon auſſi apres l'auoir purgé comme i'ay ſouuent dit, de continuer à tremper ſaviande, ( non
toutefois touſiours & à tous repas , ) dans decoction de
choux rouges bien cuits & conſommez ſans ſel. Seroit
encore meilleur s'il vouloit prendre ſon paſt trempé dans
le propre ſuc & ſubſtance dudit chou pilé en mortier de
marbre ou pilon de bois autrement, toutefois à la commodité du Fauconnier, dans lequel ius de chou, il faudroit
pour l'adoucir & rendre plus ſauoureux, y meſler ſucre
d'vue cuite ou candic. Si mieux le nouueau Fauconnier
( pour mieux faire prendre ledit ius à ſon Oiſeau, ) n'aimoit
à le meſler & battre auec huile d'amandes douces ou d'o-
lif, & y tremper ſon paſt. Mais il ne faut oublier ( quelqu'v-
ne deſdites receptes qu'on puiſſe prattiquer, ) de luy preſenter tous les iours ( ou du moins tous les ſoirs, ) en donnant cure à l'Oiſeau, de l'eau à boire ſon plaiſir. Car en telle maladie procedant de chaleur l'Oiſeau eſt fort alteré,
& l'eau corrige ceſte ardeur interne; comme auſſi de le tenir en lieu frais & clair, l'empeſchant neantmoins de ſe
debattre & tourmenter tant qu'il ſera poſſible, l'Oiſeau
ainſi ſoigneuſement traité par quelque temps, & tant
que beſoin ſera pourra auoir de l'amendement. Mais ſi le

mal eſt ſupporté & ſoit en ſon periode & perfection de
pantais, ie le tiens incurable : quoy que ſoit, i'en remets &
cede la cure à plus expert que moy. Ie trouue fort bon
auſſi apres leſdites purgations bailler à l'Oiſeau la pillule
de lardon , pour la prattique de laquelle ie renuoye noſtre
Apprentif au Chapitre 42. de nos Remedes, pourueu qu'il
ſoit en eſtat de la ſupporter , car elle l'allegera fort.

---

*Remede & moyen d'anter les pennes rompuës de l'Oiſeau de
proye, ou icelles foulees redreſſer & remettre.*

## CHAPITRE XXX.

C R A I G N A N T que noſtre nouueau Fauconnier n'euſt
en main & à commandement les liures & preceptes
de nos maiſtres , par leſquels ils nous ont appris d'anter
en toutes ſortes & manieres les pennes des Oiſeaux rompuës, & icelles foulees & à demy rompuës redreſſer, &
apres leſquels il ne ſe peut rien de mieux : Ie luy diray icy
ce que pour ceſt effet par les inuentions que i'ay priſes
d'eux i'ay prattiqué. Noſtre nouueau Fauconnier donc
ſera aduerty que ſon Oiſeau par pluſieurs accidents ſe
peut rompre ou froiſſer & fouler des pennes , voire les
maiſtreſſes. Soit en ſe debattant & tourmentant ſur la
perche, rencontrant quelque choſe auec les aiſles, ou ſe
peut rompre la queuë contre ſa perche meſmes , ou
prenant ſa proye dans quelque halier , & autrement en
pluſieurs ſortes & accidents , ſoit tant en ſang n'eſtans
about & alongees, qu'en tuyau ou par le milieu : En
ſorte que ſi elles n'eſtoient antees & r'accommodees,
ſon vol en ſeroit de beaucoup plus court , voire iroit

R r iij

penchant du cofté où lefdites pennes feroient rompuës.
Par ainfi il n'eft moins neceffaire d'apprendre à raccom-
moder lefdites pennes qu'aucune des autres chofes vtiles,
& qu'il conuient n'ignorer en la Fauconnerie. Les vnes
donc fe rompent en fang, c'eft à dire fe rompent au tuyau,
n'eftans encores qu'vn peu forties de la chair, ou quoy
que foit n'eftans pas encore alongees. Car il faut croire
que lors le tuyau defdites pennes eft fort foible & plein de
fang, qui eft fort fafcheux à noftre Apprentif, difficile
en citant le remede comme fe dira bien toft. Et ores que
le tuyau foit bien fec & en fon deu eftat, aucuns fe rompent pres dudit tuyau & autres, foit par le milieu ou autres
diuers lieux plus faciles beaucoup que le premier. Autres
par efforts moins violans ne les rompent qu'à demy, ou
les foulent & redoublent, en telle forte qu'il n'y a moyen
de les faire tenir en leur rang, & mettent en defordre
toutes les autres. Au moindre accident defquels fi le Fauconnier n'y pouruoit, il eft en danger d'en receuoir beaucoup de defplaifir Car fi le tuyau rompu en fang n'eft
panfé, il arriuera que le tuyau & conduit de la chair de
l'aifle fe fechera & bouchera, en telle façon que nulle autre penne n'y reuiendra ny renaiftra pour lors ny à l'aduenir, & demeurera le lieu & place de cefte penne vuide qui
nuira grandement au vol de l'Oifeau, & en danger que
les autres du deffus & deffous n'ayans aucun apuy, ( car
elles fe fortifient l'vne contre l'autre ) fe rompent. Car
encore qu'il femble que quand l'Oifeau vole il ait toutes
fes pennes efpanduës, il faut croire neantmoins qu'ores
que cela foit par la pointe, que depuis le milieu en haut
elles s'apuient toutes, mefmes celle des aifles de moyen
qu'elles demeurent toufiours bien rangees & apuiees l'v-
ne fur l'autre. Au contraire par la manque de l'vne ou de

plufieurs, le vol de l'Oifeau (comme ja a efté dit,) ne fera
fi ferme ny leger. Ces mefmes inconueniens, (excepté le
premier,) arriueront à l'Oifeau qui aura rompu vne
penne ou plufieurs pres du tuyau, ores qu'il foit fec. Aux
pennes rompuës par deffous le tuyau, foit par le milieu
ou bien ailleurs, il arriue vn autre accident, qui eft, que la
rupture de l'vne à force de paffer & repaffer, voire feiour-
ner deffus & deffous les autres plus voifines, mordique, &
comme peu à peu coupe les autres. Si bien & en forte que
noftre Apprentif ne penfant auoir qu'vne penne rompuë
en fon Oifeau, il fe trouuera par fon mefpris & nonchalance en auoir deux ou trois. Qu'il ne foit donc pareffeux
d'y remedier à temps comme s'enfuit. Premierement dés
lors que l'Oifeau fe fera rompu penne en fang au tuyau,
il faut couper pres de la chair ledit tuyau & eftuuer auec
vin & eau tiede le fang qui en pourroit fortir Ce fait, faut
faire vne tante de toile fine ou de charpis, de la longueur
d'vn trauers doigt, & de groffeur qu'il puiffe entrer dans
le tuyau rompu en fang & demeure en la chair de l'Oifeau. Laquelle tante ointe d'huile rofat ou graiffe de geline, le Fauconnier fera entrer fi auant qu'il pourra, (fans
neantmoins la pouffer par trop, & qu'elle fift mal & tou-
chaft au vif de l'Oifeau,) en la laiffant tant foit peu fortir
dehors, affin de la pouuoir retirer dans quelques iours,
de crainte qu'elle ne fe corrompift & vint en putrefaction,
& affin auffi d'y pouuoir remettre vn autre tuyau de
quelque autre penne qui foit vn peu moindre que le tuyau
rompu, & lequel il y faut laiffer iufques à ce que nature
l'annee fubfequente pouffe dehors le vieux tuyau pour y
ramener & faire naiftre vn autre. I'ay veu Oifeau fi adextrement panfé de ceft accident qu'il ne laiffoit de repouf-
fer & remettre cefte annee la mefme, vne autre penne au

lieu de la rompuë, mais cela s'y fait lors que la penne ſe
rompt n'eſtant encore gueres ſortie dehors. Le naturel
d'aucuns Oiſeaux ſera d'attendre à l'annee ſubſequente,
& encore bien ſouuent ne peut-elle venir ny croiſtre en ſa
perfection. Il ne faut oublier en ceſt accident, de tenir
touſiours la chair de l'Oiſeau en l'endroit de ladite penne
deſſus & deſſous ointe & graiſſee de geline ou huile roſat,
iuſques à ce que le tuyau ſoit bien ſec & le lieu guery. Si
l'Oiſeau s'eſt rompu vne penne pres du tuyau, lequel
tuyau ſoit à ſa perfection de dureté, faut en premier lieu
couper adextrement & ioignant ledit tuyau tout ce qui
eſt du gras de ladite penne, & qu'il n'y reſte que le commencement bien net dudit tuyau, ſans neantmoins rien
fendre. Car ſi ce qui ſort du tuyau hors de la peau de l'Oiſeau eſtoit fendu ce tuyau ſeroit inutile, & ne pourroit
l'Apprentif quoy que ſoit bien à propos & ſeurement y
en accommoder vne autre, de laquelle il aura fait prouiſion par la deſpoüille de quelque autre Oiſeau, lequel aura mué ou ſera mort, & duquel le Fauconnier curieux &
preuoyant aura gardé le vol. Trois choſes ſont à conſiderer au choix de la penne qu'il faut anter, qu'elle ſoit de
meſme eſpece d'Oiſeau pour eſtre plus ſemblables & rangees mieux à propos, qu'elle ſoit priſe de meſme coſté
d'aiſle, car les pennes d'vn coſté ne peuuent ſeruir à l'autre: elles ſe trouueroient poſees au rebours & non de leur
ſens, & qu'elle ne ſoit pas priſe de meſme endroit que
l'Oiſeau l'aura rompuë, ains d'vne ſubſequente apres &
moindre. Car iamais vne penne eſgalle à la rompuë ne
pourra entrer dans le tuyau rompu & qu'il faut anter, ains
faut par neceſſité en prendre vne autre quelque peu moindre pour la bien accommoder, voire meſmes en emprun-
ter & prendre d'vn moindre Oiſeau. De laquelle donc
quand

quand le Fauconnier aura fait prouiſion, faiſant bien ſeurement tenir ſon Oiſeau, il la fera entrer doucement iuſques au fons du tuyau rompu ſans en rien preſſer l'Oiſeau pour la faire entrer trop auant, car il vaudroit beaucoup mieux couper vn peu du bout du tuyau de ladite penne nouuelle, & le rendre plus court, que ſi elle preſſoit trop ou bleſſoit l'Oiſeau. Il faut neantmoins qu'elle entre à plein, & ne ſoit point vague dans le tuyau, ny qu'auſſi pour eſtre vn peu groſſe & rigoureuſe, elle preſſaſt l'Oiſeau ou fiſt fendre ce qui ſeroit reſté du tuyau hors la peau de l'Oiſeau. Car le premier empeſcheroit de voler l'Oiſeau, & l'autre oſteroit (comme nous auons ja dit, tout moyen d'accommoder & attacher ladite penne: quoy que ſoit ſeurement. Or le tuyau de ceſte nouuelle penne ainſi bien mis à propos dans le vieux tuyau rompu & bien rangé, & contournee du ſens, ordre, & façon des autres, il faut auec vne aleſne bien pointuë & ſubtile & non groſliere, ou auec vne moyenne aiguille carree bié pointuë percer, voire outrepercer leſdits tuyaux, ſçauoir en l'endroit où le vieux tuyau ſort de la peau, ſans (comme dit a eſté) rien fendre, mais ſeulement ſera fait vn petit trou ou pertuis outreperſant leſdits tuyaux ſans aucune faute. Dans lequel trou ainſi outrepercé ſera paſſee la coſte de l'aiſle d'vn pigeon ou autre Oiſeau qui ſera pouſſee en forme de cheuille dans ledit trou & ce à plein, affin qu'il tienne bien ferme. Puis ſera ladite coſte de plume coupee par haut & par bas tout ras deſdits tuyaux: i'en ay veu & accómodé ſi à propos que ceſte nouuelle penne ne tomboit qu'à la muë, & n'y auoit apparence qu'elle ne fuſt naturelle en ce lieu. S'il eſtoit reſté aſſez du tuyau rompu & que la façon ſuſdite de cheuille ne ſemblaſt aſſez ſeure & forte à noſtre Apprentif, il peut auoir vne aiguille

S ſ

ou carlet fin & delié, au trou de laquelle aiguille il fera
passer fil retors bon & fort, non toutefois du grossier , &
ayant fait vn bon neud à l'extremité dudit filet , lequel
neud ne puisse passer dans le chemin qu'quurira ladite aiguille, il percera adextrement & sans rien fendre d'outre
en outre lesdits tuyaux, enséble ledit filet iusques au neud,
& ce au plus pres de la chair  de l'Oiseau qu'il pourra.
Puis fera auec ledit fil vn tour ou deux à l'entour desdits
tuyaux, bien pressez & ioints au long dudit neud, en
s'approchant du bout coupé de la penne rompuë, & lors
l'entournement dudit fil ainsi fait & tenu ferme auec les
doigts, il outrepercera encore lesdits tuyaux auec ladite
aiguille tout ioignant & tant pres de ladite liaison qu'il
pourra , affin que rien ne soit lasche , & lors fera vn autre
bon neud auec ledit filet tout ioignant desdits tuyaux.
Mais que l'Apprentif soit si aduisé de ne repercer pas lesdits tuyaux au droit du premier trou, de crainte de fendre lesdites pennes, ains il les repercera par costé ou autrement d'autre sens que la premiere fois. l'ay veu prattiquer
que lors qu'il ne reste rien du vieux tuyau rompu dehors
de la chair de l'Oiseau , ou que ce qui sort est fendu, &
par consequent inutile, qu'apres que le Fauconnier auoit
bien essayé la penne nouuelle, & veu qu'elle se peut bien
accommoder, il auoit de la colle forte bien faite, dans laquelle il mettoit le tuyau de la penne nouuelle, & soudain
le repoussoit dans le tuyau de l'Oiseau. En sorte que ceste
colle se venant à refroidir apres auoir bien nettoyé & esmondé tout ce qui en pourroit estre sorty desdits tuyaux
de surcroft & abondant, la nouuelle penne tenoit si bien
attachee à l'autre que par ce moyen elle seruoit vn temps.
Mais les meilleurs  & plus experimentez & approuuez,
(tant par nos Maistres qu'autres,) remedes, sont les suf-

dits, & defquels en tant qu'il pourra, ie confeille à noftre
Apprentif de fe feruir. C'eft à mon iugement tout ce qui
fe peut dire du moins, felon moy pour anter(ce que nous
appellons en Fauconnerie) en tuyau. Or il ne faut point
penfer d'anter autrement qu'en cefte forme : la penne
rompuë depuis ledit tuyau iufques pres du milieu. Dautant qu'encore que la cotte des pennes de l'Oifeau, foit
en ceft endroit plus forte & efpoiffe pour la pouuoir anter en aiguille, il y a neantmoins vn petit tuyau qui naift
dudit gros tuyau & continuë iufque prefque au milieu
ou peu s'en faut. Parquoy toutes les pennes de l'Oifeau
rompuës depuis enuiron le milieu, feront antees en tuyau,
& en la mefme façon & maniere que nous venons de dire. Car ce petit canal qui vient depuis le gros tuyau d'i-
celle penne iufque audit milieu empefche que l'aiguille
(neceffaire pour anter en la forme que nous dirons fubfequemment,) ne peut tenir feurement. L'autre façon
d'anter les pennes fe nomme anter en aiguille, & en cefte
maniere s'entend les plumes depuis le milieu d'icelles ou
enuiron iufques au bout, & fe prattique comme s'enfuit.
Il conuient auoir ( comme nous auons dit cy-deuant,)
vne penne d'autre Oifeau de femblable efpece & du femblable endroit que la penne rompuë & enuiron vn trauers doigt au deffous de ce petit canal qui fe vient refpon-
dre iufque au milieu d'icelle (comme nous auons dit,) il
faut auec ferrement bien trenchant couper ladite penne
fans qu'elle fe fende ny fe face aucune efquille de rupture,
& fera ledit lieu coupé bien droit & vny. Ladite abfcifion
faite, il conuient que le Fauconnier ait vne petite aiguille fort fubtile, neantmoins faite en carlet, dans laquelle il
paffera bon fil de foye retorce ou autre fil retors & bon.
Et auec ladite aiguille il percera la cotte de ladite penne

qu'il aura coupee, & ce au deſſus de la plume tant pres du bout coupé qu'il pourra, ſans toutefois rien fendre ny rompre, & dudit fil il fera vne ligature au bout coupé de ladite penne, autant par vn bout dudit filet que par autre. Puis ayant fait par le deſſous de la penne vn bon neud double pour tenir ladite ligature, il repaſſera les deux bouts dudit filet, ſçauoir l'vn par vn coſté & l'autre par l'autre, par le meſme trou & endroit que l'aiguille auoit paſſé la premiere fois, à ce que les deux bouts dudit filet ſoient & ſortent des deux coſtez de ladite penne, ſçauoir chacun bout de ſon coſté. Ce fait, faut auoir vne aiguille propre à anter, qui ſoit carree & pointuë par les deux extremitez, en agroſſiſſant vn peu par le milieu, qu'elle ſoit de la longueur des autres aiguilles communes ou enuiron, & ſoit forte & groſſe, ſelon la groſſeur de la penne, & qu'elle la pourra endurer. Le Fauconnier fera entrer par vn bout ladite aiguille dans le bout de la penne coupee & liee, comme nous auons dit, & la pouſſera à touce force iuſques au milieu de ladite aiguille, & la fera entrer, en ſorte que ladite aiguille ſuiue bien droictement le milieu de la cotte de ladite penne, & ſoit bien droictement poſee, à ce que le bout qui eſt dehors ne panche, ny tourne à droit ny à gauche. Ceſte penne ainſi bien accommodee le Fauconnier fera abattre & tenir ſeurement l'Oiſeau, il vnira bien le lieu rompu de la penne, & au meſme endroit & de meſme longueur qu'il aura coupé la premiere, & que confrontant les deux extremitez deſdites pennes coupees, elles ſe rapportent tant en groſſeur que taille, à ce que ſe rencontrans leſdites tailles ſoient bien vnies & iointes, & ne ſoient en longueur que ſelon l'ordre du lieu où elle doit eſtre antee, ſans eſtre ny plus longue ny courte. Tout cela bien appreſté le Fauconnier

fera vne semblable ligature à la penne de l'Oiseau, & tout
ioignant le bout & extremité vnie d'icelle, qu'il aura fait
à la precedante & en la mesme forme & maniere, & à
quoy pour ce regard ie le r'enuoye de peur de prolixité ou
de trop prompte repetition. Ceste ligature faite, le Fauconnier prenant la precedante penne fera entrer l'autre
moitié de l'aiguille qui est demeuree dehors de ladite premiere penne, dans, & par le milieu de la coste de celle de
l'Oiseau, à ce que les extremitez se venans à r'encontrer &
ioindre, la plume soit droitement posee sans se trouuer
trop haute, ny regardant à droit ou à gauche, ains qu'elle
soit bien du sens des autres pour se ranger & vnir auec elles. Ladite penne ainsi bien droitement antee, le Fauconnier reprendra sa premiere aiguille, & y faisant passer vn
des bouts & extremitez des quatre filets, lesquels sont demeurez pandans aux deux extremitez desdites pennes, il
le fera passer à trauers de la coste de l'autre bout de penne
par le dessous, & plus haut vn peu que n'aura peu entrer
ladite aiguille pour anter dans & le long de ladite cotte, &
en fera le semblable de l'autre bout dudit fil & dans mesme trou, mais venant de l'autre costé & à l'oposite de l'autre bout de fil, en sorte que chacun bout dudit fil se trouuera passé de l'autre costé qu'il souloit estre: ces deux bouts
de fil ainsi passez, l'Apprentif en fera autant de l'vn que de
l'autre, vn tour de ligature à la plume en cest endroit, &
arrester par bon neud double par le dessous de ladite penne, ladite ligature, en coupant pres dudit neud tout le superflu dudit fil. Cela fait, il faut qu'il en face le semblable aux autres deux bouts de fil qui sont demeurez
au bout de l'autre plume, & les allant faire passer à trauers
de la cotte & par le dessous de l'autre plume, il en fera semblable liaison qu'à l'autre. Ou si ceste derniere

liaison ou ligature luy eſt ou trop difficile ou ennuieuſe,
il pourra les attacher par neuds deux de chacun coſté, au
droit de l'aſſemblage deſdites pennes. Sçauoir vn des filets de la plume qu'il aura miſe ou attachee auec celuy de
meſme cotte, qui eſt en la penne de l'Oiſeau, & autant de
l'autre coſté. En ſorte que ces quatre bouts de fil, ainſi
bien accommodez & arreſtez, tiendront ſi ferme, tirant
chacun par ſon coſté, qu'auec l'aide que ladite aiguille
antee dans leſdites deux extremitez des plumes y fera, il
ſera impoſſible que iamais le bout anté puiſſe tomber, &
ſe rompra, & faudra pluſtoſt ailleurs qu'en ceſt endroit
là. Il y en a ( meſmes les moins experts, leſquels ſe contentent ſans aucune ligature és extremitez deſdites pennes, les anter en faiſant tremper leur aiguille dans vn oignon. Ou bien l'ayans poſee dans le bout de la plume,
qu'ils veulent ioindre & anter à celle de l'Oiſeau, faire
chauffer ce qui ſort de ladite aiguille, & toute chaude la
frotter contre gemme pure ou gomme arabique, & tout
ſoudain la pouſſent dans l'autre penne, où ils veulent
qu'elle demeure. Autres ſans chauffer ladite aiguille font
tremper ledit bout qui reſte en colle forte & bien apreſtee:
Croyans qu'eſtans drogues & matieres, leſquelles ſe prennent & attachent volontiers à ce, ſur quoy elles ſont miſes, ou qui leur peut ioindre que les deux extremitez des
pennes ainſi vnies, rapportees, & pouſſees l'vne contre
l'autre, & bien iointes par l'aide & vertu deſdites matieres, ſe ioindront & ſe colleront mieux l'vne à l'autre, ſe
tenans auec l'aide de ladite aiguille plus ſeurement. Ie ne
veux empeſcher que noſtre Apprentif ne s'en ſerue. Mais
les inconueniens qui en arriuent, tant par la faute des plumes qui s'y fait ſouuent en pouſſant l'aiguille dedans,
qu'auſſi ſi du premier coup le Fauconnier ne poſe bien à

droit la plume qu'il voudra ioindre à l'autre, il est hors
d'espoir de la retirer pour l'accommoder, me fait iuger
la premiere façon meilleure, plus seure, & comme telle
prattiquee par tous bons Fauconniers. Voila tout ce qui
est requis pour anter à aiguille, c'est à dire pour penne
rompuë tout à fait. Or si la penne n'est qu'à demy rompuë, & que mesmes la cotte de dessus comme la plus forte soit restee entiere, & que la cotte de dessous soit rompuë, (car en ce cas il faudroit l'acheuer de couper & l'anter en aiguille comme dessus,) faut faire ce qui s'ensuit.
Sçauoir que l'Apprentif prenne l'aiguille carree dequoy
i'ay parlé, à laquelle il mette du fil le mipartissant au trou
de ladite aiguille, affin que le fil se trouue double. Il fera
lors passer ladite aiguille auec ledit filet droit dedans, &
le long de la cotte de la penne, faisant aller naistre & sortir ladite aiguille droit au milieu de la coste de ladite penne au dessus & à vn petit trauers doigt, peu plus ou moins
de la rupture de ladite penne. Ceste aiguille ayant ainsi
auec son fil redoublé, outrepercé, sera coupé ledit fil &
ostee ladite aiguille: si par le passage qu'aura fait ladite
aiguille par ladite cotte de la penne elle ne s'est point
fenduë, il suffira que lesdits fils soient arrestez par vn neud
bien fait & ioint contre ladite cotte, & à ce que le neud
ne puisse passer par le trou & conduit fait par l'aiguille. Si
ladite cotte par le passage de ladite aiguille s'est vn peu
fenduë, il faut de crainte que par temps ou autres efforts,
elle ne se fende dauantage auec les deux bouts coupez dudit filet, passant l'vn d'vn costé & de l'autre bien subtilement sans gaster ladite penne, & fera vne ligature au
tour de ladite penne en l'endroit où elle sera fenduë assez serree, & l'arrestera par neud bien seurement par le
dessous de ladite penne. Cela fait, (voire mesmes aupa-

rauant faire ce que ie viens de dire, ) il fera vne petite ligature auec fil au bout de ladite penne rompuë par le
haut, affin que la fufdite aiguille ou l'autre pour anter
qu'il y faut mettre ne fendent le bout de ladite penne.
Mais il ne faut que ladite liaifon foit auec tant d'artifice &
curiofité que celle que i'ay dite qu'il falloit faire pour anter en aiguille la penne du tout rompuë, car il fuffira
pourueu que ladite ligature puiffe tenir & empefcher que
les aiguilles ne fendent ledit tuyau en entrant. Cela fait,
le Fauconnier enfilera dans l'aiguille fufdite, les autres
deux bouts & extremité dudit filet, & faifant paffer comme il a fait la premiere fois ladite aiguille & fil dans & le
long de la cofte, de l'autre part de ladite penne rompuë,
& fera reffortir ladite aiguille & fil dans la fente & petit
canal qui eft naturel au deffous de ladite penne, & ce
( comme nous auons dit de l'autre part, ) à demy trauers
doigt de ladite rupture. Tout cela ainfi apresté & difpofé,
l'Apprentif aura vne aiguille propre à anter, & telle que
nous auons dit, felon la proportion de la plume. Laquelle aiguille il fera entrer par le haut de la plume rompuë, &
la pouffant droit dans la cotte de ladite plume, fans qu'elle en forte par le bout mis dedans en aucune maniere, il
luy pouffera fi auant qu'il n'en reftera qu'vn peu au dehors, à ce que l'autre bout de ladite penne fe puiffe mettre & enfiler dedans. Ce qui fe fera en forte que les deux
ruptures fe ioignent & rapportent bien l'vne à l'autre. Cela fait les deux derniers filets que le Fauconnier auoit fait
paffer dans le tuyau de ladite penne feront tirez, à ce que
ce qui eft dedans ladite penne tende bien, & feront arre-
ftez par vn bon neud bien ioint à ladite penne s'il n'y a aucune faute. Si la penne auffi par le paffage de ladite aiguille auoit efté fenduë, il y fera comme nous auons dit qu'il
falloit

falloit fuiure en l'autre cofté. Ce que ie ne repeteray pas icy, la chofe eftant encore de fraifche memoire, mais le meilleur eft de la couper du tout, & l'anter, comme nous auons dit, pour anter la penne rompuë tout à fait. Si la penne de l'Oifeau n'eft que foulee fans rupture, faut auoir de l'eau en laquelle auoine ait fort cuit, & de cefte eau bien chaude tant que le Fauconnier y pourra tenir la main, ramolir auec les doigts le lieu froiffé ou foulé, en forte que ladite penne deuienne en fon premier eftat. Conuient apres auoir cottes de choux rouges fenduës, & faites cuire & fecher fur les charbons, & tant chaut que le Fauconnier le pourra endurer, il en faut mettre vne deffus & l'autre deffous la foulure de ladite penne, & lier lefdites cottes auec bon fil, à ce qu'elles demeurent comme eftrincles à vne rupture, bien fermes, & ne les remuer de vingt-quatre heures. Apres lequel temps & ladite penne defployee, elle fe trouuera auffi belle & non plus foulee que les autres. Voila tout ce dequoy ie puis inftruire noftre nouueau Fauconnier touchant les ruptures, foit en fang, en tuyau à demy ou froiffement des pennes de l'Oifeau, à quoy ie fuis efté vn peu long, y ayant efté obligé pour reprefenter du mieux qu'il m'a efté poffible les methodes pour les r'accommoder. Auoüant neantmoins que noftre Apprentif ayant veu prattiquer deux ou trois fois feulement à quelque bon Fauconnier les chofes contenuës au prefent Chapitre, en fera plus edifié, & les comprendra mieux que par tout ce que i'en ay dit, ny pourrois reprefenter par mes dires.

*Remedes pour Oiseau qui fait des œufs en la muë.*

## CHAPITRE XXXI.

IL arriue quelquefois aux Oiseaux, lesquels sont en muë de pondre des œufs, chose fascheuse, & laquelle volontiers presage la mort de l'Oiseau, car on n'en void pas guere long temps apres viure. Cela n'arriue qu'à d'aucuns, lesquels poussez extraordinairement de chaleur engendrent en eux des œufs, & ne sont non plus exempts d'en pondre sans conionction de masle que les poulles. Encore que soit chose naturelle aux Oiseaux, mesmement femelles de faire engendrer & pondre des œufs : cela pourtant nuit grandement & mene de grandes douleurs aux Oiseaux de proye entre nos mains, les vns yenans pour raison de ce à mourir, & d'autres en sont du moins griefuement malades. La raison à mon iugement en doit estre prise, qu'ayant l'Oiseau pris toute autre nourriture & complexion dés le iour qu'il est entre les mains de l'Apprentif, & que la leur naturelle est tellement changee qu'il n'est plus idoine ny capable pour faire telles fonctions, ores qu'elles leur soient naturelles. Si bien que lors que par quelque gaillardise ou chaleur nature se veut remettre & adonner à ceste sienne premiere & naturelle fonction, qui est d'engendrer & pondre des œufs, ce ne peut estre sans donner bien de la peine & du tourment à l'Oiseau. Car pour estre lors l'Oiseau trop gras, & par ce moyen estre empesché par ceste crassitude de pondre aisement les œufs qui sont nez & engendrez en luy, c'est aussi ( à mon iugement ) vne erreur. Dautant que l'Oiseau de

proye eftant aux champs & en liberté, eft toufiours gras &
plein, fe nourriffant & prenant fes pafts de bonnes viandes , & à fon plaifir, n'eft neantmoins pas empefché ny n'a
aucun trauail à pondre fes œufs en fon aire. Et pour la cognoiffance de ce mal le Fauconnier verra les yeux de fon
Oifeau enflez & fon fondemét. Ce qui procede de grande
chaleur interne, laquelle enuoyant des vapeurs en la tefte
affecte pluftoft cefte partie fenfible que les autres. L'Oifeau en outre lors qu'il veut pondre l'œuf , fe tourmente
& debat des aifles , fe laiffant par grande douleur tomber
comme s'il eftoit prefque mort. Pour remede à ce mal nos
maiftres ordonnent lauer la viande & paft de l'Oifeau
en vrine de ieune enfant de l'aage de fix ans en bas, autres
en eau de vigne. Lefquels remedes ie ne reprouue pas,
pourueu que l'Oifeau ne foit par l'aigreur de l'vrine empefché & degoufté d'en vfer , mais pour faire cefte cure
bien à propos , il faut prattiquer l'ordre & methode qui
s'enfuit. C'eft en premier lieu que le Fauconnier ayant recognu ce mal à fon Oifeau, foit pour auoir ja fait vn œuf
ou autrement, il ofte foudain l'Oifeau de la muë ou ferme,
le tenant toufiours chapperonné, de peur qu'il ne fe tourmente, & en lieu frais. Qu'il purge par trois matins confecutifs l'Oifeau auec pillules faites de lard , moëlle de beuf,
fucre, fafran, aloës, cené, aguaric, & rheubarbe, la methode defquelles eft contenuë au fubfequent quarante-
vniefme Chapitre, luy trempant en cefdits trois iours fon
paft en eau de viue fontaine froide, pour commencer à
preparer l'humeur & corriger cefte chaleur interne. Par
l'efpace de quatre ou cinq iours apres le Fauconnier
luy trempera fon paft bien net, & premierement trempé
& laué en eau commune, ores en vrine d'enfant comme
deffus eft dit, ores en eau de vigne, ( mais elle feroit meil-

T t ij

leure si elle estoit passee par alambic, (& ores en eau
distilee de roses blanches, en luy entremeslant ainsi les
remedes parmy ses pasts, affin que la continuation de l'vn
ne luy fastidie & ennuie. Si dans quelques iours, par la
prattique des choses susdites l'Oiseau ne s'amende & fait
tousiours des œufs, qui ne peuuent estre au plus que de
quatre ou cinq, que le Fauconnier ne face doute de fendre l'Oiseau comme i'ay enseigné au precedent 2. Chapitre de ceste Partie de nos Rudiments. L'Oiseau ainsi
fendu, il faut auec le doigt aller ( par le dessous des intestins, ) taster enuiron le milieu des reins, & à l'assemblage qui se fait des reins auec le cropion. Car c'est le lieu où
naturellement aussi bien qu'és poulles, les œufs s'engendrent au corps de l'Oiseau. Soit que le Fauconnier trouue
auec le doigt quelque œuf ia formé, ou l'amas des œufs
qui se fait esdits reins & iointure susdite, qu'il arrache bien
le tout & le iette hors du corps de l'Oiseau, en graissant
le lieu de graisse de geline fondué, huile d'amandes ou
autre graisse douce , & recousant bien à propos comme
nous auons dit la peau fenduë de l'Oiseau, en luy continuant aussi le lauement de son past pour quelques iours,
ores en eau fraische, & ores en quelqu'vne des susdites
eaux de vignes ou de roses blanches, & quelques iours
apres encore soit purgé l'Oiseau selon sa force & il se portera bien. Il sera bon aussi par fois de tremper son past en
huile d'amandes douces ou d'olif, battuë auec decoction
de persil côme i'ay cy-deuant en plusieurs lieux enseigné.
Ce mal est grand & mene plusieurs Oiseaux presques à
mourir. I'ay veu pourtant vn Lasnier entre les mains
d'vn gentil-homme de mes amis , ayant du moins dix
ou douze muës , faire & pondre tous les ans quatre ou
cinq œufs sans aucun mal ny secours.   Mais cela pro-

cede d'vne grande force en l'Oiſeau & bóne temperature
de peu de rencontre en autres. Ie n'ay iamais veu Oiſeau
de proye (non pour contredire les eſcrits de nos Maiſtres,)
entre les mains d'homme engendrer ny pondre des œufs
que lors qu'ils ſont en la ferme pour les faire muer. La raiſon en eſt priſe & apparente, que le regime de viure qu'on
luy donne, le lauement de viande, ores en eau froide, autre
fois en eau tide, & les purgations deſquelles on les chaſtie
detournent ceſte gaillardiſe & chaleur de nature. En
muë ou ferme au contraire la bonne nourriture & en
abondance qu'il prend luy engendre ceſte nouuelle chaleur & comme extraordinaire, ainſi que les poulles, leſquelles plus gaillardes & mieux nourries elles ſont, auſſi
engendrent & ponnent-elles des œufs dauantage. La ſaiſon ſemblablement en laquelle on fait muer l'Oiſeau eſt
gaye, prouocant toutes ſortes d'Oiſeaux à l'amour. Contre quoy ſeroit bon dés lors que le Fauconnier commencera à recognoiſtre ceſte gaillardiſe en l'Oiſeau, & qu'il
caquetera comme s'il appelloit vn autre Oiſeau, de luy ar-
roſer & tremper ſa viande dans de la decoction de l'herbe
nommee rhuë ſauuage, auec la ſemence d'icelle. Car ceſte
herbe eſt ſinguliere pour reſtraindre ceſte chaleur & rendre ſteriles ceux qui en vſeront. Pour faire plus aiſement
prendre ſon paſt à l'Oiſeau trempé en ladite decoction, il
ne faut pas que ladite herbe ſoit tant cuite, & par ainſi ne
ſera la decoction ſi aſpre, & faut laiſſer vn peu ieuſner
plus que de couſtume l'Oiſeau, affin que l'apperit luy face pluſtoſt engloutir ſon paſt que de l'auoir gouſté. Auec
ce, faut mettre ſucre de madere parmy en poudre pour luy
oſter vne partie de ceſte aigreur. Si l'Oiſeau eſt ſi faſcheux
de ne ſe vouloir paiſtre pour raiſon de ladite decoction,
que le Fauconnier vſe de ladite herbe à demy pilee, en-

T t iiij

femble de fa femence & en mettre dans fa cure. Mais il fuffira de prattiquer l'vne ou l'autre recepte de ladite rhuë,
deux ou trois fois feulement. Car elle fera fuffifante pour
rompre & diffiper le commencement des œufs qui fe
pourroient former dans le corps de l'Oifeau, voire de diffoudre & rompre ceux, lefquels feroient ja formez. Qui
auroit de l'eau de ladite herbe tiree par alambic pour tremper fon paft, elle feroit de beaucoup plus grande vertu,
mais il n'en faudroit vfer en telle quantité.

---

*Remedes contre la mauuaife odeur de l'haleine & refpiration de
l'Oifeau de proye.*

## CHAPITRE XXXII.

LA chofe eft fort facile par bon regime, lauement de
viande & purgation, de mois en mois preuenir la
mauuaife odeur de l'haleine de l'Oifeau. Car elle procede
des groffieres & mauuaifes viandes & mal nettes, defquelles eft repeu l'Oifeau, qui luy engendrent des humeurs
corrompuës, lefquelles enuoyent des vapeurs en haut
comme au cerueau & conduits du gofier & narilles, &
rendent l'haleine de l'Oifeau plus forte & de mauuaife
odeur; chofe fafcheufe, non feulement au Fauconnier
mais à l'Oifeau: cela luy caufant beaucoup de maladies,
ainfi qu'en plufieurs endroits nous auons dit cy-deuant.
Auffi toft donc que le Fauconnier aura recognu ce mal,
qu'il purge par deux matins fon Oifeau auec pillules de
lard, moëlle de beuf, fucre, fafran. Et au troifiefme matin
qu'il luy baille des pillules, aufquelles fera adioufté aloës,
cené, aguaric, & rheubarbe, auec fon paft bien laué en

eau froide ou tiede selon la saison. Si l'Oiseau est gaillard
& assez plein, deux ou trois iours apres la susdite purgation, si ceste forte haleine & mauuaise odeur luy continuë, que le Fauconnier luy baille la pillule du lardon, &
tant pour ledit lardon, susdites pillules, que traitement
de l'Oiseau, ie r'enuoye l'Apprentif és Chapitres quarante, quarante-vn & quarante-deuxiesme subsequens.
Et luy continuant ses cures, dans lesquelles par fois faudra mettre clouds de girofle il se portera bien, & ceste mauuaise odeur luy passera. N'oubliant aussi de luy presenter
tous les soirs de l'eau à boire, & apres lesdites purgations pour se baigner, car le bain luy profitera grandement.

---

*Remedes contre la pepie, laquelle vient à la langue des*
*Oiseaux de proye.*

## CHAPITRE XXXIII.

LA pepie est vn mal lequel tourmente fort l'Oiseau, non
par tourmens & douleurs grandes & violentes, mais
par vne langueur, laquelle luy causant vne fascherie &
ennuy il deuient maigre, en telle sorte que s'il n'est secouru, il sera pour en moins valoir, voire mourir. Ce mal saisit la langue de l'Oiseau tout ainsi qu'on peut voir &
prattiquer és langues des poulles & autres semblables
Oiseaux : plusieurs ayans quelque prattique en la Fauconnerie ne descouurent ou recognoissent promptement ce
mal. En sorte que trouuans leur Oiseau plus triste, abattu & maigre qu'ils ne souloient, attribuënt cela à quelque
autre cause, & courent à des remedes non propres. Mais

ce mal sera aisé à recognoistre à nostre Apprentif quand
il verra que l'Oiseau se paissant refusera la viande, où
l'ayant prise la lairra tomber. Cela se faisant à cause que la
langue en laquelle gist le principal goust de l'Oiseau, aussi
bien qu'és autres animaux,) ne trouuant aucun goust par
ce mal, ou la douleur qui est en ceste partie, laquelle ne
permet l'attouchement d'aucune chose luy font aussi re-
fuser & reietter la viande. Ce mal aussi se recognoistra à
ce que l'Oiseau sera beaucoup plus triste, tenant ses aisles
abattuës & s'amaigrira d'heure à autre. Finablement que
luy ouurant le bec, il luy verra le bout de la langue couuert d'vn cartilege ou grosse peau morte, laquelle se va
lier & ioindre par le dessous de la lague à vne petite corde,
(ressemblant vn petit nerf) qu'ont tous Oiseaux naturellement au dessous de leurs langues. Ce mal procede d'vne
grande chaleur interieure, laquelle engendre vne extreme
alteration par les fumees & vapeurs qu'elle enuoye au dedans du bec de l'Oiseau, qui fait que sa langue en deuient
seche, ce qui procede de la paresse de l'Apprentif, lequel
nonchalant de luy presenter souuent de l'eau pour rafraischir & corriger ceste chaleur interne, est cause que la langue est contrainte de secher. Ce mal donc bien recognu la guerison en sera aisee, pourueu que l'Oiseau ne
l'aye trop longuement supporté, en sorte qu'il ait par trop
saisi & desseché la langue, & qu'il ne soit deuenu par trop
maigre & abattu, & en telle sorte que nature luy deffail-
le. Car és maladies où elle defaut le signe de mort y est
tout euident. Parquoy ayant à temps & de bonne heure
recognu ce mal, il faut faire abattre par quelqu'vn l'Oiseau, lequel le tienne seurement, & luy ouurant le bec, &
luy tirant vn peu au dehors la langue tout doucement, &
sans la tirer par trop, ains seulement que nostre Apprentif

tif la puiſſe prendre & tenir entre deux doigts auec vn petit linge fin pour la tenir plus ſeurement. La langue ainſi
tenuë, il faut deſprendre auec la pointe d'vne aiguille ſe
cartilege d'auec ceſte petite corde ou nerf, ( duquel i'ay
parlé n'a gueres,) en faiſant paſſer ladite aiguille entre ledit cartilege & la chair bonne & viſue de ladite langue,
ſans bleſſer icelle, en rompant auſſi auec ladite aiguille
le fonds de ladite peau morte ou cartilege. Et eſtant de-
jointe ou depriſe d'auec ladite corde, le Fauconnier tirera & arrachera en tirant vers le haut & pointe de ladite
langue ceſte groſſe peau, laquelle ainſi oſtee & arrachee la langue demeurera belle & nette. Mais il faut
arracher ou enleuer ceſte peau ſi adextrement toute entiere qu'elle ne ſe rompe & n'en demeure aucune choſe en
la langue. Car ce qui reſteroit ou demeurant à la langue
ſeroit plus faſcheux & malaiſé d'enleuer que lors que la pepie y eſtoit toute entiere, laquelle ainſi bien enleuee le Fauconnier oindra ladite langue d'huile d'amandes douces,
ou à faute dudit huile, de graiſſe de geline, & coupera le
paſt de l'Oiſeau à petits morceaux trempez audit huile
pour quelques repas, affin que l'Oiſeau n'ait peine de tirer
ſon paſt, & que la langue demeure touſiours ointe & graiſſee iuſques à gueriſon. Deux ou trois iours apres, ſelon la
force & diſpoſition de l'Oiſeau, il ſera purgé par deux matins des pillules de lard, moëlle de beuf, ſucre, & ſafran.
Et le troiſieſme matin des autres pillules compoſees d'a-
guaric, aloés, cené, & rheubarbe, la cópoſition deſquelles
eſt contenuë au Chap. 41 de nos Remedes. Si l'Oiſeau eſt
bas & foible il faut intermedier des iours parmy ladite pur-
gatió Pendant laquelle ſera obſerué le regime cy-deuát &
touſiours ordonné, & preſentant tous les iours de l'eau à
boire à l'Oiſeau & luy continuant ſes cures. Tout cela pra-

V u

tiqué il luy faut presenter le bain, affin qu'il prenne l'eau à
son plaisir. L'Oiseau estant bien remis, il faudra côtinue rà
luy lauer son past en eau, selon la temperature de la saison,
& cela luy corrigera ou moderera ceste chaleur interne,
voire mesmes iera bon de luy tremper quelquefois son
past en decoction de chicoree. Pour fin de ce Chapitre, ie
diray à nostre nouueau Fauconnier qu'il n'y a non plus de
difficulté, & la methode est toute pareille à oster la pepie de
l'Oiseau de proye que d'vn chappon, poulet, ou autre
poulle, excepté à la verité qu'elle est plus dure & tient dauantage. Mais qui sçaura bien oster la pepie d'vn coq
ostera bien celle d'vn Faucon ou autre Oiseau de proye,
& n'y a difference qu'au traitement.

---

*Remedes contre les teignes qui viennent és plumes des Oiseaux,*
*& les gastent.*

## CHAPITRE XXXIV.

LE mal de teigne est fort fascheux quand il suruient &
arriue és pennes des Oiseaux. Il est dit teigne non que
ce soit vn ver, comme celuy qui gaste les habits, mais
pour ce que tout ainsi que ce ver appellé teigne, mange,
ronge, & perce les draps, ainsi ce mal ronge, mange, &
en fin rompt la penne ou pennes où il s'attache. C'est
pourquoy à la semblance des effets on a donné le nom de
teigne au mal duquel nous parlons. Aux effets donques
ce mal est recognu, & procede d'vne humeur subtile
du cerueau, laquelle estant repoussee par vne forte nature
d'iceluy, prend son cours, & ne cesse qu'elle ne soit à l'extremité des membres de l'Oiseau, comme des aisles &

cropion où font les principales pennes de l'Oiſeau. Ceſte
humeur donques ſubtile, acre, & mordicáte, eſtant aux ſuſdites extremitez, & ne trouuant plus où gliſſer, fait ſes efforts & engendre de petites puſtules, & ſi grande demangeaiſon à l'Oiſeau ſur la partie qu'elle ſera arreſtee, qui
eſt iuſtement entre les tuyaux des pennes, ou ſur les meſmes tuyaux, que l'Oiſeau par grande impatience ſe ronge
auec le bec ſes plumes iuſques au vif, voire comme s'il
vouloit les arracher. Et quelquefois la ſubtilité & force
de ceſte humeur eſt telle qu'elle penetre par dedans le tuyau de la plume iuſques à demy de ladite plume, & la mange & mordique en telle façon qu'on diroit auoir eſté mor-
duë des rats ou de quelque autre vermine. Ce mal auſſi
eſt ſi ſubtil qu'il eſt contagieux, & ſe faut garder de mettre vn autre Oiſeau aupres de celuy qui ſera infecté de ce
mal, car il le prendroit facilement. Et pour ce que de
tous maux il en faut oſter la cauſe ſi on peut, ſi l'on ne
veut rendre ſon trauail vain & inutile, il faut purger l'Oiſeau de ceſte humeur qui affluë ainſi ſur ces parties. Et
pour ceſt effet ſera baillé à l'Oiſeau vn matin pillules douces, faites de lard, moëlle de beuf, ſucre, ſafran, & deux
autres conſecutifs, des pillules compoſees auec aguaric,
cené, rheubarbe, & aloës, le tout auec la quantité & meſme regime que i'ay touſiours dit, & meſmes ſera dit és
quarante & quarante-vnieſme Chapitres ſubſequens.
Ceſte purgation faite ainſi à propos diuertira & attirera
ceſte humeur du cerueau, & ne fluera plus ſur ces parties
malades & infectees. Si bien que l'humeur peccante ceſſee,
la gueriſon du lieu malade ſera fort aiſée, & pour ceſt effet
faut bien regarder les pennes & lieux malades. S'il y a puſtules enleuees, il les faut fendre du long auec vne lancette ou autre ferrement bien pointu & trenchant pour faire

V u ij

sortir l'humeur & eau, comme sanguineuse, qui se pourroit estre engendree dedans. Lors sera medicamenté le lieu
auec onguent nommé blanc rasis, (qu'il conuiendra prendre de quelque Apotiquaire,) lequel est fort propre pour
faire dessecher, & apres que le lieu sera desseché il le faudra
oindre de graisse de geline ou autre douce, pour le remettre en bon estat. Si le Fauconnier void le susdit onguent
n'estre assez vertueux pour dessecher & guerir ce mal, qu'il
vse pour quelques iours de l'onguent nommé *Apostoli-
cum*. Et quand il verra que ledit onguent aura assez mondifié lesdites pustules ou vlceres, il oindra le lieu de graisse
de geline iusques à guerison, laquelle estant longue à venir & non si prompte que le Fauconnier desireroit, il
pourra douze ou quinze iours apres la susdite premiere
purgation vser d'vne seconde & toute semblable, & auec
mesme methode & regime, voire mesmes plustost s'il void
que besoin soit, & que le mal n'aille en amendant. Ce pendant que le Fauconnier traitera ainsi l'Oiseau qu'il ne soit
point porté au vent, car cela luy pourroit causer des enfleures & pustules nouuelles és lieux malades, qui seroit vn
mal pire que le premier. Si toutes les receptes que dessus
ne profitent assez, faut prendre fiel de porc auec lequel
sera meslé & incorporé aloës ciquotrin en poudre, en assez bonne quantité, selon la quantité aussi du fiel. Et de
ce fiel ainsi composé le Fauconnier frottera les lieux infectez deux fois du iour, sçauoir soir & matin, iusqu'à ce
que le tout soit desseché, & lors faut oindre lesdits lieux
de graisse de geline ou autre douce, vsant neantmoins
tousiours des purgations susdites. Si les pennes ont esté
mordiquees & gastees par l'acrimonie & subtilité de ceste
humeur, sera bon de frotter les lieux ainsi mordiquez de
vinaigre auec aloës en poudre, ou du susdit fiel. Car d'es-

faier de reparer ce qui en aura esté osté la chose est impossible. Ce mal suruient & arriue plus souuent & communement és Oiseaux qui sont en ferme & muent, à cause de la
repletion qui leur engendre grande quantité d'humeurs
qu'és autres, lesquels sont tenus en estat : parquoy il conuiendra en estre soigneux & y regarder souuent.

---

*Remedes contre l'epilepsie, autrement dite le haut mal, lequel*
*arriue & suruient aux Oiseaux de proye.*

## CHAPITRE XXXV.

PARMY tant de diuerses maladies & accidens, lesquels
suruiennent aux Oiseaux de proye, il en est encore vn
fort fascheux & deplaisant nommé Epilepsie, par le commun appellé le haut ou grand mal, & à la verité tel est-il
bien, n'en y ayant aucun qui violante l'Oiseau pour vn peu
de temps ny tant que celuy-là. Et non seulement les Oiseaux, mais plusieurs brutaux, voire mesmes maints
hommes en sont violantez & affligez. Ce mal procede par
vne intemperie de chaleur qui est en l'Oiseau, par laquelle
ont esté enuoyez si grande quantité de vapeurs acres, sub-
tiles & mordicantes au cerueau, qu'elles le saisissent tellement ou partie d'iceluy, qu'il en perd bien souuent ses
fonctions, & quelquefois par le desbordement qui se fait
de ceste humeur qui coule & desfluë tellement sur les parties nobles, qu'elles se trouuent sans force pour vn peu de
temps Car il faut croire que ceste humeur est subtile &
n'arreste pas en vn lieu, soit qu'elle s'euanoüisse ayant
fait cest effort, ou qu'elle coule ailleurs à autres & diuers effets. Par ce mal en fin l'Oiseau est contraint se laisser tóber

foit de la branche, perche, ou poing , demeurant apres
plufieurs debattemens, tant des aifles que pieds comme en
extafe & demy mort, iufques à ce que cefte humeur ait fait
fon cours & effort. Mais c'eft fans doute que le premier
& plus grand tourment de l'Oifeau, eft lors que ce mal luy
arriue. Ce qui eft fort aifé à cognoiftre, car à l'arriuee de
ce mal l'Oifeau tient la tefte droite , quelquefois la con-
tourne leuant le bec en haut, le tenant par fois ouuert, &
ioint fa tefte contre fes efpaules fermant les yeux. Cefte
partie noble & plus principale de l'Oifeau qui eft le cerueau, eftant ainfi offufquee & fi viuement attaquee par
cefte poignante humeur, les autres membres fe trouuans
tout à coup fruftrez de l'aide de leur chef, ont vn grand
tourment & debattement en eux , en forte que c'eft vne
grande pitié que de voir l'Oifeau en ceft eftat. Par tels fignes donc & violans accidents le Fauconnier recognoiftra ce mal. Le fecours & remede duquel eft affez aifé,
pourueu que le Fauconnier s'y prenne lors que le mal n'eft
qu'en fon commencement & n'eft inueteré. Car l'Oifeau
ayant eu plufieurs fois ce mal, il eft prefque impoffible de
l'en foulager & guerir. Le remede donc au commencement fera de purger l'Oifeau par trois matins intermedies
auec pillules faites de lard, moëlle de beuf, fucre, fafran ,
aloës, aguaric, cené, & rheubarbe, pour la faction & prattique defquelles faut voir le quarante-vniefme Chapitre de
nos Remedes, le paiffant toufiours moyennes gorges.
Et fon paft fera trempé en decoction, où aura fort cuit
guy de chefne, foit verd ou fec, eftant rompu & brifé le
plus menu que l'on pourra. Et faut mettre dudit guy non
toutefois cuit dans fes cures pour quelques iours , car il a
grande vertu contre ce mal non trop enraciné. Cela prattiqué, ie fuis d'aduis qu'il coure au remede dóné par vn de

nos Maiſtres, lequel dit qu'il faut fédre la peau au deſſus la
teſte de l'Oiſeau à l'endroit de deux foſſettes qu'il y a, auquel lieu ſont deux petites veines ou arteres qu'il faudra
ſerrer, & non couper ny faire ſeigner, & ſe lieront auec fil
de ſoye, puis tenir le lieu oint de graiſſe de geline ou autre
iuſques à ce que la playe ſoit remiſe & guerie. Pour la methode de faire ce ſerrement de veine, ie r'enuoye noſtre
Apprentif à noſtre quatorzieſme Chapitre des preſents
Remedes, car la façon eſt toute pareille. Cela fait, faut
purger encore l'Oiſeau comme nous enſeignent noſdits
Maiſtres : Prenez nantilles rouſſes & les faites ſecher au
four demy chaud, & faites-en poudre ſubtile : prenez encore limeure de fer la plus ſubtile que pourrez trouuer,
& autant comme deſdites nantilles : battez le tout & incor-
porez-le bien auec miel reſſent & le meſlez bien qu'il s'en
puiſſe faire maſſe de pillules, deſquelles on donnera par
deux ou trois matins à l'Oiſeau, le tenant apres ſur le
poing aupres du feu. Deux ou trois heures apres que leſdites pillules auront fait leur operation par bas, (car il
faut auoir ſoin que l'Oiſeau ne les rende par haut, ) il ſera
repeu d'vn pigeonneau ou autre paſt vif moyenne gorge,
en luy faiſant auſſi vſer dudit guy dans ſes cures pour
quelques ſoirs. I'approuue fort le ſerrement deſdites veines, car il empeſche que les vapeurs ne montent tant au
cerueau, & n'en redeſcendent ſur les parties nobles en
telle abondance, mais il faut y proceder adextrement ſi
on ne veut gaſter l'Oiſeau. I'approuue fort auſſi de luy appliquer le cedon duquel i'ay parlé au vingt-deuxieſme
Chapitre de noſdits Remedes, & le luy continuer pour
vn temps. Si l'Oiſeau ne reçoit de l'allegement par les remedes ſuſdits, il n'en faut guere eſperer. Il conuient tenir
l'Oiſeau ainſi malade en lieu pluſtoſt chaud & ſec qu'hu-

mide ny froid. Le sieur d'Esperron en son deuxiesme Chapitre de ses Remedes, dit qu'entre autres, le feu donnant au sommet de la teste de l'Oiseau, est vn souuerain remede, que ie ne reprouue pas l'Oiseau estant bien purgé.

*Remedes pour l'Oiseau de proye, lequel se mange les pieds auec le bec.*

## CHAPITRE XXXVI.

VN autre mal suruient aussi quelquefois aux Oiseaux de proye, notamment & plus communément aux Esmerillons qu'autres, de se mordre & manger les mains. Ce mal prouient d'vne humeur subtile & mordicante, laquelle fluant du ceruean le long des reins ne s'arreste qu'elle ne soit à la partie la plus inferieure & basse qui soit en l'Oiseau comme sont les pieds. Là où arriuee ne trouuant où aller plus auant, elle y fait ses efforts & exerce sa vehemence. Si bien qu'elle cause vne grande chaleur & demangeaison entre chair & cuir à l'Oiseau, laquelle l'Oiseau trouuant insupportable il se mord les pieds, en sorte qu'il les rompt, & si le Fauconnier n'y pouruoit, car il seroit pour se gaster. Le remede donc sera de bien purger par trois matins consecutifs l'Oiseau auec pillules de lard, moëlle de beuf, sucre, safran, aloës, rheubarbe, cené, & aguaric, pour lesquelles faut voir le quarantevniesme Chapitre de nos presens Remedes, en luy trempant bien son past en eau pour corriger la chaleur interne, origine de ceste humeur peccante, & sera bon par fois luy tremper sondit past en decoction de chicoree, laictuës, &

semence

femence de melon. Or attendant que par la prattique de
quelque temps des chofes fufdites, l'Oifeau ne fe morde
les pieds, il fera bon les luy tenir fort frottez d'eau fort
battuë auec fel, ou les couurir & plier de quelque herbe
forte & aigre, affin qu'y portant le bec il n'y ofe toucher
pour raifon de ladite aigreur, & auec l'operation qu'aura faite ladite purgation, voire reïterce fi befoin eft auec
le lauement de fon paft és chofes fufdites par fois la caufe
de cefte demangeaifon ceffera, & par confequent l'Oifeau
ne fe mordra plus. Aucuns pour les empefcher de fe
mordre les pofent tous couuerts fur vn blot, & mettent du
millet ou autre bled, qui leur monte iufques à my iambe.
Le Fauconnier fe feruira du plus commode à luy, & vtile
à fon Oifeau.



## CHAPITRE XXXVII.

IL conuiendra à prefent traiter d'vn mal, lequel arriue
fouuent au bec des Oifeaux de proye. Chofe fafcheufe
& à l'Oifeau & au nouueau Fauconnier: à l'Oifeau, en ce
qu'il ne fe peut plus paiftre comme il fouloit, & fi ce mal
luy furuient, eftant en liberté en danger de mourir. Et au
nouueau Faucónier pour ce que ce mal rapporte de la difformité à fon Oifeau, il faut qu'il le paiffe auec plus de curiofité & peine qu'il ne fouloit. Ce mal donc procede
quelquefois pour n'eftre le bec de l'Oifeau tenu net apres
auoir efté repeu (eftant vne des principales curiofitez que
le Fauconnier doit auoir que de tenir le bec de fon Oifeau
bien net, ) & par cefte ordure qui encraffit & s'attache

auec le bec, il s'engendre quelques teignes ou forme de
chancre au bec de l'Oiſeau, qui peu à peu le luy mange
iuſques au vif, en ſorte qu'il le diffame, & en ay veu à qui
tel mal auoit mangé tout le bec de deſſus, & leur falloit
pouſſer auec le doigt les morceaux de leur paſt dans le
goſier. Mais le vray & plus naturel origine de ce mal prouient d'vne humeur acre & mordicante, qui vient du
cerueau & tombe par les cartileges qui font la liaiſon du
bec auec la teſte, & coulant ceſte humeur le long du vif
du bec de l'Oiſeau, elle concaue peu à peu le bec, ores
par vn coſté & ores par l'autre, en ſorte que ſi le Fauconnier meſpriſe ce mal ſon Oiſeau ſera bien toſt diffame.
Et dautant que toutes ces humeurs acres, chaudes, &
mordicantes procedent principalement du foye, il faut
auoir recours (tant pour empeſcher que les vapeurs ne
montent plus, que pour diuertir & attirer ce qui en pourroit eſtre au cerueau,) à la purgation par trois matins
auec leſdites pillules deſquelles i'ay parlé dernierement,
ſçauoir au dernier & precedent Chapitre, & tremper le
paſt de l'Oiſeau en ius ou decoction de chicoree. Ce pendant ſi le bec commence à eſtre attaqué & mágé par quelque coſté, il faut bien raſcler auec vne petite lime demie
ronde ou autre ferrement le lieu où le bec ſera mangé,
en ſorte que la corne neufue y paroiſſe, & aucune choſe
dudit mal n'y reſte, & alors auec vinaigre & aloës en poudre meſlez & incorporez enſemble, faut frotter ceſt endroit & continuer ainſi iuſques à ce qu'il n'y ſuruiendra
que la bonne corne. Par ce remede auec la precedante
purgation le bec de l'Oiſeau reuiendra beau & bon comme auparauant.

*Remede pour Oiseau, lequel s'est aneanty & rendu poltron,
ne voulant plus attaquer ny poursuiure son gibier
accoustumé.*

## CHAPITRE XXXVIII.

IL arriue souuent que l'Oiseau de proye pour plusieurs
occasions se rend poltron & paresseux à suiure sa proye,
& ne la veut plus attaquer comme il souloit, ores que le
Fauconnier ne s'oubliant en son deuoir le tienne au meilleur estat qu'il luy est possible, & luy rend tout le plaisir
qu'il peut. Cela arriue comme nous auons dit au Chapitre
sixiesme de la troisiesme Partie de nos Rudiments, lors
que le heron, gruë, milan, ou autre Oiseau ont tellement
rudoyé ou blessé l'Oiseau qu'il n'y veut plus donner, & tels
sont nommez Oiseaux raualez, ainsi que nous auons dit
audit Chap. & sont bien malaisez à remettre, voire est-il
presque impossible. Ceux qui volent aussi pour lieure se
peuuent rebuter pour auoir esté trop rudoyez du lieure, &
auoir esté trainez parmy quelque halier, ronces, ou buis-
sons, d'où ils reçoiuent tant de deplaisirs qu'ils ne le veulent plus attaquer, & difficilement peut-on remettre les
Oiseaux, qui ont volé pour le poil pour les champs. A la
volerie aussi pour les champs, il se peut que par le deplaisir qu'aura souuent receu l'Oiseau par les chiens, l'ayans
rudement destroussé, c'est à dire rudement osté & pris sa
proye, & mangeé sans qu'il en ait receu aucun plaisir, il
ne voudra plus voler, aucunefois pour auoir esté porté
souuent aux champs, & apres auoir bien volé & fait son
deuoir, ne receuant aucun plaisir de son gibier, il le peut

mespriser & n'en faire plus conte, quelquefois aussi pour
s'estre l'Oiseau tellement & à son plaisir peu de son gibier
& de si grosse gorge, au lieu que tel plaisir le deuroit conuier à estre apres plus ardant à suiure mesme proye, il en
est au contraire tellement degousté & la prend en telle
haine & dedain qu'il ne la veut plus attaquer. Ie ne veux
pas du tout excuser l'Apprentif, dautant que telles choses
arriuent bien souuent par son defaut. Soit pour n'auoir
pas fait bon guet à l'Oiseau, lequel il ne doit en tant que
faire se peut perdre ny escarter de l'œil, ou pour ne l'auoir
piqué & secouru promptement comme il est requis. C'est
pourquoy par sa paresse tels inconueniens & deplaisirs arriuent souuent aux Oiseaux : par peu de iugement & preuoyance aussi du Fauconnier, l'Oiseau peut estre tenu en
mauuais estat, sçauoir trop gras & fier, par ce moyen ne
tenir conte de son gibier ou trop bas & maigre, n'ayant
la force ny courage de l'attaquer. La quantité des poux
que peut auoir vn Oiseau le peut rendre paresseux à voler,
s'amusant plus à esplucher auec le bec ceste vermine qu'à
voler & faire son deuoir. Pour quelque cause que l'Oiseau
se soit aneanty & dedaigné de suiure son gibier, reuient
à vn extreme deplaisir au nouueau Fauconnier, mesme
lors qu'il n'en peut bien iuger ny recognoistre le defaut,
ayant moy-mesmes veu aucuns Oiseaux s'estre rendus
poltrons & paresseux, la cause ou le defaut dequoy estoit
incognu. Ce qui met bien souuent maints bons Fauconniers à deuiner, pour remede à ceux qui sont rudoyez du
milan ou autres grands & forts Oiseaux : le remede est de
les mettre pour les champs, où il n'est besoin aux Oiseaux
de si grande force & courage, & encore ayans perdu leur
premier courage difficilement s'y peuuent-ils accommoder & remettre. Quant à ceux qui sont rudoyez par le lie-

ure, ie conseille nostre Apprentif de les laisser oisifs pour
toute ceste annee, iusques à ce qu'ils auront mué, & par
bon traitement les obligeant à muer de bonne heure les
mettre pour les champs au menu, c'est à dire aux perdriaux
encore petits, tels qu'ils peuuent estre és mois de Iuillet &
Aoust, & les y acharner de mesme que s'ils n'auoiét iamais
rien cognu, & comme il faut prattiquer és Oiseaux niais,
ainsi qu'il est contenu au Chapitre 7. de la troisiesme partie de ces Rudiments, où i'ay parlé de la volerie pour les
champs. Si pour ceste volerie l'Oiseau se rend rebuté, & ne
veut plus voler ne suiure la perdrix, phaisant, ou autre, le
defaut procedant du Fauconnier pour n'estre l'Oiseau en
bon estat, ce defaut sera aisé à reparer le remettant en l'e-
stat qu'il doit estre. Si c'est par autre accident que le Fauconnier prattique tout le contraire de ce, à quoy l'Oiseau
aura pris du deplaisir. Comme de luy faire souuent plaisir
de son gibier parmy les chiens, sans qu'ils en aprochent
trop pres, ne luy en laissant neantmoins prendre trop
grosse gorge. Et pour luy augmenter le courage qu'il luy
trempe son past dedans du vin, & de l'eau meslez ensemble au matin, plustost que d'aller aux champs : s'il est du
tout rebuté il faut prattiquer ce que i'ay cy-dessus dit pour
l'Oiseau rebuté pour le lieure, & prattiquer cela mesme.
Estant à presumer qu'en la ferme il peut oublier ceste mu-
tinerie, & prendre par le bon traitement qu'on luy baille
du courage, & qu'il pourra encore donner du plaisir. Reste vn autre moyen pour tirer du plaisir d'vn Oiseau aneá-
ty ou rebuté & le remettre, c'est que s'il auoit accoustumé de voler seul il le faut mettre & faire voler en compagnie, c'est à dire le faire voler auec vn autre bon Oiseau,
sous la faueur duquel il volera, attaquera son gibier, & en
fin se pourra remettre en sa premiere bonté & courage:

X x iij

c'eſt tout ce que i'ay peu prattiquer pour ce regard.

---

*Remede contre le mal ſubtil, lequel ſuruient aux Oiſeaux
de proye.*

## CHAPITRE XXXIX.

I'Ay dit en pluſieurs endroits de nos Rudimẽts, que l'Oiſeau pour s'eſtre moüillé & non bien ſeché ou par autre accident ſe peut morfondre, par lequel morfondement les humeurs meſmement du cerueau s'eſmeuuent. De ceſte eſmotion procede vne fluxiõ ſur beaucoup de parties du corps de l'Oiſeau, voire prend ſon cours iuſques ſur les parties plus baſſes & inferieures. Aucunes fluent ſur les aiſles, autres ſur les reins, & autres dans l'eſtomach & mulette de l'Oiſeau, comme fait la cauſe du mal duquel nous parlons en ce lieu, appellé mal ſubtil, & eſt ainſi appellé par l'humeur peccante, d'où il eſt cauſé, qui eſt coulante & ſubtile, fluant en abondance dans l'eſtomach ou mulette de l'Oiſeau, la luy laue & nettoye en telle ſorte, qu'elle ne permet, ains eſt cauſe que le paſt de l'Oiſeau paſſe promptement, ſe conuertiſſant pluſtoſt en excrement que deuë nourriture, ne faiſant preſque aucun profit à l'Oiſeau. En ſorte que ne receuant pas la nourriture de ſon paſt qui luy fait beſoin pour ſe ſubſtanter, il eſt non ſeulement en continuel appetit, (mais faim,) & ſe tient touſiours maigre. Dautant que l'eſtomach de l'Oiſeau eſtant indigeſt, la viande par luy priſe ne ſe cuit pas bien, & n'en reçoit la nourriture qu'il faut. Beaucoup traitans Oiſeaux ſe trompent ſouuent à diſcerner & recognoiſtre ce mal, car au contraire ils iugent leur Oiſeau gaillard &

en bon eſtat, lors qu’il eſt ainſi en grand appetit & qu’il
paſſe promptement ſon paſt, iuſques à ce que dans peu de
iours ils trouuent leur Oiſeau maigre en continuelle faim,
qui les oblige de rechercher curieuſement la cauſe de ce
defaut. Lequel noſtre Apprentif iugera proceder de ce
que nous auons dit, & iceluy recognu il y remediera comme s’enſuit. En premier lieu il tiendra ſon Oiſeau le plus
pres du feu, c’eſt à dire en lieu le plus chaudement qu’il
pourra, ſans qu’il reçoiue aucun vent, car ceſte chaleur ſera propre à deſſecher & reſoudre partie de ceſte humidité
ſuperfluë. Et ſi le mal n’a encore trop preſſé l’Oiſeau, & ne
fuſt trop bas & maigre, il ſera purgé par trois matins conſecutifs. Sçauoir le premier matin de pillules douces faites de lard, moëlle de beuf, ſucre, & ſafran, & les autres
deux matins auec pillules compoſees d’aloës, aguaric, cené, & rheubarbe: pour toutes leſquelles faut voir les quarante & quarante-vnieſme Chapitres de nos Remedes,
mais l’Oiſeau eſtant fort maigre & affoibly par la longueur du mal, ladite purgation ſera intermediee, laiſſant
vn iour entre deux. Ceſte purgation eſt fort propre pour
attirer l’humeur du cerueau, purger & reconforter l’eſtomach, pourueu que l’Oiſeau ne rende les pillules par le
haut comme ſouuent nous auons dit. L’Oiſeau ſera nourry pendant ladite purgation & pour certains iours de
bons paſts vifs moyennes gorges, & quelquefois ledit
paſt trempé en lait meſmement d’aſneſſe auec du ſucre,
ſans que pour quelques iours on luy trempe aucunement
ſa viande en eau, dautant qu’elle eſt laxatiue & empeſche
que l’Oiſeau ne prend aſſez de nourriture. Si le nouueau
Fauconnier n’a commodité de le paiſtre de paſt vif qu’il
aye recours aux cœurs de moutons tous chauds, chair
d’iceluy bien nette & trempee dans lait d’aſneſſe ſi faire ſe

peut, ou autre vn peu chaud, quoy que soit tiede. Sera fort
bon aussi de tremper quelquefois le past dans du vin rouge auec sucre & canelle, le tout boüilly ensemble, c'est à
dire le vin, canelle, & sucre. Et si l'Oiseau fait difficulté
d'en prendre ne sera point mal fait de luy en faire aualler
& prendre par force, luy mettant la viande dans le bec &
la luy faisant mettre bas, car cela luy rechauffera l'estomach & profitera fort à resoudre & restraindre ceste defluxion, & ne fluera pas en telle abondance. Il ne faut pas
aussi continuer fort souuent à luy tremper sondit past
dans ledit vin, de crainte que par trop grande chaleur ainsi que ie l'ay dit ailleurs, qu'il receuroit dudit vin, la sienne
naturelle n'en fust alteree ou diminuee, ains côme de toutes choses, en faut vser auec discretion & iugement. Il sera fort bon aussi pendant ladite purgation & pour quelques iours, non toutesfois consecutifs ny és iours qu'on
fera vser dudit vin à l'Oiseau, de mettre quatre ou cinq
clouds de girofle rompus ou en poudre dans sa cure ou
cures, en luy presentant aussi de l'eau à boire & le bain à
propos, ainsi qu'ailleurs nous auons souuent dit : l'Oiseau
ainsi curieusement traité se remettra en son premier &
bon estat. Pendant la prise desdites pillules, & que l'on
purgera l'Oiseau, comme aussi des subsequentes, il ne faut
oublier par chacun iour presenter de l'eau à boire à l'Oiseau, & le lendemain de toute la purgation le bain pour
se baigner.

*Methode*

*Methode pour faire & composer les pillules douces, comment il les faut prattiquer à l'Oiseau, & du traitement qu'il luy faut bailler quand on le purgera desdites pillules.*

## CHAPITRE XL.

LORS que i'ay parlé de purger l'Oiseau de proye auec pillules douces, i'ay tousiours r'enuoyé nostre Apprentif en ce lieu pour en sçauoir la vraye methode & dispensation, pour les faire & cōposer sans auoir recours aux Apotiquaires. Ceste methode donc sera cōme s'ensuit : prenez quatre onces de lard gras & non vieux ny rance, hachez-le sur vn tranchoir bien net & que ce soit bien menu, voire qu'il demeure mol comme beurre. Lauez-le en plusieurs eaux bien nettes comme on fait le beurre sallé, & ce fait, le faut laisser tremper en autre eau vne nuit ou enuiron. Ce fait, faut bien espraindre & essuier ledit lard, à ce qu'il n'y demeure du tout point d'eau, quoy que soit qu'il soit essuié le plus que faire se pourra. Ce lard ainsi preparé faut prendre en semblable quantité de moëlle de beuf bonne, recente & bien esmondee, & la faut aussi hacher le plus menu qu'on pourra, & lors sans autrement la faire trēper en eau, l'incorporer bien dans vn mortier de marbre & pillon de bois, ou autrement, à la cōmodité de nostre Apprentif auec ledit lard, en sorte que le lard & moëlle ne semblent qu'vn corps. Cela fait, conuient auoir quatre onces de sucre de madere ou autrement d'vne cuitte, (& non de racine, lequel n'est propre à cela pour raison de la chaud qu'on y mesle dedans, ) & moitié moins de sucre candic. Le tout bien pilé & puluerisé en mortier bien

Y y

net, faut auoir auſſi demie once de bon ſafran bien ſec,
qu'ilfaut auſſi mettre en poudre fort ſubtile. Puis faut bié
incorporer leſdites poudres de ſucre & ſafran, auec leſdits
lard & moëlle de beuf, & tellement incorporer enſemble, que leſdits lard & moëlle de beuf ayent bien receu, &
ſe ſoient bien liez & incorporez auec leſdites poudres.Ce-
la fait, faut auoir vne eſcuelle bien nette ou autre vaiſſeau
bien net à la commodité de noſtre Apprentif, & dans iceluy faire fondre toute ceſte maſſe, & faire le tout boüillir enſemble ſur rechaut à petit feu, en meſlant quelquefois le tout auec vne ſpatulette, affin que leſdites poudres
ſe fondent, & s'incorporent mieux auec leſdits lard &
moëlle, en tenant touſiours le vaiſſeau couuert d'vne aſ-
ſiette iuſques à parfaite coction, qui ſera faite dans demy
quart d'heure & encore moins.Cela encore fait, l'Apprentif coulera tout cela par linge fin, le faiſant receuoir à
quelque petite conſerue de verre ou de terre bien
plombee, pour y laiſſer le tout refroidir & cailler, &
le tout bien pris & caillé, bien couurir & latter pour
garder ceſte maſſe de pillules & s'en ſeruir aux occaſions
& neceſſitez. Ceſte maſſe ſe pourra conſeruer bonne ſi elle ne s'eſuáte, cinq ou ſix mois. Aucuns(voire la meilleure
part, & meſmes l'ay-ie ainſi ſouuent prattiqué,) ſe contentent de bailler ceſte forme de pillules ſans la faire fondre, ains toute telle qu'ils l'ont la premiere fois miſe en
maſſe, & bien incorporé tout ce'que nous auons dit enſemble. Mais elles ſont beaucoup plus vertueuſes & rapportent plus d'effet, ( ſans trauailler tant l'Oiſeau )lors
que par le feu toutes ces choſes ont bien pris la ſubſtance
l'vne de l'autre. Ie remets donc à noſtre Apprentif de les
prattiquer ainſi qu'il verra pour ſa commodité, & lors
qu'il ſe voudra ſeruir de l'vne ou autre deſdites maſſes, il

y obſeruera ce qui s'enſuit. Si c'eſt pour Gerfaut, Sacre, Faucon, & Laſnier, il prendra auec ſpatulette ou autrement de l'vne deſdites maſſes la peſanteur d'vn eſcu, dequoy il fera quatre ou cinq petites pillules, qu'il fera au matin apres que ſon Oiſeau aura rendu ſa cure ou cures, prendre l'vne apres l'autre à ſon Oiſeau, le faiſant abattre & tenir ſeurement par quelqu'vn, & luy ouurant le bec les luy pouſſera auec le petit doigt ſi auant qu'il pourra dans le goſier, affin que l'Oiſeau les aualle & mette bas ſans les rompre ny fouler dans le bec. Si c'eſt pour Tiercelet de Gerfaut, Sacret, Tiercelet de Faucon, Laſneret, & autres plus petits Oiſeaux, noſtre Apprentif ne prendra qu'vn tiers moins de ladite maſſe, dequoy il fera pillules & baillera à ſon Oiſeau comme ie viens de dire. A quelque Oiſeau donc que ce ſoit, noſtre Apprentif aura donné leſdites pillules, il le tiendra ſur le poing pres du feu ou au Soleil ſans vent. Car encore que ceſte ſorte de pillules purge benignement l'Oiſeau, elles ne laiſſent de l'eſmouuoir, pendant laquelle eſmotion il n'eſt de beſoin qu'il prenne vent. Et encore que leſdites pillules ſoient fort douces & benignes, il eſt neantmoins des Oiſeaux qui ont l'eſtomach ſi difficile, ou plein de tant de mauuaiſes humeurs qu'il leur prend enuie de les rendre par haut, c'eſt à dire par le bec, ne faiſans rien de leur fonction, (car il faut qu'apres auoir paſſé par les inteſtins & iceux nettoyez ils ſe purgent par le dos,) il conuient que noſtre Apprentif face prendre plaiſir à l'Oiſeau ſur quelque tiroir. Dautant que pendant qu'il s'amuſera au tiroir les pillules font leur operation qui ſe doit faire par quatre ou cinq grands eſmons pleins & infectez d'humeurs, & de colles, deſquelles l'Oiſeau ſe purge. Trois heures apres la priſe deſdites pillules ou plus tard, ſi l'Oiſeau a eſté

Y y ij

tardif à se purger & les rendre, il sera repeu d'vne cuisse
de gelinotte toute chaude ou du moins trempee en eau
tiede & vn peu esprainte & essuiee, sans luy donner à paistre autre chose de tout le iour, & le soir luy sera baillé cure & presenté de l'eau à boire. Or pour bien purger & à
propos vn Oiseau, il luy faut continuer trois matins consecutifs semblable prise auec ce mesme regime. Voila
donc comme quoy il faut purger communement l'Oiseau, & en toutes les saisons qu'il en aura besoin, voire
mesmes estant sein, pour le maintenir en cest estat. Et sera
à obseruer qu'apres ladite prise par diuers matins desdites
pillules, il sera fort à propos de luy presenter à se baigner,
ainsi que i'ay dit au cinquiesme Chapitre de la seconde
Partie de ces Rudiments. Si l'Oiseau est purgé pour quelque maladie ou accident, il luy sera obserué le regime que
nous auons baillé aux precedents Chapitres de ceste septiesme Partie. L'Apprentif me pourroit icy obiecter, pourquoy nous ordonnós vn tiers moins desdites pillules aux
Oiseaux masles qu'aux femelles ? C'est pour ce qu'ils ne
sont de si grande corpulance ny force pour supporter si
grande quantité de medicamens que les plus grands, nostre Apprentif sera soigneux de n'auoir donné guere de
past à son Oiseau le soir auparauant qu'il luy voudra donner desdites pillules, affin que toute la digestion soit bien
faite par le cours de la nuit, & qu'elles ne soient empes-
chees de faire promptement leur fonction par le rencontre de quelque matiere indigeste. Les susdites pillules sont
fort bonnes & vtiles à tous Oiseaux, soient sains ou malades, de leurre ou de poing.

*Methode pour faire les pillules composees d'aloës, aguaric, rheubarbe, & cené.*

## CHAPITRE XLI.

POVR faire les presentes pillules il faut faire vne semblable masse de lard, & moëlle de beuf, & accommodez en la mesme maniere que i'ay dit & enseigné à nostre Apprentif au precedent & dernier Chapitre. Conuient aussi auoir mesme quantité de sucre, tant candic que d'vue cuite que i'ay aussi specifié en mesme lieu, & en outre faut prendre demie once de fin aguaric, autant de bon aloës ciquotrin, trois dragmes de rheubarbe, & autant de cené, le tout fin, recent & fidel, & fort subtilement puluerisé & passé par tamis de soye. Cesdites poudres ainsi preparees & dispensees, elles seront bien meslees auec les susdits sucre, & puis le tout bien incorporé & meslé auec ladite masse de lard & moëlle de beuf. Cela fait, conuient ( ainsi qu'auons dit au precedent Chapitre, faire fondre ceste masse, affin qu'elle s'assemble mieux auec lesdites poudres & en reçoiue mieux la substance, & puis faut le tout passer par linge fin, affin que s'il y restoit quelque chose de grossier, soit desdits lard, moëlle, ou poudre, il en soit ietté & mis hors, & faire receuoir le tout dans quelque conserue, laquelle bien couuerte conseruera bien long-temps ceste masse, affin que nostre Apprentif s'en puisse seruir, ainsi que nous luy auons enseigné en nos presens Rudiments. Mais il faut obseruer qu'en faisant boüillir lesdites choses il faut que ce soit à petit feu, & que le vaisseau dans lequel

elles boüilliront soit tenu couuert, de crainte d'vne grande exalation, & que par la fumee vne partie de la substance
& vertu desdites choses ne s'esuaporast par trop. Quand
donc ceste masse fonduë sera caillee & reprise, & que nostre Apprentif s'en voudra seruir, selon que nous luy
auons enseigné, si c'est pour Sacre, Gerfaut, Faucon, ou
Lasnier, qu'il prenne de trois parties les deux de la pesanteur d'vn escu de ladite masse, & en face pillules qu'il fera prendre & aualler par chacun matin à l'Oiseau, comme nous auons monstré au precedent Chapitre, & tiendra l'Oiseau sur le poing aupres du feu, iusques à ce que
lesdites pillules auront fait leur operation, sans luy laisser
prendre de vent de tout cedit iour, car l'Oiseau sera grandement esmeu. Et sera nostre Apprentif soigneux auec
tiroir ou autrement du mieux qu'il pourra, que son Oiseau ne rende lesdites pillules par le haut, car elles seroient
presque inutiles: & ne faut douter que les ingrediens d'a-
guaric, & autres ne prouoquent bien plus l'Oiseau au vo-
missement que les autres pillules douces, à quoy donc nostre Apprentif sera soigneux de l'empescher. Car faisans
leurs fonctions & operation par bas, elles sont fort profitables à toutes les occasions & maladies, pour lesquelles
nous les auons ordonnees. Si nostre Apprentif les employe pour secourir l'Oiseau en maladie, il le traitera en
ladite purgation selon qu'il est precedemment ordonné
aux Chapitres desdites maladies. Si aussi ce n'est que pour
purger vn Oiseau sein, apres l'operation desdites pillules,
qui pourra estre faite dans deux ou trois heures, il sera
gouuerné du mesme regime que nous auons ordonné au
precedent Chapitre, en luy baillant tous les soirs cure &
de l'eau pour boire, car lesdites pillules causeront en l'Oiseau grande alteration, & subsequemment luy faut pre-

fenter le bain. La purgation d'vn Oifeau auec lefdites pillules fe doit faire en deux matins, ou trois au plus pour
Oifeaux trop fiers ou maladie importante. Si noftre Apprentif a à traiter moindres Oifeaux que les fufdits, il ne
leur donnera qu'à chacun la pefanteur d'vn demy efcu
defdites pillules, aux vns & aux autres: toutefois fi noftre
Apprentif void que la quantité du poix ne foit fuffifante
& ne purge affez l'Oifeau, il y pourra adioufter quelque
chofe de plus à chacune prife auec difcretion & iugement.
Si ( comme nous auons dit au precedent Chapitre, ) il fe
veut feruir de la fufdite maffe de pillules fans la faire fondre, ie le remets à fa difcretion. Celles-cy neantmoins n'e-
ftans fi naturelles & de tel effet que les autres, auffi em-
pefchent-elles dauantage l'eftomach de l'Oifeau, & ne fe
fondent fi facilement dans le corps, voire prouoquent
dauantage l'Oifeau au vomiffement. Et affin qu'en les
faifant prendre à l'Oifeau, il ne rencontre fur la langue
ou au palais du bec l'amertume defdites pillules, il conuient icelles faites & arondies les faupoudrer & bien couurir de bon fucre fubtilement puluerifé, & en outre mettre dudit fucre dans le bec de l'Oifeau, & luy en faire aualler. Aucuns leur font aualler de l'eau; ce que ie n'aprouue
pas, dautant que l'eau empefche l'operation defdites pillules.

*Comment il faut faire la pillule appellee lardon, comment il*
*en faut vser, & du gouuernement de l'Oiseau lors de*
*la prise d'icelle.*

## CHAPITRE XLII.

PRENEZ lard gras vne once, hachez-le menu comme
ie viens de dire au Chapitre quarantiesme, puis prenez
sel commun bien esmondé, cendre faite de sarment, tuile
bien pillée, aguaric fin, aloës ciquotrin, & poiure, de chacun vn quart d'once, le tout subtilement puluerisé & passé
par tamis de soye. Tout cela ainsi dispensé il le faut incorporer auec ledit lard, & en faire masse de pillules, desquelles faut donner à l'Oiseau le matin apres auoir curé, la pesanteur d'vn demy escu. C'est vne pillule qui fait son operation par le haut, c'est à dire par le bec & peu par le bas:
elle descharge fort l'Oiseau des humeurs & crassitude de
l'estomach, comme aussi le soulage fort du cerueau & luy
fait rendre le double de la mulette qui est comme vne
peau qui s'engendre dans la mulette, qui empesche fort
que l'Oiseau ne se rend si promptement en deu estat : il ne
faut donner ceste pillule à Oiseau maigre, car elle donne
de grands efforts à l'Oiseau, & il ne la pourroit endurer.
Son operation est longue: aussi ne faut-il paistre l'Oiseau
de cinq ou six heures apres ladite prise, & ce vne fois le
iour seulement moyenne gorge, & le faut tenir pres
du feu & le garder du vent, car il sera fort esmeu, & n'y a
point de danger de la luy laisser rendre tout à son aise,
l'ayãt gardee vne bonne demie heure ou plus. Ceste masse
se peut garder bien six mois bonne. Pour s'en seruir, il faut

croire

croire que toutes les façons des ſuſdites pillules alterent
fort l'Oiſeau. C'eſt pourquoy il faut preſenter de l'eau à
boire à l'Oiſeau, & le lendemain de la purgation le bain,
& ne faut vſer de ladite pillule que par vn matin ſeulement à cauſe de ſa violence.

---

*Pourquoy l'Autheur parmy ſes Rudiments, ne s'eſt ſeruy contre
les accidents & maladies des Oiſeaux de proye, que des
ſuſdites pillules.*

## CHAPITRE XLIII.

IE preuiens l'obiection qu'on fera à nos Rudiments,
pourquoy tant pour des purgations ordinaires de l'Oiſeau de proye pour le mettre en eſtat, que pour le ſecourir
en ſes maladies, ie me ſers ſeulement des pillules douces,
faites de lard, moëlle de beuf, ſucre, ſafran, ou de celles
qui auec ce ſont compoſees d'aloës, aguaric, rheubarbe,
& cené, ſans eſtre entré en la curieuſe prattique de beaucoup d'autres façons, deſquelles pluſieurs bons Fauconniers ſe ſeruent bien ſouuent heureuſement, ainſi que des
pillules communes dites vſneles, d'aloës, imperiales, *biera
pigra*, & de muſc, les vnes propres pour deſcharger le cerueau & les autres l'eſtomach & inteſtins, qui eſt tout ce
que nous pouuons & deuons deſirer de purger en vn Oiſeau. Bref ie ſçay qu'on me dira que ie n'ay qu'vn remede
à toutes maladies : ie reſpons que ie ne reprouue nullemét
l'vſage & prattique de ceux, leſquels ſe peuuent bien à
propos ſeruir deſdites dernieres pillules. Mais ie diray que
m'en eſtant voulu ſeruir, quelque proportion & quantité
que i'y aye peu obſeruer, quelque curioſité que ie trouuois

par moy auoir esté prattiquee, ie n'y ay pas trouué tout l'effet que ie pouuois desirer. Non que les pillules ne fussent
pleines de beaucoup de vertu & efficace, ains que la mul-
tiplicité des drogues & ingrediens, desquelles sont lesdites pillules composees, font tel combat & effort dans l'e-
stomach de l'Oiseau, ne pouuans promptement estre fon-
duës & dissoutes, comme il est besoin, que l'Oiseau est
contraint quelque empeschement qu'on luy face, de les
rendre & ietter par haut bien souuent sans effet, quoy que
soit fort peu. Estant tres-certain que pour le vray effet des
pillules, il faut qu'elles se vuident & purgent par le bas.
Estans donc renduës par haut il s'ensuit qu'elles n'ont pas
fait leur fonction, & ne font bien souuent qu'esmouuoir
& non purger l'humeur mauuaise en l'Oiseau, ce qui luy
fait vn grand mal. Dautant que ceste humeur estant es-
meuë & non purgee, cherche tous les moyens qu'elle
peut, affin que sa malice face quelque effort, & cause quelque maladie en l'Oiseau, qui est (comme on dit en prouerbe commun,) reueiller bien souuent le chat qui dord.
Les pillules au contraire, desquelles auec nos Maistres ie
me sers, mesmes les douces se fondent aisement dans le
corps, & font vne prompte operation passans par les intestins de l'Oiseau, principalement les composees auec
aguaric, aloës, rheubarbe, & cené. En ayant trouué de si
bons & promps effets, qu'à quelconque maladie de l'Oiseau que ie les aye appliquees, i'yay trouué du soulagemět,
& conseilleray tousiours à nostre Apprentif de s'en seruir.
Car les pillules douces ont assez par la chaleur du safran,
& du sucre, de vertu pour desmesler & purger quelques
superfluës humeurs qui peuuent estre en l'Oiseau, & lors
que quelque trop mauuaise veut dominer, les composees
sont fort singulieres, dautant qu'elles purgent fort bien

le cerueau, purgent aussi benignement & confortent l'e-
stomach. Qui est comme nous auons dit, tout ce que principalement l'Apprentif doit & peut desirer en la purgation des Oiseaux, n'y ayant maladie ou humeur mauuaise
en eux, qu'elles ne puissent preuenir ou purger: aussi font
elles leur effet plus promptement, se fondans dans le corps
& passans plus subtilement dans les intestins, à cause du
lard & moëlle que les autres. Et ores qu'il prenne quelque
enuie de vomir à l'Oiseau pour peu d'empeschement
qu'on luy face, ( lesdites pillules estans presque de nature
liquide & aisee à fondre, ) l'Oiseau acheue bien tost de
mettre bas lesdites pillules, & par mesme moyen attire en
bas & se vuide beaucoup les humeurs superfluës qu'il ne
feroit par haut. Et pourueu que les drogues desquelles elles seront composees & faites soient fideles, sçauoir recen-
tes, bonnes & bien puluerisees, il ne faut douter qu'obseruant la quantité & regime requis, selon l'estat & disposition de l'Oiseau nostre Apprentif n'en voye bien tost de
bons, prompts, & salubres effets, pour quelque mal, suiet à purgation que puisse auoir l'Oiseau. Bien luy con-
seilleray-je de n'en vser aux communes purgations de
l'Oiseau de crainte de trop d'esmotion, ains qu'il les garde
pour purger & secourir l'Oiseau au besoin, c'est à dire
lors qu'il recognoistra quelque defaut de santé en luy. Ie
ne veux pourtant par loy interdire ny deffendre à nostre
Apprentif de prattiquer ce qu'il pourroit aprendre, tant
pour la purgation ordinaire de l'Oiseau & conseruation
de son bon estat & santé, que pour remedier à ces maladies & accidents, d'autres bons Fauconniers ausquels
nous cedons & portons tout honneur.


Zz ij

# HVICTIESME PARTIE
## DE LA
# FAVCONNERIE.
### ARGVMENT.

*L'Autheur recognoiſſant que tout ce qui a eſté deduit en ces pre-*
*ſens Rudiments, tant pour la garniture, traitement en maladie*
*des Oiſeaux, ou autres accidens & occurrances qui peuuent ſur-*
*uenir & ſont neceſſaires en la Fauconnerie, ne ſe peut prattiquer*
*ſans que l'Apprentif ſoit pourueu des choſes qui y ſont le plus*
*neceſſaires. C'eſt pourquoy en ceſte huictieſme & derniere Par-*
*tie de ces Rudiments, il a voulu aduertir l'Apprentif de n'eſtre*
*deſpourueu de tout ce qu'il a iugé y eſtre expediant & vtile. Il*
*s'y parle donc de quelle quantité de garnitures d'Oiſeau l'Ap-*
*prentif doit eſtre touſiours pourueu, & de quels medicamens, tant*
*en drogues, pillules, onguent, poudres, qu'eaux, & huiles, il doit*
*auſſi auoir deuers ſoy. Il demonſtre quels vaiſſeaux l'Apprẽtif doit*
*auoir pour s'en ſeruir aux occaſions: comme auſſi de quels outils*
*& ferremens ſon eſtuy doit eſtre garny. Qu'eſt-ce qu'il faut que*
*l'Apprentif porte touſiours auec ſoy, allant ordinairement au*
*deduit de la volerie, & finalement dequoy il doit eſtre pourueu,*
*faiſant long voyage auec ſes Oiſeaux pour ne ſe trouuer ſurpris ny*
*en peine d'aller aux empruns ny ſecours d'autruy, ſelon les acci-*
*dens qui pourront ſuruenir à ſes Oiſeaux.*

*Quel nombre de garnitures d'Oiseau de proye le Fauconnier doit touſiours auoir deuers ſoy & en reſerue.*

## CHAPITRE PREMIER.

APRES que nous auons traité de toutes les maladies & accidens, quoy que ſoit à nous cognus, leſquels peuuent ſuruenir aux Oiſeaux de proye, & ſelon que nous en auons cognoiſſance; contre leſquels nous auons pourueu noſtre Apprentif de remedes les plus conuena-bles que nous auons veu obſeruer & prattiquer. Ne deſi-rant de le laiſſer deſpourueu d'aucuns aduis qui luy peuſ-ſent en ſa Fauconnerie en quelque choſe eſtre profitables, ie luy conſeille d'auoir touſiours par deuers ſoy & en reſer-ue, tant pour regarnir ſon Oiſeau ou Oiſeaux, s'ils perdoiét ou rompoient leurs garnitures, que pour en garnir s'il luy en ſuruenoit de nouueaux, & auſſi pour en ſecourir quelqu'vn de ſes amis s'il en eſtoit deſpourueu.

Douze garnitures completes, ſçauoir

Douze paires de gets.

Douze paires de porte-ſonnettes.

Douze paires de ſonnettes tant groſſes, petites que moyennes

Douze longes.

Vingt-quatre vernelles, ſoient d'argent ou cuiure.

Douze toureſts.

Douze chapperons, tant grands que petits.

Deux leurres.

Et autant de gands de la main gauche propres à porter
l'Oiſeau de proye.

Car si l'Apprentif demeuroit manque & despourueu, & qu'à toutes occasions il luy fallust auoir recours aux villes prochaines, en la plus part desquelles les marchans ne se chargent guere de telles marchandises, il seroit bien en peine. Par precepte donc qu'il n'en demeure despourueu, & si sa commodité le peut permettre, le plus luy sera plus seant & vtile que le moins, mesmement s'il a quantité d'Oiseaux à traiter & gouuerner.

---

*Les drogues en masse ou pierre, desquelles l'Apprentif doit tousiours estre pourueu, tant pour preuenir les maladies des Oiseaux, qu'arriuees les secourir & guerir.*

## CHAPITRE II.

SI à chacune fois qu'il conuient à l'Apprentif purger son Oiseau pour le tenir en estat & preuenir les maladies, ou les soulager & secourir des accidens, lesquels d'heure à autre luy peuuent suruenir, il falloit auoir recours aux Apotiquaires, le Fauconnier se trouueroit souuent bien empesché, mesmement estant esloigné des villes, & ayant à traiter & secourir promptement vn Oiseau de quelque accident & maladie inopinee. Pour ceste incommodité ie conseille nostre nouueau Fauconnier, qu'vne fois ou deux en l'annee il face sa prouision dans la boutique de quelque Apotiquaire lequel luy soit fidelle, affin qu'il luy vende tout ce qui luy fera besoin, bon & recent comme s'ensuit.

Sucre de Madere, autrement d'vue cuite demie liure.
Sucre candic quatre onces.
Poiure demie liure.

Clouds de girofle vne once.

Canelle fine vne once.

Aloés ciquotrin trois onces.

Aguaric fin deux onces.

Cené deux onces.

Rheubarbe fin & recent vne once.

Safran vne once.

Sang de dragon, Maſtic, Encens Arabique, Momie fine
& recente, de chacun deux onces.

Broüillamini quatre onces.

Alun de glas vne once.

Le tout en pierre ou maſſe & chacun à part dans vn papier cotté par deſſus, affin que l'Apprentif ne prenne
quelquefois vne drogue pour autre. Et vaut mieux acheter leſdites drogues en maſſe ou pierre que pulueriſees,
pource qu'elles perdent ainſi en poudre pluſtoſt leur vertu & force, elles ſe conſeruent au contraire mieux en
maſſe : eſtant de beſoin le tout tenir bien plié dans quelque boitte, de peur qu'elles ne s'eſuantent. Et deſquelles
le nouueau Fauconnier prendra telle quantité que bon
luy ſemblera, pour les pulueriſer ou autrement les appliquer ſelon nos precedens remedes. Or à meſure qu'aucunes deſdites drogues commenceront à ſe diminuer ou
deffaillir, y en remplaſſera d'autres nouuelles en leur lieu,
affin qu'il ne ſoit iamais manque ny defectueux de la ſuſdite quantité pour le moins.

*Vnguens desquels il faut que le Fauconnier soit tousiours pourueu.*

## CHAPITRE III.

POVRCE qu'en nos Remedes contre les maladies, blesseures, ou autres accidens de l'Oiseau, ie n'ay point reprouué aucuns vnguens, ie mettray icy ceux desquels nostre nouueau Fauconnier sera tousiours fourny & n'en demeurera manque, attendant qu'il puisse auoir recours à l'Apotiquaire, selon la qualité du mal. Il aura donc tousiours deuers soy par prouision.

Vnguent *Basilicum.*

*Aureum.*

*Apostolorum,* Miel, Blanc rasis.

Et *Ægyptiacum,* de chacun trois onces à part dans de petites boites de terre, ou autres bien couuertes & lattees de parchemin, affin qu'ils ne s'esuantent, & que chacune boite soit cottee dessus, affin que l'Apprentif ne se serue de l'vn pour l'autre. Et desquels vnguens le Fauconnier se seruira suiuant & selon nos precedens Remedes.

*Poudres necessaires, & desquelles le Fauconnier ne demeurera despourueu.*

## CHAPITRE IIII.

IL n'y a que deux sortes de poudres, desquelles il soit besoin que le Fauconnier soit pourueu.

Poudre

Poudre de Mercure.

Et poudre d'Alun de glas bruflé, de chacun vne once &
chacune à part dans vne petite fiole de verre bien lattee, de
peur que lefdites poudres ne s'efuantent, à quoy elles font
fort fuietes & lors de peu de vertu & valeur. Auffi ne les
faut-il ouurir ny defboucher qu'à mefure qu'on en voudra prendre.

---

*Huiles defquelles il faut que le Fauconnier face prouifion.*

## CHAPITRE V.

AV nombre des huiles conuenables & neceffaires
pour traiter l'Oifeau de proye, nous mettrons en
premier rang & lieu
Baume naturel & bon, vne once.
Huile d'olif demie liure.
Huile d'amandes douces.
Huile rofat.
Huile de nenuphar blanc de chacune forte quatre onces,
le tout dans fioles de verre bien lattees & cottees, de crainte qu'on n'en prenne l'vne pour l'autre, ores qu'elles fe
puiffent recognoiftre au flairer & fentir.

---

*Eaux defquelles la prouifion eft neceffaire au Fauconnier.*

## CHAPITRE VI.

PARMY nos remedes nous auons fait mention de certaines eaux, defquelles noftre Fauçónier ne demeutera

non plus defpourueu que de tout le demeurant, eftans
felon les accidens qui furuiennent autant neceffaires que
le furplus. Il fera donc prouifion des eaux qui s'enfui-
uent.

Eau de rofes communes.

Eau de rofes blanches.

Eau de vigne de chacune deux onces dans de petites fioles
bien lattees & cottees. Et autant d'eau d'efclaire, & non
moins d'eau de ruë ou forte.

---

*Emplaftres defquels l'Apprentif fera toufiours pourueu.*

## CHAPITRE VII.

IE ne trouue point d'emplaftres propres & neceffaires
à noftre Fauconnerie que le *Diachilum*, duquel il fe fait
de deux fortes. Il fera donc prouifion

De *Diachilum magnum.*

Et *Diachilum paruum*, de chacun deux ou trois billettes,
mais le *magnum* eft plus maturatif & d'efficace, & fait meilleur s'en feruir.

---

*De quelles maffes de pillules le Fauconnier doit toufiours*
*auoir prouifion.*

## CHAPITRE VIII.

POVRCE que l'Oifeau de proye felon les occurrences, maladies, & accidens, qui luy peuuent de iour &
d'heure à autre furuenir a befoin d'eftre promptement

purgé, il n'eſt beſoin que le Fauconnier demeure deſpourueu non plus des pillules à ce neceſſaires, que des autres drogues & choſes cy-deſſus ſpecifiees. Or pource que
nous ne nous ſommes principalement ſeruis au diſcours
de nos remedes que de deux ſortes de pillules, ie ne ſuis
pas auſſi d'aduis que noſtre Fauconnier ſe mette en peine
d'en faire prouiſion d'autres. Car pour celles de miel, limeure de fer & poudre de nantilles, il n'eſt neantmoins
pas neceſſaire d'en auoir prouiſion. Car dautant qu'elles
ne ſe baillent que pour certaines occaſions ou maladies,
le Fauconnier aura touſiours temps & loiſir, ſelon la diſpoſition & temperature du mal & de l'Oiſeau de les preparer. Au contraire, ſi le Fauconnier n'eſt pourueu des
premieres ſuſdites, à tel iour voudra-il purger ſon Oiſeau,
meſmement ſi c'eſt en lieu champeſtre qu'il ne pourroit
recouurer de moëlle de beuf, ores qu'il fuſt pourueu de
tout ce qui fait beſoin pour le ſurplus. En ſorte qu'il ſera
fort bon que le Fauconnier ait touſiours deuers ſoy &
par prouiſion,

Maſſe de pillules douces faites de lard, moëlle de beuf,
ſucre, & ſafran, ſelon la diſpenſation que nous en auons
faite au quarantieſme Chapitre de la ſeptieſme Partie de
ces Rudiments.

Et maſſe de pillules faites comme les precedentes auec
adionction d'aloës, aguaric, rheubarbe, & cené, comme
il a eſté cy-deuant dit. Et de chacune maſſe la groſſeur de
trois ou quatre noix, car elles ſe peuuent bien garder long
temps ſans la gaſter ny corrompre, eſtans tenuës & pliees
dans papier net & double & dans vne boite. Comme auſſi
eſt-il requis que le Fauconnier ait vn armoire ou eſtuue
pour mettre & loger tout ce que deſſus, affin que rien ne

A A a ij

s'esuante ou esgare, & qu'il le trouue à propos & bien par
ordre quand il en aura besoin.

---

*Quels vaisseaux & autres choses, outre ce que dessus, sont ne-*
*cessaires au Fauconnier pour prattiquer l'art de Fauconnerie,*
*& desquels il fera prouision pour n'en estre despourueu.*

## CHAPITRE IX.

CHACVN peut recognoistre par ce que nous auons
discouru du traitement & gouuernement des Oiseaux, qu'il y conuient plusieurs vaisseaux & autres choses
à ce necessaires, & dequoy le Fauconnier ne doit estre despourueu, pour promptement prattiquer ce que nous en
auons dit.

Le Fauconnier en premier lieu aura & portera ordinairement auec soy vn couteau bien trenchant, pointu & net,
dans vne gaine, duquel il ne coupera aucunes charognes,
ordures, aulx, ny oignons, ains luy seruira seulement tant
pour couper le past de l'Oiseau en beaucoup d'occasions,
au deduit de la chasse, que pour son seruice particulier en
ses repas. Apres quoy il le lauera & nettoyera bien, le
conseruant tousiours ainsi.

Il luy conuient auoir deux escuelles ou plat d'estain,
tant pour faire tremper la viande de l'Oiseau, que pour
battre & demesler les cataplasmes, retraintifs, & autres
appareils necessaires à la Fauconnerie, lesquels il tiendra
tousiours bien nets, ne s'attendant à ceux du seruice ordinaire de la maison, lesquels à toutes occasions ne se trouuent bien nets.

Il luy fait besoin vn petit mortier de cuiure ou fer, auec

son pilon de mesmes, pour mettre en poudre & piler les drogues à l'Oiseau necessaires. Lesquels pilon & mortier, il tiendra bien nets & en lieu sec, de crainte que la roüille ( à laquelle tous mettaux sont suiets , ne s'y graue.

Le Fauconnier aussi aura vn petit tamis de soye de la grandeur d'vne assiette pour passer les poudres qu'il aura pilees , & à chacune fois il lauera & fera bien secher son tamis pour le tenir tousiours bien net. Et qu'il ne se mesle inconsiderement de l'vne poudre auec l'autre.

Illuy fait semblablement besoin vn petit mortier de marbre & d'vn pilon de bon bois sec & dur, comme de buys , & ce pour piler les simples desquels nous auons parlé, & qui sont necessaires à l'Oiseau suiuant ce que nous auons dit. Et lesquels estans pilez dans vn mortier de fer ou autre metal, pourroient en quelque chose retenir de l'aigreur & acrimonie dudit mortier.

Ie mettrois en ce nombre & rang le grand bassin ou vaisseau, lequel fait besoin pour baigner & poiurer l'Oiseau , si ce n'estoit meuble commun en toute maison, & duquel le Fauconnier se peut facilement seruir estant bien net, sans en mettre quelqu'vn en reserue qui luy seroit vn grand empeschement.

Il fera prouision & aura tousiours deuers soy deux liures de chanure bien fin , laixiué & blanc, sans aucune bordure, tant pour faire les cures de l'Oiseau , que pour faire les cataplasmes & autres choses à prattiquer pour le secours de l'Oiseau malade. Et duquel si le Fauconnier estoit despouruëu , il se trouueroit souuent en peine.

Que le Fauconnier ait tousiours de vieille toile fine pour faire les ligatures, charpis, plumasseaux, & autres choses

A Aa iiij

qu'il luy conuiendra faire pour le traitement & cure de
l'Oiseau.

Vne peau blanche de cheurotin bien paree luy est requise pour faire les emplastres à l'Oiseau necessaires.

Il aura aussi tousiours vne peau de chien bien paree &
aprestee pour faire les garnitures de l'Oiseau, s'il en estoit
despourueu.

Qu'il ait tousiours demie douzaine de petites ventouses de verre pour ventouser l'Oiseau comme nous auons
dit, car ores qu'il ne s'applique chacune fois qu'vne ven-
touse elles se peuuent rompre.

Qu'il ait semblablement tousiours de la bougie de cire
necessaire pour donner & appliquer lesdites ventouses.

L'Apprentif sera soigneux d'auoir tousiours en reserue
des vols de toutes sortes d'Oiseaux de proye morts, ou la
despoüille des Oiseaux mués pour pouuoir reparer, anter,
& remettre les pennes rompuës & gastees. I'entends seulemét qu'il soit pourueu des principales & maistresses pennes, tant des aisles que de la queuë, n'important pour les
petites : seroient-elles aussi trop fascheuses & difficiles à
anter, mais il faut qu'il soit soigneux de conseruer les
pennes qu'il aura bien entieres, sans estre rompuës ne
foulees, car par peu de preuoyance elles se trouueroient
inutiles.

---

*De quels outils, ferremens, & instrumens il faut que l'estuy*
*du Fauconnier soit garny.*

## CHAPITRE X.

IL est necessaire au Fauconnier d'auoir vn estuy, dans
lequel soient tous les outils, ferremens, & instru-

mens, vtiles & neceſſaires pour prattiquer l'art de la Fauconnerie. Car en tous arts les meilleurs Maiſtres & plus
experts ſe trouuent confus ſans les inſtrumens ou ferre-
més à la prattique de chacun art neceſſaires, & ne peuuent
y ſeruir que de la langue ſans y pouuoir mettre les mains,
plus en cela neceſſaires que les paroles. Or affin que noſtre
Fauconnier ne demeure deſpourueu, ains ſoit touſiours
fourny de tous ceux qui font beſoin en la prattique de
noſtre Fauconnerie, ie les luy ay voulu icy repreſenter,
affin qu'il les face faire & tienne tous dans ſon eſtuy.

Lequel ſera en premier lieu garny d'vne petite cueillier
d'argent, ayát vn petit tuyau de la longueur de deux petits
trauers doigts ou enuiron, pour faire prendre & aualler
les potions ou autres choſes neceſſaires à l'Oiſeau, ſelon
nos precedens remedes.

Il y aura auſſi vn bon paire de ciſeaux aſſez grands
& forts pour couper les cuirs neceſſaires pour faire emplaſtres ou garnitures d'Oiſeau.

Vn autre plus petit paire de ciſeaux luy eſt auſſi conuenable pour couper les petites bandes, compreſſes, &
autres choſes neceſſaires à l'Oiſeau qui ſont d'aiſee cou-
peure.

Dans ceſt eſtuy ſeront les pincettes propres, neceſſaires,
& bien tranchantes pour couper les pointes des becs &
ſerres de l'Oiſeau. Ce qui ne ſe peut faire qu'incommode-
ment & non bien à propos auec des ciſeaux, & leſquelles
pincettes ſeront faites à la forme de petites tenailles ou
turquoiſes, mais il faut qu'elles ſoient legeres & petites,
non plus longues que de demy pied, en ceſte forme.

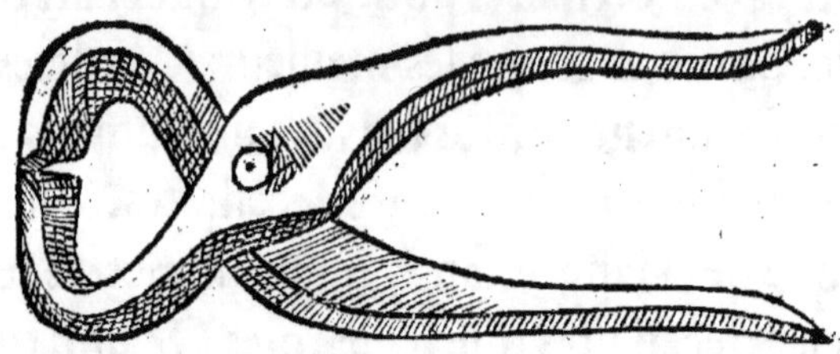

Il aura aussi audit estuy vne petite lime demie ronde
pour rascler & accommoder le bec de l'Oiseau apres qu'il
aura esté coupé:ce qui se fera mieux auec ladite lime qu'a-
uec vn couteau. Elle sera ainsi faite.

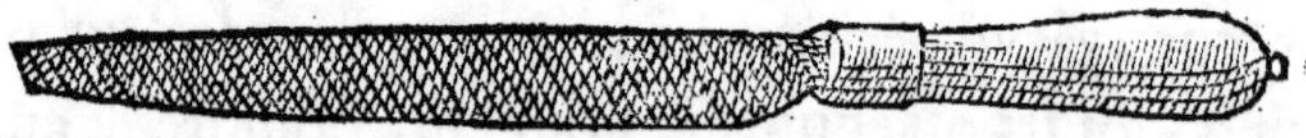

Vn petit rasoir est necessaire semblable à ceux des Chirurgiens, pour faire les incisions necessaires ,fait comme
ceste figure.

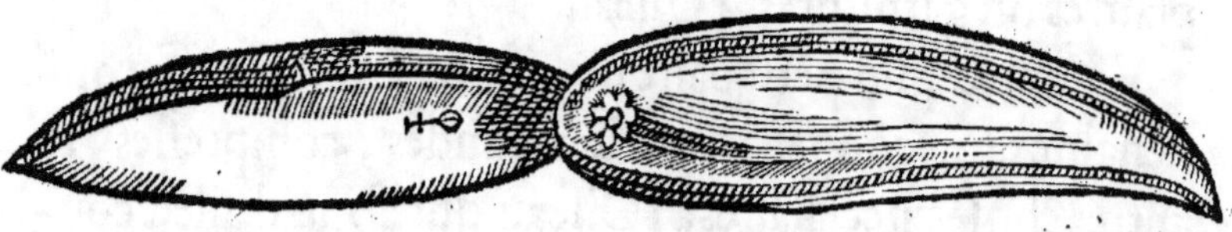

Vne bien pointuë & bien trenchante petite lancette n'y
est moins requise pour fendre la peau quand on veut serrer les veines à l'Oiseau, ou les ouurir pour les faire sei-
gner.

Trois

Trois petits eſtuis de fer blanc, d'argent, ou cuiure, font
beſoin, ſemblables à ceux deſquels les Chirurgiens ſe ſeruent pour mettre leurs aiguilles, ſçauoir l'vn pour mettre
& tenir les aiguilles communes, leſquelles peuuent ſeruir
pour coudre les bandes & autres appliquemens neceſſaires à l'Oiſeau. Le ſecond pour mettre les aiguilles, ou autrement carlets pour recoudre les playes & inciſions des
Oiſeaux. Et le troiſieſme pour tenir les aiguilles propres
à anter les pennes de l'Oiſeau, deſquelles il conuient
auoir quantité de groſſes & menuës, ſelon les pennes qui
ſe peuuent preſenter à anter. Leſdits eſtuis donc ſeront
pleins deſdites aiguilles, & ainſi faits.

Pour ſerrer & abſciſer les veines aux Oiſeaux, il y fait
beſoin vne ongle de butor ou de quelque grand Oiſeau de
proye, laquelle ſoit bien à propos emmanchee en yuoire
ou argent. Et à defaut dudit ongle il faut faire vn petit ferrement de fer, argent, ou de quelque bon bois dur & de
ſoy crochu pour les effets, & ſuiuant ce que i'en ay dit au
quatorzieſme Chapitre de la ſeptieſme Partie des preſens
Rudiments, lequel ferrement ou bois ſera ainſi fait, & ne
ſera du tout pointu ny auſſi trop mouſſu.

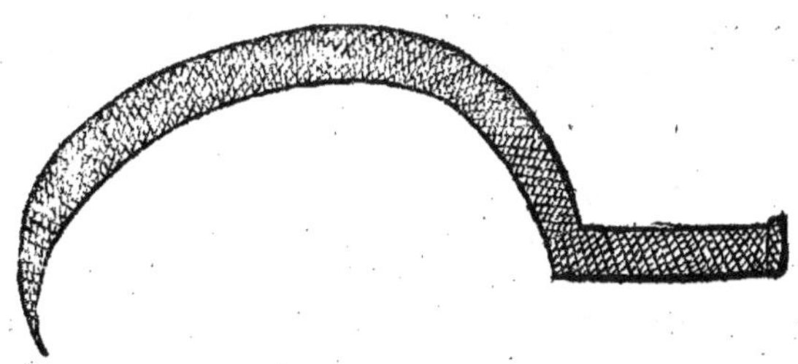

Pour donner le feu à la teste de l'Oiseau, il y faut trois
ferremens diuers. Le premier desquels est fait en forme
d'vn poinçon gros comme vne paille de froment, pointu
par vn bout & bien rond iusques au manche, affin d'outrepercer bien les narilles de l'Oiseau, sans neantmoins y
faire trop grande ouuerture ou escarre, & sera ainsi fait, &
sera par le costé A.

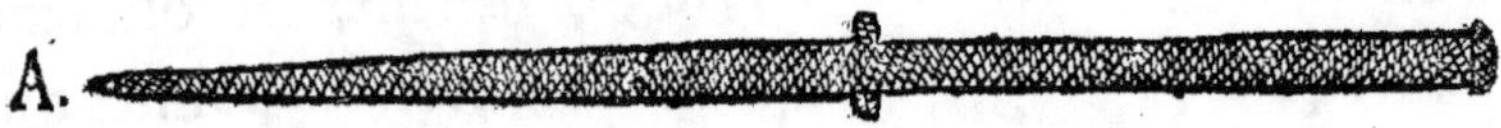


Le second ferrement pour donner le feu entre le bec
& l'œil de l'Oiseau sera plat, & fait en la forme & largeur
subsequente, & duquel il faut appliquer le feu par le bout
plat d'iceluy cotté B.

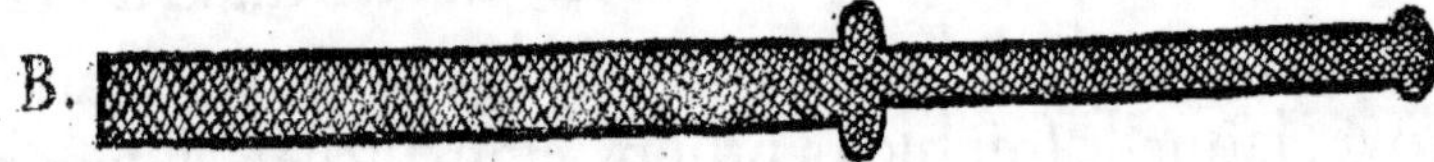


Le troisiesme ferrement pour donner le feu au sommet
ou nuque de la teste de l'Oiseau sera fait comme vn poinçon, ayant vn bouton rond au bout, de la grosseur d'vn
petit poix, par lequel il faut donner le feu, cotté C. n'important que le surplus soit rond ou carré.

Pour cauteriser la veine de l'Oiseau, laquelle n'auroit
esté bien serree, il en faut vn autre tout semblable pour
la façon, excepté que le bouton soit de pres de la moitié
plus petit, auec lequel il faut donner le feu, cotté D.

D. 

Pour rascler & nettoyer le chancre de l'Oiseau qui arriue dans le bec de l'Oiseau, il y faut vn ferrement crochu
& plat par le bout, par lequel auec feu ou sans feu il faut
panser l'Oiseau, cotté E.

E

En tel lieu se pourroit rencontrer l'Apprentif qu'il ne
trouueroit ny fil ny chanure, ny de soye pour faire ce qui
luy seroit necessaire de faire. A ceste occasion conuient
auoir vne petite boite de cuiure platte ou ronde, ou de
fer blanc ou argent, de la largeur de deux trauers doigts
ou enuiron, & laquelle porte auec soy son couuercle,
dans laquelle le Fauconnier tiendra tousiours soye cramoisie retorse ou autre, & fil de chanure ou lin.

Pour faire les emplastres, cataplasmes, & plusieurs autres choses, vne spatulette est necessaire telle que les Chirurgiens vsent. Par le plat de laquelle lesdits cataplasmes
ou emplastres seront accommodees sur chanures, cuirs,
ou linges, & par l'autre bout le Fauconnier pourra sonder la profondeur du mal ou playes de l'Oiseau, & y faire
entrer les tentes & autres remedes qu'il y voudra appliquer. Le plat de ladite spatulette cotté F. & l'autre bout
pour sonder, G.

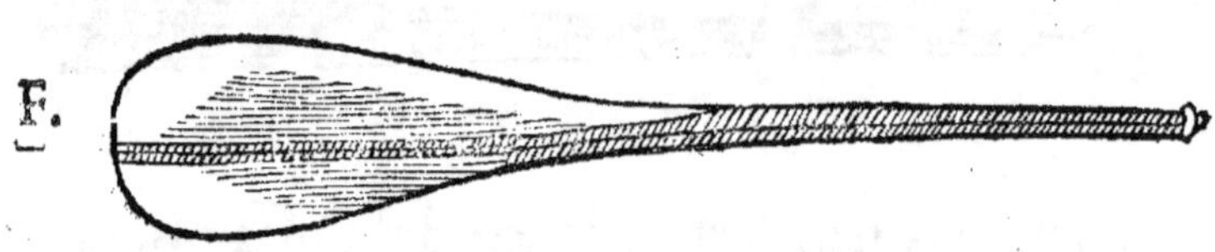


Pour donner le cedon au col de l'Oiseau il y conuient deux ferremens; l'vn nommé tenailles plattes & percees, par le milieu le trou cotté H par lequel il faut passer le cedon, mais que la figure subsequente n'en represente que la moitié, car il faut qu'en mode de tenailles elles soient doubles.

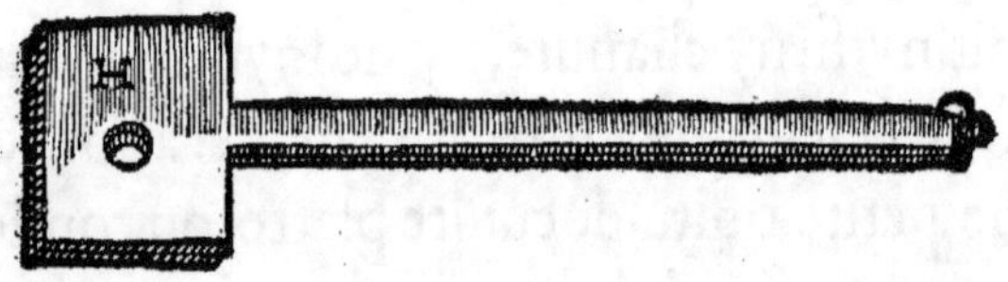

Le second est l'aiguille necessaire pour appliquer le cedon, laquelle sera de la grosseur d'vne grosse paille percee par le cul comme sont les autres aiguilles, par le moyen dequoy est passé le cedon par le trou desdites tenailles & peau del'Oiseau prise entre deux, ladite aiguille faite en ceste sorte.

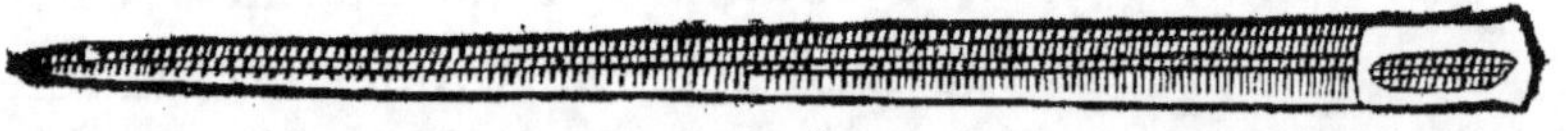

A l'Apprentif sont aussi fort vtiles de petites pincettes, lesquelles se serrent & ouurent aisement par la douceur de leur atrempe. Et sont fort commodes pour leuer la mauuaise chair, tirer les tentes des playes & autres choses, sans y toucher des doigts & seront ainsi faites cotté I.

Vn bon poinçon percé autrement nommé porte piece
est fort requis pour aider à faire & garnir les garnitures de
l'Oiseau, voire mesmes bien souuent pour le seruice particulier du Fauconnier, & sera ainsi fait.

Vne petite seringue d'estain ou fer blanc, bien soudee
auec son manche de bois est necessaire, & qui soit toute
pareille à celle que les Chirurgiens seringuent ceux qui
ont mal en la verge, & sera faite en ceste forme.

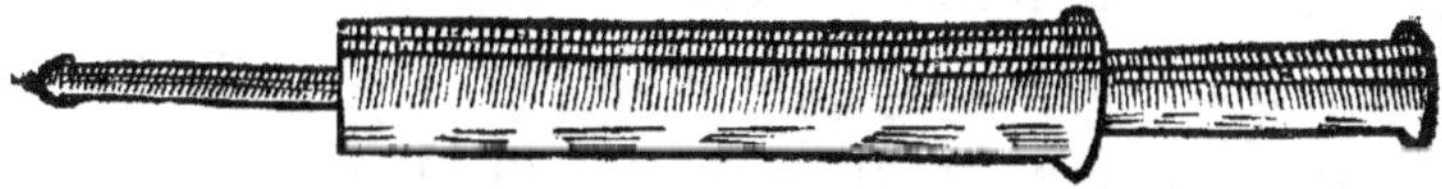

Il sera fort bon aussi d'auoir vn bon tranche plume bien
tranchant & aiguisé, tant pour bien à propos tailler &
accommoder les pennes rompues de l'Oiseau, ou celles
qu'on emprunte pour anter, que pour seruir en plusieurs
autres occasions qui se presentent souuent, & sera ainsi
fait.

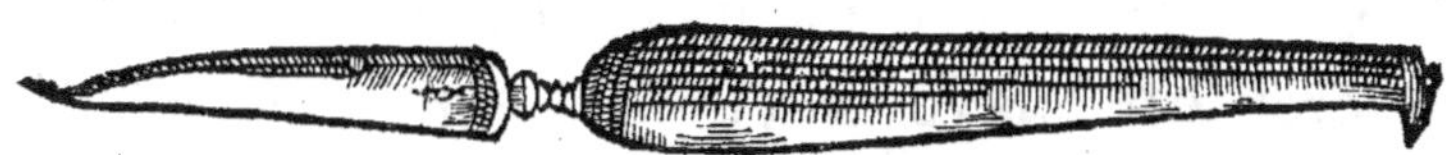

Et pour donner le feu aux mains & iambes des Oiseaux
podagres, il conuient auoir vn tel ferrement.

BBb iij

De tous les ſuſdits ferrements il faut que ledit eſtuy du
Fauconnier ſoit garny , & que leſdits ferremens ſoient
beaux, bien faits, polis, & bien rangez chacun en ſon lieu,
les tenant touſiours bien nets , ſans permettre qu'aucune
roüille y prenne graueure. Et ſuffira que chacun ferrement ſoit long vne paume de main , ou vn bon demy
pied, car la ſeringue ſe trouuant auec ſon manche ou pouſ-
ſoir il faut oſter ledit manche, affin qu'il ait ſa place à part
dans ledit eſtuy, & par ainſi tous leſdits ferrements & inſtrumens s'accommoderont , ſans le ſecours deſquels il
eſt bien malaiſé, voire impoſſible, que le Fauconnier puiſſe traiter à propos vn Oiſeau bleſſé ou malade.

---

*Dequoy le Fauconnier doit eſtre touſiours pourueu lors qu'il va*
*au deduit ordinaire de la Chaſſe.*

## CHAPITRE XI.

LORS que noſtre nouueau Fauconnier ira au deduit
ordinaire de la volerie, il doit touſiours auoir ſa Fauconnerie, c'eſt à dire vne grande gibeciere de cuir ou de
toile, dans laquelle il peut mettre ſa priſe. En ceſte gibeciere y ſeront pluſieurs petites bourcettes, dans l'vne deſquelles il portera deux petites pierres d'aloës ciquotrin,
& autant de bonne momie, le tout bien plié dans papier
double. Le premier, affinque ſi ſon Oiſeau s'alloit paiſtre

sur quelque charogne ou beste venimeuse, ou que mesmes se paissant à la desrobee (comme il arriue souuent)
l'Oiseau eust pris trop grosse gorge, tellement que le
nouueau Fauconnier recogneust que la chaleur de l'Oiseau ne la sçauroit digerer, il luy donnera lors vne pierre
dudit aloës pour luy faire le tout rendre, voire luy en
donnera deux si pour la premiere fois il ne rendoit le tout.
L'autre, à ce que l'Oiseau s'estant heurté contre quelque
rocher, bois, ou autre chose, ou pour auoir trop viuement choqué sa proye, en sorte que l'Oiseau en fust
estonné & malade, qu'il luy donne promptement vne
pierre de ladite momie, laquelle empeschera que le sang
ne se caillera pas dans le corps, où s'il en y auoit desia d'a-
massé, elle le resoudra en attendant que le Fauconnier soit
au logis pour traiter & panser mieux à propos l'Oiseau.
Et en autre lieu ou bourcette de ladite gibeciere, le nouueau Fauconnier aura tousiours vn chapperon, vn paire
de sonnettes, vn paire de gets & longes, le tout bien plié
ensemble, auec vn paire de porte-sonnettes, affin que s'il
se perdoit au deduit quelque chose de la garniture de l'Oiseau, il ait promptement moyen de reparer ceste faute &
defaut, car autrement il se trouueroit souuent fort empesché.

---

*Dequoy le Fauconnier doit estre pourueu portant son Oiseau ou*
*Oiseaux au loin & en quelque voyage.*

## CHAPITRE XII.

IL se peut presenter des occasions au nouueau Fauconnier de voyager & porter loin son Oiseau, c'est lors

que moins il doit estre despourueu de ce qui est requis
pour secourir en quelque accident ou maladie sonOiseau.
Parquoy il portera tousiours auec soy gets, longets, porte-sonnettes, tourrets, vernelles, chapperons, & leurres,
affin de n'en estre aux empruns ny peine d'en achepter s'il
en a besoin. Il aura aussi auec soy deux petites masses de
pillules douces, faites de lard, moëlle de beuf, sucre, & safran, & l'autre des composees d'aloës, aguaric, cené, &
rheubarbe chacune à part & bien pliees en papier double
voire en cuir fin, affin que n'estans esuantees il s'en puisse
promptement seruir, selon l'estat de l'Oiseau & qu'il en
aura besoin. Il portera des estoupes fines tant pour faire
tous les soirs les cures de l'Oiseau, que pour seruir autrement selon les occasions qui se presenteront. Il portera
aussi de l'aloës, sucre, & momie en pierre, comme aussi
dudit aloës, sucre, tant candic qu'autre, safran, aguarie,
cené, rheubarbe, momie, encens, mastic, alun de glas,
de chacun vn peu en poudre, chacune à part bien pliee en
papier double cotté dessus, le tout dans vne petite boite.
Qu'il n'oublie de porter auec soy des pennes toutes pre-
stes à anter selon son Oiseau ou Oiseaux, quoy que soit
des principales mesmes en aiguille, affin qu'il n'en soit
despourueu, si son Oiseau ou Oiseaux en rompoient quelqu'vne, & n'oubliera son estuy garny, comme dit est n'a
gueres au Chapitre 10. de ceste huictiesme & derniere Partie. Le tout bien rangé & accommodé dans la susdite boite. Si de tout le contenu au present article, nostre Apprentif est pourueu en faisant voyage il sera malaisé qu'il ne
puisse tousiours estre prest à secourir son Oiseau quelque
accident qui luy suruienne pour peu d'autres commoditez qu'il pourra trouuer où il pourra estre. Ie ne mets
point en conte la meute des chiens à nostre Apprentif
                                                    qu'il

qu'il luy conuient mener pour ne laiſſer perdre temps
pendant vn voyage à l'Oiſeau, ie remets cela tant à la volerie à laquelle il aura mis ſon Oiſeau & à ſa volonté, qu'à
ce que i'en ay dit au Chapitre quatorzieſme de la cinquieſme Partie de ces Rudiments, où i'ay parlé de l'eſquipage
qui conuient à chacune ſorte de volerie.


*Fin des Rudiments de la Fauconnerie.*

# DISCOVRS
## SVR LA LOVANGE
### DE LA CHASSE.

*Auec vne exhortation aux Chaſſeurs.*

'ON me pourroit taxer d'eſtre demeuré court & auoir manqué de ſuiet, ſi ſui-uant ce que i'ay propoſé en mon Epiſtre aux Lecteurs, ie ne traitois quelque cho-ſe du los & excellence de la Fauconne-rie. Eſtant celle ( ainſi que i'ay auſſi dit en mon Epiſtre Liminaire, ) auec la Venerie laquelle ac-complit l'exercice de la Chaſſe. Ie me ſeray auſſi à mon iugement aſſez aquitté de ma promeſſe, traitant du los de la Chaſſe en general. Ie dis donc que tout ainſi que jadis les Grecs, Romains, & ſur tous les Spartiates, ont eſté auec tref-grand ſoin curieux de fuir l'oiſiueté, pour le contrai-re de laquelle & pour exciter & accouſtumer les corps & perſonnes à toux trauaux, affin d'eſtre plus capables, forts & robuſtes à endurer les peines & tourmens de la guerre, ils inuenterent & ordonnerent pluſieurs violans & di-uers jeux, eſquels ils s'exercerent. Les ſiecles ſubſequens

n'ont auſſi moins eſté violans à prattiquer à leur imitation
tout ce qu'ils ont peu imaginer d'honneſte, recreatif &
loüable, pour exercer tant les corps qu'eſprits, le tout à
meſme fin lors que l'occaſion ſe preſenteroit. Si bien que
c'eſt auec tant de loüables inuentions, honneſtes moyens,
& en tant de diuerſes façons que non ſeulement ( laiſſant
les exercices à part qui ne conſiſtent qu'en l'eſprit, ainſi
que ſont les doctrines, ſciences, & arts liberaux, ) les ieunes, mais auſſi les vieux peuuent loüablement & vertueuſement s'exercer, & ſe rendre pendant la douceur d'vne
paix, capables de mettre la main aux armes quandquelque
occaſion bellonne feroit vn boute-hors. Nous auons les
arts d'eſcuerie & paleſtrine, les courremens de bague,
combats à la barriere, ieux de paume, palemail, balon, le
lucter, le voltiger, & autres fort loüables exercices, parmy leſquels celuy de la chaſſe ne doit eſtre mis le dernier,
ains dautant plus doit il eſtre priſé, qu'en iceluy ſe prattique & exerce vne ſeconde forme bellique. Et encore que
cela meſme ſe puiſſe rencontrer en tous les autres, & qu'à
bon droit pour meſme fin pourroit-on dire qu'ils ont eſté
trouuez & inuentez, l'exercice de la chaſſe doit eſtre pre-
feré, eſtant la guerre qu'on fait aux beſtes & oiſeaux ſauuages nuiſibles, & portans du dommage plus licite & rai-
ſonnable que celle qui ſe fait contre les hommes. Eſtant
vn acte vrayement brutal que l'homme tuë, meurtriſſe,
& face la guerre à l'homme, lequel il eſt tenu de ſouſtenir
& deffendre par fraternelle charité, aimer & cherir ſelon
le commandement de Dieu comme ſoy-meſmes. Qui accordera donc que tant d'exercices leſquels ne s'apprénent
& prattiquent que pour la ruine de l'homme, ſoient tant
à loüer & embraſſer que ceux qui n'ont autre fin, & ne vi-
ſent que de guerroyer? ce qui eſt naturellement ennemy

de l'homme ainſi que les beſtes & Oiſeaux ſauuages, leſquels ont en telle haine la veuë & preſence humaine qu'ils
ne taſchent pas ſeulement à la fuir, ains luy faire du dommage, ſoit en la perſonne, biens ou poſſeſſions. Or que
tous les autres exercices deſquels nous auons fait mention ne ſoient deſtinez pour l'entiere ruine & perdition
de l'homme : Quelle eſt la fin pour laquelle on apprend
à bien faire manier vn cheual, le rendre adroit aux paſſa-
des, voltes, ronds & autres ſortes de manege ſinon pour
s'en ſeruir & preualoir au combat contre l'homme? Pourquoy auec tant de ſoin rend-on vn cheual prompt & viſte, ſinon pour attaquer promptement & ſuiure l'homme, ſe retirer & deffendre de luy ? à quelle fin s'exerce on
à courre la bague, ſinon pour ſçauoir mieux à droit fil &
plus aſſeurement porter d'vn coup de lance vn homme par
terre? A quoy la paleſtrine, ſinon pour apprendre à tuer
ou bleſſer autruy ou s'en deffendre? A quoy le còbat de la
barriere, que pour ſçauoir auec plus de dexterité attaquer
vne pique en la main vn autre, ou ſouſtenir l'effort d'autruy? Bref telle eſt la fin & but de tous les autres exercices, leſquels chacun recognoiſt & tient pour fort vertueux & honorables, leſquels ne tendans qu'à l'entiere
ruine & deffaite de l'homme, font qu'au lieu que l'homme doit eſtre Dieu à l'homme, il luy eſt loup, voire cruel
lion. Au contraire l'exercice de la Chaſſe ne tend qu'au
bien, profit, & manutention du genre humain & de ſon
bien. Noſtre intention donc eſtant de traiter du los & excellence de la Chaſſe, il faut voir de plus pres ſi elle comprend & contient en ſoy toutes les circonſtances, (outre
ce qui eſt deſia dit) que les choſes dignes de loüange doiuent contenir en elles. Eſtant vn axiome treſ-certain,
Que la loüange de vertu, c'eſt à dire de toute choſe bonne,

confiste en action, de laquelle s'engendrent trois beaux
fleurons, sçauoir plaisir, profit, & honneur, sans lesquels les
vertus, les scièces, doctrines, & tous les arts liberaux, voire
mecaniques demeureroient indignes de los & prix. Or sans
nous arrester au long discours pour monstrer comment
de chacune chose bonne & loüable, ces trois biens en
reussissent & doiuent preuenir, nous nous contenterons
de monstrer que de ce plaisant & honneste exercice de la
Chasse, tout cela prouient, y est produit & contenu en
abondance, voire plus grande qu'en aucun des autres. Car
de l'exercice de la guerre il ne s'en rapporte que profit &
honneur, les hazards ausquels souuent on expose sa vie,
les fureurs, aprehensions, veilles ordinaires, le port continuel des armes, & autres fastidies, ausquels le soldat est suiet à la guerre en emportent tout le plaisir. Es sciences &
doctrines les estudes continuelles, l'humeur melancolique
qui s'engendre par la continuation de la lecture, succent &
rauissent aussi tout le plaisir, n'y restant que l'honneur
qu'on rapporte de telles loüables capacitez par l'edification, (lequel comprend le profit) qui en prouient. Si nous
monstrons donc sans trop curieuse prolixité, que de la
Chasse tous les trois en prouiennent, sçauoir plaisir, profit, & honneur, tous à mon iugement se porteront à luy
rendre loüange, voire plus qu'à toute autre vocation &
exercice. L'vn des premiers plaisirs & contentemens de la
Chasse, (lequel ne contente de peu,) c'est devoir ordinairement autour de soy quantité de beaux & bons chiens, leuriers, limiers, barbets, & autres diuersement dressez, selon
la varieté & diuersité des Chasses ausquelles on se veut
adóner, voir disie, ces chiés gaillards frais, enioüez & bien
nourris, ayás le poil net & poly, lesquels par infinies caref-
ses & signes euidens vous conuient au deduit de la Chasse.

CCc iij

Ores que c'eſt eux leſquels preſques ſeuls ont à ſouffrir
toute la peine, couruees & hazards de la chaſſe, ayans meſmes à attaquer le cerf, ſanglier, loup, & autres beſtes
cruelles, imaginans en eux le plaiſir bien plus grand que
toute la peine & hazard qu'ils pourroient endurer. Les
Oiſeaux d'vn autre coſté leſquels voyans ou entendans le
murmur, aboy, & cry des chiens auec la voix du Fauconnier, ſont veuz ſe reſioüir ſautellans & ventans des aiſles
ſur leurs perches, preuoyans auſſi deſia le plaiſir qu'ils ont
à receuoir en leur deduit. Quel plaiſir non petit reçoit le
Veneur de voir ſes chiens auec vne belle armonie ſ'amuter
bien aux trouſſes d'vn cerf, ſanglier, ou autre beſte, la courre, ores par les voyes & ores à veuë, s'ils tombent en defaut le releuer promptement auec plus ardent deſir de faire mieux ? Voire ſa proye apres pluſieurs courſes & ruſes
ſe rendant aux abois ſe ſous-mettre pluſtoſt ( meſmement le cerf, ) à la diſcretion du Chaſſeur que des chiens.
Quand il void vne autre fois le peureux lieure courre
auec tant d'habileté & viteſſe deuant ſes leuriers, leur faire mille ruſes, le voir pluſieurs fois contourné, eſtant ores
au milieu de tous & tout ſoudain par grande agilité ſe de-
meſler, & d'vne grande viteſſe leur donner encore long
temps carriere ? Dauantage eſt-il plaiſir eſgal à celuy que
le Fauconnier reçoit voyant ſes Oiſeaux, leſquels n'agueres eſtoient ſi fiers, haguards & ſauuages, fuyans d'vne
veuë la preſence de l'homme, eſtre ſi priuez, familiers, &
affectez, qu'ils ont plus de crainte de perdre & eſcarter
leur maiſtre que luy eux ? Quel contentement pareil, voir
ſes Oiſeaux d'vne grande legereté & hardieſſe monter aux
nuës attaquer la gruë, heron, milan, & autres grands &
fiers Oiſeaux, leur gagner par grande ruſe le deſſus, fondre contre eux & les choquer d'vne grande viteſſe & for-

ce, par tant de belles pointes remonter encore aux nuës, &
par plusieurs combats plaisans à la veuë contraindre leur
proye de tomber par terre à la mercy du Chasseur? S'il vole pour les champs, le contentement est-il petit de voir
auec gráde legereté quester & requester à propos de bons
espagneux, voir sur eux aux nuësvn combleplus ou moins
d'Oiseaux de leurre, tenans bien sur aisle d'vne belle non
trop excessiue hauteur, suiuás ainsi & accompagnans bien
le deduit de la Chasse d'vne grande vitesse fondre sur la
perdrix, arrester ou soustenir bien sur la remise, monstrer
presque la perdrix à l'œil, voir la diligence des chiens à la
relcuer, si elle repart lavoir assommer à laveuë du Chasseur
& la luy faire prendre à la main auec tant de plaisir & contentement qu'il surpasse tout autre? Si c'est auec l'Autour
ou son Tiercelet le plaisir n'est guere moindre, de voir au
partir du poing l'Oiseau suiure d'vne belle aisle la perdrix,
la remettre vistement, arrester sur l'espine, & la faire
prendre auec toute facilité. Quand il n'y resteroit autre
contentement que de voir de bons & plaisans Oiseaux
guinder d'vn beau corpsau plus hautdes nuës, & au moindre tour de leurre fondre comme bales de canons, & par
vne petite feinte dudit leurre que le Fauconnier leur fera
reguinder & monter encore pàrvne belle pointe plus haut
& en fin descendre, leur estant monstré le leurre aussi viste qu'vn traict decoché de l'arbaleste, & se laisser prendre
au gré du Chasseur. Eux dis-ie qui estoient en pouuoir
d'emporter les sonnettes & se remettre en leur premiere
liberté : ceux lesquels ne trouueront en cela du plaisir ie
les iuge bien malaisez à contenter. Or le contentement ne
consiste pas tout en ce qu'il se passe au deduit de la Chasse,
n'estant guere moindre d'en discourir au retour d'icelle.
Car tenant propos à ceux qui ne l'ont veu, ou se rafraif-

chans par difcours les Chaffeurs la memoire entre eux,
ores de la belle quefte & diligence des chiens en loüans
& careffans ceux qui auront le mieux & plus rufément
fait, comme auffi de belles defcentes, pointes, charges,
remifes des Oifeaux, & generalement des plaifirs qu'ils
ont receu, le plaifir & contentement s'en trouuent doubles, penfans en efprit eftre encore au mefme & femblable plaifir qu'ils ont efté, & le reuoir encore deuant les
yeux, voire par tels recits font receuoir du plaifir à ceux
mefmes lefquels n'y ont pas efté. Au retour auffi de la
Chaffe flater les chiens & Oifeaux qui ont le mieux fait,
les carreffer, traiter, & en auoir du foin fait ce femble
continuer ce plaifir par la fouuenance qu'on a du paffé,
& obliger les chiens & Oifeaux par telles careffes & bon
traitement à eftre toufiours en ce mefme courage & vouloir de bien ou mieux faire. Si tous les plaifirs particuliers
qu'on reçoit au deduit de la Chaffe, fe pouuoient autrement facilement exprimer fur du papier, comme il fe
pourroit voir & recognoiftre à l'effet, ceux mefmes lefquels ne la prattiquent point, & n'en ont priuee cognoiffance la iugeroient impaire & incõprehenfible. On me dira que ce plaifir eft fuiuy d'vne grande peine, la Chaffe re-
querant vn grand trauail, lequel furpaffe ( dit-on ) tout
le contentement qu'on y peut receuoir. Il y conuient faire de grandes courfes, ores à pied, tantoft à cheual, endurer du froid, du chaud, felon les faifons: il y faut vfer de
grands cris, hurlemens, & efclas de voix, incommodans
& trauaillans grandement la perfonne, il s'en enfuit la
perte & ruine de chiens, cheuaux & oifeaux, laquelle rapporte plus de deplaifir en vn iour que de contentement
en vn mois. Il eft refpondu en vn mot, que nul bien ny
plaifir fans peine, ou, s'il en eft toutefois quelqu'vn le-

quel

quel se puisse receuoir sans trauail ny aucune fastidie, c'est
plustost volupté ( qui est tousiours vitieuse) que plaisir.
Et encore que cest exercice soit tousiours suiuy de peine
entremeslee de quelque deplaisir, il ne se trouue neantmoins que par tels labeurs & inconueniens aucun en soit
degousté, ains semble que tout cela serue aux vrais Chasseurs d'vne stimulation plus grande à aimer dauantage
cest exercice & à y estre plus ardans & adonnez. Prattiquans en cela ce qui est dit tres à propos, quec eluy ne merite gouster de la douceur & n'en peut faire cas, lequel ne
sauoure de l'amertume. D'où s'ensuit que les peines &
deplaisirs ne sont si grands que le plaisir & contentement
qu'on y peut receuoir. Au surplus cest exercice ne rapporte pas seul des deplaisirs & peines ordinaires, nul des autres n'en est exempt , soit en l'exercice des doctrines &
sciences, les arts d'escuerie, palestrine & autres. Car tous
s'aquerent, prattiquent & exercent auec gráde peine, trauail & incommodité : ce que ie ne reciteray en particulier
chacun l'ayant assez appris par experience, & dequoy les
arts mecaniques mesmes ne font pas exempts. La Chasse
en outre a cest aduantage sur tous autres exercices, chacun
desquels ne se prattiquans qu'en vne façon; ainsi que l'art
d'escuerie n'a autre proprieté que de faire bien manier ad-
dextrement vn cheual, l'escrime à tirer des armes, le voltiger à estre dispos & ainsi des autres, la Chasse s'exerce
en plusieurs & diuerses façons ainsi qu'à courre, ores vn
cerf, ores vn sanglier, ores vn daim, ores vn cheureul, ores
le loup, ores le lieure, & en plusieurs & diuerses façons,
soit à force de chiens, cordages, rets, toiles, & autres inuentions propres pour l'exercice de la Chasse. Apres l'exercice desquels il a les Oiseaux pour prendre ( comme
nous auons dit,) ores la gruë, tantost le heron, milan, ca-

nard , perdrix , & autres Oiſeaux à ſa fantaiſie, le tout
auec tant de plaiſir & recreation , que ceux meſmes leſquels (par autres vocations , affaires, ou mauuaiſe ſanté
en ſont detournez & empeſchez , voire meſmes ne le
prattiquerent iamais, portans certaine ialouſie à ceux qui
reçoiuent telles delectations auec beaucoup de deſplaiſir
de ne pouuoir participer à ſi loüable exercice,) ſe recreent
& reçoiuent en eux ſingulier contentement entendans
reciter le plaiſir que les Chiens & Oiſeaux donnent à ceux
leſquels s'exercent à la Chaſſe imaginans en eux telles choſes grandes & admirables. Ceux qui veulent inuectiuer
côtre ceſt exercice ignorans la verité de la fictió d'Acteon,
mettent en auant, lequel (diſent-ils,) à force de chaſſer ſe
tranſmua en cerf, & fut deuoré par ſes propres chiens. Ils
n'en peuuent point blaſmer la Chaſſe ains les yeux du
Chaſſeur, leſquels par vn laſcif deſir offencerent vne
Deeſſe, la voyant ſe baigner nuë en vne fontaine: par quel
courroux & deſpit la Deeſſe le fit ainſi metamor-
phoſer. Si le plaiſir en outre de la Chaſſe n'eſtoit plus
grand , voire extraordinaire ſur tous autres , les Roys ,
Princes , & grands Seigneurs, ne s'y addonneroient auec
tant d'ardeur & affection, ayans (ſans ſortir de leurs palais & maiſons de plaiſance, ) toute commodité pour
s'addonner & exercer à tous autres, ains ſont-ils bien ſouuent tous mis en arriere & poſtpoſez pour employer vne
grande partie du temps au deduit de la Chaſſe. Or ſi le
plaiſir & contentement en ſont grands & ageables , le
profit & vtilité qui en prouiennent en ſont bien conſide-
rables, car chacun de bon iugement reſtera d'accord que
la premiere inſtitution , ou pour mieux dire inuention de
la Chaſſe a procedé du profit & incommodité qu'on y a
preueu & penſé perceuoir en dechaſſant, prenant & tuant

chacun en fa contree les beftes & oifeaux fauuages, defquels l'homme ne peut retirer que du dommage & incommodité, voire diroit-on qu'ils n'ont pour autre fuiet efté
crez que pour faire la guerre aux hommes & les molefter.
Eu mefme efgard au degaft que font les cerfs, dains, cheureuls, fangliers, & lieures, és lieux circonuoifins d'où ils
habitent. Il fe trouue que le pauure laboureur apres auoir
bien trauaillé à cultiuer la terre, l'auoir bien femée, & gouuerné fa vigne, que bien fouuent telles beftes en emportent la plus part de la moiffon : bref le dommage y eft tel,
que le pauure homme eft contraint de laiffer fon herita-
ge par tel rauiffement en friche & inculte. Et de crainte
du loup il n'ofe tenir de brebis ny nourrir de moutons, ne
faire aucun ou que fort peu de nourriffages, & par ainfi fe
void priué, tant de lainages pour fe veftir, qu'autre profit lequel fe peut honneftement perceuoir d'vn tel mefnagement. Le degaft que font les renards, chats fauuages,
feinarts, & autres dans les garennes & poulaillers eft tout
recognu. Le dommage que portent les blereaux dans les
vignes en la faifon des raifins, & en autre fougeant les
prez pour chercher la vermine eft tout recognu. Combien deftruifent de poiffon parmy les eftangs, gardoirs,
ruiffeaux, & riuieres, les herons & canards, le deuorans, foit
gros ou menu au grand preiudice d'aucuns lieux? à quoy ie
n'obmettray pas la ruine qu'y fait la loutre : le milan emporte & mange les poulets, la corneille mange & fouge les
bleds femez. De chaffer donc tous ces animaux & Oifeaux ainfi nuifibles, n'eft-ce pas porter du profit au public? ce qui ne fe peut faire fans la prattique & exercice de
la Chaffe. Or outre ce general profit, lequel eft à la verité le plus fpecial & notable, il s'en retire des commoditez
particulieres, car le Chaffeur remportant de fa quefte vn

iour le cerf, vn autre le fanglier ou autres telles beftes.
Ou chaffant pour la volerie rapportant ores le heron, tantoft la gruë, ores les perdrix & phaifans, le tout en quantité fa table en eft mieux couuerte, il en peut faire quelque profit & en difpercer auec honnefte liberalité à fes
voifins & amis, lefquels n'ont efquipage de Chaffe, qui luy
fert d'vn honnefte fuiet & argument, de fe maintenir en
leur amitié & les obliger à foy, & en peut vendre pour
auoir & recouurer d'autres viures & commoditez neceffaires à fon ordinaire. On m'obiectera que de profit ny
peut-il auoir eu efgard à la defpence neceffaire pour l'entretien de l'efquipage de la Chaffe, foit en achapt ou
nourriture des cheuaux, nourriture auffi des chiens, entretien des Veneurs & Fauconniers, achapt d'Oifeaux,
& plufieurs autres defpences à l'entretien de l'efquipage
de la Chaffe neceffaires. Les frais & defpence dequoy fur-
paffent de beaucoup tout le profit lequel en peut prouenir, deux raifons contre cela font fort confiderables. La
premiere, que c'eft vn bien public lequel caufe vn moyen
fort loüable de s'exercer & le corps & l'efprit. L'autre eft le
plaifirfort grád qu'on y reçoit, & tous deux doiuent faire
boucher les yeux à quelque racine d'auarice pour lafcher
vn peu la bride à quelque exceffiue defpéce, fi on la y vouloit rapporter. Et fe peut en cela bien plus iuftement & à
bon droit permettre qu'à celle qui fe fait auec des dez
ou cartes à la main, mais laiffant la fuperfluité à part &
pour la feule volonté des plus grands, ramenant toutes
chofes aux loix de la raifon, ie maintiens que fi chacun
Gentil-homme (aufquels feuls apres les Roys & Princes
le droit de chaffer appartient,) veut regler vn honnefte
& moderé efquipage de Chaffe felon fes moyens, &
chaffe au païs où il habite le plus commode, (dautant

qu'en toutes contrees toutes sortes de Chasse ne se rencontrent propres, ) il en fera meilleure chere, & pourra selon la quantité du gibier qu'il prendra par le cours de la
sepmaine en vendre vne partie, pour suruenir , soit à l'a-
chapt d'autres prouisions qu'il faut achepter ou à l'entretien & payement d'vn Fauconnier ou Veneur. Et encore
en seroit le profit & vtilité plus grand, si le Gentil-homme pour son bien & plaisir particulier vouloit estre luy
mesmes son Veneur & son Fauconnier , chose n'estant
qu'honorable ne luy peut estre aussi que fort profitable.
On me dira le profit estre de peu quand la despence surpasse , & que ne peut estre si petit ou grand l'esquipage
de Chasse, & si bien reglé & ordonné duquel les fraiz &
despence n'excedent beaucoup ce qui en peut prouenir, &
que profit ne se peut dire qu'apres tous fraiz faits & con-
tez. Mais qui considere comme i'ay dit l'excelléce de cest
exercice, il bouchera les yeux à tout auare desir , pourueu
que la raison & mediocrité y tiennent la balance, & iugera qu'il en prouient trois grands profits. Le premier, ( qui
est le moindre ) par le gibier , ( comme nous auons touché ) qu'on prend. Le second, qu'on s'y exerce auec beaucoup de contentement d'esprit, & tellement le corps qu'il
en est plus capable d'endurer & souffrir les trauaux de la
guerre : finalement qu'il n'est remede ( ainsi qu'il sera cy-
apres dit, ) plus salutaire pour fuir l'oisiueté , source, &
racine de tous vices. Ioint à tout cela, qu'aucun des autres
exercices, soit de monter à cheual, tirer des armes, ioüer à
la paume & autres, ne s'apprennent & exercent qu'auec
constitution de fraiz, lesquels ne reuiennent iamais en la
bourse & n'en reste que le seul contentement, soit de l'esprit & du corps qu'on y reçoit. Car pour le premier , il
conuient cherement achepter des cheuaux , il les faut bien

D D d iij

nourrir , somptueusement arnacher, auoir des Pallefre-
niers pour curieusement les panser, bien souuent en peu
de iours sont gastez, & faut cherement payer l'apprentis-
sage. Non moins en la palestrine & bien souuent tant en
l'exercice de la paume qu'autres, iette l'on son argét surles
murailles & mal à propos. Bref il n'est sorte d'exercice duquel l'exposé ne surpasse de beaucoup le receu & espargne. Qu'on ne se propose donc non plus l'auarice en
celuy de la Chasse qu'és autres, & on y trouuera plus d'v-
tilité. On m'obiectera que des Chasses du blereau, renard,
& autres telles bestes, il n'en reuient rien à la cuisine, moins
des voleries du milan, corneille, pie, & autres tels oiseaux.
Quád il n'y auroit autre vtilité que d'en depeupler le païs,
veu le dommage & degast que portent tels animaux &
oiseaux au public, le profit & vtilité n'en doiuent estre
estimez petits. Ioint que les graisses des blereaux propres
contre la douleur des nerfs & gouttages, les cœurs &
poulmons des renards propres aussi contre les iaunices,
se peuuent cherement vendre aux Apotiquaires, & leurs
peaux; comme aussi celles des loutres, feinars, auec celles
des cerfs, biches, cheureuls, aux peletiers & gantiers, &
les testes des cerfs aux coutelliers. En sorte qu'il ne se
prend sorte de gibier à la Chasse, duquel il ne se puisse retirer quelque profit. Suis-ie pourtant d'opinion & aduis,
que toutes ces Chasses de peu de profit soient reseruees
aux Roys, & Princes, ou fort grands Seigneurs, lesquels
ne veulent autre profit que leur plaisir, & ne mettent rien
en espargne, pourueu qu'ils puissent paruenir à receuoir
du contentement. De la Chasse dauantage procedent plusieurs autres commoditez, car le Veneur, du sçauoir &
experience qu'il a en la Venerie, se nourrit, entr etient &
reçoit de bons gages & plusieurs bien-faits d'vn Roy,

Prince, ou grand Seigneur. Il peut dreſſer de bons chiens à pluſieurs & diuerſes ſortes de Chaſſes qu'il vendra bien cherement & en tirera de bon argent. Le Fauconnier par ſon art & vente d'Oiſeaux, n'en rapporte moindre vtilité. Il reſtera donc pour reſolu, que la Chaſſe & exercice d'icelle n'eſt ſans profit, ains s'exerce auec plus d'vtilité par pluſieurs conſideratiõs qu'aucun autre exercice. Pour l'honneur il ſe trouuera que Theſeus Roy de l'Attique ne le rapporta pas petit de s'eſtre expoſé & hazardé à la Chaſſe & pourſuite des beſts ſauuages, notamment quand il combattit & tua le taureau ſauuage qui eſtoit eſchappé à Euriſtheus, lequel taureau faiſoit de grands maux dans ceſte contree. Et lors que courageuſement il combattit le Monſtre Cretique dãs le labirinthe. Entre les memorables actes par leſquels Hercules fut tant renommé, la Chaſſe, priſe, & occiſion qu'il fit des beſtes ſauuages tiennent les premiers lieux. Quand il tua encore petit enfant les deux ſerpens enuoyez par Iuno pour l'engloutir. quand il prit & occit la biche aux cornes d'or en la montagne de Menalus. Quand il eſtrangla ce grand lion dans la Foreſt Nemee. Quand il occit auſſi en Arcadie ce grand & furieux ſanglier, lequel gaſtoit & rauageoit tout le pays. Et non content de faire la guerre aux beſtes ſauuages & furieuſes, ne pourſuiuit-il pas & chaſſa les Oiſeaux Stimphalides, qui gaſtoient auſſi toute l'Arcadie? Pour tous ces beaux faits qu'en a-il rapporté? honneur & gloire. Si l'exercice de la Chaſſe n'eſtoit honorable & que de luy on ne peuſt retirer aucun honneur, tant de Roys, Princes, & autres grands perſonnages s'y ſeroient-ils addonnez & s'y exerceroient-ils auec tant de vehemence? L'Empereur Domitian lors qu'il eſtoit deſoccupé des affaires d'Eſtat n'employoit le téps libre qu'à chaſſer. Mitridates Roy du Pont

employa sept ans continuels sans se mettre au couuert de
ville, bourg, ne village, tant il estoit ardent à la Chasse:
c'est encore assez chose cognuë qu'vn des principauxesbas
& exercices ausquels nos Roys, & Princes, tant du passé
qu'à present s'exercent est le deduit de la Chasse, ce qu'ils
ne feroient si cest exercice n'estoit fort honorable. Ie me
seruiray en ce lieu des Statuts & Ordonnances de nos
Roys, pour monstrer l'honneur & priuilege qui est en cest
exercice. Estant iugé tant special & honnorable qu'il a
esté reserué pour la seule Noblesse; n'estant permis, mais
que disie permis, il est tres-estroictement deffendu à tous
autres hors ceste qualité, non seulement de chasser à vne
ou autre chasse, mais indifferemment à toutes, voire do
tenir aucun esquipage de chasse. De tous autres neantmoins exercices, il est permis & loisible à tous aussi indifferemment de s'y exercer. Tous se iettent selon leur inclination aux sciences & y sont receüs: tous indifferemment
sont receuz à monter à cheual, tirer des armes, & autres
exercices, sans aucune deffence ny restrinction, plus pour
vne condition & qualité, que pour l'autre, moins d'edit
& prohibition, ains chacun ( fors & excepté qu'en l'exercice de la Chasse,) reste libre de s'addonner selõ sa volonté
à toute autre vocation & exercice. Ceste conclusion donc
sera tenuë pour approuuee, & sans distinction moins de
responce, que l'exercice de la Chasse est plus special & honorable qu'aucun des autres, puis que le droit n'en appartient qu'aux seuls Nobles. Il se void clairement de plus
que les deux estats de grand Fauconnier & Veneur sont
és Maisons & Offices, tant de nos Roys qu'Estrangers des
plus honorables. Chacun void l'honneur qui leur est de-
feré, & de quels beaux priuileges ils sont aduantagez.
Quel honneur special est-ce au Fauconnier, lequel ayant

ses

ſes Oiſeaux ſur le poing , aura libre entree en la Chambre
& Cabinet du Roy, & parlera franchement à ſa Majeſté.
Et de meſmes au Veneur venant en meſmes lieux faire ſon
rapport brauement & bien à propos, & à pluſieurs
grands Seigneurs la porte leur ſera fermee : quoy que
ſoit y auront-ils difficile accez. Ie n'allegueray point pluſieurs autres immunitez & priuileges, deſquels ioüiſſent
les Veneurs & Fauconniers de la Maiſon du Roy, n'en
eſtant receu aucun pour maiſtre Fauconnier qui ne ſoit
Gentil-hôme. Qui ne confeſſera donc que l'exercice & deduit de la Chaſſe eſt l'exercice des exercices, le plus excellét
& honorable qui puiſſe ſeruir & au corps & à l'eſprit,
puiſque d'iceluy & de ſes effets ſe rapportent plaiſir, profit, & honneur, & par ainſi eſtre ſur tous autres grandement digne de loüange & admiration. Ie diray de plus ce
que n'agueres i'ay touché en ce diſcours, que l'exercice de
la Chaſſe eſt vn vray & ſalutaire remede contre le vice,
dautant qu'il y conuient vn aſſidu ſoin & trauail, leſquels
ſont les vrais contraires & ennemis de l'oiſiueté, ſource de
tous vices, & par laquelle ainſi que dit le ſage Caton, les
hommes apprennent à mal faire, & ſelon Ouide, les hommes ſe corrompent ainſi que les eaux ſe rendent mauuaiſes & corrompuës, n'eſtans rafraiſchies & conſeruees par
quelque cours. Les raiſons ores que aſſez recognuës en ſeront priſes, de ce que l'eſprit humain eſtant de ſoy actif &
capable d'vn continuel trauail, s'il n'eſt employé à quelque honneſte labeur & fonction, il eſt tref-certain qu'il
ſe laiſſe eſgarer en mille penſemés pluſtoſt ſelon l'inclination humaine, peruers qu'vtils & bons & des penſemens, il
pouſſe & conuie l'homme aux eſſaiz. Le corps auſſi nourry
& alimenté de bonnes & friandes nourritures demeurant
oiſif, ſe chatoüille, & ſe laiſſe pluſtoſt aller aux deſordon-

E Ee

nez & lascifs appetits qu'aux bons & vertueux. Et encore
que chacun puisse faire ce iugement en luy mesmes, exa-
minons si plusieurs n'ont pas tenu l'exercice de la Chasse
pour le seul & vray preseruatif côtre le vitieux chatoüille-
mét de leurs sens & appetits charnels. Hypolite fils du Roy
Theseus m'en eust esté fidel tesmoing, lequel pour fuir
les appetis de luxure & autres vices, procedans de l'oisiueté, ne trouua remede meilleur que de vaquer continuellement à la Chasse. Les liures nous rapportent qu'vn certain Melanion, de crainte d'entrer en l'amour & desir des
femmes s'adonna du tout à la Chasse, & tant qu'il ves-
quit ne peut estre detourné de cest exercice. La Deesse
Diane desireuse de conseruer sa virginité monstra le chemin, & seruit d'exemple à plusieurs de ses compagnes
de s'addonner du tout à la Chasse, ainsi que fit Arethusa
pour esuiter l'a mour & poursuitte d'Alpheus. Et la Nim-
phe Britona pour fuir celle du Roy Minos. Quel autre
meilleur moyen peut inuenter Atalanta fille grecque pour
ne venir se soubs-mettre au hazard des douleurs qu'elle
voyoit souffrir aux femmes en leur enfantement, que
conseruer sa virginité par vn assidu exercice de la Chasse. Non à la verité à tort & sans cause les plaisirs & contentemens y estans tels que ces partisans & amateurs post
poseront tous autres & n'en feront cas. Cest exercice aussi
matte tellement le corps par le trauail continuel qu'il y
faut prendre, que par tel assidu labeur les arcs & flesches
de Cupido sont à la verité fort aisement rompus, voire
esuanoüis. Cest exercice en outre est ennemy & contraire
de l'auarice qu'on tient aussi pour estre vne des racines de
tous maux & peruersitez, ne se pouuant prattiquer ny
entretenir ce deduit sans vn honneste esquipage de chiés,
oiseaux, & cheuaux, & par consequent sans vne honne-

ste despence ennemie d'auarice. Puis donc que la Chasse
& son exercice seruent de seurs & experimentez remedes
& preseruatifs contre le vice, voire mesmes contre les
deux plus grandes & dangereuses sources de toutes mal-
heuretez & peruersitez, on m'accordera qu'elle est iointe
à la vertu, & qu'elle suit les voyes & sentiers d'icelle pour
n'y auoir aucun milieu entre deux. Que si peut-il trouuer
aussi de vitieux, s'exposer au combat des bestes sauuages
& nuisibles, les poursuiure & prendre auec chiens, cordages, rets, toiles, & autres instrumens de Chasse, les
entrer chercher sous terre, chasser, & prendre les Oiseaux
nuisibles ne sont nullement actes vitieux, ains genereux,
vtiles, & profitables à vn chacun. L'Escriture sainte nous
apprend que la Chasse a esté agreable à Dieu, donnant
epitetes à Nemrot de grand Veneur du Seigneur. Toutes
lesquelles choses bien considerees, ( & de chacune desquelles nous eussions sans crainte de trop ennuieuse prolixité peu traiter plus au long ) ie m'asseure qu'il n'est aucun si dur à persuader, qui ne tienne & auoüe la Chasse
pour le plus vertueux, honorable, & profitable exercice
de tous ceux qui se prattiquent en nostre siecle. Ie veux
bien neantmoins auparauant clorre ce discours, exhorter
& admonester les Chasseurs, mesmes nostre Apprentif
& autres ieunes gens non encore fort experimentez, de
plusieurs chefs & choses au deduit & exercice de la Chasse
auec beaucoup d'apparátes raisons considerables. Le premier chef sera, que dautant que nous tenons le plaisir &
recreation de la Chasse parmy tous les exercices, lesquels
se prattiquent honorablement le plus agreable, voire le
plus attirant & allechant les esprits encore peu solides
qu'on n'y porte tellement son affection, & qu'on ne
l'embrasse auec telle ardeur & auidité que plusieurs cho-

E E e ij

ses non seulement requises, ains necessaires pour mener
vne vie honneste, chrestienne & ciuile, fussent postpo-
sees ainsi que l'amour & crainte de Dieu, lesquelles doiuent preceder toutes autres affectiõs, passions, & actions.
Estant le deuoir non seulement du Chasseur, mais de toute personne & de quelconque vocatiõ, d'implorer continuellement l'aide, bonté, & assistance de Dieu, affin que
ses actions soient par sa vertu fortifiees, appuyees, & luy
soient agreables, ce seroit autrement trauailler en vain
& bastir sur le sable. I'admoneste aussi les Chasseurs de ne
s'addonner iamais à cest exercice le iour du repos, lequel
le Seigneur de puissance absoluë a sanctifié & se l'est reserué. Conuient-il aussi l'employer à prieres & oraisons, &
pour se trouuer és assemblees publiques & chrestiennes
qui se font pour entendre la Predication de l'Euangile &
autres prieres, le tout à son honneur & gloire, affin de
rendre tesmoignage qu'on est & qu'on se veut maintenir
au corps de l'Eglise Chrestienne. I'exhorte & admoneste
aussi le Chasseur de ne vaquer pas tant à cest exercice, que
l'assistance & seruice qu'on doit à la chose publique, à
ses parens & amis en fussent retardez. Car nous sommes
tant chrestiennement que par l'Orateur Latin, ores que
Payen, ( ainsi que nous auons touché en nostre Epistre
aux Lecteurs,) apris, que nous ne sômes pas nez pour nous
mesmes seulement, mais que la patrie, nos parens & amis
s'attribuent partie du droit de nostre naissance, c'est à dire de nos labeurs & vocations. Par tant de beaux exemples aussi sommes-nous instruits à postposer nos plaisirs
& affaires particuliers, pour seruir au bien & profit du
commun, lesquelles occasions se presentants, que le Chasseur quitte cest agreable plaisir pour vaquer à ce, à quoy
nature & le deuoir l'obligent. Que l'alechement de cest
exercice n'emporte le Chasseur à vne folle & extraordi-

naire defpence pour le fouftien d'vn efquipage de Chaffe,
foit en cheuaux , chiens , oifeaux, gens & feruiteurs fu-
perflus, & plus exceffiue que fes moyens & facultez ne
le peuuent permettre. Car bien toft & dans peu d'annees
fon reuenu en feroit diminué, eftant contraint de manger fouuent de la fauce verde, c'eft à dire fon bled en herbe. Il faut que le Chaffeur fe recognoiffe, enfemble fes
moyens, & pour aquerir titre , reputation , & effet de
prudent & fage, que fon efquipage foit moindre que fon
pouuoir, fignifiant qu'encore que fes moyens & facultez
luy peuffent permettre de tenir vn efquipage de Chaffe
fort grand , & felon l'affection grande qu'il pourroit porter à ceft exercice, que neantmoins il le tienne moindre &
reglé , car l'efpargne luy rapportera de l'aifance & honneur , & la difette de l'incommodité & honte. Que le
Chaffeur auffi foit aduerty de ne s'addonner tellement au
plaifir de la Chaffe, que poftpofant ou n'ayant foin (comme il arriue fouuent à plufieurs ) de fes affaires domefti-
ques & mefnagement de fa maifon, il les remet du iour
au lendemain. Pareffe & peu de foin qui font bien fouuent perdre du temps mal à propos, lequel, n'en eftant de
plus cher, difficilement fe recouure ; moins peut on fouuent rataindre aux occafions, & n'en encourt auec le re-
culement ou decadence des affaires qu'vn fafcheux &
honteux repentir. Qu'il fe prenne garde auffi, que pour
fe foulager & penfant fe releuer de la peine & foin de fes
affaires, affin de vaquer continuellement à la Chaffe de
ne s'en remettre totallement à la preud'hommie & difcretion qu'il croit eftre en fes feruiteurs. La plus part defquels
voyans le peu de conte que fait leur maiftre de fes affaires, eftant chofe qui ne leur touche que du iour à la iournee , ont plus fouuent l'œil & foin bandez à leur propre
profit, fuft ce aux defpens & dõmage de leur maiftre, que

de faire pendant son absence ce qu'ils deuroient pour son bien. Mais ie conseille au Chasseur & à ceux lesquels s'y voudront exercer d'employer le temps, selon l'aduis des sages, lesquels tiennent qu'il y a temps pour prier, c'est à dire pour vaquer à oraison & seruir à Dieu. Temps aussi pour estudier, lequel denote le temps qu'il faut employer chacun au trauail de sa vocation, negoces, economies, & autres selon les occasions : finalement temps de ioüer, qui signifie qu'on peut employer partie du temps aux exercices pour se recreer chacun selon son affection, & se releuer & soulager vn peu des trauaux ordinaires. Suiuant donc ce sage conseil que le Chasseur employe du temps à seruir à Dieu, vne autre partie pour vaquer à ses negoces domestiques & extraordinaires, ietter les yeux sur le labeur & trauail de ses seruiteurs & mercenaires, ordonner & commander ce qu'il faut qu'ils facent, se transporter sur les lieux, leur monstrer la besogne au doigt & se rendre entát qu'il se peut quelques heures par interualles, assidu & suiet pour voir le comportement de ses gens & ouuriers. Et le surplus du temps l'employer honnestement & discretement à la Chasse, sans alterer, comme dit est, ses affaires ny sa santé, y employant aucun des iours beaux, plaisans & serains de la sepmaine. Et non comme aucuns, lesquels inconsiderément s'exposent à toute iniure du temps, parmy lequel ils ne peuuent receuoir aucun plaisir, ains alterent bien souuent leur santé & tourmentent en vain leurs cheuaux, chiens, & oiseaux, & seroit à la verité ce temps mieux & plus à propos employé aux affaires & mesnagement de la maison. Le temps ainsi bien desparty rendra la Chasse plus agreable & plaisante par quelque honneste & vtile intermediation, & les affaires & santé en resteront en meilleur estat & non alterez.

La continuation au contraire trop frequente & ordinaire de laquelle la rendront, ( ores que de foy agreable & plaifante ) ennuieufe & odieufe. Prife auffi & exercée par difcretion, & chacun ( ainfi que faifoit l'Empereur Domitian, ) defoccuppé d'affaires fe trouuera l'exercice des exercices, & le plaifir des plaifirs , & le contentement tant de l'efprit que du corps s'y rencontrera l'exhorte en outre tout Chaffeur d'obferuer curieufement les deuoirs qui fuiuent, le fait & deduit de la Chaffe entre Gentils-hommes Chaffeurs ou ne l'eftans point. Qui eft de ne chaffer ny faire iamais fa quefte de propos deliberé pres de la maifon d'vn Gentil-homme, foit Chaffeur ou non , ains s'en efcarter & efloigner tant qu'il pourra. Notamment de ne chaffer dans les garennes, iardins, & autres preclofures voifines & proches de fa maifon , eftans ces lieux là mefmement comme priuilegez , & aufquels on doit du refpect, ores qu'ils appartiennent à vn moindre & inferieur, voire vaffal. Dautant que quelque amitié, priuauté, voire parentage qui puiffent eftre entre voifins , cefte façon de Chaffe ainfi faite reïteree ou continuee engendre en fin du mefcontentement & defplaifir à celuy, dans le bien & pourpris duquel on aura chaffé, & croit en fin que c'eft pluftoft par forme de brauade & mefpris qu'autrement. Qui voudra donc s'exercer à la Chaffe de quelque efpece & façon que ce foit en liberté & amitié de la Nobleffe circonuoifine, qu'il efuite tant qu'il pourra l'aproche de la maifon d'vn Gentil-homme, fa garenne & autre , fon bien aboutiffant à fa maifon. Si la fuite des chiens & oifeaux obligent le Chaffeur d'aprocher de tels lieux , & mefmes de chaffer pourfuiuant fon gibier & proye, ( eftant vn droit & priuilege au Chaffeur de fuiure fa Chaffe & prendre fa proye quelque part qu'elle foit allee,) sans que pour ce regard il y ait respect aucun. Mais cela estant par deuoir auquel on ne doit manquer, le Chasseur doit aller voir le Gentil-homme aupres de la maison duquel la Chasse ou son gibier l'aura mené, & luy en faire d'honnestes excuses, & apres l'auoir veu, l'asseurant que ce n'est de propos deliberé qu'il a chassé si pres de sa maison, ains comme poursuiuant seulement son gibier, il le doit prier de luy donner de son vin, pour luy tesmoigner qu'il n'y est point venu comme son malueillant & ennemy. Si la prise est de quelque beste fauue ou noire, & est faite és lieux susdits, le Chasseur doit promettre & asseurer au Gentil-homme de luy en enuoyer sa bonne part, à quoy il ne faut manquer incontinent qu'il sera de retour chez soy, voire plustost qu'à nul autre. Si c'est vn lieure, perdrix, ou autre menu gibier il le luy doit offrir & bailler. Si le gibier s'estant venu remettre en quelqu'vn desdits lieux, & que derechef repartant il s'en aille d'vn autre costé sans que le Chasseur ait loisir de voir le Gentil-homme, il luy doit mander des recommandations auec excuses, pour s'estre aproché si pres de sa maison sans le voir par laquais ou messager expres. Le meilleur neantmoins est de s'en detourner le plus qu'on peut, & quand il n'y resteroit autre incommodité que bien souuent il faut du tout rompre sa Chasse pour aller rendre ce deuoir à son voisin & amy, elle n'est pas petite. Le Chasseur sera semblablement admonesté d'obseruer vn deuoir entre voisins, fondé sur les Ordonnances de nos Roys, tel que chacun haut Seigneur de fief, (ausquels seuls il semble que le droit de Chasse appartient,) doit contenir sa Chasse dans l'estenduë de son haut fief, sans aller aussi de propos deliberé chasser ny faire sa queste dans la terre d'vn autre haut Seigneur. Que si le trop pres voisinage ne

peut

peut permettre que l'on puisse suiure son gibier sans en-
iamber sur l'autre, que ce soit par vne egalité de loy, commun consentement & accord, affin que tous en puissent
en semblable occasion faire de mesmes, & non pour y
chasser, comme dit est de propos deliberé, en se rendant
tousiours reciproquement le deuoir que i'ay cy-dessus dit:
mieux vaudroit autrement de ne tenir aucun esquipage
de Chasse. Or si parmy les hauts Seigneurs de fief il y a du
deuoir des vns aux autres, pour le fait & deduit de la
Chasse, y en doit-il bien plus auoir du simple Gentil-
homme ou Vassal à son Seigneur de fief. I'exhorte & admoneste donc le Vassal, lequel se ressent & recognoist
auoir moyen pour entretenir quelque honneste esquipage de Chasse, ( ores que comme il est dit, le droit & priuilege de chasser semble n'appartenir qu'au haut Seigneur, ) il le doit tenir en premier lieu auec la volonté &
permission du haut Seigneur, resserré & beaucoup moindre que celuy que tiendra le haut Seigneur, ores que cestui-cy ne le voulust tenir fort grand, affin qu'il n'entre
en opinion que le Gentil-homme, son vassal & iustitia-
ble vueille tailler du pair auec luy ou faire de plus, & par
consequent entre en quelque ialousie contre son vassal,
voire pour l'obliger à luy deffendre la Chasse, quoy que
soit dans l'estenduë de sa terre Le vassal sur tout ne doit
iamais faire sa Chasse pres ny mesmes à la veuë de la maison & chasteau de haut fief, tels lieux estans expressémer
priuilegez & dignes d'estre respectés, mesmes du vassal. Si
le haut Seigneur a besoin ou veut voir chasser les chiens,
& voler l'Oiseau du vassal, il les luy doit offrir, pre-
ster, voire luy mesmes mener & porter auec toute sub-
mission. Si par le cours ordinaire de la Chasse du vassal, il
prend quantité de gibier & notamment quelqu'vn rare, il

F F f

doit de cestui-cy faire incontinant present à son Seigneur,
& de celuy-là luy en faire par fois aussi part, affin de luy
rendre tousiours comme vn deuoir & hommage de sa
Chasse. En laquelle il doit vser d'vne autre discretion, telle qu'encore que la bonté de ses chiens & oiseaux, fust
qu'il peust prendre grande quantité de gibier, il se doit restraindre & n'en prendre guere, affin de ne frustrer le haut
Seigneur de son plaisir pour auoir pris ou ruiné le gibier
des enuirons, lors que sa Chasse le porteroit sur tels lieux,
ains se contentera d'vne honneste & modeste prise, autrement le haut Seigneur auroit suiet d'en estre mal edifié. Or ie sçay que maints vassaux ont opinion & tiennent
pour loy, que tous Gentils-hommes, ores que vassaux,
peuuent sans permission ny congé chasser dans leurs fiefs.
Mais leur accordant ceste douteuse proposition, & laquelle les hauts Seigneurs sçauront bien debattre, quelle Chasse & queste peut faire vn simple Gentil-homme
estant dans la terre d'autruy ne chassant que dans son fief,
qui sera vn domaine de deux ou trois cens arpens d'heri-
tage au plus, quelle Chasse peut-il faire en cela? elle est
tellement bridee & courte, qu'il seroit plus honorable
n'en tenir point du tout, ou suiure l'adresse la plus legitime & droite pour luy, que ie luy propose & exhorte de suiure, affin de rendre tousiours l'honneur & deuoir à qui il
est deu, & se maintenir en l'amitié de ceux ou celuy que
le vassal est tenu d'honorer, que de vouloir chasser en la
terre d'autruy de haute lutte, & par ce moyen acquerir l'i-
nimitié de plusieurs. Toutes ces circonstances & qui se
doiuent obseruer en l'exercice de la Chasse bien considerees, suiuies, & prattiquees, chacun chassera en toute liberté, en conseruant aussi l'amitié de ses voisins, chose qu'on
doit plus priser que le plaisir qu'on peut rapporter d'vne

Chaſſe inconſideree, & faite au preiudice & deſplaiſir de
ſon voiſin & amy. Ce qui ne peut rapporter que ialou-
ſies, inimitiez, combats, ſcandales dans vne patrie, & en
fin exemples qui ſeignent encore en Xaintonge & En-
goumois, la perte & ruine des perſonnes & biens. Que
chacun donc ſe maintienne en ſon deuoir, & prattique
l'exercice de Chaſſe auec diſcretion & reſpect. l'admone-
ſté dauantage le Chaſſeur de n'exercer ce deduit és ſaiſons
deffendües par les Ordonnances Royaux, tant pour n'en
eſtre veu infracteur, n'en encourir auſſi la rigueur & peines
y contenuës pour vn peu de plaiſir, que pour euiter le de-
gaſt, lequel la Chaſſe porte ordinairement auec ſoy és ſaiſons, eſquelles elle eſt prohibee. Si pour certaines conſi-
derations toutesfois aucuns ſe veulent licentier que ce
ſoit és lieux où l'on ne peut faire aucun dommage, ny rapporter d'incommodité au laboureur ou autre, ce ſeroit
autrement offencer Dieu, rapportant pour vn eſbat & plaiſir de la foule & nuiſance à ſon prochain. Vne autre admonition fort equitable veux-ie bailler au Chaſſeur, que
chaſſant en quelque ſaiſon que ce ſoit, ores que permiſe,
& courant ſoit à pied ou à cheual à trauers les bleds ſe-
mez, ce ſoit auec toute diſcretion, & qu'il ne trauerſe les
ſillons, ains galoppe & courre au dedans & au tour, ſuiuant les routes & ſentiers le plus qu'il pourra, ſans endommager le bled, lequel foulé par les pieds du cheual
ne profite plus. S'il eſt contraint de courre à trauers de
quelque plantier ou vignoble, qu'il ſuiue tant qu'il luy
ſera poſſible les allees & chemins qui ſont au trauers,
eſtant vn extreme dommage de courre & galopper au trauers, dautant qu'il ſe rompt pluſieurs vignes qui reſtent
inutiles ſans rapporter de fruict & perduës. Par ceſte diſcretion les villageois & laboureurs ſeront bien aiſes de

fauoriser & assister au Chasseur en sa queste & poursuite
s'il en a besoin. Au contraire luy donneront tous faux
aduis sur le fait de sa Chasse, & le congedieront d'infinies maledictions & prieres sinistres, lesquelles Dieu es-
coute souuent & exauce. Que le Chasseur donc soit dis-
cret en telles choses. Ie l'exhorte encore de ne faire ainsi
que plusieurs, lesquels pour la moindre trauerse ou desplaisir qui leur suruienne, si toutes choses ne succedent &
prosperent en leur Chasse, selon leur imagination &
prompte fantaisie, s'ils rencontrent seulement vn petit
fossé, halier, ou muraille, qu'ils ne puissent facilement ou-
trepasser, si leurs chiens ou oiseaux font mal, ils disent &
proferent de telles inuectiues, execrables maledictions, iu-
remens, & blasphemes côtre, soit chiés, oiseaux, hommes,
ciel, terre, voire mesme contre Dieu, qu'on n'en sçauroit
imaginer de pareilles, & que (clemence diuine,) il est
admirable que la terre ne les engloutisse, leur violence
estant telle qu'ils en perdent pour lors tout iugement &
raison, & font horreur à ceux qui les escoutent, sans auoir
esgard qu'ils offencent premierement Dieu, font deplaisir & scandalisent ceux qui chassent auec eux par plus de
discretion & prudence, & n'en rapportent en fin autre
gain que rendre la Chasse destinee pour la recreation &
plaisir, odieuse & deplaisante. Que le Chasseur donc se
commande en cela, receuant le plaisir ou deplaisir quand
chacun d'eux arriue en bonne part, plustost en loüant &
remerciant Dieu, que se tourmenter & penetrer par telles
violences qui denotent vne vraye imprudence & folie. Ie
conseille aussi le Chasseur de ne prattiquer la façon de viure d'aucun de nos Veneurs & Fauconniers ou soy disans,
lesquels à mon grand desplaisir faisans deshonneur à ce
bel & honorable exercice de la Chasse, se laissent tellement

aller au defordonné appetit de leurs bouches gloutõnes,
qu'ils ne font leur Dieu que de l'yurongnerie, quittans librement & bien fouuent leurs chiens & oifeaux aux
champs, pour aller boire & gourmander où ils en peuuent trouuer, rendans par ce moyen leur Chaffe confufe
fans prife & bien fouuent fuiuie de perte de chiens & d'oifeaux, reftans en creance qu'ils ne font bons Fauconniers ny Veneurs, s'ils ne font bons yurongnes & blafphe-
mateurs, & en fin ils fe trouuent par telle accouftumance
fans iugement ny fçauoir pour la conduite & exercices de
leurs meftiers. Que le Chaffeur au contraire foit fobre,
d'où il ne tirera que toute ciuilité & profit. Ma derniere
admonition fera, que tout ainfi que le Chaffeur voudroit,
ayant efgaré de fes chiens ou oifeaux, qu'ils luy fuffent
rendus, il en face le femblable fans aucune retention de
ceux qu'il aura trouuez, les marques & indices en cela re-
quifes prealablement recognuës. Si le deduit de la Chaffe eft ainfi auec toutes fes circonftances obferué, fi le
Chaffeur l'exerce auec temps, difcretion & deuoir, il en
rendra fes actions agreables, non feulement aux hommes, mais à Dieu, auquel és fiecles des fiecles foit honneur
& gloire. Amen.


*Laus & honor Deo, nihil homini.*


# FIN.

## QVATRAIN.

*Sur ce petit labeur aucuns par moquerie*
*Jetteront leurs regards, sans autrement penser,*
*Que qui veut de l'autruy à propos se gosser,*
*Doit plustost faire mieux, lors hardiment qu'il rie.*

## L'ADIEV DE L'AVTHEVR A SON LIVRE.

### SONNET.

*Adieu mon cher labeur, adieu ma douce peine,*
*Ie t'expose (cruel) à la mercy des yeux,*
*( D'ou la pluspart seront moqueurs & enuieux,)*
*Et d'vn peuple effronté à la langue inhumaine.*
*Ce m'est vn deplaisir, vn tourment, vne gesne,*
*M'effaçans tout à net ce desir tant ioyeux,*
*Que ie m'estois preueu de te voir glorieux,*
*Voguer és siecles longs que Phœbus nous rameine.*
*Dois-ie pourtant, mon fils, cherement te garder*
*Au secret de mon sein sans ainsi t'hasarder.*
*Non, va t'en & adieu, encor qu'vn vaisseau flotte*
*Parmy les tourbillons d'vne outrageuse mer,*
*Il ne peut encourir vn peril trop amer,*
*Ayant (comme tu as) vn asseuré pilotte.*

# TABLE
# DES CHAPITRES
## DES HVICT PARTIES
### DE LA FAVCONNERIE.

## Premiere Partie.

## Table de la quatriesme Partie.



## Table de la cinquiesme Partie.

## FIN.